Hubert Goenner

EINSTEIN IN BERLIN

Hubert Goenner

EINSTEIN IN BERLIN

1914–1933

Verlag C. H. Beck

Mit 14 Abbildungen

© Verlag C. H. Beck oHG, München 2005
Satz: Fotosatz Janß, Pfungstadt
Druck und Bindung: GGP Media GmbH, Pößneck
Gedruckt auf säurefreiem, alterungsbeständigem Papier
(hergestellt aus chlorfrei gebleichtem Zellstoff)
Printed in Germany
ISBN 3 406 52731 0

www.beck.de

Inhalt

Einführung

Dieses Buch erzählt von Albert Einstein und von Menschen, die zusammen mit ihm in Berlin gelebt haben und bindet sie in die Kulturgeschichte einer Stadt und einer Epoche ein. Schon seine Zeitgenossen haben Einstein als den «neuen Newton» und «einen der größten Gelehrten in der Geschichte der Menschheit» gerühmt. Noch heute ist er eines der herausragenden *Idole* des 20. Jahrhunderts. Dieser außergewöhnliche Mensch lebte von April 1914 bis Dezember 1932 in Berlin. Obgleich er schon im Dezember 1931 insgeheim entschlossen war, seine «Berliner Stellung im wesentlichen» aufzugeben, wollte er, nach einem Aufenthalt in den USA, Ende März 1933 in seine Stadtwohnung und sein geliebtes Sommerhaus in Caputh bei Potsdam zurückkehren. Der geistlose Wahn des Nationalsozialismus mit seinen Hassern und Schlägern hat bewirkt, dass er sich, nach Monaten des Wartens in Belgien und England, für den Rest seines Lebens in Princeton niederließ.

Im Folgenden wird versucht, einen Lebensabschnitt dieses so genialen wie vielschichtigen Menschen mit dem Schicksal einer facettenreichen Stadt zu verbinden. Es lassen sich durchaus Parallelen aufzeigen: Berlin, eine Stadt im Aufstieg zur Metropole – Einstein, ein theoretischer Physiker beim Erklimmen seines Karrieregipfels. In den ersten Jahren seines Berliner Lebens war Einstein nur seinen akademischen Kollegen und einem kleinen Kreis von pazifistischen Intellektuellen bekannt. Etwa seit 1919 trat er für eine größere Öffentlichkeit ins Rampenlicht. Berlin war bis zur Weimarer Republik eine in zahlreiche Städte und Dörfer zersplitterte, eher provinzielle Weltstadt, gleichwohl geprägt von enormer Wirtschaftskraft. Sie entwickelte sich rasch zum Kultur- und Wissenschaftszentrum im europäischen Maßstab, zu einer wirklichen Hauptstadt des Deutschen Reiches. Dem Aufstieg schließt sich in beiden «Lebensläufen» ein Niedergang an: In Princeton wurde Einstein zum wissenschaftlichen Einsiedler, der eher seiner politischen und ethischen Erklärungen wegen geachtet als wegen seiner Forschungsergebnisse wahrgenommen wurde. Und Berlin verfiel unter dem totalitären Regime in die kulturelle Mittelmäßigkeit.

Es gibt nicht nur *ein* Berlin der zwanziger und dreißiger Jahre, sondern viele räumlich ausgebreitete, relativ autarke «Stückchen Berlin» von Britz über Pankow bis Zehlendorf, die der jeweilige Betrachter auf unterschiedliche Weise integriert. Ebenso existiert nicht nur das «gleichzeitige» Berlin, wir finden vielmehr gesellschaftliche Gruppen mit unterschiedlichem Zeitbewusstsein. In gängigen Darstellungen einer Stadt oder einer Persönlichkeit werden jeweils besondere Züge herauspräpariert oder unterdrückt. Dann sehen wir das Berlin der politischen Leidenschaften, der Künste oder Wissenschaften, von Theater, Kabarett und Film, des Arbeiterkampfes, des *Zille*schen Milieus. Ähnliches geschieht in Einstein-Biografien, in denen er immer wieder als der geniale Physiker, joviale Mann und international geachtete Friedensfreund gezeichnet wird und seine bedeutenden wissenschaftlichen Resultate für den Laien verständlich dargestellt werden. In letzter Zeit gesellen sich zunehmend Lebensbeschreibungen hinzu, die auch Einsteins kulturelles und soziales Umfeld einbeziehen.

Sind bisherige Darstellungen vorwiegend von Einsteins Leben selbst ausgegangen, so soll er hier gleichsam von außen, mit den Augen seiner Zeitgenossen, betrachtet werden. Das kulturelle, soziale und politische Umfeld in Berlin bildet den Rahmen für diese nur zwei Jahrzehnte umfassende biografische Skizze. In einer *ausschließlich* auf die Stadt Berlin ausgerichteten Darstellung käme Einstein nur ein Platz unter hunderten anderer Personen zu. Weder war Berlin durch ihn geprägt, noch hätte Einstein jemals sagen wollen: «Ich bin ein Berliner.» Während der achtzehn in Berlin verbrachten Jahren fühlte er sich in der Stadt sehr wohl und einigen ihrer Institutionen sowie manchen Menschen verbunden.

Ein Gewebe aus miteinander und mit Einstein verknüpften Menschen wird nach und nach wahrnehmbar. Einstein bewegte sich in einem reichen Geflecht persönlicher Beziehungen, so in den Bindungen an die akademischen Kollegen, ganz allgemein im *Bildungsbürgertum*, vor allem dem jüdischen. Erst in Berlin ist Einstein sich seiner jüdischen Identität bewusst geworden, einer nichtreligiösen, ethnisch-kulturellen Zugehörigkeit, und er hat sich für den Zionismus im Sinne einer geistig-sittlichen Erneuerungsbewegung im Judentum eingesetzt. Der berühmte

Gelehrte, dessen erstaunliche Theorien über Raum und Zeit viele Menschen mit festgefügtem Weltbild ohnehin störten, ist daher zur Zielscheibe antisemitischer Verbalattacken geworden. Zu den Kreisen der *etablierten* Künstler und Schauspieler, der politischen und gesellschaftlichen Klubs, den Organisationen der Arbeiterschaft, literarischen Zirkeln, den Presseleuten und weiteren Gruppen gab es Verbindungen über einige wenige Kontaktpersonen. Zu den Neuerern unter den Künstlern hatte Einstein weder Beziehungen, noch brachte er Zuneigung für ihre Werke auf; der gesellschaftliche Zugang zur Hochfinanz, zur Großindustrie und Aristokratie blieb ihm versperrt – von der näheren Bekanntschaft mit einigen Persönlichkeiten abgesehen. Als Gast und Vorzeigefigur kam er dagegen überall hin: zu privaten Einladungen des Großbürgertums und der großen Politik wie zu bedeutenden kulturellen und gesellschaftlichen Ereignissen.

Widersprüchliche Züge in Einsteins Persönlichkeit lassen sich in der Wechselwirkung mit anderen Menschen in der großen Stadt erkennen: Seine innere Unabhängigkeit bei gleichzeitiger äußerer gesellschaftlicher Anpassung; sein starker Wille und sein ausgeprägtes Selbstbewusstsein im Verein mit einem schwachen Bedürfnis nach Verantwortung außerhalb der Physik; sein bescheidenes, freundliches, aufgeschlossenes Wesen und sein zeitweilig herrisches, gefühlsarmes Auftreten gegenüber seinen beiden Ehefrauen und seinen Kindern; seine Anspruchslosigkeit in der äußeren Erscheinung und seine betonte Selbstdarstellung in den Medien. Diese Widersprüche passen kaum zu den vielen Darstellungen Einsteins, in denen bis heute ein romantischer Geniekult gefeiert wurde. Die größte Herausforderung in seinem Leben war wohl, eine Synthese zu finden zwischen seiner intensiven, Zeit verschlingenden Konzentration auf das Erkennen von Naturgesetzen und seinem Bemühen, die menschliche Gesellschaft zum solidarischen und sittlichen Handeln auf der Grundlage von Demokratie und Menschenrechten zu veranlassen.

Für die «Entwicklung zur Moderne» trug Einstein in der Physik durch seine Relativitätstheorien und seine Beiträge zur Begründung der Quantentheorie sehr vieles bei; im privaten Leben blieb er Bildungsbürger mit konservativem Geschmack und Bewahrer althergebrachter Rollen von Mann und Frau. Seine Genialität in der Physik zeigte sich auf anderen Feldern *nicht*; da wusste und sagte er nicht viel anderes und nichts Wesentlicheres als andere vor ihm oder gleichzeitig mit ihm – oft mit gefälligeren Worten. Da die Mehrzahl der Menschen nicht in der Lage ist, seine physikalischen Theorien zu verstehen, Einstein jedoch ein besonderes Talent hatte, prägnant und witzig zu formulieren, sind es zahlreiche seiner Sprüche und Aphorismen, die ihn im öffentlichen Bewusstsein am Leben erhalten. In seiner Wirkung über die Physik hinaus als Pazifist und Demokrat war er ein ungebundener Geist, jedoch kein Freigeist. Seine aufklärerische Haltung und seine moralischen Werte folgten Friedrich Schiller eher als Voltaire.

Der «Einsteinrummel» in den zwanziger Jahren war im Vergleich mit der heutigen «Vermarktung» Einsteins bescheiden. Nun erscheint sein Bild auf Geldscheinen und Briefmarken; es gibt mindestens drei Einstein-Opern, von Paul Dessau, Philip Glass und Dirk D'Ase, Letztere wurde als Auftragswerk zum 125. Geburtstag in Einsteins Geburtsstadt Ulm uraufgeführt. Zahlreiche Romane, Erzählungen und Sachbücher tragen seinen Namen im Titel; mit ihm kann man – in einer Erzählung von Siegfried Lenz – die Elbe überqueren, träumen, kuren und zum Geheimnis der Welt vordringen. Die Schüler der mehr als ein Dutzend Einstein-Gymnasien in Deutschland haben eine reichliche Auswahl an solcher Lektüre. Bennet Cerf hat sogar einen Limerick über Einstein geschrieben, in dem der Bildhauer *Jacob Epstein* und die Schriftstellerin *Gertrude Stein* auftreten und dessen deutsche Übersetzung lauten könnte:

In der berühmten Familie Stein
gab's Gertrude und Ep und auch Ein.
Gerdas Stil war nicht klar,
Eps Skulpturen rar,
und keiner begriff den Ein.

Ich hoffe, hier ein realistisches, aber respektvolles Bild von Einstein in Berlin gezeichnet zu haben, mit vielen nirgendwo sonst zusammengetragenen Einzelheiten. Stadt und Kultur konnten nur schlaglichtartig beleuchtet werden. Meine langjährige Beschäftigung an der Universität Göttingen mit den *physikalischen* Theorien Einsteins und seinem wissenschaftlichen und gesellschaftlichen Umfeld machte gründliche Recherchen unabdingbar. Die überwiegende Zahl der benutzten Quellen ist jedermann zugänglich. Die Annotation der Zitate und Quellen ist zu-

gunsten leichterer Lesbarkeit bewusst vermieden. Wer detaillierte An-
merkungen zu diesem Text sucht, findet sie im Internet (vgl. die Angaben
am Ende des Buches). Was an erzählerischer Freiheit und Vermutung
zum Ausdruck kommt, ist sprachlich deutlich gekennzeichnet. Für Hinweise auf die sicher noch vorhandenen Fehler werde ich Leserinnen und
Lesern dankbar sein.

Das wilhelminische Berlin um 1910

Ach ist doch Berlin und sein Tiergarten jetzt schön. Es wimmelt von Menschen. Die Menschen sind starke, bewegliche Flecke im zarten, verlorenen Sonnenschimmer. Oben ist der lichtblaue Himmel, der wie ein Traum das unten liegende Grün berührt. Die Leute gehen leicht und bequem, so als fürchteten sie, in Marschierschritt und in grobe Gebärden zu verfallen. […] Die Spaziergänger verlieren sich bald einzeln, bald in anmutigen dichten Gruppen oder Haufen zwischen den Bäumen, die hoch oben noch luftig-kahl sind, und zwischen dem niedrigen Gesträuch, das ein Hauch von jungem, süßem Grün ist. […] Das ganze Tiergartenbild ist wie ein gemaltes Bild, dann wie ein Traum, dann wie ein weitschweifiger angenehmer Kuss. […] Überall, wohin man blickt, glänzt und bricht der Damen Hut mit rot, blau und anderen Augengenüssen aus dem Gebüsch hervor […]. Wie ist er nur schön, der Tiergarten. Welcher Einwohner von Berlin liebt ihn nicht?

Robert Walsers zarte Begeisterung an Mensch und Natur schwingt durch seinen Aufsatz vom Juni 1911. Der Tiergarten, einstiger Wildpark der Kurfürsten, war Privatbesitz des königlichen Hauses. Kaiser Wilhelm II. ließ eine Fülle von Marmordenkmälern aufstellen, eines etwa von seiner Frau Auguste Viktoria. Aufsehen erregte die von ihm in Auftrag gegebene Doppelreihe der früheren Landesherren der Mark Brandenburg von Albrecht dem Bären bis Wilhelm I., die jeweils von zwei weiteren Persönlichkeiten begleitet waren, entlang der Siegesallee, von den Berlinern als «Puppenallee» verspottet. Angesichts der 32 Fürsten aus schneeweißem Carrara-Marmor soll *Max Liebermann* gesagt haben: «Ick hab ma 'ne Schneebrille jekooft, damit ick jesund durch'n Tiergarten komme.» Die Siegessäule stand damals auf dem Platz vor dem Reichstagsgebäude, dem Königsplatz, dann Platz der Republik, und wurde erst 1938 an den «Stern» im Tiergarten versetzt. Den Berlinern erschien die Proportion zwischen der oben schwebenden Viktoria und der dicken Säule unpassend, und sie witzelten über die Siegesgöttin: «Det eenzje Berliner Meechen ohne Vahältnis».

Es ist zu hoffen, dass Albert Einsteins jüngere Schwester, Maja, die Berliner Landschaft genießen konnte, Tiergarten, Grunewald, Spree und den mit hunderten weißer Segel reizvoll betupften Wannsee, umgrenzt von dunklen Kieferwäldern, als sie vom Aarauer Lehrerinnenseminar her nach Berlin kam. Sie besuchte in den Jahren 1904 bis 1907 die Berliner Universität, insbesondere das Romanische Seminar mit seinem Spezialisten für Altfranzösisch, ehe sie in Bern ihre Dissertation in Romanistik schrieb. *Studieren* konnte sie an der Berliner Universität *nicht*: Als letztes Land im Reich ließ Preußen Frauen erst ab 1908 zum Studium zu. So gehörte sie wohl zu den weniger als tausend «Hörern» – im Unterschied zu rund 9000 Studierenden. Wie erlebte Maja Einstein die Stadt, wie die Prachtstraße «Unter den Linden», an der die Universität mit den Marmorsitzbildern der *Brüder Humboldt* lag, wo sie Vorlesungen besuchte und ihr Bruder zehn Jahre später nach seinem Belieben unterrichten sollte? Eigentlich hatte er schon früher kommen wollen: Doch 1901, ein knappes Jahr nach seinem Diplom als «Fachlehrer in mathematischer Richtung», hatte sich Albert Einstein an der Technischen Hochschule Charlottenburg vergeblich um eine Assistentenstelle beworben.

Maja Einstein wohnte wohl bei Verwandten. Vielleicht im Haushalt der Familie von Einsteins Onkel mütterlicherseits, Jakob Koch. Max Löwenthal, der Mann einer Kusine von Maja, *Elsa Löwenthal,* geborene Einstein, die Einsteins zweite Frau werden sollte, lebte als Textilhändler und Mitinhaber einer Firma in Berlin, zuletzt in der Passauerstraße. Elsa war nach der Firmenliquidierung im Jahr 1901/02 mit ihren Töchtern Ilse und Margot in die Heimat ihrer Eltern nach Hechingen/Hohenzollern zurückgezogen. Ihr Vater, Rudolf Einstein, erwarb dann ein Haus in der Haberlandstraße in *Schöneberg* am Westrand zu Wilmersdorf und zog mit Frau Fanny und ihrer zweiten Tochter, Paula Einstein, dort ein. Elsa Löwenthal kam erst 1908/09 zurück aus Hechingen – in dieses Haus im neuen Bayerischen Viertel. Da weilte Maja schon wieder in der Schweiz. Die Familien Einstein-Löwenthal lebten also in der selbständigen Großstadt *Schöneberg* mit ihren 170 000 Einwohnern, nicht etwa in Berlin.

Landschafts- oder Stadtbild?

Unter Wilhelm II. war Berlin erste Residenz des Königs von Preußen und, seit 1871, auch Kaisers der Deutschen. Die *Kommune* Berlin musste daneben bestehen und sich oft genug gegen den preußischen Staat und königliche Willkür wehren. Vor dem Ersten Weltkrieg umfasste sie ungefähr das von der *Ringbahn* umschlossene Gebiet, das von West nach Ost durch die *Stadtbahn* gequert wurde. Nach einer Volkszählung im Jahre 1910 hatte die Stadt etwas mehr als zwei Millionen Einwohner. Ein Kranz von eigenständigen Großstädten wie Charlottenburg, Schöneberg, Wilmersdorf, Spandau, Lichtenberg, großen und kleineren Gemeinden wie Tegel, Rixdorf (Neu-Kölln), Köpenick, Steglitz, Ober-Schöneweide und Siedlungen wie die «Landhauskolonie» Dahlem oder die «Villenkolonie» Grunewald mit einer weiteren Million Menschen umgab das eigentliche Berlin. Dazwischen unbebaute Flächen, Wälder wie das königliche Jagdrevier Grunewald, Äcker, Domänen, Güter. Seit der Kaiser im Grunewald nicht mehr jagte, wurde weiter abgeholzt; Berlin und die umliegenden Städte sollten dem Fiskus das Gelände abkaufen. Auch heute schenkt diese unübersichtliche Grundanlage der Stadt, wie Theodor Heuss schrieb, dem Betrachter «manche überraschende Idylle, wenn er auf eine alte Dorfaue stößt mit einem gotischen Backsteinkirchlein oder mit einem Kirchlein in sauber kargem friderizianischem Barock». Die Erschließung all dieser Orte und Flächen verlief unabgestimmt, ohne gemeinsamen Bebauungsplan, im Wesentlichen nach Interessen von Bauspekulanten sowie der auf höhere Steuereinkünfte rechnenden Gemeinden. Mitte 1910 schrieb die *Deutsche Tageszeitung*:

Wo noch im vorigen Frühjahr die Laubenkolonisten ihre Kartoffeln und ein verspäteter Berliner Vorstadtbauer seinen Roggen geerntet hat, ist Baukultur in höchster Berliner Potenz eingezogen. Die Terraingesellschaft des geschickten und geschäftigen Großspekulanten Kommerzienrat Georg Haberland, hat den Ehrgeiz gehabt, an dieser Stelle eine Art Mietskasernenparadies zu errichten. Die Straßennamen ringsum duften nach Rheinwein. [...] Das meiste ist noch ungebaut, und vorerst ist der Rüdesheimer Platz mit einer einzigen anschließenden Straße die Oase im weiten Feld.

Besonders Charlottenburg und Schöneberg widersetzten sich Plänen zum Zusammenschluss mit Berlin. Erst am 1. April 1912 gründeten die

Stadtkreise und Gemeinden einen «Zweckverband Groß-Berlin», der helfen sollte, die Stadt- und Verkehrsplanungen miteinander zu koordinieren. Aber es wurde eher ein Verband zur Verhinderung der Modernisierung und Erhaltung der Sonderinteressen der umliegenden Städte auf Kosten Berlins.

Schöner wohnen

Das Berlin der wilhelminischen Epoche, mehr Stadtlandschaft als Stadt, wies außer dem Schloss und einigen Schinkelbauten weder eine größere Anzahl bemerkenswerter historischer Bauten auf, noch bezog sich das Leben jener, die weder zum Adel noch zu dessen Anhang gehörten, auf einen eindeutig definierten städtischen Bezirk. Drei Viertel der Gebäude waren neu errichtet, noch geschichtslos; auch waren 1910 nur etwas über 40 % der Einwohner in Berlin selbst geboren worden. «Die meisten Berliner sind am Schlesischen Bahnhof angekommen», hieß es. Nicht von ungefähr charakterisierte der konservative Kunstkritiker und -schriftsteller *Karl Scheffler* in seinem Buch aus der gleichen Zeit Berlin als «dazu verdammt, immerfort zu werden und niemals zu sein».

Ein besonderer Mangel bei der Stadterweiterung Berlins im 19. Jahrhundert war die schlechte Aufteilung der zu bebauenden Flächen; sie war geschehen, «ohne dass man einen Unterschied zwischen breiten Hauptverkehrsadern und je nach Bedarf anzuschließenden Nebenstraßen besonderen Gepränges ins Auge gefasst hätte. Die maßlosen Preise der großen und namentlich sehr tiefen Grundstücke nötigten zu starker Ausnutzung, das heißt zum Bau hoher Häuser mit engen Höfen. Fast in allen Stadtteilen findet man in demselben Grundstück Vorderhäuser mit teuren und Hinterhäuser mit überfüllten, geringwertigen Wohnungen.» Noch 1910 waren 48 % aller Berliner Mietwohnungen solche Hinter- und Seitenhauswohnungen, auf die das autobiografische Zeugnis des Berliner Malers *Otto Nagel* gepasst haben wird:

Die Berliner Stube, in der ich zur Welt kam, hatte nur in der Nähe des Fensters ein wenig Helligkeit. Das Bett, in dem meine Mutter mich geboren hat, soll in der äußersten dunklen Ecke der Stube gestanden haben. Ich wurde der siebente Bewohner der Wohnung, die aus einer Küche ohne Korridor und der besagten Stube bestand. Allerdings gehörte noch ein weiterer Raum dazu, der aber nicht zum Wohnen benutzt wurde, sondern dem Vater als Tischlerwerkstatt diente. Das

Mobiliar der Berliner Stube war das übliche. Ringsherum standen die Betten, es gab ein Sofa, mit einem ovalen Tisch davor, in einer Ecke befand sich ein Vertiko mit Aufsatz, auf dem verschiedene Nippesgegenstände standen. Der Hof, auf den das Fenster ging, war dunkel. […] Ich erinnere mich, dass ich in meiner frühesten Kindheit immer wieder am Fenster saß und das Stückchen Himmel beobachtete […].

Sinnvoll war diese Berliner Art des Bauens dann gewesen, wenn die Vorderhäuser als Wohnungen und Läden im Erdgeschoss dienten, die Hinterhäuser aber als Werkstätten und Lagerräume genutzt wurden. Hackescher Hof und Hackescher Markt, heute Touristenattraktionen, veranschaulichen Gruppierungen solcher Geschäfts-, Wohn- und Fabrikräume.

Natürlich gab es attraktive Häuser und Wohnungen in genügender Zahl, etwa im vornehmen Tiergartenviertel, das sich «mit seinen prächtigen Villen und Gärten, seinen Privatstraßen und Villengruppen südlich bis zum Landwehrkanal erstreckte». Hier siedelten sich später auch Kunstgalerien in der Gegend der Bellevue-, Victoria-, und Tiergartenstraße an wie etwa die Paul Cassirers. Im Grunewald bauten Bankiers, Industrielle, erfolgreiche Professoren, Künstler und Schriftsteller ihre Häuser; bis zur Eingemeindung 1920 bot die Landgemeinde Grunewald Steuervorteile. Zu nennen wären Prominente wie Walther Rathenau, Max Planck, Alfred Kerr, Gerhart Hauptmann, Samuel Fischer, Franz und Robert Mendelssohn und die Brüder Ullstein.

Kasernen und Kaufhäuser
Soldaten mussten sich keine Gedanken um ihre Wohnung machen. War Berlin als Stadt der Kneipen, der Pensionen und «Mietskasernen» bekannt, so auch als die der eigentlichen Kasernen. Mehr als ein Dutzend so genannter Garde-Regimenter mit 22 000 Mann schützten vor dem Ersten Weltkrieg das Vaterland und seine «gottgegebene» Ordnung. Im Bogen umfingen die Kasernen das Stadtzentrum. Am nächsten beim Schloss lag eine Kaserne des Kaiser-Alexander-Garde-Grenadier-Regiments zwischen den Straßen «Am Kupfergraben», «Am Weidendamm» und Georgenstraße. Bei der Einweihung ihres Neubaus im Jahr 1901 motivierte der Kaiser seine Soldaten: «Ihr seid die Leibwache eures Königs, und wenn diese Stadt noch einmal wie anno 48 sich wider ihn erhe-

ben wird, so seid ihr berufen, die Frechen und Unbotmäßigen mit der Spitze eurer Bajonette zu Paaren zu treiben.» Ruppigkeit und militärische Grußformen, diese Gesichtszüge der Stadt zeigten sich dem Frauenarzt und späteren berühmten Gynäkologen an der Berliner Universität *Walter Stoeckel* («Zum Operieren zu Sauerbruch, zum Kinderkriegen zu Stoeckel») bei seiner Ankunft in Berlin als Erste:

Es war ein ungemütlicher Herbsttag, als ich 1904 in Berlin ankam. Auf der Friedrichstraße, vor dem Bahnhof, strömten die Menschen rechts und links an mir vorbei. Ein Mann, der mich anrempelte, weil er im Gehen Zeitung las, sagte «Hoppla» und ging weiter. Keine Entschuldigung […]. Das also war Berlin! […] Unter den Linden – was für ein Betrieb! […] Mindestens jeder fünfte Mann zwischen Schloss und Brandenburger Tor schien Uniform zu tragen. […] Die Offiziere grüßten einander mit zackigen Bewegungen. Geriet ein Unteroffizier oder gar ein einfacher Soldat […] in dieses geheiligte Zentrum der obersten Gesellschaft, dann hatte er ein gar beschwerliches Fortkommen. Nahte aber ein «hohes Tier», musste der ranglose Uniformist zur Seite springen, Frontstellung einnehmen und im «Stillgestanden» mit beiden Händen an den Hosennähten seinen Kopf dem «Lametta»-Träger so lange nachdrehen, bis dieser weit genug entfernt war.

Um den Uniformen im Stadtbild zu entkommen, empfahl es sich, «Unter den Linden» zu verlassen, an tuschelnden Paaren und anzüglichen Blicken vorbei durch die «Kaiserpassage» bis zur Ecke Friedrichstraße und Behrenstraße zu schlendern, die Friedrichstraße abwärts bis zur Leipziger Straße zu bummeln und dann entlang dieser zum Leipziger und Potsdamer Platz. *René Schickele* tat es:

Ich geh' eine ganz vergoldete Straße entlang,
Der Himmel zerfließt im Sonnenuntergang.
Da kommen Frauen, märchenschön,
Und bleiben vor glitzernden Läden stehn.
In Blüten schwimmt der Potsdamer Platz,
Er träumt vom Mond, dem Götterschatz.

An diesen Straßen spielte sich städtisches Leben ab; am Leipziger Platz war der Besuch des Warenhauses A. Wertheim («ohne Kaufzwang») ein «Muss». Es erstreckte sich mit seiner granitenen, metallverzierten Fassade bis zur Voßstraße, enthielt eine kunstgewerbliche Abteilung, einen Teppichsaal, Teeraum und eine Billett-Agentur. Noch weiter westlich, im

«Neuen Westen», lud das «Kaufhaus des Westens» am Wittenbergplatz zum Besuch ein. Große Konkurrenz boten die Warenhäuser von Tietz an der Nordwestseite des Alexanderplatzes und in der Leipziger Straße.

Wirtschaftsleben

Der Baedecker von 1912 informiert uns knapp und bündig:

Durch den der Schifffahrt nie versagenden Fluss von jeher in Wasserverbindung mit allen Seiten [...] ist [Berlin] jetzt auch der wichtigste Eisenbahn-Mittelpunkt und einer der bedeutendsten Handelsplätze Deutschlands und vielleicht die erste Industriestadt des Kontinents. Im Handel überwiegen neben dem Geldgeschäft, Getreide, Spiritus und Wolle. [...] Hervorragend sind die Eisengießerei, der Bau von Maschinen, Lokomotiven, Eisenbahnmaterial, Wagen, die Fabrikation von Waffen, die gewaltig aufstrebende Elektrizitäts- und Beleuchtungsindustrie, [...] Modeartikel, die Bekleidungskonfektion [...].

Für die Schwer- und Elektroindustrie seien die Namen der den Markt beherrschenden Berliner Unternehmen Borsig in Tegel, Siemens & Halske AG am Spreebogen in Charlottenburg, die Siemens & Schuckertwerke, die AEG in Moabit, im Wedding, um den Humboldthain und an weiteren Standorten genannt, für die Waffenherstellung die ebenfalls in Moabit gelegene Deutsche Munitions- und Waffenfabriken AG, für die Chemie die Agfa (Aktiengesellschaft für Anilinfabrikation) schon außerhalb in Treptow und Rummelsburg. Besonders die Elektroindustrie mit ihren mannigfachen Anwendungen in Beleuchtung, motorgetriebener Maschinenkraft, Verkehr und Kommunikationswesen trug zur Verwandlung der Stadt bei. Neben den Riesen der Branche gab es in der Stadt viele kleine und mittlere Betriebe für speziellere Fertigungen. Insbesondere in der Bekleidungs- und Schuhindustrie, Papierwaren- und Zigarettenherstellung konnten mit Zulieferungen durch Heimarbeit, besonders von Frauen, viel größere Profite gemacht werden. Im Jahr 1906 berichtete die Berliner Handelskammer von 140 000 Heimarbeitern.

Als *Bankenstadt* zählte Berlin damals neben der noch privaten «Reichsbank» etwa 20 Banken ersten Ranges wie Deutsche, Dresdner und Darmstädter und Nationalbank, Berliner Handelsgesellschaft oder Berliner und Schlesischer Bankverein, zumeist in den Parallelstraßen südlich von «Unter den Linden» angesiedelt, in der Friedrichsstadt. 1909 hielten acht Berliner Großbanken dreiundachtzig Prozent des deutschen Bankkapitals.

Berlin war auch die Stadt der großen Zeitungsverlage in der Nähe der Schützen-, Jerusalem-, Zimmer- und Kochstraße, so der «Zeitungsverlag und Annoncen-Expedition Rudolf Mosse» mit dem *Berliner Tageblatt* und der *Volkszeitung*. Dem sich in den zwanziger Jahren zum größten Verlags- und Druckhaus Europas entwickelnden Verlag Ullstein gehörten *Morgenpost, Berliner Illustrirte Zeitung* und, seit 1914, auch die älteste Berliner Tageszeitung, die *Vossische Zeitung*. Dazu kam der «August Scherl Verlag» mit dem Massenblatt *Berliner Lokal-Anzeiger* und der illustrierten Wochenzeitung *Die Woche*, um nur die bedeutendsten der Zeitungsverlage zu nennen. Dem standen die Buchverlage in nichts nach; denken wir etwa an den Verlag von *Samuel Fischer* in der Bülowstraße oder an den Verlag von *Ernst Rowohlt*. Beide gaben bekannte Literaturzeitschriften heraus, Fischer *Die neue Rundschau*, Rowohlt *Die literarische Welt*.

Verkehr verbindet

Durch die Verschiebung der Industrieanlagen und Produktionszentren vorwiegend nach Norden und Nordwesten trennten sich Wohn- und Fabrikgebiete weiter; neue Wohnviertel entstanden um den Bahnhof Gesundbrunnen und an der Prenzlauer Allee. Da die Strecken zwischen Wohnviertel und Arbeitsstätten immer länger wurden, spielten die Kosten der Verkehrsmittel für die Arbeitenden eine immer bedeutendere Rolle. Dem wurde teilweise Rechnung getragen durch die Errichtung von *Werkssiedlungen* wie die der Konzerne Borsig und Siemens in der Nähe der Produktionsstätten; ein ganzes Industrierevier entstand: Siemensstadt.

Maja Einstein fuhr vielleicht mit solchen Verkehrsmitteln zur Friedrich-Wilhelms-Universität, mit der Stadtbahn, der Pferdebahn, einem Omnibus-ähnlichen Gefährt mit zwei schweren Zugpferden, an Steigungen wie in der Belle-Alliance-Straße auch drei. Sie durchkreuzten die Stadt in verschiedene Richtungen, waren billiger als die Automobillinien und die elektrischen Straßenbahnen der «Großen Berliner Straßenbahn-Aktiengesellschaft».

Die erste Berliner U-Bahn war 1902 eröffnet worden, zwei Jahre vor der New Yorker, aber fast 40 Jahre nach der Londoner Underground. Die Schöneberger U-Bahn wurde von 1908 bis 1910 zur Erschließung des «Bayerischen Viertels» gebaut: vom Nollendorfplatz zum Bayerischen Platz und dem heutigen Innsbrucker Platz. Die Wilmersdorf–Dahlemer Schnellbahn (U1) mit der Strecke Wittenbergplatz – Fehrbelliner Platz – Breitenbachplatz – Thielplatz war im Oktober 1913 eingeweiht worden. Ebenso die von Charlottenburg gebaute Kurfürstendamm-U-Bahn (U15) Wittenbergplatz – Uhlandstraße; sie sollte ursprünglich bis Halensee weitergeführt werden.

Das Tempo in Berlin nahm zu; Walter Mehring drückte es so aus:

Die Linden lang / Galopp! Galopp!
Zu Fuß, zu Pferd, zu zweit!
Mit der Uhr in der Hand, mit'm Hut auf'm Kopp,
Keine Zeit! Keine Zeit! Keine Zeit!

Anfang des Jahrhunderts war die Kreuzung von «Unter den Linden» und Friedrichstraße die verkehrsreichste der Stadt gewesen, später abgelöst durch den Potsdamer Platz und den Auguste-Viktoria-Platz (heute Breitscheidplatz) an der Kaiser-Wilhelm-Gedächtniskirche. Längs Kaisers «Reitweg» «Unter den Linden» ging es jedoch recht langsam; da durfte keine ratternde Straßenbahn fahren; eine einzige Linie querte sie. Vorschläge, zur besseren Verbindung von nördlicher und südlicher Stadt weitere Linien zur Querung zuzulassen, wurden von Kaiser Wilhelm II. mit der lakonischen Bemerkung abgetan: «Unten durch, nicht drüber weg!» So entstand in langjähriger Arbeit der Lindentunnel, ein Straßenbahntunnel unter dem Forum Fridericianum zwischen Kastanienwäldchen und Opernplatz, heute stillgelegt und teilweise zugeschüttet. 1901 gab es noch 8114 Droschkenkutscher in Berlin – 1926 noch 226. Dafür stieg die Zahl der «Kraftdroschken mit Verbrennungsmotoren», das heißt der Auto-Taxen, von einer einzigen im Jahr 1901 so rasant an, dass der Berliner Polizeipräsident Traugott von Jagow 1909 einen Zulassungsstopp verfügte.

Mode

Auch die Mode spielte eine Rolle in Berlin, in regem Austausch mit den Pariser Couturiers und den amerikanischen Einkäufern aus New York. Die Branche hatte sich hauptsächlich im alten Westen und im Zentrum angesiedelt, die feine Mode im Tiergartenviertel, etwa in der Lenné- oder Tiergartenstraße, die Konfektionsmode in der Gegend um den Hausvogteiplatz und den Spittelmarkt bis zum nach den Zerstörungen des Zweiten Weltkriegs verschwundenen Dönhoffplatz, Ecke Leipziger und Jerusalemstraße. Von den ca. 600 Konfektionsbetrieben für Damen-kleider in Deutschland in den 20er Jahren arbeiteten ungefähr 500 in Berlin. Eine bekannte Firma mit ca. 1200 Beschäftigten in den 20er Jah-ren war die von Hermann Gerson mit Sitz in der Werderstraße 9/12, mit Kunden aus unterschiedlichen gesellschaftlichen Schichten – vom Adel bis zu Operettendiva und Schauspielern.

Die Berliner Mode *war* einst sehr brav. Als Mannequins eines Pariser Modehauses in Hosenröcken «Unter den Linden» spazieren gingen, er-regten sie so großes Aufsehen, dass sie ins Hotel Adlon flüchten und in einer Droschke unter polizeilicher Begleitung in ihre Unterkunft ge-bracht werden mussten. Traugott von Jagow witterte Unmoral und un-tersagte das Tragen des «Jupe-Culotte» in der Öffentlichkeit. Aber es gab auch weniger prüde Berliner und Berlinerinnen. Bei ihnen hatte der Komponist und Revueautor *Rudolf Nelson* mit seinem Chanson «Erst kamen die Blusen und Kleider» Erfolg:

Sie war in der Leipziger Straße,
in einem Modesalon,
ein Sprühteufelchen,
keck und voll Rasse,
sie hatte Chic und Facon.
Und eines Tages hat er sie entdeckt,
im letzten Lager ganz hinten,
sie stand hinter Blusen und Kleidern versteckt,
und schwer nur war sie zu finden:
Erst kamen die Blusen und Kleider,
und dann die Jupons voller Plis.
Und dann die Dessous und so weiter,
und dann,
und dann kam sie!

Gesellschaft, Kultur und Wissenschaft

Die Berliner Gesellschaft

Wie es die Metropole Berlin vor 1920 nicht gab, so auch nicht *die* Berliner Gesellschaft; beide bestanden aus Einzelteilen: Städten, Dörfern und Domänen, Untergesellschaften, Klubs und Zirkeln. Einer dieser gesellschaftlichen «Kreise» war die adelige kaiserliche Hofgesellschaft bis hin zu Regierung, Militär und Diplomatie mit dem äußeren Kranz von allerlei Würdenträgern. Unter sich blieben Hochfinanz und Industrielle, Wirtschafts-, Bildungsbürgertum und Arbeiterschaft: «Schuster bleibt Schuster, und Leutnant bleibt Leutnant.» Ein Aufstieg von der Arbeiterschaft ins gehobene Bürgertum wie ihn Bruno H. Bürgel in seinem Buch «Vom Arbeiter zum Astronomen» schilderte, war selten. Das Zauberwort in Berlin hieß «geschlossene Gesellschaft», war sie nun ein vornehmer Klub wie der kaiserliche Automobil-Club im Palais Bleichröder am Pariser Platz oder einer der vielen tausend Spar-, Arbeiterbildungs-, Theater-, Wohltätigkeits- und Sportvereine oder ein bloßer Stammtisch.

Kaiser und Bürger blieben sich fremd; die Parlamentarier betraten das Schlütersche Schloss bei Reichstagseröffnungen und Thronreden; die Sozialisten überhaupt nie. Wenn das kaiserliche Paar in der Kutsche oder im elfenbeinfarbenen Automobil, das «durch ein melodisches Trompetensignal mit besonderem Zweiklang» auffiel, vom Schloss über die «Linden» in den Tiergarten fuhr oder der Kaiser auf *seinem* Reitweg in der Mitte der Prachtstraße entlangritt, den Begleitern um eine Nasenlänge des Pferdes voraus, schwenkten Herren ihre Hüte und verneigten sich Frauen. Doch war das eher eine Sehenswürdigkeit für Berlin-Touristen – «Berlin jewesen – Kaiser jesehen» – als herzerwärmend für das einfache Volk, zumal an jeder Straßenecke die blau gewandeten Schutzleute standen, von denen es auf den leisesten Befehl des Berliner Polizeipräsidenten schikaniert oder, falls für nötig erachtet, verprügelt wurde.

War die herausgehobene Stellung des Militärs ein charakteristischer Zug der Stadt, so die übertriebene Prüderie der Behörden in Mode und Kunst ein anderer. Die Zensur wachte streng. Füße nackt ohne Trikot auf der Bühne zu zeigen, war verboten; Frauen in Männerhosen – undenkbar. *Tilla Durieux* erzählte, im Berlin der ersten Jahre des 20. Jahrhunderts sei es noch zu einer Anklage gekommen wegen der Worte eines

Wilhelm II. mit dem Kronprinzenpaar auf dem Weg zur 200-Jahr-Feier der Sophien-kirche, 1913

Schriftstellers: «Und starrte verschlafen auf die weißen, wie Weiberbusen schimmernden Hügel!» Andererseits wurde ungefähr zur gleichen Zeit, als Maja Einstein die Stadt wieder verließ, das Freibaden am Großen Wannsee ohne Geschlechtertrennung erlaubt. Darüber schrieb der französische Reisejournalist Jules Huret 1909:

In Norderney hätte ich mir um ein Haar einen Prozess auf den Hals geladen, weil ich, aus Unkenntnis der Vorschriften, der Frauenabteilung zu nahe gekommen war – und hier stand ich mitten unter Hunderten von halbnackten Berlinerinnen, jungen Mädchen, die sich von ihren Müttern trockenreiben ließen, die vor meinen Augen das Hemd überwarfen, indess Hunderte von Männern und Knaben, kaum mit einem Taschentuch bekleidet [...] Ball spielten, liefen, turnten und ihre Muskeln den Blicken des ganzen versammelten Geschlechtes darboten.

Einsteins Schwester war wohl schon zurück in Bern, als im November 1907 zur Eröffnung der neuen Tagungsperiode des Reichstags und vor den Wahlen zum preußischen Abgeordnetenhaus fünfzig Massenver-sammlungen der Sozialdemokratie gegen das als «bittersten Hohn auf Recht und Gerechtigkeit» empfundene *preußische Dreiklassenwahlrecht* stattfanden. Durch die Überbewertung der Stimmen der besitzenden Klassen sorgte es dafür, dass trotz Stimmenmehrheit die sozialdemokratischen Abgeordneten eine Minderheit blieben. Im Januar 1908 folgten Massendemonstrationen mit Tausenden von Teilnehmern – ohne Erfolg. Die Wahlen von 1908 führten zu einem absurden Ergebnis: 418 400 konservative Wählerstimmen führten zu 212 Parlamentsmandaten, dagegen 598 500 sozialdemokratische zu gerade einmal *sieben* Sitzen. Vor einer geplanten Demonstration der Sozialdemokraten ließ der Polizeipräsident an den Litfasssäulen folgende Bekanntmachung anschlagen:

Es wird das Recht auf die Straße verkündet.
Die Straße dient lediglich dem Verkehr.
Bei Widerstand gegen die Staatsgewalt erfolgt Waffengebrauch.
Ich warne Neugierige.
Berlin, den 13. Februar 1910.

Stätten der Bohème und der Künstler
Wenn schon die Straßen dem Berliner nicht gehören durften, so gab es doch Orte, an denen er sich wohl fühlen konnte.

Der Berliner kann ohne Kneipe nicht leben. Jeder hat «gleich um die Ecke» oder «schräjrüber» sein Stammlokal. Wer in Berlin lebt und nicht regelmäßig in die Kneipe geht, ist entweder krank oder kein Berliner. Der Kneipenhang der Berliner hat viele Gründe. Die Soziologen führen natürlich zuerst die schlechten Berliner Wohnverhältnisse an. [...] Der Wiener hat sein Kaffeehaus, der Berliner geht in die Kneipe.

Auch die Künstler trafen sich an bestimmten Stätten der Muße; in der alten Friedrichstadt etwa in dem in der Dorotheenstraße gelegenen «Schwarzen Ferkel». Dazu gesellten sich im Zug der Entwicklung der Stadt nach Westen die Cafés um den Potsdamer Platz. Sie lockten Berlinbesucher zur Einkehr, so die Café-Konditorei «Josty», die Palastcafés «Picadilly» und «Fürstenhof» und, noch weiter im Westen, die Cafés und Frühstücksrestaurants beim Kurfürstendamm. Auf dem Gemälde von *Willi Jaeckel* «Im Romanischen Café» von 1912 lässt sich nicht erkennen, wie ungemütlich dieser der Kaiser-Wilhelm-Gedächtniskirche zugewandte Treffpunkt der Literaten und Künstler an der Ecke Tauentzienstraße und Kurfürstendamm (heute Budapester Straße, an der Stelle des Europa-Zentrums) gewesen sein muss. Das Café habe einem Bahnhofswartesaal geglichen, in dem viele Talente herumsaßen und auf das Wunder warteten, entdeckt zu werden. Die Maler und Zeichner

Max Slevogt und *Emil Orlik*, zwei Impressionisten der Vorkriegszeit, hatten hier ihren Stammtisch; an ihm saß oft auch der Kunsthändler und Verleger *Bruno Cassirer*, der sich von Slevogt Radierungen signieren ließ. Orlik zeichnete, malte oder fotografierte jeden, der in der Berliner Kultur eine Rolle spielte. Der philosophierende Mathematiker und Schachweltmeister *Emmanuel Lasker* – ein Gegner von Einsteins Relativitätstheorien, weil sie nach Lasker «Widersinn mit Wahrheit» identifizierten – spielte hier seine Partien; unter den Schriftstellern fielen der schmale *Bernhard Kellermann* und der rundliche *Kurt Pinthus* auf. Von Orlik mitgenommen, war auch Albert Einstein einige Male im «Romanischen Café» zu Gast.

Ein konkurrierendes, viele Zeitungen anbietendes Etablissement, das «Café des Westens», manchmal «Café Größenwahn» genannt,* befand sich weiter westlich am Kurfürstendamm, seit 1913 an der Ecke mit der Joachimsthalerstraße, also an der Stelle des heutigen «Kranzler-Ecks». Unter den nicht sehr zahlreichen Frauen im «Café des Westens» war etwa *Else Lasker-Schüler* zu finden. Nach dem expressionistischen Dichter *Ernst Blass* hatte das Café «ja nichts Spelunkenhaftes-Anarchistisches: Es war der Treffpunkt unspießiger Menschen. Es gab damals Zeitschriften mit speziellerem Humus: der *Sturm* von *Herwart Walden*, die *Aktion* von *Franz Pfemfert*, der *Pan* von *Wilhelm Herzog*. Dort erschienen Dinge, die uns angingen. Kaffeehaus-Extrakte, in zwangfreien, marktfreien Nächten empfangen.» Daraus ergab sich vielleicht auch sein Gedicht «Abendstimmung» mit der letzten Strophe:

> O komm! O komm, Geliebte! In der Bar
> Verrät der Mixer den geheimsten Tip,
> Und überirdisch, himmlisch steht Dein Haar
> Zur Rötlichkeit des Cherry-Brandy Flip.

Der Maler *Max Pechstein* erinnerte sich: «Im ‹Café Größenwahn› summte es, als seien Bienen aufgescheucht […]. Wir gründeten die Neue Secession und sammelten. Ich selbst kam so in Verbindung mit der Gruppe des ‹Blauen Reiters› […]. In der Presse und im ‹Größenwahn› tobte erbittertes Gezänk.»

* Nicht zu verwechseln mit dem erst 1920 von Rosa Valetti gegründeten literarischen Kabarett «Größenwahn», das sich allerdings im selben Haus befand.

Ausstellungen der Malervereinigungen und Kunstgalerien machten sich mächtige Konkurrenz. Die Galerie des Verlegers und Kunsttheoretikers Herwart Walden, «Der Sturm», hatte schon verschiedenste moderne Stile von den italienischen Futuristen über die Maler des «Blauen Reiters» bis zu den deutschen und französischen Expressionisten präsentiert. Die Grafik *Pablo Picassos* war den Berlinern vor dem Ersten Weltkrieg ebenso gezeigt worden wie abstrakte Plastiken von *Alexander Archipenko*. Der Geschmack von Kaiser Wilhelm II., vornehmlich der Historienmalerei, Kaiserporträts und Schlachtengemälden zugewandt, hatte den Entwicklungen in der Malerei nicht folgen können. Anlässlich einer von Paul Cassirer veranstalteten Ausstellung von Cézanne im Jahr 1901 soll er gesagt haben: «Paul Cassirer, der die Dreckkunst aus Paris zu uns bringen möchte [...].»

Wohnungen der Musen

Berlin beherbergte mit der *Museumsinsel* schon in wilhelminischen Zeiten ein einmaliges Ensemble, in dem mit dem «Alten Museum», dem «Neuen Museum», der «Alten Nationalgalerie», dem «Kaiser-Friedrich-Museum» (heute «Bode-Museum») und dem zwischen 1909 und 1930 errichteten «Pergamonmuseum» Räume für Sammlungen der preußischen Kurfürsten, der Krone, Stiftungen aus privaten Sammlungen und die Zukäufe unter der Ägide *Wilhelm von Bodes* geschaffen wurden. Bodes neue Idee für das «Kaiser-Friedrich-Museum» war, die Werke der Künstler im Ambiente ihrer Zeit zu zeigen, also mit Möbeln, Teppichen und Porzellan aus der gleichen Zeit.

Schon 1912 zählte die Stadt zwanzig Theater, ohne die drei Opernhäuser. Seit *Max Reinhardt* 1905 das *Deutsche Theater* an der Schumannstraße übernommen, ein Jahr später die angebauten *Kammerspiele* mit Ibsens «Gespenstern» und dem Bühnenbild Edvard Munchs eröffnet und durch seine üppigen Inszenierungen internationale Erfolge errungen hatte, galt die Aufnahme in sein Schauspieler-Ensemble als Beginn einer erfolgreichen Karriere. Reinhardts Konkurrent vor dem Ersten Weltkrieg im Lessingtheater an der Kronprinzenbrücke,* *Otto Brahm,*

---

* Sie querte die Spree nördlich des Reichstags, existiert heute aber nicht mehr.

hatte den jungen *Gerhart Hauptmann* mit seinem Drama «Vor Sonnen-aufgang» bekannt gemacht.

Wegen der strengen Zensur hatten sich Theatervereine gegründet, deren «geschlossene» Veranstaltungen nicht verboten werden konnten. So gab es die *Freie Bühne* von Brahm und S. Fischer, die *Freie Volksbühne* und eine Abspaltung, die *Neue Freie Volksbühne*, die den Arbeiterbildungsvereinen nahe standen. Der Blüte des Berliner Theaters folgte die der Theaterkritik; Fontane, Kritiker der *Vossischen Zeitung*, hätte sich über die Vielzahl von «Nachfolgern» gewundert, darunter *Alfred Kerr*. Elsa Löwenthal hat sich für Theater interessiert; bekannt ist, dass sie selbst im Februar und Dezember 1913 Vortragsabende mit Gedichten im Klindworth-Saal in der Lützowstraße bzw. im Künstlerhaus in der Bellevuestraße gab und sich bei Vetter Albert Einstein nach ebensolchen Vortrags-Möglichkeiten in Zürich erkundigte.

Das «Unter den Linden» gelegene *Königliche Opernhaus* «für Oper und Ballett» wurde von den Generalmusikdirektoren *Carl Muck* und *Richard Strauß* geleitet; Letzterer dirigierte auch die Sinfonie-Abende der Hofkapelle an «zehn Abenden im Winter». Die *Deutsche Oper*, eine Einrichtung der Stadt Charlottenburg, öffnete 1912 mit dem «Fidelio»; 11 000 Abonnenten wollten versorgt sein. Schließlich gab es seit 1905 die *Komische Oper* an der Weidendammerbrücke, privat geführt und seit 1911 hauptsächlich als Operettenbühne bekannt. Mit der heutigen *Komischen Oper* an der Behrenstraße hatte dieses Haus nichts zu tun. Neben den Opernorchestern spielte in Berlin das «Philharmonische Orchester», von dem Dirigenten *Artur Nikisch* zu europäischem Ruhm gebracht; gemeinsam mit dem «Philharmonischem Chor» von *Siegfried Ochs* führte er auch große Chorwerke auf.

Den neuesten Schrei in Sachen Unterhaltung bildeten aber die «Kinematographentheater», der «Kientopp», etwa im «Café Picadilly», Admiralspalast oder im Mozartsaal am Nollendorfplatz mit ihrem Stummfilmangebot. Die Aufführung des ersten Films von Max Reinhardt, «Die Insel der Seeligen», fand im Oktober 1913 in dem vom Architekten *Oskar Kaufmann* am Kurfürstendamm gebauten «Union-Palast» statt.

War Wilhelm II. auf dem Gebiet der Kunst rückwärts gewandt, so wirkte sich sein Interesse an den Naturwissenschaften und ganz besonders der Technik modernisierend auf die Organisation von Forschung und Lehre in Preußen und damit auch in Berlin aus.

Seine Wissenschaftsverwaltung baute das Hochschulwesen vom einzelnen Lehrstuhl als dem früheren ausschließlichen Wirkungszentrum der Universität aus durch Einrichtung von Instituten und Seminaren in Richtung auf wissenschaftliche Kooperation und den wissenschaftlichen Großbetrieb um. Das Bibliothekswesen wurde besser geordnet, das Universitätsrecht modernisiert. Trotz des Widerstands der Universitäten erhielten im Jahr 1899 alle preußischen Hochschulen das Promotionsrecht durch ein Machtwort des Kaisers, so auch die Technische Hochschule in Charlottenburg. Ebenso war um 1900 die Gleichstellung von den mehr auf die praktischen Fächer und naturwissenschaftlichen Belange ausgerichteten Realgymnasien und Oberrealschulen mit dem humanistischen Gymnasium erfolgt. Auf Anregung des Ministerialdirektors im Preußischen Kultusministerium, *Friedrich Althoff*, vereinbarten Wilhelm II. und Präsident Theodore Roosevelt einen regelmäßigen Austausch zwischen deutschen («Kaiser-Wilhelm-Professor») und amerikanischen Universitäten («Theodore-Roosevelt-Professor»), wieder gegen das Votum der Professoren der Berliner Universität. Sie lehnten die wissenschaftliche Ebenbürtigkeit ihrer amerikanischen Kollegen in ihrer Selbstherrlichkeit ab. Als 1907 der erste Roosevelt-Professor eintraf, beschrieb Althoff den Austausch als:

das meistversprechende Mittel, die friedliche und verständnisvolle Annäherung der Völker zu fördern [...]. Diplomatie und Handel haben wir seit langer Zeit, nun müssen wir den uneigennützigen geistigen Verkehr zwischen den Führern der Kulturbestrebungen der verschiedenen Nationen hinzufügen, um einer wahren Weltzivilisation den Weg zu bahnen. Mit diesem neuen Kulturbindemittel werden wir dem Weltfrieden und der Weltkultur eine feste Grundlage geben.

Das war edel gedacht und ganz im Sinne von Albert Einstein; zehn Jahre später ging die «feste Grundlage» in einem Meer von Blut der ihre Soldaten gegenseitig abschlachtenden «Kulturnationen» unter.

Wie sah Professor Albert Einstein die eben wenigstens zum Zweckverband «Groß-Berlin» gewordene Stadt, als er zum ersten Male im

April 1912 von Prag aus für eine Woche nach Berlin reiste, dort angesehene Kollegen wie Haber, Nernst, Planck, Rubens und Warburg besuchte und sich in seine Kusine Elsa Löwenthal verliebte? Danach schrieb er an sie, er sei ganz selig, wenn er an die «Tour nach Wannsee» denke und daran, mit ihr «in den traulichen Wäldern bei Berlin» zu schwatzen. Neben diesen Wäldern würde er in der Stadt selbst außer dem Tiergarten eine ganze Reihe grüner Flecken, die im neunzehnten Jahrhundert als Parkanlagen angelegt worden waren, finden können, Oasen im Häusermeer. Allerdings auch die vielen Kasernen; der Einstein seit seiner Münchener Gymnasialzeit verhasste deutsche Götzendienst am Militär hatte sich nicht abgeschwächt. Vielleicht erschien er ihm durch die Liebe zu Elsa und die Hoffnung auf den wissenschaftlichen Austausch mit seinen Kollegen in einem milderen Licht. Eine erste Möglichkeit, nach Berlin zu kommen, hatte der Präsident der nördlich vom Knie (heute Ernst-Reuter-Platz) gelegenen *Physikalisch-Technischen Reichsanstalt, Emil Warburg*, Einstein durch eine Stelle in dieser Staatsanstalt für das physikalisch-technische Präzisions-Messwesen und die damit zusammenhängende Grundlagenforschung angeboten. Einstein hatte abgelehnt; ein «Haustheoretiker» in dieser anwendungsbezogenen Institution wollte er dann doch nicht sein.

Zum Festakt anlässlich der Hundertjahrfeier der Gründung der Berliner Universität am 11. Oktober 1910 nach Einsteins Berlinbesuch, hatte der Kaiser höchstpersönlich in der Aula das Katheder erklommen und eine von dem Theologieprofessor an der Berliner Universität, *Adolf von Harnack*, und anderen sorgfältig vorbereitete Rede gehalten. Darin kündigte er seinen Wunsch an, «unter meinem Projektorat und Namen eine Gesellschaft zu gründen, die sich die Errichtung und Erhaltung von Forschungsstätten zur Aufgabe stellt». Er reihte die neue Einrichtung in die Tradition der preußischen Wissenschaftspflege ein: Humboldts großer Forschungsplan verlange «neben der Akademie der Wissenschaften und der Universität selbständige Forschungsinstitute als integrierende Teile des wissenschaftlichen Gesamtorganismus», die auch auf staatliche Hilfe rechnen könnten. Das war die Vorabmitteilung zur Gründung der *Kaiser-Wilhelm-Gesellschaft* (KWG). Die Mischfinanzierung rechnete mit bedeutenden Summen von privaten und industriellen Geldgebern. Die Humboldtsche Idee der Verbindung von Forschung und Lehre war von den Universitäten in einer Zeit der stürmischen Entwicklung ganzer Industrien wie der Elektroindustrie auf der Grundlage neuer naturwissenschaftlicher Erkenntnisse kaum mehr zu verwirklichen. An den Universitäten konnte Grundlagenforschung aufgrund ihrer mangelhaften personellen wie schlichten Ausstattung mit herausragendem Erfolg nicht mehr betrieben werden. Die neue Institution der Kaiser-Wilhelm-Gesellschaft sollte diese Misere überwinden helfen. 1911 schon wurde die organisatorische Grundlage errichtet, die zwanzig Mitglieder des Senates der Gesellschaft vom Kaiser aus dem Kreis der Geldspender unter Einschluss von vier pekuniär nicht so leistungsfähigen Professoren bestellt und von Harnack als erster Präsident gewählt. Die beiden ersten Kaiser-Wilhelm-Institute für *Chemie* und für *Physikalische Chemie und Elektrochemie*, auf dem Grund der ehemaligen Domäne Dahlem erbaut, wurden im Oktober 1912 eröffnet. *Fritz Haber* war schon 1911 als Direktor des letzteren Instituts berufen worden. Der jüdische Mäzen, Mitinhaber des Bankhauses Koppel & Co. und Großaktionär der Osramwerke, *Leopold Koppel*, hatte es allein finanziert.

Neben einer Frau im besten Alter, der Friedrich-Wilhelms-Universität, und dem noch zarten Mägdelein mit dem Namen Kaiser-Wilhelm-Gesellschaft, gab es in Berlin eine ehrwürdige ältere Grande Dame der Wissenschaften, die auf Vorschlag von G. F. Leibniz gegründete «Brandenburgische Societät der Wissenschaften», nun «Königlich Preußische Akademie der Wissenschaften» genannt mit ihren beiden «Klassen», der «Philosophisch-historischen» und der «Physikalisch-mathematischen». Die Aufgabe der Akademie bestand in der Förderung der Wissenschaften ohne einen bestimmten Lehrzweck. Die Zahl der ordentlichen Mitglieder verteilte sich gleichmäßig auf beide Klassen; jede hatte einen ständigen «Sekretar». Seit 1912 war das der theoretische Physiker *Max Planck* für die Physikalisch-mathematische Klasse. Auch Nernst, Rubens und Warburg gehörten zu den ordentlichen Mitgliedern der Akademie; Haber musste warten, bis er im Jahre 1914 aufgenommen wurde. Jede Klasse hatte zunächst eine hauptamtliche Stelle, die ausschließlich der Forschung diente. Die Inhaber gehörten automatisch zum Lehrkörper der Universität mit dem Recht, aber ohne die Pflicht zu Vorlesungen. So der Chemiker und Nobelpreisträger *Jacobus H. van 't Hoff* bis zu seinem Tod im Jahr 1911. Gleichzeitig mit der Errichtung der ersten

Kaiser-Wilhelm-Institute bekam die Physikalisch-mathematische Klasse der Akademie 1911 drei neue bezahlte Stellen, «um der Akademie der Wissenschaften die Möglichkeit zu bieten, die Leiter von Kaiser-Wilhelm-Instituten zu ordentlichen Mitgliedern zu wählen». Genau das sollte drei Jahre später für Albert Einstein so genutzt werden.

Neben diesen drei Spitzen-Institutionen für Forschung und Lehre, mit denen Einstein in Berlin eng verbunden sein würde, gab es noch weitere Einrichtungen, in denen Physik auf Universitätsniveau betrieben werden konnte, etwa die *Technische Hochschule Charlottenburg* mit rund 2000 Studenten und die *Landwirtschaftliche Hochschule* mit 600 Studenten in der Invalidenstraße, zu der auch das Museum für Naturkunde gehörte. Nicht zu vergessen ist die Astronomie mit den beiden Sternwarten, der Königlichen Sternwarte in Potsdam-Babelsberg und der Archenholdschen Volkssternwarte in Treptow. Auch große Industriebetriebe hatten Forschungslabors eingerichtet.

Wo sonst hätte Einstein eine derartige Konzentration von Kollegen in der Physik und den dazugehörenden Lehr- und Forschungsstätten finden können?

Wissenschaft und Eros:
Was Einstein nach Berlin lockte

Warum wollten die Berliner Physiker Einstein in ihrer Mitte haben, und warum entschied Albert sich dafür, nach Berlin überzusiedeln? Biografien berichten, dass Einstein den Unterricht am Gymnasium in München mit noch nicht ganz sechzehn Jahren abgebrochen und seine Entlassung aus der württembergischen Staatsbürgerschaft gerade so rechtzeitig beantragt hatte, dass er dort keinen Militärdienst leisten musste. Danach hatte er in Italien und der Schweiz gelebt. Seine akademischen Erfahrungen hatte er bisher an Universitäten in der Schweiz und in Österreich-Ungarn gesammelt. Nach der Promotion in Zürich und der Habilitation in Bern war er zweimal Professor in Zürich geworden, dazwischen ein Jahr lang als Ordinarius an der Karls-Universität in Prag gewesen; er hatte Berufungen nach Leiden und Utrecht ausgeschlagen. Von deutschen Universitäten war bislang kein Angebot gekommen; der Mathematiker David Hilbert an der Universität Göttingen hatte ihn 1912 vergeblich zu einem Vorlesungszyklus über «Kinetische Theorie» eingeladen. Bei aller industriellen und kulturellen Potenz lagen Preußen und Berlin im Vergleich mit den den Volkswillen besser ausdrückenden Verhältnissen in Zürich weit zurück. Kaiserhaus, Adel, tonangebendes Militär, Staatskirche und Beamtenschaft arbeiteten zusammen, um die gesellschaftliche Ordnung in all ihrer sozialen Unausgeglichenheit zu erhalten. Andererseits bildete Berlin *das* Zentrum der Physik in Preußen und Deutschland – vom «Freizeitwert» der Stadt einmal ganz abgesehen. Aber Berlin war auch riesig und hektisch! Der im Jahr 1913 nach Berlin gekommene *Ernst Reuter* äußerte sich nicht gerade begeistert:

Berlin selbst ist mir höchst unsympathisch. Staub und entsetzlich viele Menschen, die alle rennen, als ob die Minute 10 Mark kostete. [...] Deine Abneigung gegen Berlin teile ich nachgerade vollständig, es ist eine scheußliche Stadt. Ich werde aber noch lange in ihr leben müssen.

Diese Vorhersage stimmte, Reuters Einstellung zu Berlin ist jedoch freundlicher geworden: Nach dem Zweiten Weltkrieg wurde er dort Regierender Bürgermeister. Zwei Dinge mögen Einstein besonders gereizt haben: Berlins einzigartiges Wissenschaftsklima und die Sehnsucht nach seiner Kusine und Geliebten seit 1912, Elsa Löwenthal.

Einsteins Kollegen in Berlin

Die Friedrich-Wilhelms-Universität Berlin war seit dem Wirken von Kirchhoff und Helmholtz ein Zentrum der theoretischen Physik in Preußen geworden; seit dem Wintersemester 1888/89 hatte *Max Planck* in dieser Tradition gelehrt und im Jahr 1900 durch seinen Vorschlag zum Verständnis der Strahlungsenergie eines heißen Körpers mittels der «Quantenhypothese» großes Aufsehen erregt. Diese Hypothese besagte, dass strahlende Atome ihre Energie nicht in *beliebigen* Portionen abgeben können, sondern nur in ganz bestimmter Menge proportional zur Frequenz der Strahlung. Die Proportionalitätskonstante, eine Naturkonstante, heißt seitdem *Plancksche Konstante*. Für seine Entdeckung, aus der sich in den ersten drei Jahrzehnten des zwanzigsten Jahrhunderts die Quantenmechanik mit ihren für unsere heutige Alltagstechnik so wichtigen Folgen entwickelte, erhielt Max Planck 1918 den Nobelpreis. Er war auch der Erste gewesen, der die Bedeutung von Einsteins Arbeit «Zur Elektrodynamik bewegter Körper» vom Juni 1905 erkannte, der Grundlage der «speziellen Relativitätstheorie». Sein Assistent *Max von Laue* schrieb dann 1911 eines der ersten Lehrbücher über die Relativitätstheorie. Planck und von Laue korrespondierten mit Einstein seit 1906. Einstein lernte Planck 1909 auf der Tagung der Deutschen Naturforscher und Ärzte in Salzburg kennen.

Der Experimentalphysiker und Direktor des Physikalischen Instituts der Berliner Universität, *Heinrich Rubens*, der ebenfalls in Salzburg weilte, forschte über elektromagnetische Strahlung, insbesondere im langwelligen, ultraroten Bereich. Er arbeitete mit dem Direktor des Physikalisch-Chemischen Instituts der Berliner Universität *Walther Nernst* auf dem Gebiet der spezifischen Wärmen bei tiefen Temperaturen zusammen. Hierzu hatten sowohl Nernst als auch Einstein theoretische Beiträge geliefert, Nernst durch sein «Wärmetheorem», Einstein aufgrund der

Quantenvorstellung durch die Vorhersage, dass die spezifischen Wärmen fester Körper bei verschwindender Temperatur auch zu null gehen. Um Einsteins Resultat überprüfen zu können, mussten die Schwingungsfrequenzen von Kristallgittern bekannt sein, und genau sie wollte Rubens bestimmen. Auch er korrespondierte mit Einstein. Nachdem er Einsteins Resultat hinsichtlich der spezifischen Wärmen qualitativ bestätigen konnte, besuchte Nernst ihn 1910 in Zürich. In einem Brief schwärmte Nernst von Einstein als einem außergewöhnlichen Forscher, während umgekehrt Einsteins Charakterisierung von Nernst als einem fabelhaften «Techniker» zurückhaltender klingt; immerhin erhielt Nernst seinen Nobelpreis aber noch *vor* Einstein.

Vom Direktor des Kaiser-Wilhelm-Instituts für *Physikalische Chemie und Elektrochemie*, Fritz Haber, dem berühmten Erfinder des Haber-Bosch-Verfahrens zum Entzug des Luftstickstoffs und seiner Umwandlung zu Ammoniak und Nitraten, war schon die Rede. Mit ihm war Einstein zuerst im September 1911 bei der Versammlung Deutscher Naturforscher und Ärzte in Karlsruhe bekannt geworden. Haber war von den Diskussionen mit Einstein begeistert und schrieb ihm danach, er habe viel lernen müssen, sei von Einstein belehrt worden und ihm daher aufrichtig und herzlich verpflichtet. Ihre Diskussionen hatten sich um die Wärmebilanz bei chemischen Reaktionen gedreht und um eine Vermutung Habers über deren Zusammenhang mit Plancks Quantenhypothese. Einstein bewunderte Habers Gedankenreichtum, meinte jedoch, er reflektiere nicht genug und übe zu wenig Selbstkritik. Auch Haber erhielt seinen Nobelpreis vor Einstein. Einen weiteren Berliner Kollegen von wissenschaftlichem Interesse für Einstein, den Präsidenten der *Physikalisch-Technischen Reichsanstalt*, Emil Warburg, hatte er 1911 beim *Solvay-Kongress* in Brüssel getroffen; der junge, im Vergleich mit den anderen Teilnehmern unbekannte Einstein war auf Anregung von Nernst eingeladen worden. Themen des Treffens bildeten Strahlungsphänomene und das Quantenkonzept. Warburg beschäftigte sich schon seit Jahren mit Einsteins Anwendung der Quantenhypothese auf das Licht – ebenfalls 1905 zuerst publiziert. Einstein hatte vorgeschlagen, das Licht statt als Welle als eine Art Teilchengas darzustellen, in dem jedes Teilchen ein Energiequant tragen sollte. Heute werden diese Teilchen *Photonen* genannt. Der konservativere Planck hatte das Photonen-Konzept abgelehnt, aber Warburg sah seine Bedeutung für das Gebiet der Photochemie, also der Beeinflussung chemischer Reaktionen durch Licht. Nach der Diskussion mit Warburg fand Einstein einen Beweis dafür, dass das Licht bei photochemischen Reaktionen als quantenhaftes Teilchen absorbiert wird.

Einstein boten sich also im Prinzip sehr viele Möglichkeiten zu wissenschaftlicher Diskussion und Zusammenarbeit mit seinen Berliner Kollegen; die gemeinsamen Interessen aller lagen überwiegend auf dem Feld der neuen Quantenvorstellung und der daraus zu ziehenden Folgerungen. Schon vor dem Ersten Weltkrieg verlief hier eine der vordersten Linien in der Forschung: Nach den Vorstellungen der Maxwellschen Elektrodynamik konnte ein strahlendes Atom entgegen der Erfahrung nicht stabil sein, nach den Quantenregeln des dänischen Theoretikers *Niels Bohr* aber schon. Nach ihnen konnte ein Elektron im Atom nur zwischen bestimmten Energiestufen hin- und herspringen und die Energiedifferenz als elektromagnetische Strahlung abgeben. Nach der klassischen Theorie sollte das Atom aber dauernd Energie in beliebigen Portionen abstrahlen und in kurzer Zeit kollabieren. Wie den Widerspruch auflösen?

Einem aufmerksamen Beobachter, und Max Planck war ein solcher, wäre aufgefallen, dass Einstein in den Jahren 1912 und 1913 fast doppelt so viele wissenschaftliche Arbeiten auf dem Gebiet der Gravitation geschrieben hatte als auf dem der quantenhaften Erscheinungen und der Strahlung – anders als in den Jahren 1909 und 1910. Schien sein Interesse nun darauf gerichtet, eine mit seiner speziellen Relativitätstheorie besser zusammenpassende Theorie der Schwerkraft zu entwickeln? Ein Notizbuch aus der Züricher Zeit um 1912 zeigt, dass Einstein die Entwicklung einer solchen Theorie damals schon fast vollständig gelungen war. Interessant ist ein weiteres, *unveröffentlichtes* Manuskript aus dem Jahr 1913 über die beobachtbare Bewegung des Planeten Merkur, das er zusammen mit seinem Freund *Michele Besso* im Rahmen eines vorläufigen Theorie-Entwurfs verfasste. Eine von den Astronomen beobachtete Abweichung der Bahn des Planeten Merkur gegenüber der Vorhersage durch die Newtonsche Gravitationstheorie kam zwar heraus, aber mit den genauen Zahlenwerten des Endresultates kamen die beiden nicht zurecht. Schon zwei Jahre zuvor hatte Einstein eine Arbeit über den Einfluss des Schwerefeldes auf das Licht geschrieben und eine Ablenkung des Sternenlichts an der Sonne gefunden. Nun bemühte er sich, Astronomen auf diese winzigen Effekte aufmerksam zu machen, um eine eventuelle Überprüfung der Theorie zu bekommen. Den einzigen, bei dem er bisher in dieser Angelegenheit auf Gegenliebe gestoßen war, nämlich den Assistenten an der «Königlichen Sternwarte Berlin», *Erwin Findlay Freundlich*, besuchte Einstein während seines Berlinaufenthaltes neben all den genannten physikalischen Koryphäen auch.

Das Angebot aus Berlin

Im Januar 1913 schlug Fritz Haber nach Diskussionen mit dem Ministerialdirektor *Friedrich Schmidt-Ott* und dem Mäzen Leopold Koppel, der finanzielle Unterstützung in Aussicht gestellt hatte, dem «Ministerium für geistliche und Unterrichts-Angelegenheiten» (Kultusministerium) vor, für Einstein eine herausgehobene Position in seinem Kaiser-Wilhelm-Institut einzurichten. Habers Idee war, «die Strahlungslehre und die Elektromechanik» für die Chemie nutzbar zu machen, nachdem dieses für die Wärmelehre durch van 't Hoff erfolgreich gelungen sei. Unter Elektromechanik müssen wir die Elektronentheorie oder, noch großzügiger interpretiert, die Wechselwirkung von Atomen oder Molekülen mit elektromagnetischer Strahlung verstehen, deren quantenmechanische Natur damals weitgehend ungeklärt war. Nach Habers Ansicht zeigte es sich mit jedem Monat mehr, dass Plancks neues Konzept des elementaren Energiequants für das Verständnis aller molekularen Prozesse unabdingbar sei. Dies erfordere dringend neuartige experimentelle Forschung. Eine solche grundlegende Aufgabe könne in unvergleichlicher Weise gefördert werden, wenn Einstein in Habers Institut eintrete. Zu diesem Zweck sei ein einmaliger Betrag zur Labor-Ausstattung und ein für einen jungen Professor recht hohes Gehalt erforderlich. Haber regte auch an, den Einstein wissenschaftlich am nächsten stehenden Kollegen, nämlich Max Planck, mit in die Überlegungen einzubeziehen. Das geschah, und in den Diskussionen der nächsten Monate zwischen Haber und Planck, zu denen noch Nernst hinzugezogen wurde, zeigte sich, dass Nernst besonders an die Erforschung der Struktur von kristallinen Festkörpern im Sinne der von Laue und Bragg verwandten Methode der

Röntgenbeugung dachte, während Planck als Einziger daran erinnerte, dass Einstein wegen seines gesteigerten Interesses an der Gravitationstheorie eher Hilfe von den Astronomen brauche.

Aus den Diskussionen der drei Berliner Wissenschaftler entwickelte sich ein neuer Plan, um Einstein nach Berlin zu holen. Nach diesem sollte er nun unabhängig von Habers Institut bleiben und ein Mitglied der Akademie der Wissenschaften als Vollzeitforscher werden, genauso wie es van 't Hoff gewesen war. Am 12. Juni 1913 trug Planck in der Sitzung der Akademie den auch von Nernst, Rubens und Warburg unterschriebenen Vorschlag für Einsteins Aufnahme als Mitglied vor. Einstein habe sich schon in jungen Jahren Weltruf erworben durch sein Relativitätsprinzip und die daraus folgenden Umwälzungen, besonders auch für den Zeitbegriff. Die empirisch überprüfbaren Folgerungen der Theorie lägen aber an der Grenze des Messbaren. Für die Praxis bedeutsamer seien Einsteins aus der Quantenhypothese gewonnenen Resultate für die spezifische Wärme fester Körper und den Zusammenhang zwischen elastischen Konstanten und optischen Eigenschwingungen von Kristallen sowie für den lichtelektrischen und den photochemischen Effekt. Mit seiner Spekulation über die Lichtquanten sei er «gelegentlich auch einmal über das Ziel hinausgeschossen». Dazu komme noch seine Meisterschaft in der anschaulichen Verbindung der kinetischen Theorie mit der Thermodynamik. Der Erfolg seiner gegenwärtigen Arbeit an einer neuen Gravitationstheorie stehe noch aus. Einsteins Eintritt in die Berliner Akademie der Wissenschaften werde «von der gesamten physikalischen Welt im Sinne eines besonders wertvollen Gewinns für die Akademie beurteilt werden [...]». Einstein solle 12 000 Mark Gehalt bekommen, davon werde Koppel für zwölf Jahre die Hälfte übernehmen. Um einen Vergleich zu haben: Der Direktor *Ernst Beckmann* des Kaiser-Wilhelm-Instituts für *Chemie* erhielt etwas mehr als 10 000 Mark im Jahr und als ordentlicher Professor der Universität zusätzliche 9000 Mark, also wesentlich mehr. Verglichen mit dem jährlichen «Ehren-Gehalt» von 900 Mark für das normale Akademiemitglied war Einsteins Bezahlung jedoch sehr gut. Der Ehrensold kam zum angegebenen Betrag für Einstein hinzu. Die Physikalisch-mathematische Klasse der Akademie stimmte dem Vorschlag Anfang Juli bei einer Gegenstimme zu. Bedenken «wegen der Beteiligung eines Privatmannes», das heißt Koppels, an den geheiligten Geschäften der Akademie konnten in der Sitzung vom 10. Juli 1913 ausgeräumt werden. Eile war nötig; im August und September wollte man in die verdienten Ferien gehen.

Einen Tag später, noch bevor die Gesamtsitzung der Akademie die Zuwahl bestätigte, waren Planck und Nernst samt Gattinnen mit dem Nachtzug am Freitagabend schon unterwegs, um Einstein in Zürich zu besuchen und ihm das Angebot am Samstag zu unterbreiten. Es enthielt zusätzlich die Honorarprofessur an der Berliner Universität, wie sie van 't Hoff innehatte. Vielleicht war auch schon von der Möglichkeit eines eigenen Instituts für Einstein die Rede. Am Sonntag machten die Ehepaare Planck und Nernst Ausflüge in die Umgebung und ließen Einstein Zeit zum Nachdenken. Als sie den Abendzug nach Berlin bestiegen und Einstein mit einem weißen Taschentuch winkte, ein vereinbartes Signal, wussten sie, dass er das Angebot akzeptiert hatte. Wenig später schrieb Einstein an seine Geliebte Elsa in Berlin, dass er «längstens nächstes Frühjahr» nach Berlin komme. Es sei eine kolossale Ehre, van 't Hoffs Nachfolger zu werden. Er freue sich schon sehr «auf die schönen Zeiten, die wir zusammen verbringen werden». Technische Details mussten noch mit dem Ministerium geregelt werden. Das dauerte seine Zeit; auch «Seine Kaiserliche und Königliche Majestät» musste die Wahl Einsteins «huldreich» bestätigen, was am 12. November 1913 «durch Allerhöchsten Erlass» auch geschah. Die offizielle Mitteilung seiner Wahl in die Akademie erhielt Einstein Ende November. Da die Akademie es ihm überlassen hatte, den Termin seines Amtsantritts in Berlin zu bestimmen, stellte er in seinem Dankschreiben «die ersten Tage im April» 1914 in Aussicht.

In Briefen an Elsa kam Einstein auf die Idee eines Instituts für ihn zurück, schrieb sie zunächst ab, erzählte aber etwas später, dass die Pläne bis zu seiner Ankunft in Berlin hinausgeschoben worden seien. Tatsächlich beschäftigten sich die Berliner Kollegen durchaus schon mit konkreten Vorstellungen. Bei einer Besprechung im Kultusministerium im Januar 1914, an der die Professoren Haber, Nernst und Planck sowie der Geldspender Koppel teilnahmen, gingen die Meinungen auseinander. Nernst machte die konkretesten Vorschläge in Richtung auf ein Institut, an dem Strahlungsforschung betrieben und die Theorie des festen Körpers untersucht werden sollte, etwa unter der Leitung des Erfinders des

Geigerzählers zur Messung der Strahlung radioaktiver Stoffe, *Hans Geiger*. Aber auch der Gedanke an ein «Outsourcing» der Forschung über ein Gremium zur Finanzierung von Forschungsprojekten, dem Einstein angehören sollte, tauchte auf. Ein danach von Nernst ausgearbeitetes Memorandum für das Kultusministerium zur Gründung eines «Kaiser-Wilhelm-Instituts für physikalische Forschung» wurde von Haber, Planck, Rubens und E. Warburg unterzeichnet. Wieder war die finanzielle Mitwirkung der *Koppel-Stiftung* vorgesehen. Der Organisationsplan für das neue Kaiser-Wilhelm-Institut wich stark von dem der bestehenden naturwissenschaftlichen Institute der Kaiser-Wilhelm-Gesellschaft ab. Statt eines Direktors mit voller Verfügungsgewalt über die Sachmittel und das mit ihnen forschende Personal sollte nun ein durch *Gremien* gesteuertes Institut *ohne* eigenes Personal und damit auch ohne eigene Laborräume gegründet werden. Vereinfacht gesagt sollte es einen Aufsichtsrat, genannt *Kuratorium*, einen Vorstand mit Namen *Direktorium* und einen Arbeitsausschuss geben. In Bezug auf das Direktorium sah das Memorandum vor: «Als beständigen Ehrensekretär bringen wir Herrn Prof. Einstein in Vorschlag, die übrigen Mitglieder werden alle drei Jahre neu gewählt.» Zweck des neuen Kaiser-Wilhelm-Instituts sollte sein:

Zur Lösung wichtiger und dringlicher physikalischer Probleme neben- und nacheinander Vereinigungen von besonders geeigneten physikalischen Forschern zu bilden, um in planmäßiger Weise die betreffenden Fragen sowohl durch mathematisch-physikalische Betrachtungen wie auch besonders durch in den Laboratorien der betreffenden Forscher auszuführende Experimentaluntersuchungen einer möglichst erschöpfenden Lösung entgegenzuführen.

Warum sollte es kein Institut um Einstein herum als dem *einzigen* Direktor werden? Er hatte bisher keine nennenswerte Erfahrung in der Führung eines Instituts sammeln können – weder in Zürich noch in Prag. Dazu gehörte mehr als Kreativität im Finden neuer Konzepte, etwa die Fähigkeit zur Organisation von Forschungsvorhaben und deren Ablauf, zur Motivation von Mitarbeitern, zur Bewertung von Forschungsideen. Das wussten die Berliner Kollegen. Aus einem Brief an Max Planck geht hervor, dass Einstein sich nicht ganz sicher gewesen ist, ob er für seine Rolle als Leiter des Instituts und der damit verbundenen Aufgabe der Projektauswahl und Projektfinanzierung «der richtige Mann» sein würde. Andererseits könnten die Kollegen Einstein vorgeschoben haben, um zusätzliche Gelder für ihre eigenen Forschungsvorhaben zu bekommen. Sie hatten sich für die ersten drei Jahre selbst als Vorstandsmitglieder vorgeschlagen. Auch forschungsbezogene Gründe könnten entscheidend gewesen sein. Wie erwähnt, richteten sich die gemeinsamen Forschungsinteressen Einsteins und seiner Berliner Kollegen überwiegend auf die neue Quantenvorstellung und die daraus zu ziehenden Folgen. Das war ein schwierig zu beackerndes Feld; abgesehen von Bohr mit seinem Atommodell hatte niemand eine zündende, weiterführende Idee gehabt. Dass ein Forscher *allein* die Weiterentwicklung der klassischen Strahlungstheorie bewältigen könne, schien unwahrscheinlich: Zu viele unerklärte Effekte, zu viele empirische Daten aus verschiedenen Untersuchungsgebieten, zu groß die begrifflichen und mathematischen Probleme. Da lag es nahe, ein Diskussions- und Entscheidungsforum zu bilden und die Forschung auf experimentelle und theoretische Physiker sowie Experten in physikalischer Chemie zu verteilen, jedenfalls auf viele Schultern. Heute heißt so etwas interdisziplinäre und transdisziplinäre Zusammenarbeit. Die große Richtung eines eventuellen Forschungsprogramms zum Verständnis der Quantenphysik würde vom Institut und seinem Direktor Einstein – unter gleichberechtigten Kollegen – vorgegeben werden, so war zu hoffen. Ausgeführt würde das Programm von anderen Forschern.

Nachdem Haber im April 1914, also schon nach Einsteins Ankunft in Berlin, ein weiteres Memorandum nachgeschoben hatte, überreichten die Kaiser-Wilhelm-Gesellschaft und die Koppel-Stiftung dem preußischen Kultusministerium im Juni einen gemeinsamen Vorschlag zur Gründung eines KWI für *theoretische Physik*. Es ging um den Staatszuschuss von einem Drittel der benötigten Summe, da die Koppel-Stiftung und die KWG den Löwenanteil tragen sollten. Koppel persönlich wollte die Baukosten für ein bescheidenes Institutsgebäude ohne Laborräume übernehmen. Im Juli erreichte das Projekt das preußische Finanzministerium, das ihm zwei Tage vor der allgemeinen Mobilmachung den Garaus bereitete. Als Begründung der Ablehnung wurde nicht der unmittelbar bevorstehende Krieg gewählt, sondern der Zweck des Instituts. Es sei doch viel einfacher, die Geldmittel *direkt* an die betroffenen Staats- oder Universitätsinstitute zu verteilen als *indirekt* über die KWG. Und die angestrebte systematische und planmäßige Weise, die wissenschaftlichen Ziele anzugehen, könne auch so erreicht werden. Einstein und seine Kollegen mussten also erst einmal ohne ein eigenes Institut auskommen.

Flucht aus der Ehe

Das attraktive Angebot aus Berlin war nur ein, wenngleich wichtiger, Grund, der Einsteins Entscheidung, nach Berlin zu gehen, beeinflusste. Ein anderer war seine lieblose Ehe mit Mileva Einstein, geb. Marić, und sein Liebesverhältnis mit der Kusine Elsa Löwenthal. Nach einer Jugendbegegnung in München hatte Einstein die Kusine dann im April 1912 in Berlin wiedergetroffen. Elsa war sowohl eine Kusine Einsteins ersten Grades über ihre Mutter als auch eine Kusine zweiten Grades über ihren Vater. Albert und Elsa hatten sich ineinander verliebt, waren Geliebte geworden:

Ich habe Dich in diesen wenigen Tagen so lieb gewonnen, dass ich Dirs kaum sagen kann. [...] Es ist jammerschade, dass wir nicht in derselben Stadt wohnen. Die Aussicht, dass ich nach Berlin gerufen werde, ist leider recht gering [...]. Sei geküsst von Deinem Albert.

Der heimliche Briefwechsel mit Elsa aus den Jahren 1912 und 1913, von dem Einsteins Briefe erhalten sind, während er Elsas auf ihren Wunsch hin vernichtete, musste nicht nur vor Mileva geheim gehalten werden, sondern auch vor dem in Berlin lebenden Teil der Verwandtschaft. So etwa vor Elsas Eltern und ihrer Schwester *Paula* Einstein, mit der Einstein früher einmal ein «Techtelmechtel» gehabt haben muss. «Ich begreife nur schwer, wie ich an ihr habe Gefallen finden können. Eigentlich ist es aber einfach. Sie war jung, ein Mädchen, und entgegenkommend. Das war genug. Das übrige lügt eine liebenswürdige Phantasie.»

Einstein bemitleidete sich, nicht nur weil er Elsa vermissen, sondern auch weil er mit Mileva leben musste. «Wir sind beide arme Teufel, jeder angekettet an seine unerbittlichen Pflichten.» Im Mai machte er einen Versuch, sich von Elsa zu lösen, und kündigte an, ihr nicht mehr zu schreiben, versprach ihr aber gleichzeitig, nach seinem Wechsel nach Zürich die dortige Adresse zu schicken, «an die *Du* mir schreiben kannst.» In der Tat gratulierte ihm Elsa wohl zu seinem Geburtstag im März 1913 und die Korrespondenz begann erneut. «Ich würde etwas drum geben, wenn ich einige Tage mit Dir verbringen könnte, aber ohne mein Kreuz. [...] Dein Albert.»

Sein «Kreuz» Mileva konnte sich wohl seit der Schwangerschaft mit dem dritten Kind Einsteins, seinem zweitem Sohn Eduard, nicht mehr der ungeteilten Aufmerksamkeit ihres Mannes erfreuen. Sie musste allein daheim bleiben mit den Söhnen, wurde melancholischer und litt an Rheumatismus – abgesehen von dem ererbten Hüftschaden, der sie beim Gehen behinderte. Einsteins Annahme des Rufs nach Prag machte ihre Lage nicht leichter. Nach dem der Familie aufgezwungenen Umzug litt Eduard häufig unter Mittelohrentzündungen und andauernden Kopfschmerzen; Mileva beklagte sich über schlechte Luft und mangelnde Hygiene in Prag. Der von seiner Natur aus fröhliche und lebenslustige Einstein beschrieb seine «Miza» Elsa gegenüber nicht gerade rücksichtsvoll; sie sei «der sauerste Sauertopf, den es je gegeben hat. Es graut mir davon, sie und *Dich* beisammen zu sehen. Wie wird sie sich wie ein Wurm krümmen, wenn sie Dich nur von ferne sieht!» Es ist zu hoffen, dass Mileva Einsteins brutale Bemerkung über ihr Aussehen, die er gegen Ende seines Lebens in der Form variierte, sie sei von einer ungewöhnlichen Hässlichkeit gewesen, nicht selbst zu hören bekam. Stimmen kann das so nicht. Ein Foto von Mileva und Albert aus dem Jahr 1911 zeigt sie mit breitem, hübschem Gesicht, feiner Oberlippe und selbstbewusstem Blick. Auf einer Fotografie aus späteren Jahren, nach der Trennung in Zürich gemacht, sehen wir eine Frau mit rundem, gefälligem Gesicht und etwas verbittertem Ausdruck; nicht schöner und nicht hässlicher als Elsa. Immerhin hatte Einstein kurz nach der Heirat seinem Freund Besso geschrieben, Mileva sorge ausgezeichnet für alles, koche gut «und ist immer vergnügt». So ganz von selbst wird sich Milevas Stimmung nicht ins Trübe gewandelt haben. Einstein gab zu, Mileva sei selbst am meisten geplagt und sinne Tag und Nacht darüber nach, «wie sie sich vor Euren Verfolgungen schützen soll». Damit waren die Verwandten in Berlin gemeint. Einsteins Mutter kränkte Mileva, so oft sie konnte: «Meine Mutter ist in ihrem Hass auch sehr perfide.» Mileva verhielt sich nicht versöhnlich, sondern zahlte mit gleicher Münze zurück. Einstein fühlte sich in einem «Jammerthal», aus dem ihn die Wissenschaft «emporhob in ruhige Sphären, unpersönlich und ohne Schimpfen und Jammern». Auch Elsa hatte wohl einen Krach mit Alberts Mutter, versöhnte sich aber wieder mit ihr. Erstaunlicherweise mischte sich Einsteins Kusine sogar in die Berufungsvorbereitungen ein, indem sie bei Haber vorsprach. Einstein schrieb ihr im August 1913, dass ihre Beihilfe an seiner Berufung vielleicht gar nicht so unwirksam gewesen sei; Haber wisse den Einfluss einer freundlichen Kusine einzuschätzen. «Ich hätte vielleicht Akademie Akademie sein lassen und wäre in dem vertrauten Kreise geblieben. [...] Die Ungeniertheit, mit der Du Haber auf die Bude stiegst, ist echt Elsa. Hast Du davon irgend jemand etwas gesagt oder es mit Deiner schwarzen Seele allein abgemacht?»

Im August wanderte Einstein mit *Marie Curie* und ihren Töchtern durch das Engadin; im September besuchte er mit Mileva und den beiden Söhnen die Schwiegereltern in Serbien, dann hielt er einen Vortrag auf der *Versammlung Deutscher Naturforscher und Ärzte* in Wien. Anscheinend sollte Mileva dorthin mitfahren, dann sollte die Rückkehr nach Zürich erfolgen, aber es gab Krach. Einstein fuhr allein. Der serbische Großvater sorgte inzwischen dafür, dass seine Enkel in der griechisch-orthodoxen Kirche getauft wurden. Einstein machte direkt von Wien aus einen Besuch in Berlin, um dort wegen seiner neuen Position zu verhandeln und seine Geliebte Elsa ohne sein «Kreuz» wiederzutreffen. Er kam glücklich zurück:

Ich habe jetzt jemand, an den ich mit ungetrübtem Vergnügen denken und für den ich leben kann. Wenn ich es nicht sonst schon gefühlt hätte, hätte mir's Dein Brief gesagt, der mich schon hier erwartete. [...] Das halbe Jährchen wird bald vorbei sein, das uns noch trennt.

Die Würfel waren gefallen: für die schmiegsame und verlockendere Elsa, gegen Mileva. Aber um die Wohnung in Berlin musste sich eben diese, als Lebenspartnerin abgeschriebene Frau selbst kümmern; Einstein rührte keinen Finger. So fuhr Mileva nach Berlin, wohnte bei Habers und fand eine Wohnung für die formal noch bestehende Familie. Sie selbst klammerte sich wohl an die Hoffnung, dass sich das Verhältnis zu ihrem Mann und Vater ihrer Kinder bessern könne.

Berlin – eine einmalige Gelegenheit

Einstein muss sich in Zürich gefragt haben, wo er je ein besseres Angebot zu ungestörter Forschungsarbeit bei gleichzeitig sehr guter Bezahlung bekommen könne als in Berlin. Keine Lehr*verpflichtung*, das gefiel ihm besonders gut; in Zürich musste er die pflichtgemäße Anzahl von Vorlesungsstunden abhalten, Staatsexamina für Gymnasiallehrer abnehmen, betreute wohl auch einen oder zwei Studenten in Richtung auf ein Doktorat. All das fiele in Berlin weg oder wäre seinem eigenen Ermessen überlassen, obgleich er als Professor der Berliner Universität geführt würde. Er würde einer der berühmten wissenschaftlichen Akademien Europas angehören, im Kreise weltbekannter Kollegen aufgenommen sein, mit ihnen diskutieren und vielleicht sogar zusammenarbeiten können. Dazu kam die Möglichkeit eines eigenen Instituts; dessen Einrichtung war zwar verschoben worden bis zum Eintreffen in Berlin, aber nicht aufgegeben. Er stand im vierunddreißigsten Lebensjahr, hatte vielleicht die schöpferischste Zeit schon hinter sich – wer wusste das? Ob er auf dem Feld der Quantenerscheinungen «goldene Eier legen» könnte, wie es die Berliner Physiker von ihm vielleicht erwarteten, war unsicher. Aber die Gravitationstheorie würde ihm noch gelingen, davon war er überzeugt; schon jetzt konnte er Effekte vorhersagen. Und in Berlin gab es genügend astronomischen Sachverstand, um diese zu überprüfen. Auch einen jungen Astronomen, Herrn Freundlich, der das mit Begeisterung tun wollte, hatte er schon gefunden.

Die Weltstadt Berlin würde ihn an ihrem verlockenden Angebot an kulturellen und gesellschaftlichen Ereignissen teilnehmen lassen. Zürich, Prag, Leiden, Utrecht und selbst Wien konnten da nicht mithalten. Unwohl wurde ihm allerdings bei der Vorstellung des preußischen Militarismus, gegenüber dem bayerischen wohl eine Steigerung ins Negative. Nicht ganz glücklich war Einstein auch über den Menschentyp, von dem er umgeben sein würde; der «Mangel an persönlicher Gediegenheit» sei leider ein Zug der Berliner, schrieb er Elsa. Im Vergleich zu Franzosen und Engländern seien sie roh und primitiv in Rede und Empfindung, kurzum, ohne persönliche Kultur. Erstaunlich, wie schnell er zu solchen Schlüssen über «die Berliner» gekommen war! Sollte er sie etwa aus der Wechselwirkung mit seinen Berliner Kollegen gewonnen haben?

Für den Ausgleich würde die Liebe seiner Kusine Elsa sorgen; Einstein empfand es als ein ganz seltenes Glück, dass «ein so braves Wesen mir herzlich zugetan ist». Er freute sich auf das häufige Zusammensein mit ihr: «Das schönste sollen unsere Spaziergänge im Grunewald sein und bei schlechtem Wetter unsere Zusammenkünfte in Deinem Zimmerchen.» Er glaubte zu wissen, dass er in Berlin aufleben werde; er war verliebt.

Weiter ging das Jahr 1914. Der Frühling kam und brachte uns Gewitter von einer ungewöhnlichen Schwere und Häufigkeit. Die Natur schien in Unordnung geraten zu sein. Fast an jedem Tag blitzte und donnerte es, als ob die Welt untergehen wollte, und wieder hub jenes geheimnisvolle Raunen von kommenden großen Ereignissen an, das während des letzten Jahres so ziemlich verstummt war. Es war eine eigenartige, fast traumhafte Stimmung, in der man damals lebte, hin und her gerissen zwischen Kriegsahnungen und Friedenshoffnung. Rauschende Feste wurden gefeiert [...].

Vielleicht hat es wie in dieser Schilderung von Hans Dominik auch geblitzt und geregnet, als Albert Einstein mit dem Zug von Leiden über Aachen am 29. März 1914 in Berlin ankam. Er hatte Ehrenfest von seiner Gravitationstheorie berichtet und mit ihm über Neues in der Quantenphysik diskutiert. Vielleicht wurde er am Potsdamer Bahnhof von Fritz Haber erwartet, oder auch am Bahnhof in Charlottenburg oder am Lehrter Bahnhof, in denen Züge aus Köln einliefen? Ein Vierteljahr zuvor hatte Mileva mit Habers Hilfe eine Wohnung in der Ehrenbergstraße 33 in Dahlem gefunden, nicht weit weg von Habers Institut im Faradayweg 4. Die Wohnung wurde renoviert, und die Möbel kamen auch eine Woche später, so dass Einstein für eine Weile bei seinem Onkel mütterlicherseits, Jakob Koch, unterschlüpfen musste. Er war in Zürich zum 1. April 1914 ausgeschieden und frohlockte gegenüber seiner Geliebten Elsa Löwenthal, dass seine Frau mit den beiden Söhnen noch zwei Wochen in Locarno zur Erholung bleiben müsse. So konnten sie ihre Liebe ungestört genießen.

Mileva kam mit den Kindern in der zweiten Hälfte des April nach. Die Wohnung für die Familie lag verkehrsgünstig zwischen dem S-Bahnhof Lichterfelde-West und der U-Bahn-Station Thielplatz mit Verbindung zum Wittenbergplatz, also dem «neuen Westen». Von Lichterfelde aus konnten mit der Linie nach Frohnau die in der königlich-preußischen Staatsbibliothek «Unter den Linden» residierende Akademie der Wissenschaften und die Universität in unmittelbarer Nachbarschaft bequem erreicht werden. In der Landhauskolonie Dahlem mit ihren weniger als zehntausend Einwohnern ließ sich gut leben. Damals fing das freie Feld ja schon hinter der Garystraße in Richtung Zehlendorf an. Nicht weit von der Wohnung befand sich auch der Botanische Garten, ein großes, landschaftlich reizvolles Gelände mit Schauhäusern voller Kakteen und einem Tropenhaus mit Palmen. Aber die Stimmung in der Wohnung war nicht zum Besten. Der nach einer Ohrenentzündung noch etwas kränkliche vierjährige Eduard beschäftigte Mileva zu Hause, Hans Albert ging schon zur Schule. Mileva hielt sich und die Kinder fern von Alberts Verwandten, während Albert anscheinend tagelang ohne Begründung und Hinterlassung einer Adresse verschwand, natürlich zu Elsa. Vermutlich ahnte Mileva, dass engere Bande als die losen einer «alten Freundschaft» ihren Mann mit seiner Kusine Elsa verknüpften. Der Besuch des Ehepaars Ehrenfest an einem Wochenende im Mai mag die trübe Eheszene aufgehellt haben. Aber ein Besuch geht schnell vorbei; die Eheleute blieben mit sich allein. Der entscheidende Krach kam, als Einstein einen Untermieter suchte, ohne Mileva zu fragen. Sie warf ihm vor, er lasse sich von seinen Verwandten an der Nase herumführen; die Leute würden sich dafür interessieren, wie sich der Herr Professor benähme. Einstein flüchtete zu Elsa und ihren Eltern, Mileva nahm eine Einladung von Habers Frau *Clara* an und zog mit den Kindern zu ihnen. Die schon vor dem Umzug erkaltete Beziehung war nun auf dem Nullpunkt: Eine Trennung schien angemessen. Albert und Mileva verkehrten nur noch schriftlich miteinander, Haber vermittelte. Eine Vereinbarung über Unterhaltszahlungen für Mileva und die Kinder, die bei ihr bleiben sollten, wurde bei einem Rechtsanwalt abgeschlossen; Einstein kniff und schickte seinen Freund Besso zur Verhandlung. Versuche zur Versöhnung scheiterten an Einsteins harten Bedingungen und dem gegenseitigen Misstrauen. Ende Juli reiste Einsteins Frau mit den Kindern zurück nach Zürich. Er sandte ihr die meisten Möbel nach und bezog eine kleinere Wohnung in *Wilmersdorf* in der Wittelsbacherstraße 13, eine gute Viertelstunde Fußweg von der Haberlandstraße entfernt. Erst ein Jahr später sahen sich alle in Zürich wieder. Berlin nahm dieses eine private Unglück unter vielen anderen nicht wahr.

Tilla Durieux kennzeichnete die Stimmung des Sommers 1914 so:

Der One-Step war eben aufgekommen, und nach dem Schlager «Bobby, wo hast Du deine Haare» tanzte man «Holzbein», das heißt, man hüpfte mit einem lahmen Bein den Saal entlang. Ein Rausch hatte ganz Berlin erfasst. [...] Arbeitslust, Lebensfreude füllte Berlin bis zum Platzen, und kein Mensch ahnte, dass in unserem tollen Reigen das Kriegsgespenst drohend mittanzte. Wohl gab es einige Stimmen, die sich warnend erhoben, aber die Ohren waren verstopft. Es war, als ob jeder noch in einer unbewussten Angst drängte, das Leben zu genießen, zu lachen, zu tollen, bevor das Entsetzliche hereinbrach.

Der «Herr Direktor»:
Einstein und seine Kontrolleure

Nach diesem Blick auf Einsteins Privatsphäre sei zunächst das weitere «Schicksal» des ihm mehr oder weniger versprochenen «eigenen» Instituts verfolgt. Das bedeutet einen Zeitsprung um zweieinhalb Jahre vom Kriegsbeginn im August 1914 bis in den Januar 1917. Da trat nämlich der Berliner Fabrikant *Franz Stock* der Kaiser-Wilhelm-Gesellschaft bei, mit einer reichlichen Morgengabe von 540 000 Mark. Stock leitete eine Maschinen- und Werkzeugfabrik in Berlin und war Teilhaber der erfolgreichen Telegrafenfabrik seines Bruders Robert, aus der die Firma «Deutsche Telefon-Werke» in Berlin hervorgegangen ist. Eine halbe Million der Spende Stocks bestand aus Kriegsanleihen, deren Zinsen der physikalischen Forschung zugute kommen sollten. Wenn die KWG sich diese Gelegenheit nicht entgehen lassen wollte, musste sie handeln. Nach Korrespondenz mit der Koppel-Stiftung und dem Unterrichtsministerium sowie einem Gespräch mit den Berliner Physikern beschloss der Senat der KWG Anfang Juli, zum 1. Oktober 1917 ein «Kaiser-Wilhelm-Institut für physikalische Forschung» zu eröffnen. Wie geplant würde sein jährlicher Etat 75 000 Mark betragen, zunächst zu zwei Dritteln aufgebracht von der KWG und zu einem Drittel von der Koppel-Stiftung. Diese wollte sich nur für zehn Jahre verpflichten; auch die KWG sagte das zweite Drittel erst einmal nur für ein Jahrzehnt fest zu. Einstein würde Direktor werden mit einem Jahresgehalt von 5000 Mark. Über ein Institutsgebäude wurde nicht befunden. War die finanzielle Ausstattung des Instituts auch schmaler als die von fünf der sechs bestehenden Kaiser-Wilhelm-Institute, so lag sie doch erheblich höher als das durchschnittliche Budget eines naturwissenschaftlichen Instituts der Berliner Universität. Während das *Kuratorium* von der KWG durch den Industriellen *Wilhelm von Siemens* und die Professoren Nernst und Planck beschickt wurde, steuerte die Koppel-Stiftung ihren Mäzen Leopold Koppel und Professor Haber bei; das Unterrichtsministerium bestimmte als Vertreter seinen Minister Friedrich Schmidt-Ott. Das *Direktorium* setzte sich aus Direktor Einstein und den fünf an seiner Berufung und der Vorbereitung des Instituts beteiligten Professoren Haber, Nernst, Planck, Rubens und Warburg zusammen, alle Mitglieder der Berliner Akademie der Wissenschaften. Das bedeutete eine fühlbare personelle Überlappung der beiden Institutsgremien, aber auch eine gute Anbindung an die eifersüchtige Akademie. Der Vorsitz der Gremien lag bei Siemens und Einstein. Die Besetzung war als Provisorium gedacht, damit die Arbeit des Instituts beginnen konnte. Der Arbeitsausschuss entfiel. Die Arbeitsteilung zwischen den Gremien gab dem *Kuratorium* die Aufsicht über den Haushalt und die Aufgabe der Genehmigung jeder *einzelnen* Projektförderung, bis ein jährlicher Haushaltsplan vom Direktorium vorgelegt werden würde. Das *Direktorium* schlug wissenschaftliche Projekte vor und verantwortete ihre Durchführung.

Der Öffentlichkeit wurde das neue Institut Mitte Dezember durch eine Anzeige in zwei Berliner Tageszeitungen sowie in fachwissenschaftlichen Zeitschriften bekannt gemacht:

Am 1. Oktober 1917 ist das
Kaiser-Wilhelm-Institut
für physikal. Forschung

ins Leben getreten. Seine Aufgabe soll darin bestehen, die planmäßige Bearbeitung wichtiger und dringlicher physikalischer Probleme durch Gewinnung und materielle Unterstützung besonders geeigneter Forscher zu veranlassen und zu fördern.

Die Auswahl der Probleme, der Methoden sowie des Arbeitsplatzes liegt in der Hand des unterzeichneten Direktoriums. Doch sollten auch von anderen Physikern an das Direktorium gelangende Anregungen von diesem erwogen und die vorgeschlagene Unterstützung im Falle der Billigung gefördert werden.

Wenn das Institut auch naturgemäß erst nach Beendigung des Krieges seine volle Wirksamkeit wird entfalten können, so soll doch womöglich schon jetzt mit der Arbeit begonnen werden. Angaben über nähere Einzelheiten sind an den mitunterzeichneten Vorsitzenden des Direktoriums, Professor Einstein (Haberlandstraße 5, Berlin-Schöneberg) zu richten.

Das Direktorium Einstein. Haber. Nernst. Rubens. Warburg.

Plancks Name fehlte: Einstein, der das Geld für die Annonce vorstreckte, hatte ihn schlichtweg vergessen. Die angegebene Anschrift ist Einsteins Privatadresse zu dieser Zeit; er zog es vor, die Geschäfte statt in dem von Haber in seinem Institut zur Verfügung gestellten Raum in Elsas Wohnung zu erledigen – unter Mithilfe seiner ersten Sekretärin, der neunzehnjährigen Tochter Ilse seiner Geliebten Elsa Löwenthal. Für drei halbe Tage wöchentlicher Tätigkeit erhielt sie zunächst 50 Mark im Monat vom neuen Institut. Einstein erbat sich von Siemens Geld für eine «Institutskasse mit einigen hundert Mark Inhalt»; schließlich musste eine Schreibmaschine gekauft und Bürobedarf bezahlt werden.

Auf Einsteins Vorschlag stellte das Kaiser-Wilhelm-Institut (KWI) als Erstes Erwin Findlay Freundlich von der «Königlichen Sternwarte Berlin» als Mitarbeiter für drei Jahre ein «im Interesse der Durchführung experimenteller und theoretischer astronomischer Untersuchungen zur Prüfung der allgemeinen Relativitätstheorie und angrenzender Fragen». Planck hatte richtig geurteilt: Die Gravitationstheorie, nicht die Quantentheorie lag im Zentrum von Einsteins Interesse. Nach der Vollendung der allgemeinen Relativitätstheorie im Jahr 1915 und ihrer Analyse in den Monaten danach, wollte Einstein die empirische Prüfung seiner Theorie vorantreiben. Freundlich beschäftigte sich nach einer Einarbeitung in fotografische Techniken mit der Messung der Rotverschiebung von Sternspektren. In seiner Rede vor der Mitgliederversammlung der Kaiser-Wilhelm-Gesellschaft am 19. Oktober 1917 fasste ihr Präsident, Adolf von Harnack, die Gründung von Einsteins neuem Institut zusammen:

Das Institut für Physik: durch die Koppel-Stiftung, eine sehr bedeutende, der Gesellschaft gewidmete Gabe eines Mitglieds, und durch eigene Mittel konnte einem Antrag der Berliner Physiker entsprochen und in diesem Jahr ein mit reichen Mitteln ausgestattetes und dauerndes Institut für Physik unter Leitung des Prof. Einstein als Direktor ins Leben gerufen werden. Dieses Institut hat eine von allen übrigen Anstalten der Gesellschaft abweichende, ganz eigenartige Konstruktion. Es hat kein eigenes Haus und kein eigenes Laboratorium, sondern einem Kreis berufener Physiker sind die Mittel in die Hand gegeben; sie bestimmen, welche Arbeiten unternommen bzw. welchen Gelehrten Unterstützungen und Instrumente zur Förderung ihrer Untersuchungen gewährt werden sollen. Diese Untersuchungen werden dann in den Instituten der betreffenden Gelehrten ausgeführt; die Instrumente aber bleiben Eigentum der Zentralstelle und gehen an sie zurück, um später auch anderen Gelehrten zu dienen. Mit Recht hofft man, auf diese Weise die physikalische Forschung zu stärken, zu vereinigen und auch – zu «verbilligen»; denn wie viele kostbare Instrumente stehen heute in den Instituten ungenutzt, weil die Forschung, zu der sie einmal dort nötig waren, an diesem Institut nicht fortgesetzt wird.

Die Reaktion auf die indirekte Aufforderung in der Gründungsanzeige des neuen Instituts, physikalische Projekt-«Anregungen» an das Direktorium zu senden, war – mit so vielen Kollegen an der Front oder im rückwärtigen Kriegsdienst – für die physikalische Forschung wenig ergiebig. Neben technisch-industriell ausgerichteten Projekten und einem von Einstein abgelehnten Vorschlag zur Einrichtung einer Radiologischen Abteilung zur Untersuchung der Einwirkung von Röntgenstrahlen auf *biologische* Systeme, blieb ein einziger förderungsfähiger Vorschlag übrig: er war von dem Holländer *Peter Debye* vom Physikalischen Institut der Universität Göttingen im Juli 1918 eingereicht worden. Der von Einstein sehr geschätzte Debye hatte dessen Theorie der spezifischen Wärme fester kristalliner Körper erfolgreich weiterentwickelt. Bei Debyes Projekt ging es um Röntgenstreuung am Diamantkristall, aus der Aussagen über die Elektronenverteilung gewonnen werden konnten. Debye vermutete ein Versagen der klassischen Elektrodynamik im Sinne einer «Quantelung der von einem freien Elektron ausgehenden Strahlung» bei Röntgenstrahlen hoher Energie, also kurzer Wellenlänge. Um sie zu erzeugen, brauchte er einen Hochspannungs-Transformator. Das war nun gerade ein Parade-Projekt im Sinne der Gründer des Instituts; es fand einhellige Zustimmung bei der Abstimmung im Umlaufverfahren unter den Direktoriumsmitgliedern – wie Einstein in Ahrenshoop an der Ostsee genossen sie vermutlich ebenfalls die Semesterferien! So schnell die finanzielle Förderung zugesagt worden war, so langsam kam Debyes Untersuchung voran, da die beauftragte Firma Siemens das für ihn bestellte Gerät erst zwei Jahre später liefern konnte. Inzwischen hatte Debye aber einen Ruf nach Zürich angenommen. Da das Institut beschlossen hatte, die Frist auf ein Jahr zu beschränken, während der der Hochspannungs-Transformator ins Ausland ausgeliehen werden durfte, verzichtete Debye auf die ihm zugewiesenen Mittel und gab sie mit den aufgelaufenen Zinsen zurück.

Die Arbeit des Kaiser-Wilhelm-Instituts für Physik

Man hatte vorhergesehen, dass bis zum Ende des Krieges die vom Institut zu unterstützenden, von außen vorgeschlagenen Forschungsprojekte spärlich bleiben würden. Wie stand es aber mit den Forschungsinitiativen des Instituts selbst? Außer der Einstellung des Mitarbeiters Freundlich kam vom Direktor Einstein und seinen Kollegen im Direktorium nichts, vor allem nichts in Bezug auf ein Programm zur Lösung der «Quantenfrage». Haber und Nernst betrieben Kriegsforschung, Einstein selbst war das ganze Jahr 1918 über mehr oder weniger schwer krank, Warburg schon über 70 Jahre alt, Rubens Experte in Experimentalphysik und Präzisionsmessungen. Dennoch konnte Einstein zwei Forschungsarbeiten auf dem Gebiet der Gravitationstheorie, davon eine bedeutende über Kosmologie, publizieren und zwei über Fragen der Quantenphysik; von den Letzteren brachte ebenfalls eine einen Fortschritt für die Vorstellung des Photons als eines Teilchens mit gequanteltem Impuls. Dann erschwerten Waffenstillstand und «Revolution» die Konzentration auf Forschung. Erst nachdem das Direktorium im März 1919 einen zweiten Aufruf veröffentlicht hatte, begann die wirkliche Arbeit der Forschungsförderung.

Seit dem Solvay-Kongress von 1911, an dem alle Direktoriumsmitglieder außer Haber teilgenommen und sich als herausragende Experten im Bereich der Quantenphänomene ausgewiesen hatten, allerdings noch weit entfernt von ihrem grundlegenden Verständnis, waren die Berliner Physiker zurückgefallen. Einstein blieb zwar noch immer unangefochtener Meister auf dem Gebiet der kinetischen Theorie und Thermodynamik, besonders in ihrer Verbindung mit der Theorie der elektromagnetischen Strahlung und bewies dies auch bis 1926. Aber die Musik auf dem Gebiet der Quanten-, insbesondere der atomaren Physik, spielte acht Jahre später *anderswo* lauter, etwa in München bei Sommerfeld, in Göttingen und dann auch in Kopenhagen bei Bohr. Das neue Kaiser-Wilhelm-Institut hätte die Gelegenheit zum Aufholen durch systematisches und konzentriertes Zusammenfassen der Messresultate auf dem Felde der Quantenphänomene, ihre Diskussion im interdisziplinär zusammengesetzten Direktorium und, im optimistischsten Falle, eine daraus entwickelte Forschungsstrategie ermöglicht. Diese Chance wurde jedoch nicht wahrgenommen. Als aktive *Gruppe* hätten die eingefleischten Individualisten im Direktorium bestenfalls unter einer überzeugenden Führung zusammenarbeiten können. Einstein fiel als Führungspersönlichkeit unter Kollegen aus, er hat sich selbst einmal einen «Einspänner» genannt. Für ihn wäre es, wie er sich ausdrückte, eine «Vermessenheit» gewesen, die Probleme anzugeben, deren Verfolgung in erster Linie unterstützenswert seien. Wenn es nicht die eigene wissenschaftliche Arbeit betraf, so war er nicht *problem-*, sondern *personen*zentriert. Exzellente Leute würden exzellente Forschungsprojekte durchführen, so einfach war das. Einstein nannte Namen fördernswerter Personen wie Kossel, Franck, Stern, Volmer und *Gerlach*, alles anerkannte Wissenschaftler, Franck und Stern später sogar Nobelpreisträger, aber keine ganz jungen Leute mehr. Mit den entscheidenden Fortschritten zur Lösung des Quantenrätsels durch *Schrödinger, Heisenberg, Dirac, Born* und Jordan würden sie direkt nichts zu tun haben. Da Einstein in Berlin weder mit Studierenden arbeitete noch Doktorarbeiten betreute, konnte er nicht auf hochbegabten Nachwuchs zurückgreifen wie Sommerfeld, Bohr und Born. Er wollte das wohl auch nicht; seine Mitarbeiter in Berlin sollten ihm Rechenarbeit abnehmen und seine Vorgaben ausführen, also mehr oder weniger «Rechenknechte» sein. Da zeigte es sich, dass Einstein die übliche «Ochsentour» durch die Universität fehlte, dass er nie Assistent gewesen war und die Funktionsweise wissenschaftlicher Zusammenarbeit, welche die Betreuung von Studierenden einschließt, nicht erlernt hatte. Seine Vorbilder hatte er als junger Mann bei der Lektüre wissenschaftlicher Abhandlungen gefunden, die er mit seinen Studienfreunden und mit Mileva diskutierte. Die Konkurrenten Bohr und Sommerfeld beherzigten Einsteins Motto «Exzellente Leute machen exzellente Forschung» ebenfalls. Sommerfeld wandte es aber auf seine fähigsten, für ungewöhnliche Ideen aufgeschlossenen *Studenten* an, die er so früh wie möglich in einem gut vorbereiteten Seminar an die Forschung heranführte. Bohr, indem er möglichst viele Doktoranden und Post-Doktoranden mit Stipendien um sich versammelte und damit den Gedankenaustausch unter den verschiedenen auf dem Gebiet der Quantenphysik tätigen Gruppen förderte. Auch das KWI für Physik konnte Stipendien für Nachwuchsforscher vergeben, tat es unter Einsteins Geschäftsführung aber nicht.

Die Forschungsinteressen anderer Direktoriumsmitglieder hatten sich verschoben; Haber versuchte sich nach dem Krieg energisch in der Gewinnung von im Meerwasser vorhandenen Goldspuren, um Deutschland bei der Bezahlung der Reparationen an die Siegermächte zu helfen.

Nernst kämpfte gegen eine vermeintliche Folgerung des Zweiten Hauptsatzes der Thermodynamik im Bereich der Kosmologie, den so genannten «Wärmetod» des Weltalls: Danach sollte die Welt auf immer strukturlosere, ungeordnetere und lebensfeindlichere Zustände zustreben. Um ihr zu entgehen, befürwortete er die spontane Erzeugung geringer Mengen von Uranatomen im Weltall, aus deren radioaktivem Zerfall «frische» Energie entstehen könnte. Für die Zerfallsprodukte sah er einen Zusammenhang mit der «kosmischen Strahlung», einer auf die Erde einfallenden Strahlung sehr energiereicher Teilchen, und unterstützte daher im Rahmen des Instituts Forschungsanträge auf diesem Gebiet. Und was war mit demjenigen, der die «Quantenlawine» losgetreten hatte, dem Theoretiker Max Planck? Er wollte die Lösung des Quantenrätsels innerhalb *minimaler* Veränderungen der vorhandenen klassischen Physik erreichen, war also nicht der richtige Mann, um grundsätzlich neue Forschungsansätze vorzuschlagen. Wenn demnach niemand im Direktorium sich *in seiner eigenen Forschung* intensiv mit möglichst vielen Aspekten der Quantenphysik beschäftigte, wie sollte dann eine Initiative zur Überwindung der aufgebrochenen Kluft zwischen klassischer und Quantenphysik zustande kommen?

Die von 1919 bis 1922 finanziell durch das KWI für Physik geförderten Forschungsvorhaben lagen zu rund 40 % in der Spektroskopie an Atomen und Molekülen; weitere 36 % betrafen – mehr oder weniger eng – quantenhafte Züge der Materie. Insofern trug das Institut entsprechend der ursprünglichen Absicht zur Entwicklung der empirischen Grundlagen der Quantenphysik durchaus bei. Ein dafür besonders wichtiges, auch vom KWI für Physik unterstütztes Experiment, war das von *Stern* und Gerlach zur Richtungsquantelung und zum Nachweis, dass Atome ein magnetisches Moment besitzen. Aus den geschilderten Gründen konnten Einsteins Institut und sein Direktorium die anfängliche Idee, *große* Geldmittel für *umfangreiche* experimentelle Untersuchungen bereitzustellen, nicht verwirklichen, obgleich dieses Vorhaben anscheinend nie ganz aufgegeben wurde: In jedem Haushaltsjahr

54

hielt das Direktorium größere Summen als Reserve für ein solches hypothetisches *umfangreiches* Forschungsprojekt zurück. Wenn es denn jemand vorgeschlagen hätte! Es dauerte nicht allzu lange, bis diese Situation der Zentralverwaltung der KWG auffiel und sie die Geldreserve des KWI für Physik für andere Zwecke verwendete oder das Institut zum Finanztransfer innerhalb der KWG benutzte: Um das deutsche Entomologische Museum (also ein Insekten-Institut) zu finanzieren oder um eine neue astrophysikalische Abteilung im *Astrophysikalischen Observatorium* in Potsdam auszustatten. Merkwürdigerweise stellte Einstein seine Forderungen an das Institut für die eigenen Forschungsprojekte gegenüber denen von Kollegen wie Haber und Nernst völlig zurück; stattdessen warb er mehrfach «Drittmittel» von anderen Geldgebern ein, statt das Direktorium damit zu befassen; sein Ruhm ermöglichte dies leicht. War es ihm peinlich, Geld für Forschungen auf dem Gebiet seiner Gravitationstheorie und deren späterer Erweiterung zu einer «Einheitlichen Feldtheorie» zu fordern, für die die anderen Direktoriumsmitglieder nur ein sehr eingeschränktes Verständnis hatten? Vermutlich hatte er sich sein Institut anders vorgestellt, ohne gleichberechtigte Partner, deren erforderliche Zustimmung für alles und jedes nur hinderlich sein konnte. Einem Vertreter der Rockefeller-Stiftung schrieb Einstein 1922 in diesem Sinne, nämlich, dass Geld an einige wenige fähige Leute gegeben werden solle, nicht an «Organisationen», die es doch nach dem Prinzip des geringsten Anstoßes verteilen würden. Er musste als geschäftsführender Direktor für die organisatorischen Abläufe geradestehen, Anträge entgegennehmen und begutachten, Haushaltspläne und Jahresberichte vorlegen; er hätte als wohl verdienten Ausgleich mehr von den vorhandenen Geldern für seine Forschungszwecke verlangen können. In solchen Kategorien dachte Einstein aber nicht; für Wissenschafts*management* und -*politik* hatte er nichts übrig. Das sollte sich auch an seinem zurückhaltenden Verhältnis zu Freundlichs Aktivitäten hinsichtlich des Baus des *Einstein-Turmes* zeigen. Einstein mochte vieles sein – ein Diplomat mit Verhandlungsgeschick war er nicht. Mit den Jahresberichten für die KWG gab er sich nicht viel Mühe; sein Bericht für die Periode von April 1921 bis Oktober 1922 ist so kurz, dass er hier in voller Länge wiedergegeben sei:

Kaiser-Wilhelm-Institut für Physik, Berlin

Das Kaiser-Wilhelm-Institut für Physik soll physikalische Forschungsarbeiten durch Ankauf der jeweils nötigen Apparate nach freiem Ermessen seines Direktoriums unterstützen. Dabei liegt die Absicht zugrunde, die verfügbaren Mittel möglichst ungeteilt bedeutenden Unternehmungen einzelner Forscher zuzuführen. Von den Zuwendungen des Jahres 1921/22 seien hier erwähnt: eine an Herrn Prof. C. Schäfer für seine Erforschung der ultraroten Eigenfrequenzen der Silikate sowie eine solche an Herrn Dr. Gerlach zur Untersuchung der Bandenspektren einatomiger Metalldämpfe.

Habers Jahresbericht enthielt eine Liste aller aus der Arbeit in seinem Institut hervorgegangenen Veröffentlichungen. Unter von Laues Geschäftsführung wurde diese Information ab Oktober 1924 auch in die Jahresberichte des KWI für Physik übernommen.

So reduzierte sich die Rolle des KWI für Physik auf eine vorher von Stiftungen wahrgenommene: auf die einer Einrichtung zur *Forschungsförderung*. Die thematische Streuung war so groß, dass sogar die neue Referatenzeitschrift der Deutschen Physikalischen Gesellschaft, die *Physikalischen Berichte*, in zwei aufeinander folgenden Jahren einen finanziellen Zuschuss bekam. Der Präsident der KWG brachte bei seiner Übersicht über die Institute der Kaiser-Wilhelm-Gesellschaft im Jahr 1922 ein weiteres Argument: «Für das Gebiet der Physik und der angewandten Mathematik hat die Kaiser-Wilhelm-Gesellschaft kein eigenes Institutsgebäude errichtet, weil die Physikalisch-Technische Reichsanstalt dieses Bedürfnis wesentlich erfüllt. Aber unter Leitung von *Einstein* besteht das Kaiser-Wilhelm-Institut für Physik in Berlin, dessen Aufgabe hauptsächlich darin besteht, Mittel zu verteilen, um verschiedenen Forschern Gelegenheit zu geben, Instrumente zur Förderung ihrer Untersuchungen anzuschaffen und große Arbeiten auszuführen.» Um die Physiker in ganz Deutschland zu bedienen, reichte der Haushalt des Instituts in der schlechten wirtschaftlichen Situation nach dem verlorenen Krieg aber bei weitem nicht aus. Im Jahr 1920 wurde daher nach dem Vorbild des KWI für Physik auf Initiative von Fritz Haber und Friedrich Schmidt-Ott eine bedeutendere Einrichtung zur Forschungsförderung, die *Notgemeinschaft der deutschen Wissenschaft*, gegründet – ohne Beteiligung Einsteins. Die Notgemeinschaft wurde im Wesentlichen vom Reich finanziert, in beschränktem Maße auch von der Großindustrie.

Ihre Forschungsförderung schloss alle Gebiete der Wissenschaft ein; insbesondere wurden nicht nur einzelne Wissenschaftler, sondern ganze Fachgebiete in größerem Maße gefördert – etwas, was das KWI für Physik für die Quantenphysik schon vorgehabt hatte, was ihm aber nicht wirklich gelungen war.

Einstein gibt die Geschäftsführung ab

Nach etwas mehr als zwei Jahren als geschäftsführender Direktor bei vollem Institutsbetrieb hatte Einstein anscheinend genug. In der Direktoriumssitzung vom 3. März 1921 schlug er mit offensichtlicher Zustimmung der Kollegen dem *Kuratorium* vor, Max von Laue als neues Mitglied des *Direktoriums* zu bestätigen, was erst im Dezember geschah. Ende Januar 1922 nahm Laue zum ersten Male an einer Sitzung teil. Warum von Laue? Er hatte 1910/11 die erste Monografie über Einsteins spezielle Relativitätstheorie geschrieben, war seit 1914 Nobelpreisträger aufgrund seiner Arbeiten zur Röntgenbeugung an Kristallen und seit 1919 Professor für theoretische Physik an der Berliner Universität. Seit 1920 für die Berliner Akademie der Wissenschaften vorgeschlagen und dort 1921 aufgenommen, kannten ihn alle Beteiligten gut. Anscheinend standen seine organisatorischen und gutachterlichen Fähigkeiten hoch im Kurs, denn er wurde im Juli 1921 auch als Vertreter der theoretischen Physik im Fachausschuss Physik der *Notgemeinschaft der deutschen Wissenschaft* vorgeschlagen und Anfang 1922 durch demokratische Wahl in diese Funktion eingesetzt. Angesichts seiner unmittelbar bevorstehenden Reise in die USA müssen Einstein selbst und das Direktorium an die Notwendigkeit eines Stellvertreters für den geschäftsführenden Direktor gedacht haben. Hätte ihn nicht einer der beiden noch unter sechzig Jahre alten, Nernst oder Haber, vertreten können? Nernst schied aus, da er wohl schon aussichtsreicher Kandidat für die Nachfolge von Warburg als Präsident der Physikalisch-Technischen Reichsanstalt war. Er trat dieses Amt dann zum 1. April 1922 an.

Einstein konnte im März 1921 noch nicht wissen, dass er auch 1922 Berlin während mehrerer Monate fern sein würde; er erfuhr erst im Sommer 1921 von einer Einladung des Kaizosha-Verlags nach Japan, die ihm *Bertrand Russell* verschafft hatte. Im Januar 1922 war der Vertrag mit dem Verleger Yamamoto unterschrieben, der Einstein zu zwölf Vorträgen und sechs Wochen Aufenthalt in Japan verpflichtete, andere Reden dort untersagte und ihm dafür ein fürstliches Honorar bescherte. Auf der Hinreise wollte Einstein China besuchen, auf der Rückreise in Palästina und Spanien Halt machen. Er würde Berlin also mindestens drei Monate lang fernbleiben. Im Juli bat Einstein Laue, ab 1. Oktober für zunächst unbestimmte Zeit sein stellvertretender Direktor zu werden; natürlich würden ihm Einsteins Einkünfte aus dieser Stelle zufließen; er ließ dies auch Max Planck wissen. Die Kollegen im Direktorium müssen geglaubt haben, dass die Vereinbarung vorübergehend sein würde. Einstein nahm jedoch seine Funktion als geschäftsführender Direktor auch nach seiner Rückkehr aus Japan nicht wieder auf. Was waren seine Gründe? Im Sommer 1922 war Einstein finanziell nicht mehr auf sein Direktorengehalt angewiesen, das seit April wegen der Inflation auf 18 000 Mark angehoben worden war; die Akademie zahlte ihm 75 000 Mark. Aus seinen Büchern, Vorträgen und besonders aus der Arbeit am Kreiselkompass mit dem Industriellen und Erfinder *Hermann Anschütz-Kaempfe* in Kiel bezog Einstein wohl mindestens ebenso viel wie aus seinen regulären Gehältern. Zum Beispiel erhielt er für *einen* Vortrag in Kiel im September 1920 schon 2000 Mark. Belege existieren dafür, dass Anschütz-Kaempfe im Januar 1921 Einstein 20 000 Mark «unter der Hand» bezahlte, damit beide der Steuer entgehen konnten. Dieses und anderes Geld aus Kiel floss vielleicht nach Zürich zur Unterstützung der geschiedenen Frau Mileva und seiner Kinder. Einem Vertrauten bei der Rockefeller-Stiftung schrieb Einstein im Sommer 1922, er sei materiell unabhängig und könne auf die Bezahlung durch die Akademie verzichten, ohne sein finanzielles Gleichgewicht zu verlieren. Über den Papierkram und die anderen Pflichten als geschäftsführender Direktor hatte er sich schon bei mehreren Gelegenheiten unzufrieden geäußert. Ein Schriftwechsel über die Rückgabe von durch das Institut verliehenen Messinstrumenten war ihm mehr als lästig. Nicht mehr auf die Bezahlung angewiesen, überließ er die Geschäftsführung Max von Laue, behielt aber bis 1933 nach außen hin die offizielle, wenn auch unbezahlte Position des Direktors des KWI für Physik. Diese Rolle einer Galionsfigur war sowohl für das Institut und die KWG als auch für Einstein vorteilhaft.

Auf keinen Fall trat Einstein als Direktor des KWI für Physik zurück, weil sein Leben nach dem Mord an Walther Rathenau im Juni 1922 bedroht gewesen wäre. Gegen diese Auffassung spricht, dass er als Direktor öffentlich nie in Erscheinung getreten war und das auch in Zukunft nicht würde tun müssen. Außerdem nahm er am Jahrestag des Kriegsausbruchs, dem 1. August 1922, an der großen Demonstration «Nie wieder Krieg» in Berlin teil. Dreißig Redner traten auf, darunter *Kurt Tucholsky*; Einstein sprach allerdings nicht. Auf der vom Deutschen Friedenskartell, dem auch der «Bund Neues Vaterland» angehörte, im Reichstag zwei Wochen vor Rathenaus Ermordung organisierten «Deutsch-Französischen Freundschaftsbegegnung» hatte er noch eine Rede gehalten. Einsteins Denken im Jahr 1922 ist in seinem Beitrag zu einem Handbuch der Friedensbewegung dargestellt:

Kriege sind die schwersten Hindernisse für die Entwicklung aller Bestrebungen, die wesentlich auf der Zusammenarbeit von Menschen aller Nationen beruhen, insbesondere aller kulturellen Bestrebungen. Der Krieg beraubt den geistig Arbeitenden der äußeren und inneren Bedingungen, an die sein Streben gebunden ist; ist er noch jung und stark genug, so macht der Krieg ihn zum Sklaven einer auf Vernichtung zielenden Organisation, sonst umgibt er ihn mit einer Atmosphäre der Aufregung und des Hasses. Außerdem schafft der Krieg drückende wirtschaftliche Abhängigkeit auf lange Jahre infolge der mit ihm verbundenen Verarmung. Deshalb muss der Mensch, dem die geistigen Werte die höchsten sind, Pazifist sein.

Einstein als Pazifist ließ sich also nicht von nationalistischer und antisemitischer Hetze beeindrucken; wieso sollte er dies als Institutsdirektor getan haben? Es gab ja nicht einmal ein Institutsgebäude, das von radikalen Gruppen hätte besetzt werden können wie Lenards Institut in Heidelberg am Tag der Beisetzung Rathenaus.* Die Einladung nach Japan passte sehr gut zu Einsteins Entschluss, die Berliner Öffentlichkeit wegen der gespannten Atmosphäre nach dem Mord an Rathenau für einige Zeit zu meiden.

Die Übernahme der Geschäftsführung des KWI für Physik durch von Laue erfolgte reibungslos. Ilse Löwenthal verlor den Sekretärinnen-Job

---

* Lenard hatte in seinem Heidelberger Institut weder die amtlich angeordnete Trauerbeflaggung noch eine halbtägige Arbeitsruhe erlaubt und war von Studenten gewaltsam zur Polizei geschleppt worden.

bei ihrem Stiefvater Einstein, da Laue ein Fräulein Bathe engagierte. Hatte sich das Direktorium unter Einsteins Leitung nur ein bis höchstens zweimal im Jahr getroffen, so dass manche Antragsteller bis zu einem Jahr auf ihren Bescheid warten mussten, so geschah dies seit von Laues Eintritt nun je nach Bedarf, etwa im Jahr 1923 fünfmal. Eine Postkarte Laues genügte: Dann kam das Direktorium im Anschluss an Sitzungen der Akademie der Wissenschaften zusammen; alle gehörten ja zu dieser illustren Vereinigung.

Berlin und Tokio: Reisende und Daheimgebliebene

Eine «Japanitis» hat es im Berlin der zwanziger Jahre nicht gegeben, aber ein modisches Interesse an Japan, China und dem Fernen Osten. Davon zeugt etwa die Reisebeschreibung «Ein Spaziergang in Japan» von Bernhard Kellermann, die im Jahr 1920 im Verlag von *Paul Cassirer* die dritte Auflage erreicht hatte. Zwar waren Deutschlands koloniale Besitzungen in China verloren gegangen, dafür intensivierten sich die industriellen und kulturellen Beziehungen zu Japan. 1922 richtete die *Notgemeinschaft der deutschen Wissenschaft* einen «Japanausschuss» ein, dem auch Fritz Haber, *Otto Hahn* und Max Planck angehörten. Er verwaltete eine ansehnliche Stiftung des japanischen Industriellen *Hajime Hoshi* zur Förderung von «Experimentaluntersuchungen auf dem Gesamtgebiet der Chemie und auf dem physikalischen Gebiet der Atomforschung». Hoshi hatte als Erster in Japan auf industrieller Basis Stoffe wie Morphium, Kokain, Chinin und Atropine hergestellt. Nach Tagen in Zürich und Bern gingen Albert und Elsa Einstein am 7. Oktober 1922 in Marseille an Bord eines japanischen Schiffes, um nach der Passage durch den Suezkanal die Fahrt in Richtung Colombo, Singapur, Hongkong und Shanghai fortzusetzen. Freund Besso glaubte, viele «von den besten in Deutschland» würden Einstein darum beneiden, dass er «diesem trüben Europa» eine Weile den Rücken kehren konnte. Einstein führte ein Reisetagebuch. Schon in Shanghai wurden die Einsteins von einem Vertreter des japanischen Verlags erwartet und einem ganztägigen, anstrengenden Besichtigungsprogramm unterworfen, das ihnen keine freie Minute gestattete. Bei der Weiterreise erreichte ihn auf dem Schiff ein Telegramm: Einstein hatte den Nobelpreis für Physik für 1921 erhalten, «insbesondere für die Entdeckung des für den photoelektrischen Effekt geltenden Gesetzes». Eine überraschende Begründung, die den eifersüchtigen Einstein-Gegner seit 1920, *Philipp Lenard*, zu einem Protestschreiben an das Nobelkomitee veranlasste. Die Auszeichnung von Einsteins Relativitätstheorien wäre weniger überraschend gewesen. Das Schiff erreichte das japanische Kobe am 17. November; der unterwegs noch berühmter gewordene Gast aus Berlin wurde von den japanischen Kollegen und der dortigen deutschen «Kolonie» feierlich empfangen. Eine Einladung des deutschen Klubs nahm Einstein aber nicht an: Zum Mindesten in Japan habe er es lieber mit Japanern zu tun.

Im Dezember erschien in der Zeitschrift *Kaizo* des einladenden Verlags ein von Einstein wohl schon im August in Berlin geschriebener Artikel «Über die gegenwärtige Krise der theoretischen Physik» mit der Vermutung, dass für die Quantenphysik eine neue mathematische Sprache nötig sei: «Differentialgesetze und Integralbedingungen» würden nicht mehr ausreichen. Schrödinger lieferte mit seiner Gleichung 1926 den Gegenbeweis. Direkt betreut wurde Einstein von zwei japanischen Physikern, nämlich *Ayao Kuwaki*, einem Studenten von Planck in den Jahren 1907 bis 1911; er hatte Einstein im Mai 1909 in Zürich aufgesucht und als Erster die spezielle Relativitätstheorie in Japan erklärt. Weiter von *Jun Ishiwara (Ishihara)*, der 1912 bis 1914 bei Sommerfeld in München und bei Planck in Berlin geforscht und 1913 Einstein in Zürich ebenfalls besucht hatte. Der Karikaturist *Ippei Okamoto* zeichnete den berühmten Gelehrten mit Betonung der Nase. *Harry Graf Kessler* berichtete von einem Abendessen bei Einsteins im März 1922, bei dem dieser zu Elsa gesagt habe: «Ostasien müsse er noch sehen, solange der Rummel anhalte; das müsse er wenigstens davon haben.» Nun bekam er beides, Japan und den Rummel, da die Reise vom einladenden Verleger eher als kommerzielles, denn als wissenschaftsförderndes Ereignis beabsichtigt war. Der Verleger nahm Eintritt zu den Vorträgen, zu denen die Massen strömten. Der deutsche Botschafter in Japan, *Wilhelm Solf*, berichtete indigniert nach Berlin, dass Einsteins «gelehrte Worte [...] in Yen verwandelt in die Taschen des Herrn Yamamoto» flössen. Einstein bezahlte seine Reise in gewissem Umfang also selbst durch anstrengende Vortrags*arbeit*; über die zwölf vereinbarten Vorträge hinaus hielt er mindestens noch zwei weitere. Erst in den letzten zwei Wochen seines Japanaufenthaltes standen Besichtigungen im Vordergrund. Anscheinend gab es in den sechs Wochen nur drei Tage ohne jedes Programm. Kein Wunder, dass Einstein gesundheitliche Probleme bekam. Der deutsche Botschafter war mit Einsteins Auftreten sehr zufrieden. Trotz der «superlativen Ehrungen, die ihm überall zuteil wurden», sei er bescheiden, freundlich und schlicht geblieben. Elsa bat Solf, sich dafür einzusetzen, dass Einstein die erhaltenen «Ehrengeschenke» in seinem Gepäck zollfrei nach Deutschland einführen dürfe.

Einsteins Besuch bahnte den Weg für andere an der Zusammenarbeit mit Japan interessierte Reisende wie etwa Fritz Haber, der 1924 nach Japan fuhr und die Gründung je eines «Instituts zur Förderung der wechselseitigen Kenntnisse des geistigen Lebens und der öffentlichen Einrichtungen in Deutschland und Japan», kurz «Japaninstitut», in beiden Ländern vorbereitete. Auch weitere Schriftsteller machten sich auf, so *Arthur Holitscher* im Jahr 1925 und der Arzt und Dadaist *Richard Huelsenbeck* als Schiffsarzt der Hamburg-Amerika-Linie. In Berlin wuchs das Interesse an der Kunst des Fernen Ostens; in der Kunstgewerbeschule in der Prinz-Albrecht-Straße 8, einem Bestandteil des Kunstgewerbemuseums (heute Martin-Gropius-Bau), wurde seit 1924 eine Ostasiatische Kunstabteilung im japanischen Geschmack eingerichtet. 1929 gab es eine große «Ausstellung Chinesische Kunst» in der Akademie der Künste am Pariser Platz.

Gut war, dass Einsteins Honorar nach Vereinbarung in englischen Pfund ausgezahlt wurde; in Deutschland begann in der zweiten Hälfte des Jahres die Inflation zu galoppieren. Hatte ein Dollar im Juli 1922 schon 500 Mark gekostet, so am 21. Dezember 6750 Mark und im Januar 1923 unglaubliche 28 000 Mark. Das war die Folge der Kreditfinanzierung des verlorenen Krieges. Demobilisierungskosten, Kapitalflucht, Devisenspekulation und Reparationszahlungen taten ein Übriges. Infolge von Warenknappheit und Lebensmittelmangel zogen die Inlandspreise gewaltig an; Gehälter und Löhne wurden ebenfalls angeho ben, glichen die Preissteigerungen aber nicht aus. Trotzdem hielten sich die Streiks in Grenzen; vielleicht eine Folge des im Februar 1920 verabschiedeten Betriebsrätegesetzes, das den Arbeitnehmern mehr Rechte und Mitverantwortung in den Betrieben gab. Sommer und Herbst sahen Auseinandersetzungen unter den Linksparteien über die Einberufung eines Reichskongresses der Betriebsräte zur Durchsetzung von Forderungen nach höheren Löhnen, für eine Kontrolle der Preise und den Abbau der Wohnungsnot. Ungefähr zur gleichen Zeit schlossen sich die Mehrheitssozialisten und die Unabhängige Sozialdemokratische Partei (USPD) wieder zusammen zur vereinigten SPD. Vielleicht erfuhr Einstein auf der Rückreise von Japan, etwa zwischen China und Singapur, dass Franzosen und Belgier am 1. Januar 1923 das Ruhrgebiet besetzt hatten, angeblich wegen deutscher Rückstände in den Sachlieferungen als Teil der Reparationen.

Das reiche Kultur- und Wissenschaftsleben in der Weltstadt Berlin rauschte weiter, ohne dass Einstein teilnehmen konnte. So entging ihm *Lise Meitners* Antrittsvorlesung «Die Bedeutung der Radioaktivität für kosmische Prozesse» und eine viel besprochene Inszenierung des Shakespeareschen «Macbeth» durch den befreundeten *Leopold Jessner*. Ob Elsa mit Albert das Gastspiel der pummeligen Ausdruckstänzerin und Skandalnudel *Valeska Gert* im Berliner Schwechtensaal besucht hätte, ist mehr als fraglich. Valeska Gert tanzte groteske Pantomimen wie «Verkehr auf einer belebten Straßenkreuzung» oder imitierte in «Canaille» ein Freudenmädchen zu französischer Akkordeonmusik. Im gleichen Saal würde Einstein im November 1930 eine Rede über seine Theorie in ein Mikrofon sprechen, über das sie auf eine Grammofonplatte übertragen wurde. Die Eröffnung des Prozesses gegen seinen in Berlin wohl bekannten Namensvetter, Schriftsteller und Kunsttheoretiker des Kubismus, *Carl Einstein*, und dessen Verleger Ernst Rowohlt wegen Gotteslästerung verpasste Albert gleichfalls. Die Justiz der Weimarer Republik einschließlich der Berliner war nicht gerade bekannt für einen liberalen, toleranten, die neuen politischen Verhältnisse widerspiegelnden Geist. Auch die schönen Künste blieben von Zensur nicht verschont; so ließ der Berliner Generalstaatsanwalt den Bilderzyklus «Ecce Homo» von *George Grosz* wegen «grob unzüchtiger» Darstellungen beschlagnahmen. Grosz hatte der Zorn des Landgerichts II in Berlin schon vorher getroffen. Zusammen mit *Wieland Herzfelde* war er wegen des ausgestellten Objektes «Preußischer Erzengel» von *Rudolf Schlichter,* einer Offizierspuppe mit Eisernem Kreuz und Schweinskopf, in der «Ersten Internationalen Dada-Messe» in der Berliner Kunsthandlung Burchard im Juni 1920 zu einer Geldstrafe verurteilt worden – wegen, wie der Staatsanwalt es sah, «eine[r] in niederträchtiger Weise erfolgte[n] groben Verunglimpfung des Reichsheeres».

Der Schweizer Einstein: ein deutscher Staatsbürger?

Obgleich er als bezahltes Mitglied der Akademie preußischer Beamter geworden war, reiste Einstein mit einem *Schweizer* Pass nach Japan. Wie die Urkunde vom 28. Januar 1896 des Königreichs Württemberg zeigt, ist er ein Jahr nach seinem Auszug aus München «auf sein Ersuchen und behufs Auswanderung nach Italien» aus der württembergischen Staatsbürgerschaft entlassen worden. Nach Jahren der Staatenlosigkeit hat er dann 1900/1901 die Schweizer Staatsbürgerschaft erhalten. Arnold Zweig projizierte das damalige Geschehen auf seine eigene Lage im Jahr 1933, als er irrtümlicherweise schrieb: «[...] – sein [Einsteins] Vater hatte, als er Deutschland mit Italien vertauschte, leichtherzigerweise auch auf die deutsche Staatsbürgerschaft verzichtet – [...] musste Einstein als Staatenloser die ganze Härte des unbürgerlichen Lebens kennen lernen, die der Mangel eines gültigen Passes im modernen Staat bewirkt.»

Erst nach der Verleihung des Nobelpreises an Einstein während seiner Japanreise im Dezember 1922 wurde die Frage nach seiner Staatsbürgerschaft zum Politikum: Jeder wollte den Preis entgegennehmen, der Schweizer Gesandte ebenso wie der deutsche. Zwar setzte sich der deutsche Diplomat durch, aber danach begann der Versuch einer juristischen Klärung: Die Akademie fragte bei Einstein an, ob er denn bei seiner Berufung nach Berlin sich ausdrücklich von der preußischen Staatsbürgerschaft habe befreien lassen. Andernfalls sei er mit der Leistung des Beamteneides auf die Reichs- und die preußische Verfassung deutscher Staatsbürger geworden – unbeschadet seiner Schweizer Staatsangehörigkeit. Das gefiel Einstein überhaupt nicht. Er habe es anlässlich seiner Berufung 1913 zur Bedingung gemacht, dass er nicht preußischer Staatsbürger werden müsse; das sei Haber und Nernst bekannt gewesen und müsse sich in den ministeriellen Akten finden lassen. Da im Kultusministerium nichts gefunden wurde, fand im Juni 1923 im Ministerium ein persönliches Gespräch mit Einstein statt. Hier ließ Einstein sein Gedächtnis im Stich. Er behauptete nämlich, seine Staatsbürgerschaft, schon mit 14 Jahren verloren zu haben, da sich *sein Vater* habe ausbürgern lassen. Wie *Rudolf Kayser* in der Biografie seines Schwiegervaters schon 1931 angab, hat Einsteins Vater die deutsche Staatsbürgerschaft aber behalten. Bezüglich der von ihm gestellten Bedingung konnte Einstein nur auf mündliche Zusicherungen durch Haber verweisen. Nach dem Protokoll des Ministeriums schien Einstein darauf Wert zu legen, nur die schweizerische Staatsangehörigkeit zu besitzen, da er Nachteile etwa bei der Ausstellung eines Passes befürchtete. Falls er doch die preußische Staatsangehörigkeit erlangt habe, solle dies nach Möglichkeit nicht nach außen dringen. Aber er erkannte durch seine Unterschrift auch die Rechtsauffassung des Ministeriums an. Die juristische Aufarbeitung zog sich noch bis zum Dezember 1926 hin, wo ein Rechtsgutachten unter Heranziehung beamten- und versorgungsrechtlicher Argumente den Beamtenstatus Einsteins und seine Vereidigung durch den zuständigen Ministerialdirektor eindeutig feststellte, so dass kein Zweifel an seiner preußischen Staatsbürgerschaft und Reichsangehörigkeit möglich war.

Die preußischen Behörden haben Einstein während des Ersten Weltkrieges als Schweizer behandelt; andernfalls wäre er 1914 kriegsdienstpflichtig gewesen und hätte während des Krieges nur nach ausdrücklicher Genehmigung ins neutrale Ausland reisen dürfen. So musste er nur mit einem «Heimatschein im Original» den preußischen Behörden beweisen, dass er Schweizer war. Außerdem war er ausdrücklich als Schweizer in Wissenschaftsgremien berufen worden. Auch bei seinen Auslandsreisen nach dem Krieg duldete man seinen Schweizer Gesandtschaftspass. Die staatlichen Behörden versprachen sich dadurch vielleicht Vorteile für das internationale Ansehen Deutschlands nach der Niederlage. Obgleich Einstein nicht ganz ahnungslos gewesen sein konnte, behielt er den Glauben an die *ausschließliche* Schweizer Staatsbürgerschaft bis in die zwanziger Jahre, ja betonte sie bei allen nur möglichen Gelegenheiten. Das passte gut zu seiner Ablehnung der deutschen Kriegspolitik als Pazifist. Aber er zog gegenüber seinen deutschen Kollegen auch Vorteile aus dieser Sachlage. In einem Gespräch mit der Physikstudentin *Esther Salaman* sagte er, wohl Mitte der zwanziger Jahre, dass er glücklicherweise kein Deutscher, sondern Schweizer und froh darüber sei, viele Jugendjahre in einer Demokratie gelebt zu haben. «Die Deutschen nennen mich einen Deutschen, wenn es ihnen passt und im Handkehrum einen Juden, wenn es ihnen nicht passt. Irgendwie konnte ich mich nicht in ihre Art einleben.» Die erste Auslandsreise, die Einstein mit einem deutschen Pass machen musste, weil die Schweizer Botschaft ihm einen Pass verweigerte, war die nach Südamerika im Jahr 1925. Zwei Jahrzehnte später ärgerte er sich noch immer und schrieb seinem Freund Plesch:

Deutsches Bürgerrecht habe ich 1914 bei der Berufung nach Berlin ausdrücklich abgelehnt; nahm es dann auf Drängen meiner Kollegen nach der Pleite 1918 aber an – eine der Dummheiten meines äußeren Lebens. Ich hasste Deutschland vom politischen Standpunkt immer, seit meiner Jugend, und fühlte die von dort drohenden Gefahren.

Offensichtlich hat es ihm aber keine Skrupel bereitet, die für ihn optimale Position im *Staatsdienst* in Berlin anzunehmen und sich damit in die Dienste dieses politischen Deutschland, sei es als Kaiserreich oder als Republik, zu begeben. Im freien Berufe tätige Schweizer hatten es leichter. «Da ich als Schweizer Bürger in der politischen Publizistik mich betätigte, lag eine gewisse Reserve in meiner Stellungnahme zu politischen Tagesproblemen nicht nur in der Natur der Sache, sondern sie entsprach auch meinem inneren Wesen, dem jeder Parteizwang abhold ist.» Dies bekannte der während des ganzen Ersten Weltkriegs in Berlin arbeitende einflussreiche *Ludwig Stein*, der 1910 seine Professur für Philosophie und Soziologie in Bern aufgegeben hatte und seit 1912 in Berlin eine Zeitschrift für internationale Zusammenarbeit, die Monatsschrift *Nord und Süd*, herausgab. Seit 1914 gehörte er zur Redaktion der *Vossischen Zeitung* und veröffentlichte «persönliche Erinnerungen an Erlebnisse mit Staatmännern» unter dem Pseudonym «Diplomaticus». In beidem, der politischen Zurückhaltung wie dem Zurückschrecken vor einer Parteimitgliedschaft, war ihm Einstein ähnlich. Stein war Knotenpunkt in einem weit gespannten Netz, das von konservativen politischen und militärischen Kreisen über seinen Schwiegersohn Licht in der Berliner Kommunalpolitik bis in pazifistische Zirkel reichte. Bei seinem Tod im Sommer 1930 schrieb Elsa Einstein an *Antonina Luchaire*, geb. Vallentin: «Ich weiß, Sie haben jahrelang mit ihm zusammengearbeitet. Aus dem gesellschaftlichen Leben Berlins kann man sich diesen labilen, lebensvollen Mann kaum wegdenken.» Da Ludwig Stein an der Universität Bern von 1899 bis 1909 Professor war und auch im Berner «Bureau International de la Paix» mitarbeitete, andererseits Einstein von 1902 bis 1908 im überschaubaren Bern lebte und sich dort habilitierte, ist es wahrscheinlich, dass sich beide schon aus dieser Zeit kannten. Daher mag es verwundern, dass in Steins Lebenserinnerungen nur Einsteins Relativitätstheorie an einer Stelle vorkommt, seine Person aber nicht.

Es entbehrt nicht der Ironie, dass Einstein, der doch gar kein Deutscher sein wollte, dann in der Zeitschrift *Der nationaldeutsche Jude*, dem Sprachrohr der rechtskonservativen, deutschnationalen Minderheit unter den jüdischen Staatsbürgern, schon im April 1922 das Deutschsein abgesprochen wurde: «[…] Einsteins Werk ist der Welt, die Anziehungskraft seines Wesens ist seinen Freunden nicht verloren, wenn man endlich einmal davon absieht, ihn für ein Volk in Anspruch zu nehmen, dem er weder der Geburt nach angehört noch selbst angehören will. Ein Deutscher ist man noch nicht deshalb, weil man in deutscher Sprache schreibt und einen Schreibtisch in Berlin besitzt.» Dass Einstein das Licht der Welt in Ulm erblickt und seine Kindheit in München verbracht hatte, scheint dem Schreiber entgangen zu sein.

Einstein als Pazifist und Demokrat
im Ersten Weltkrieg

Von außen betrachtet brachen innerhalb von knapp fünf Monaten nach seiner Ankunft in Berlin zwei Katastrophen über Einstein herein: Seine Frau Mileva verließ ihn im Juni, nahm die beiden Söhne mit nach Zürich, und der Erste Weltkrieg begann mit all seinen Schrecken. Einstein soll den ganzen Tag geweint haben, als Mileva und die Kinder wegfuhren, begleitet von Michele Besso, dem aus Trient angereisten Studienfreund Einsteins. Die Tränen können nur der geliebten Buben wegen geflossen sein; seine Ehefrau, sein «Kreuz», hatte er ja schon länger auf kalter Distanz gehalten und die Liebe seiner Kusine Elsa Löwenthal gefunden. Mileva und er lebten nach seiner inneren Abwendung von ihr nebeneinander her; sie nahm die Rolle einer «unkündbaren Angestellten» wahr und hielt ihm, dem Professor, den Rücken von lästigen Pflichten frei. Bei einem der Versöhnungsversuche behandelte Einstein seine Frau wie eine zukünftige Dienerin und gab ihr schriftliche Anweisungen – von Punkt A bis D, jeweils mit ein bis drei Unterpunkten –, in denen die Begriffe «Ordnung», «Du verzichtest» und «Du verpflichtest Dich» mehr als einmal vorkamen. Drei tägliche Mahlzeiten sollte sie ihm in seinem Zimmer servieren und keine Zärtlichkeit erwarten. Die eifersüchtige Mileva, die wohl keine solche erotische Anziehungskraft besaß wie ihr Mann, hatte schon vor dem Umzug nach Berlin eine Gefahr in Elsa gewittert, sich vor Einsteins Verwandten gefürchtet und erschien dann in Berlin wie gelähmt. Einsteins Verwandte und er selbst taten nichts, um ihr, der unfrohen, verschlossenen, von ihrem Mann vernachlässigten Frau ohne Ankerpunkt außer dem der Familie Haber beim Einleben zu helfen. Von Einstein war nichts mehr zu erwarten; er wollte und musste zuerst seine neue, herausgehobene Stellung ausfüllen, sich gegenüber seinen Mentoren in Universität und Akademie weiter wissenschaftlich bewähren und das langjährige Ringen um eine Verbesserung der Newtonschen Theorie der Schwerkraft zu einem erfolgreichen Ende bringen. Im Unterschied zu Mileva konnte Einstein schon Anfang Mai dem Mathematiker Hurwitz in Zürich schreiben, dass ihm das Einleben wider Erwarten gut gelänge – bis auf einen gewissen «Drill in Bezug auf Kleider etc.», dem ich mich auf Befehl einiger Onkels unterziehen muss, um nicht dem Auswurf der hiesigen Menschheit zugezählt zu werden». Für seine emotionalen und körperlichen Bedürfnisse stand ihm Kusine Elsa gerne zur Verfügung. Die Antrittsrede in der Königlich Preußischen Akademie der Wissenschaften hielt Einstein am 2. Juli. Seine Vorstellung bei den Berliner Zeitungslesern hatte er kaum vier Wochen nach seiner Ankunft mit dem Artikel «Das Relativitätsprinzip» in der liberalen *Vossischen Zeitung* vom 26. April 1914 schon vollzogen.

Und nun saß der Kriegsgegner, Antimilitarist und europäisch denkende Albert Einstein, der wegen Platt- und Schweißfüßen in der Schweiz hatte keinen Wehrdienst leisten müssen, allein in einer von Kriegs- und Siegesbegeisterung widerhallenden Stadt, dem Zentrum des kaiserlich vielleicht so nicht gewollten, aber am Ende mit angefachten Orkans. Zweiunddreißig Antikriegskundgebungen der Sozialdemokratischen Partei unter der Losung «Nieder mit dem Krieg» am 28. Juli 1914 waren vergeblich geblieben. Die Mehrheit der Berliner stand wohl hinter den «Hurra»-Rufenden, als am 31. Juli am Denkmal Friedrichs des Großen ein Offizier die Verkündung des «Zustands drohender Kriegsgefahr» verlas. Am Tag darauf erfolgte die Mobilmachung; vom 2. August an marschierten feldgraue Soldaten mit «klingendem Spiel» und begleitet von jubelnden Passanten durch die Stadt, so etwa das 2. Garde-Regiment zu Fuß von seiner Kaserne in der Friedrichstraße über die Charlottenburger Chaussee zum Bahnhof Westend. Ferienreisende des heißen Sommers drängten sich in Scharen aus den Zügen nach Hause durch die brodelnde Stadt, trunken von nationalem Hochgefühl. Am selben Tag sprach, anlässlich des Stiftungstages der Universität, in der alten Aula der Rektor, Geheimrat Max Planck, über «Gesetzlichkeit in der Wissenschaft». Paul Fechter berichtete:

Nichts vom Leben der Zeit, nichts vom Geschehen der Geschichte: kühl, sachlich, objektiv […] Er spricht von Boltzmann und Willy Wien, als ob tiefster Friede wäre. Zuerst bäumt sich etwas gegen diese fast unmenschliche Distanzierung vom allgemeinen Dasein auf, bis man den Kontrast in seiner ganzen Größe begreift und diese scheinbare Unempfindlichkeit, dies Unerschütterliche als etwas unendlich Stärkendes, Beglückendes empfindet. Man beugt sich dankbar dieser unüberhörbar in sich ruhenden Ordnung, die mitten im Getümmel des Äußeren ihre ewige Gültigkeit behält, und überlässt sich ihrer tragenden Sicherheit.

Am 4. August dann der Einmarsch der deutschen Truppen im neutralen Belgien. Bei der Eröffnung des Reichstags im weißen Saal des Schlosses hielt Kaiser Wilhelm die bekannte Rede mit dem alle weiter bestehenden politischen und sozialen Unterschiede zukleisternden Satz: «Ich kenne keine Parteien mehr, ich kenne nur noch Deutsche.» Der Satz machte all jene in der Sozialdemokratischen Partei, die die Kriegskredite abgelehnt hatten, darunter *Karl Liebknecht*, erst recht zu Abtrünnigen. Wie an vielen Orten in Deutschland fingen auch die Berliner an, «Gott strafe England» zu rufen, um dann später Postkarten zu verschicken auf denen «Jeder Schuss ein Russ', jeder Stoß ein Franzos'» zu lesen war.

Die Gesellschaft seiner akademischen Kollegen bot Einstein keinen Trost. Die Berliner Universität harmonierte mit der Standes- und Klassenstruktur Preußens, billigte die Politik der Reichsregierung und diente treu dem Kaiser. Sogar der von Einstein hoch geschätzte Physiker Max Planck empfand es als eine Auszeichnung, dass unter allen deutschen Universitäten die Berliner Friedrich-Wilhelms-Universität nicht nur durch ihre örtliche Lage dem Hohenzollernschloss am nächsten sei. Statt die Verletzung der Neutralität Belgiens durch die deutsche Armee zu kritisieren, sagte der Rechtsprofessor *Theodor Kipp* in seiner öffentlichen Rede «Von der Macht des Rechts» am 30. Oktober 1914: «Es ist in aller Munde, wie vielfältig und beständig unsere Feinde in dem gegenwärtigen flammenden Kriege das Völkerrecht verletzen. Ich will die zum Himmel schreienden Anklagen hier nicht wiederholen. Ich frage nur, ob es wegen der gehäuften Rechtsbrüche richtig ist, zu sagen: Es gibt kein Völkerrecht?» Natürlich verneinte er diese Frage, aber zu beachten hatten das Völkerrecht eben nur die Gegner. Auf Initiative von *Ernst Haeckel* legten einunddreißig deutsche Professoren, darunter der Nobelpreisträger Philipp Lenard und der Entdecker und Namenspatron der Röntgenstrahlen, ihre englischen Auszeichnungen nieder und gaben sie, wenn es sich um goldene Medaillen handelte, dem Roten Kreuz. Später sollte dann jedermann zum Umtausch von Edelmetallen in Blech unter dem Motto «Gold gegen Eisen» aufgefordert werden.

Kipps Rede stellte damit nur ein Echo des «Aufrufs an die Kulturwelt» vom 4. Oktober 1914 dar, den dreiundneunzig herausragende deutsche und österreichische Wissenschaftler, Schriftsteller und Künstler unterschrieben hatten, darunter die Einstein wissenschaftlich nahe stehenden Kollegen Max Planck, Walther Nernst und Fritz Haber, insgesamt neun Akademiemitglieder. Das von den in der Stadt ansässigen erfolgreichen Schriftstellern, dem Dramatiker *Ludwig Fulda* und dem Lustspielautor *Hermann Sudermann*, verfasste Manifest war von Berlins Zweitem Bürgermeister, *Georg Reicke*, in die Form von sechs Thesen gebracht worden, deren vorletzte lautete:

Es ist nicht wahr, dass unsere Kriegsführung die Gesetze des Völkerrechts missachtet. Sie kennt keine zuchtlose Grausamkeit. Im Osten aber tränkt das Blut der von russischen Horden hingeschlachteten Frauen und Kinder die Erde, und im Westen zerreißen Dum-Dum-Geschosse unseren Kriegern die Brust. Sich als Verteidiger europäischer Zivilisation zu gebärden, haben die am wenigsten das Recht, die sich mit Russen und Serben verbünden und der Welt das schmachvolle Schauspiel bieten, Mongolen und Neger auf die weiße Rasse zu hetzen.

Deutsche Kultur und «deutscher Militarismus» werden miteinander verbunden: «Deutsches Heer und deutsches Volk sind eins.» Alle Schuld an den den deutschen Soldaten in Belgien zugeschriebenen Gräueltaten lägen bei den Kriegsgegnern. Die Verfasser riefen Goethe, Beethoven und Kant als Zeugen für die gerechte Sache Deutschlands auf, eines Deutschlands, das sich gegen eine Welt von hinterlistigen Feinden verteidigen müsse. Bekannte Autoren wie Gerhart Hauptmann, Musiker wie Engelbert Humperdinck und Maler wie Max Liebermann hatten unterzeichnet.

War diese Erklärung der Creme der kulturellen Fackelträger vorgelegt worden, so kam zwölf Tage später speziell für die Masse der Professoren und Dozenten eine ähnliche, von der Autorität in den Sprachen des klassischen Altertums, *Ulrich von Wilamowitz-Moellendorff*, verfasste «Erklärung der deutschen Hochschullehrer» hinzu, die von über 3500 Personen unterschrieben wurde, nicht aber von den Pazifisten. Daher nicht von Einstein, dem Historiker *Ludwig Quidde* und dem ehemaligen Direktor der Berliner Sternwarte, *Wilhelm Foerster*, der mit Werner von Siemens 1888 die Berliner «Urania» zur Bildung des Volkes gegründet hatte. Immerhin bewahrte Max Planck, national-konservativ, aber jedem Enthusiasmus abhold, im Verein mit weiteren gemäßigten Mitgliedern –

und natürlich mit Einstein – die Königlich Preußische Akademie davor, vor der Geschichte ebenso schlecht auszusehen wie die *Académie des Sciences* in Paris; diese hatte all die deutschen Mitglieder hinausgeworfen, die das «Manifest der Dreiundneunzig» signiert hatten. Der streng katholische Wissenschaftsphilosoph *Pierre Duhem* prägte 1915 in vier Vorlesungen in Bordeaux den Begriff der «Deutschen Wissenschaft» und charakterisierte sie durch ihren «geometrischen Geist», der dem französischen «esprit de finesse» hoffnungslos unterlegen sei.

Berlins Theater und Museen wurden bei Kriegsausbruch zunächst geschlossen – eine Ausnahme bildete das Zeughaus (heute: Deutsches Historisches Museum) –, öffentliche Tanzvergnügen wurden untersagt, hunderte der als Ersatz der verbotenen Bordelle dienenden Animierlokale zugesperrt. Vergnügungsstätten und Kabaretts mit «feindlichen» Namen wie «Picadilly Café», «Café Windsor» oder «Chat Noir» mussten diese schnell ändern und hießen dann «Kaffeehaus Vaterland», «Café Winzer» und «Schwarzer Kater». Seit dem am 1. August verhängten Belagerungszustand gab es eine strenge Pressezensur. Keine Schwierigkeiten damit hatten «Vaterländische Vortragsabende» und, nach Wiedereröffnung der Theater, Stücke mit Titeln wie «Immer feste druff!», «Der heilige Krieg» und «Mein Leben dem Vaterland». Im September steuerte der von Einstein geschätzte Max Liebermann die martialische Kohlezeichnung eines mit dem Säbel schlagenden Reiters, «Jetzt wollen wir sie dreschen!», zu einem Künstler-Kriegsflugblatt für gemeinnützige Zwecke bei. Gerhart Hauptmann, zwar nicht mehr im wehrpflichtigen Alter, aber mit Söhnen im Krieg, welche die Kugel treffen konnte, verstieg sich zu den Versen:

Komm, wir wollen sterben gehen
in das Feld, wo die Rosse stampfen,
wo die Donnerbüchsen stehen
und sich tote Fäuste krampfen.

Lebe wohl, mein junges Weib
und du Säugling in der Wiegen.
Denn ich darf mit trägem Leib
nicht daheim bei Euch verliegen.

Diesen Leib, den halt ich hin
Flintenkugeln und Granaten,

eh ich nicht durchlöchert bin,
kann der Feldzug nicht geraten.

Der in Berlin geborene und aufgewachsene junge Dichter *Alfred Lichtenstein* zog mit glaubhafteren Gefühlen in den Krieg:

> Vorm Sterben mache ich noch mein Gedicht.
> Still, Kameraden, stört mich nicht.
>
> Wir ziehen zum Krieg. Der Tod ist unser Kitt.
> O, heule mir doch die Geliebte nit.
> [...]
> Die Sonne fällt zum Horizont hinab.
> Bald wirft man mich ins milde Massengrab.

Nicht einmal zwei Monate nach Kriegsbeginn lag er schon unter der Erde.

Den auch als «Manifest der Dreiundneunzig» bekannt gewordenen chauvinistischen Appell an die Kulturwelt unterschrieben weder der berühmte Mathematiker *David Hilbert* in Göttingen noch der bekannte Berliner Historiker *Hans Delbrück*. Die Meinungen gehen auseinander, ob Einsteins Unterschrift wegen seiner Schweizer Staatsbürgerschaft überhaupt erbeten worden war oder ob der andere Pass ihn bei seiner Weigerung nur davor bewahrte, als Verräter angesehen zu werden, wie es der mit ihm befreundete Physikerkollege *Max Born* glaubte. Als Replik auf das Pamphlet formulierte der Spezialist in Elektrokardiografie, Physiologe und Oberarzt an der berühmten Berliner «Charité», *Georg Friedrich Nicolai*, im Oktober 1914 den Entwurf für einen «Aufruf an die Europäer» und besprach ihn mit Einstein und Wilhelm Foerster. Die Verbindung zwischen Nicolai und Einstein ergab sich über Einsteins Geliebte Elsa Löwenthal, die von Nicolai wegen Herzproblemen behandelt worden war. Sein Biograf Zülzer sah Nicolai als einen attraktiven, egomanischen Weiberhelden, vor dem keine Frau, ob Näherin oder Kollegengattin, sicher war und der von sich glaubte, dass er den Weltkrieg aufgrund seiner intellektuellen Fähigkeiten eigenhändig stoppen könne. In Nicolais Schrift wurden die Europäer aufgerufen, sich in einer schnell zusammenwachsenden Welt für die Einheit Europas einzusetzen, gegen nationalen Egoismus zu kämpfen und die Zerstörung europäischer Kultur zu beenden, die der andauernde Krieg in großem Ausmaße verursachte. Dann wurde der Aufruf an zahlreiche Professoren in Berlin geschickt. Außer den drei Initiatoren fand sich jedoch kein weiterer Unterzeichner bis auf einen Freund von Nicolai: der aus Petersburg stammende Privatgelehrte Dr. *Otto Buek*, ein Herausgeber Gogols und Kants, Übersetzer von Tolstoi, Herzen und Unamuno. Die lobenswerte Aktion blieb dem allgemeinen Publikum aber unbekannt, da die Verfasser eine Veröffentlichung ohne genügende Unterstützung für sinnlos hielten. Der «Aufruf an die Europäer» wurde 1917 in der Schweiz in Nicolais Buch «Die Biologie des Krieges» abgedruckt, war aber in Deutschland während des Krieges offiziell nicht erhältlich.

In Einstein gewidmeten Darstellungen wird manchmal der Eindruck erweckt, als ob er und seine Freunde die einzigen gewesen seien, die in Deutschland gegen das «Manifest der Dreiundneunzig» protestiert hätten. Ludwig Stein berichtete dagegen:

In meiner Monatsschrift «Nord und Süd» habe ich gegen die übereilte Erklärung der 93 deutschen Professoren eine Kampagne eröffnet, um anderen Professoren Gelegenheit zu geben, ihren gegenteiligen Standpunkt zu vertreten. Nahezu 40 Gelehrte waren meinem Rufe gefolgt und haben in «Nord und Süd» Gegenerklärungen veröffentlicht, darunter auch solche, die ursprünglich zu den 93 Unterzeichnern gehörten, aber diesen Schritt bereuten und sich der Gegendemonstration nachträglich anschlossen.

Zu Silvester hatte die allgemeine Kampflust wohl nachgelassen; das von Oskar Kaufmann am Rande des Scheunenviertels für die «Neue Freie Volksbühne» gebaute Theater am Bülowplatz (jetzt Rosa-Luxemburg-Platz) brachte am 30. Dezember das Lustspiel «Wenn der junge Wein blüht» des Norwegers *Björnsterne Björnson* heraus. Bilder sind schwieriger zu zensieren als Texte; so konnte am 9. November 1914 die Künstlergruppe «Der Sturm» ihre neue Ausstellung expressionistischer Kunst eröffnen – unter den ausgestellten Malern auch Franz Marc, der schon 1916 «auf dem Feld der Ehre» fallen sollte. Selbstzensur übte die «Berliner Neue Secession» unter Lovis Corinth: Sie stellte während des Krieges nur deutsche Künstler aus.

Da der Krieg, wie von Kaiser und Regierung in Aussicht gestellt und allgemein erwartet, nicht schon siegreich zu Ende gegangen war, «ehe das Laub von den Bäumen fällt», wurde die Versorgungslage in Berlin zunehmend schlechter, auch weil sich die Seeblockade durch die überlegene gegnerische Flotte auszuwirken begann. Ende Oktober 1914 erschien es notwendig, dem Brot Kartoffelmehl beizumischen. Da die Kartoffeln knapp wurden, musste ein Drittel des Schweinebestandes geschlachtet werden. Im Februar 1915 gab Berlin als erste Stadt eine Brotkarte aus: zwei Kilo Brot pro Kopf und Woche. Alle Autobuslinien stellten den Verkehr ein. Im Westen Berlins wurde ein von reichen Patrioten bezahlter Schützengraben gebaut, um den wissbegierigen Berlinern einen genauen Eindruck zu vermitteln, wie die «wackeren Feldgrauen» draußen kampierten. Sogar Damen drängten sich in der Menge der durch den Graben Geschleusten. Was nicht ganz der Wirklichkeit entsprach, waren fehlende Kleinigkeiten wie Ratten, Läuse und vor allem jede Menge Dreck – von unangenehmen kriegerischen Handlungen einmal ganz abgesehen.

Der Pazifist

Stark betroffen vom Kriegsausbruch war die Friedensbewegung in den verschiedenen Ländern. In Frankreich von Beginn des Krieges an sofort unterdrückt, war sie in Amerika teils gelähmt, teils schwenkte sie auf Regierungskurs ein. Erst allmählich bildeten sich Gruppen, die gegen die freiwillige Verpflichtung als Soldat agitierten. Dagegen entstanden in England, den neutral gebliebenen Niederlanden und in Deutschland neue Vereinigungen, die sich der Kriegsmaschinerie ihrer Regierungen widersetzten und versuchten, internationale Beziehungen zu Organisationen aufrechtzuerhalten, welche den Menschenrechten auch inmitten von Schlachtrufen und blinder Großmannsucht Geltung verschaffen wollten. Dass sie von chauvinistischen Vereinen wie dem «Alldeutschen Verband» als Vaterlandsverräter beschimpft wurden, nahmen sie in Kauf.

Der «Bund Neues Vaterland»

Eine solche neue Vereinigung wurde in Berlin am 11. November 1914 unter dem zweideutigen Namen «Bund Neues Vaterland» von einer Reihe von Persönlichkeiten gegründet, die durch Herkommen, Beruf und politische Bindungen gar nicht unterschiedlicher hätten sein können, sich in der Ablehnung der deutschen Kriegspolitik aber verbunden fühlten. Die Beziehung zu diplomatischen Kreisen, ja sogar zum kaiserlichen Hof, stellte der preußische Oberst (Rittmeister) und Sportsreiter *Kurt von Tepper-Laski* her. Er war einem größeren Publikum als Meister des Pferde-Hindernissports bekannt und besaß in Hoppegarten (heute Hoppegarten-Dahlwitz) in der Nähe der vom Union-Klub betriebenen Pferderennbahn eine Villa und einen Rennstall. Er hatte sich schon vor dem Krieg für die deutsch-französische Verständigung eingesetzt und hatte auch eine soziale Ader: Er war Mitglied des «Hilfsvereins für die politischen Gefangenen und Verbannten Russlands» und des «Komitees Helft Einander!». Er wurde der erste Vorsitzende des neuen Vereins. In Gesprächen auf der Terrasse des (verschwundenen) Zoo-Restaurants und im Park von Sanssouci hatte von Tepper-Laski sich mit dem Journalisten *Otto Lehmann-Russbüldt* und dem Juristen, ehemaligen Reichstagsabgeordneten, Herausgeber der liberal-demokratischen Wochenzeitschrift *Welt am Montag, Hellmut von Gerlach* – einem Gegner des preußischen Militarismus –, beraten.

Mit von der Partie war auch die Pazifistin und Mitbegründerin des «Deutschen Bundes für weltliche Schule und Moralunterricht», *Lilli Jannasch*, unter deren Verantwortung Anfang Oktober 1914 eine Art Pressestelle ebenfalls mit dem Namen «Bund Neues Vaterland» gegründet wurde, aus der dann ein richtiger Verlag entstand. Sofort wurde eine Broschüre Lehmann-Russbüldts, «Die Schöpfung der Vereinigten Staaten von Europa», herausgegeben. Bald danach stellte sich auch Ernst Reuter neben Lehmann-Russbüldt und Lilli Jannasch in der Geschäftsstelle für die praktische Arbeit des Vereins zur Verfügung.

Der Bund verfolgte eine zweigleisige Strategie; auf der einen Seite versuchte er, entscheidende Kreise in der Regierung durch Denkschriften und Eingaben an Reichskanzler und Reichstag zu beeinflussen. Auf der anderen Seite zielte er darauf ab, über Pamphlete und Broschüren seines Verlags die Meinungsführer in den Medien für sich zu gewinnen. Der «Bund Neues Vaterland» war an keine Partei gebunden; allerdings hatten einige seiner Mitglieder wie *Rudolf Breitscheid* und *Eduard Bernstein* Einfluss in der Sozialdemokratischen Partei. Das inhaltliche Programm des Bundes verlangte politische und soziale Reformen, die Einführung des allgemeinen und gleichen Wahlrechts für Männer und Frauen, eine parlamentarische Demokratie, die Verbesserung der Lebensbedingungen der arbeitenden Bevölkerung, eine Sozialversicherung und das Recht der Arbeiterschaft auf ihre Organisation.

Auch Albert Einstein und Elsa Löwenthal wurden im Frühjahr 1915 Mitglieder des Vereins; in der Mitgliederliste vom Herbst 1915 ist Elsa sogar zweimal aufgeführt: einmal als *Einstein, Frau Elsa* und als *Loewenthal, E.* In seriösen Publikationen und Biografien wird bis heute behauptet, Einstein sei ein Gründungsmitglied des «Bundes Neues Vaterland» gewesen. Dieser Irrtum geht auf Otto Lehmann-Russbüldts Buch von 1926 über die Nachkriegs-Folgeorganisation des «Bundes Neues Vaterland» zurück, die «Deutsche Liga für Menschenrechte», in dem er Einstein unter den zehn «ersten Mitgliedern und Sympathisanten» nennt, obwohl dieser die Mitgliedsnummer «29» hatte. Im Jahr 1926 war Einstein schon weltberühmt und für die Vereinswerbung von Nutzen, während ihn im November 1914 außer seinen engeren Fachkollegen niemand kannte. So berichtete der Völkerrechtler *Walther Schücking* von der 5. ordentlichen Sitzung des Vereins am 21. März 1915 im Konferenzsaal im «Haus des Deutschen Sports» am Schiffbauerdamm, dass Einstein dabei gewesen sei, «dessen Namen ich zum ersten Mal hörte. Er soll durch ein Gesetz von der Einheit der Zeit [...] eine wissenschaftliche Tat allerersten Ranges ausgerichtet haben». Mit dieser laienhaften Beschreibung muss die spezielle Relativitätstheorie Einsteins aus dem Jahr 1905 gemeint sein. Im Gründungsmonat des Vereins steckte Einstein mitten im Ringen um den Abschluss der «allgemeinen Relativitätstheorie», also die erwähnte, seit vielen Jahren von ihm entwickelte Theorie der Schwerkraft. Am 29. Oktober hatte er der Akademie die größere Abhandlung «Die formale Grundlage der allgemeinen Relativitätstheorie» präsentiert. Danach arbeitete er mit dem gleichaltrigen holländischen Experimentalphysiker *Wander Johannes de Haas,* einem Assistenten an der Physikalisch-Technischen Reichsanstalt in Charlottenburg, am Nachweis des Zusammenhangs zwischen magnetischem Moment und Drehimpuls in einem Stabmagneten, einem Phänomen, das heute Einstein-de-Haas-Effekt genannt wird.

Wie erfuhr Einstein überhaupt vom «Bund Neues Vaterland», der in der kurzen Zeit seines Bestehens bis zum Verbot durch die preußischen

Militärbehörden am 7. Februar 1916 ein kleiner, elitärer Verein geblieben war? Vermutlich wurde er in den Bund durch das Mitglied Nummer 14, den wissenschaftlichen Direktor der «Gesellschaft für drahtlose Telegraphie m.b.H. System Telefunken», *Graf Georg von Arco,* eingeführt. Er war der Einzige im Verein, mit dem Einstein in beruflichen Kontakt kommen konnte. *Werner Weisbach,* damals Privatdozent für Kunstgeschichte an der Berliner Universität, Mitbegründer von zwei weiteren Vereinen nach dem Verbot des «Bundes Neues Vaterland», schreibt in seinen Lebenserinnerungen, dass dem Idealisten Arco Frieden und «übernationale» Verständigung über alles andere gegangen seien und dass er «allerhand Menschen mit pazifistischen, aber auch kommunistischen Idealen um sich scharte». Es fehle ihm jedoch Menschenkenntnis; durch einen Mangel an historischem Sinn und Verkennung der Tatsachen hänge er unrealistischen Vorstellungen an.

Ähnlich wie mit Arco stand es mit Albert Einstein [...], der durch jenen, mit dem er befreundet war, unserer Vereinigung zugeführt wurde. Auch er [Einstein] auf politischem Gebiet ein Träumer und Idealist, der einem teuren Wunschbild nachstrebte.

In einer Sitzung des Bundes erfuhr Einstein von Kontakten zu dem französischen Schriftsteller, Musikwissenschaftler und Pazifisten *Romain Rolland.* Dieser arbeitete in Genf für die zivile Sektion der Agentur für die Kriegsgefangenen des Internationalen Roten Kreuzes und hatte im September 1914 in dem Artikel «Au-dessus de la mêlée» («Über dem Getümmel») in einer Schweizer Zeitung an beiden Kriegslagern Kritik geübt: Er verurteilte den deutschen Imperialismus und expansionistischen Drang und tadelte Frankreich und England wegen ihres Bündnisses mit dem imperialistischen Zaren. Er zeigte sich enttäuscht von der ihren Idealen zuwiderlaufenden konformistischen Haltung sowohl der Kirchen als auch der sozialistischen Parteien Europas. Der Schriftsteller und Übersetzer Rollands in Berlin, Wilhelm Herzog, ein Mitgründer der Kulturzeitschrift *Pan,* auch Mitglied des «Bundes Neues Vaterland», hatte im Januar 1915 Auszüge aus Rollands Artikel in seiner Monatsschrift *Das Forum* abgedruckt. Lilli Jannasch ergriff diese Gelegenheit, um Rolland den «Bund Neues Vaterland» und seine Ziele brieflich vorzustellen. Eine Korrespondenz entspann sich, an der sich auch Ernst Reuter beteiligte und Rolland als Mitarbeiter oder Sympathisanten des Bundes Schücking, Hans Delbrück, den Völkerrechtler *Hans Wehberg*, Berlin, und den Münchener Professor der Volkswirtschaft, *Lujo Brentano*, nannte, nicht aber Einstein. Dieser sandte Rolland am Tag nach der Sitzung des Vereins einen Brief, in dem er eine historische Entwicklung von religiösem Wahn hin zu nationaler Verstiegenheit beklagte und den Gelehrten der am Krieg beteiligten Länder vorwarf, sie benähmen sich so, als ob ihr Gehirn bei Kriegsbeginn amputiert worden sei. Er lobte Rollands Bemühungen, zwischen Deutschland und Frankreich zu vermitteln, und bot ihm seine bescheidenen Kräfte zur Mithilfe an, falls sie aufgrund seiner Stellung in Berlin oder seiner Beziehungen zu deutschen und ausländischen Kollegen in den Naturwissenschaften nützlich sein könnten.

Einstein war also nicht der erste deutsche Intellektuelle, der Kontakt zu Rolland gesucht hatte. Auch die als Tochter Schweizer Eltern in Berlin geborene und aufgewachsene Pädagogin *Dr. Elisabeth Rotten* gehörte dazu. Kurz vor dem Krieg hatte sie als Lektorin für deutsche Literatur ein Jahr lang an der Universität Cambridge gearbeitet.

Ich hatte vorgehabt, mich für den Schuldienst zu melden. Aber nun konnte ich mich nicht entschließen, mich vor Kinder hinzustellen und zu lehren, als ob die Welt in Ordnung wäre. Und weil ich von einstigen Mitstudentinnen, Künstlern und anderen wusste, die, plötzlich zu «feindlichen Ausländern» geworden, in Deutschland in Schwierigkeiten sein mochten, eilte ich nach Berlin, um zu sehen, ob und wie man solchen Bedrängten als Neutrale in menschlicher Solidarität beistehen könne.

Es gelang ihr, ein Hilfswerk, die «Auskunfts- und Hilfsstelle für Deutsche im Ausland und Ausländer in Deutschland» einzurichten und in Zusammenarbeit mit dem Internationalen Roten Kreuz in Genf zahlreichen Zivilinternierten beizustehen. Elisabeth Rotten half Rolland und Lilli Jannasch dabei, einen Austausch zwischen kriegsgefangenen deutschen und französischen Ärzten zustande zu bringen.

Der an solchen Hilfsmaßnahmen beteiligte Romain Rolland ging in seinem Antwortbrief prompt auf Einsteins «bescheidenes» Hilfsangebot ein und bat ihn um Mithilfe bei der Organisation einer Deutschlandreise eines Offiziers des Internationalen Roten Kreuzes. Dieser hatte deutsche

Kriegsgefangene in Frankreich besucht, wollte die Bedingungen der Gefangenschaft vergleichen und damit den gegenseitigen Hass der Kriegsgegner eventuell vermindern. Nun war Organisieren nicht gerade Einsteins Stärke; allem Anschein nach brachte er in dieser Sache nichts zu Wege. Im Gegenteil, er machte sich in einem Brief vom April 1915 an seinen Schweizer Vertrauten, den Professor für Rechtsmedizin, *Heinrich Zangger*, über Rollands Optimismus lustig. Auch im nächsten Jahr gelang es Einstein nicht, zu helfen; er verschlampte einen Brief Ehrenfests und wusste daher nicht, was er «Frau R[otten?]» hätte fragen sollen. Einstein war ein glühender Pazifist im Denken und in Worten, nicht aber in Taten. Ein Friedens*aktivist* konnte er angesichts seiner wissenschaftlichen Arbeit mit neunundfünfzig Publikationen zwischen 1914 und 1918, darunter ungefähr dreißig Forschungsarbeiten in theoretischer Physik, dem krönenden Abschluss der allgemeinen Relativitätstheorie im November 1915 und der berühmten kosmologischen Arbeit von 1917 schon aus Zeitgründen niemals gewesen sein. Als *aktiver* Friedenskämpfer unter den Professoren musste Einstein gegenüber Kollegen wie Ludwig Quidde, Walther Schücking oder Hans Wehberg zurücktreten.

Elisabeth Rotten setzte auch nach dem verlorenen Krieg ihre soziale Tätigkeit fort: Sie half mit, eine von amerikanischen Quäkern gespendete Speisung für unterernährte deutsche Kinder zu organisieren. Im Juli 1920 kam diese mehr als einer halben Million deutscher Kinder zugute. Einstein, nun schon berühmt und zu allem und jedem befragt, sollte auch zu dieser Aktion etwas sagen und pries «die segensreiche und groß angelegte Wirksamkeit der amerikanischen und englischen Quäker». Er habe selbst gesehen, dass «wertvolle» Menschen von ihnen aus schwerer Not gerettet worden seien.

Der Widerspruch zwischen seiner Eloquenz und seiner Enthaltsamkeit im Blick auf konkretes Handeln macht einen Aspekt seiner Persönlichkeit deutlich: Seinem häufig gezeigten Mangel an Verständnis und Mitgefühl für den *einzelnen* Menschen steht die Vorliebe für «wertvolle» Menschen und sein Mitleid mit der ganzen «Menschheit» gegenüber. Das zeigt sich auch in der Beziehung zu seinen beiden Ehefrauen und Kindern. Im April 1915 schrieb Einstein an Zangger, dass er auf baldigen Frieden hoffe, weil die «Narren» schon bald ein anderes Tätigkeitsfeld finden würden. Seiner lapidaren brieflichen Mitteilung über den

Tod der beiden Söhne von Walther Nernst, die 1917 gefallen waren, folgte in einem Brief an Besso der Kommentar: «Der alte Jehova lebt noch? Die Psyche dieser Menschen ist eigentümlich. Ich habe das Hassen verlernt.» Bedeutet dies, dass Einstein der Vorstellung von einem «rächenden» Gott etwas abgewinnen konnte? Vergleichen wir mit dem, was der katholische Bischof von Keppler 1915 in einer weit verbreiteten Schrift geäußert hat: «Wieder einmal hat der Krieg in furchtbarem Strafgericht abgeurteilt über die verbrecherischen Versuche, das deutsche Wesen zu verseuchen durch welsche Art und Mode [...].» Gemeinsam ist beiden Bemerkungen nur die Vorstellung von einem strafenden Gott. Einstein lag es fern, diesen strafenden Gott im Sinne der Disziplinierung zu verstehen. Er griff das Thema Anfang Juni in einem Brief an seinen Freund Ehrenfest wieder auf: «Der alte Jehova lebt noch. Leider erschlägt er auch die Unschuldigen, und die *Schuldigen* schlägt er entsetzlich mit Blindheit, dass sie sich nicht schuldig fühlen. Woher also nimmt er ein Recht zum Strafen und zum Zerschmettern? Etwa auch von Gewalt?»

Verachtung für den «kleinen Mann» zeigt ein Brief Einsteins vom Frühjahr 1918 an einen viel versprechenden jungen Biologen an der Front, den Sohn Otto seines Kollegen Emil Warburg, und späteren Nobelpreisträger, der eine Versetzung in die Etappe nicht wahrnehmen wollte. Er fragte ihn, ob seine Stelle dort draußen nicht durch einen fantasielosen Alltagsmenschen eingenommen werden könne, von der Art derer, von denen zwölf auf ein Dutzend gingen. Und ob die Gesunderhaltung «wertvoller» Individuen nicht wichtiger sei als die große Keilerei dort draußen. Dieser Brief wurde zwar auf Bitte von Ottos Mutter geschrieben, deckt sich aber durchaus mit Einsteins Gleichgültigkeit gegenüber dem Schicksal des einzelnen Menschen an der Front oder bei den Kriegsanstrengungen in der Heimat. Von seinen Ferien in Ahrenshoop an der Ostsee im August desselben Jahres berichtete Einstein Max Born, er habe gelesen, dass die Bevölkerungszahl Europas im letzten Jahrhundert von 113 Millionen auf fast 400 Millionen gewachsen sei, «ein schrecklicher Gedanke, der einen fast mit dem Krieg befreunden könnte». Am Weltkrieg teilzunehmen bedeutete aber nicht unbedingt, zu kämpfen, zu töten und selbst getötet zu werden. Der Maler und Grafiker *Max Beckmann*, fünf Jahre jünger als Einstein, erlebte den Ersten Weltkrieg als *freiwilliger* Sanitäter; seine späteren Bilder sprechen aus eigener Erfahrung von der Grausamkeit des Krieges, anders als Einsteins Worte vom Gelehrtenschreibtisch aus.

Dienst an der Gesellschaft war für Einstein immer *das* sinnstiftende Element des menschlichen Lebens. Es scheint so zu sein, dass in seinem Verständnis seine Forschung und sein verbales Eintreten für Frieden und Gewaltlosigkeit das soziale Engagement war, das er leisten konnte und wollte. Ein Beispiel herzlicher Anteilnahme Einsteins an einem Einzelschicksal ist das Folgende: Max Planck war schwer geprüft worden, sein ältester Sohn 1917 einer Kriegsverletzung erlegen, im selben Jahr eine seiner Töchter im Kindbett gestorben. Als dann 1919 auch die zweite Tochter nach der Geburt ihres Kindes starb, schrieb Einstein an Born: «Plancks Unglück geht mir sehr zu Herzen. Ich konnte die Tränen nicht zurückhalten, als ich ihn [...] besuchte.»

Im Juni 1915 schickte der «Bund Neues Vaterland» mit dem marxistisch denkenden, durch eine weit verbreitete «Illustrierte Sittengeschichte» bekannt gewordenen Schriftsteller *Eduard Fuchs* einen Emissär zu Rolland, um ihn von der Aufrichtigkeit der Ziele des Vereins zu überzeugen. Rolland notierte in sein Tagebuch, dass Fuchs vom preußischen Militarismus wie von einem gemeinsamen Feind gesprochen habe. Der Boden für ein Treffen Einsteins mit Romain Rolland während eines Besuchs bei seiner Familie in der Schweiz war vom «Bund Neues Vaterland» also nicht nur vorbereitet, sondern sein Kommen ebenso angezeigt worden wie ein mündlicher Bericht über Fortschritte in der Vereinsarbeit. Das Treffen fand am 16. September 1915 in Vevey am Genfer See statt. Tatsächlich erzählte Einstein vom *langsamen* Fortschritt bei der Beeinflussung der öffentlichen Meinung und gab einen pessimistischen Ausblick. Er beklagte die Mitarbeit der deutschen Gelehrten bei den Kriegsanstrengungen und fand die von deutschen Wissenschaftlern bei jeder Gelegenheit gestellte Frage «Warum werden wir von der Welt so gehasst?» lächerlich. Rolland notierte, dass Einstein nur die schlimmsten Züge seines Landes sähe, möglicherweise als Reaktion auf die Unterwürfigkeit seiner Landsleute, und erklärte sich Einsteins übernationales Denken durch seine jüdische Abstammung. Er wusste wohl nicht, dass Einstein nahe *Verwandte* in Brüssel, Genua, Paris und Madrid hatte. Nach Einstein besuchte noch ein weiteres Mitglied des Bundes Rolland, der elsässische Schriftsteller René Schickele, der in Berlin die *Weißen Blätter* mit herausgegeben, sich aber in die Schweiz zurückgezogen hatte, wohl um einer Einberufung zum deutschen Heer zu entgehen. Vielleicht auch vor dem Hintergrund seiner Arbeit für die Völkerverständigung erhielt Rolland den Nobelpreis für Literatur für das Jahr 1915 «als eine Anerkennung für den hoch stehenden Idealismus seiner literarischen Produktion und für die Sympathie und Wahrheitsliebe, mit der er verschiedene Menschentypen beschrieben hat.»

Noch vor seinem Besuch bei Rolland hatte Einstein ein einziges Mal «seine schwachen Kräfte» für eine Aktion innerhalb des «Bundes Neues Vaterland» eingesetzt. Ein Aufruf von Professoren im Sinne der Völkerverständigung sollte vorbereitet werden. Im Juni 1915 trafen sich dazu Graf Arco, Einstein, die Schriftsteller *Rudolf Goldscheid* (Wien) und *Leo Kestenberg* (Berlin) und kamen überein, einen solchen Aufruf von internationalem Charakter *individuell,* nicht im Namen des Bundes, zu versenden. Ob ein solcher Aufruf tatsächlich verschickt wurde, ist unbekannt; in jedem Fall blieb er eine völlig private Angelegenheit. Einstein konnte daher nicht wie sein Vereinsbruder, der Völkerrechtler Hans Wehberg, der die Verletzung der belgischen Neutralität durch Deutschland in einem vertraulichen, aber dennoch beschlagnahmten Zirkular des «Bundes Neues Vaterland» kritisiert hatte, als Vaterlandsverräter gebrandmarkt werden.

Es gab in Berlin noch verborgenere pazifistische Zirkel. Als der Schriftsteller *Franz Werfel* im Februar oder März 1915 in Berlin den Religionsphilosophen *Martin Buber* besuchte, erfuhr er, dass Buber gleich nach Ausbruch des Weltkriegs gemeinsam mit dem Schriftsteller *Gustav Landauer* und dem Philosophen *Max Scheler* einen «Geheimbund gegen den Militarismus» geschlossen habe; nach Definition blieb dieser offensichtlich während des ganzen Krieges für die Berliner geheim. Diese konnten im August 1915 in einer Ausstellung des zunächst eher unpolitischen *Sturm* von Herwart Walden Bilder von Felixmüller, Chagall, Kokoschka und Rousseau sehen. Im Winter 1915 wurde eine Ausstellung norwegischer Kunst gezeigt. Darunter ein Bild von *Edvard Munch,* «Neutralien», mit deutlicher Anspielung auf das politische Geschehen: Angesichts eines untergehenden Schiffes pflücken fröhliche Menschen

Äpfel auf einer Wiese hinter dem Strand. Minderen künstlerischen Wert hatten in Zeitungsannoncen angebotene Ringe:

Echt Silber. Platte in Deutschlands, Österreich-Ungarns, Bulgariens und der Türkei Flaggen-Farben gehalten. Ewige Erinnerung an unsere Waffenbrüderschaft und deren großen Erfolge.

Ebenso «Deutscher Schmuck» aus echter Geschossbronze vom Kriegsschauplatz, ziseliert «nach Wunsch auch mit Namen und Datum einer der großen Schlachten». Wie Karl Liebknecht und *Rosa Luxemburg* im Februar 1915 zum Landsturm «eingezogen» bzw. zu einer Gefängnisstrafe verurteilt wurden, so behinderten die Behörden auch den «Bund Neues Vaterland» zunehmend, bis er dann im Februar 1916 ganz verboten wurde. Ernst Reuter und Lehmann-Russbüldt, Letzterer mehr als vierzig Jahre alt, mussten Soldaten werden, Quidde wurde als bayerischer Staatsangehöriger aus Berlin verbannt, Graf Arco mehrfach verhört und wegen Verletzung von Zensurbestimmungen verwarnt. Dies widerfuhr selbst von Tepper-Laski mit seinen guten Beziehungen zum Militär; immerhin wurde er freigesprochen. Im Dezember 1915 hatten die preußischen Militärbehörden eine Postkarte Einsteins an die Niederländische Friedensgruppe «Anti-Oorlog-Raad» (Anti-Kriegs-Verein) abgefangen und sich bei der Berliner Polizei nach seiner Mitgliedschaft in der Friedensbewegung erkundigt. Diese wusste zu berichten, dass er dem «Bund Neues Vaterland» angehöre und das liberale *Berliner Tageblatt* lese, durch agitatorisches Verhalten in der Friedensbewegung aber bisher (das heißt bis Januar 1916) *nicht* aufgefallen sei. Man ließ Einstein in Ruhe und erlaubte ihm weiterhin, ohne explizite Erlaubnis des militärischen «Oberkommandos in den Marken» ins Ausland zu reisen. Diese Freiheit nutzte er während der Kriegsjahre zu mehreren Auslandsreisen: zu seiner Familie in die Schweiz, zu einem Besuch in Holland bei seinem Kollegen, dem Nobelpreisträger *Hendrik A. Lorentz*, und seinem Kollegen und Freund *Paul Ehrenfest*. Übrigens, wie auch bei Inlandsreisen, «ohne sich hier in Berlin persönlich polizeilich abgemeldet und am Reiseziel persönlich angemeldet zu haben, wozu er als neutraler Ausländer verpflichtet ist», wie die Kommandantur der Residenz Berlin der Akademie missbilligend mitteilte.

In Berlin selbst, mit den in der Kriegsforschung beschäftigten Professoren seiner Generation und den jüngeren Physikern und Astronomen, die freiwillig oder zwangsweise «zu den Fahnen gerufen» worden waren, war Einstein schon ein wenig isoliert. Daher freute er sich über Besuche wie den des «theor. Physiker[s] und Stammesgenossen» *Wladyslaw Natanson* von der Universität Krakau im Februar 1915. Im Felde standen etwa der wissenschaftliche Hilfsarbeiter an der Physikalisch-Technischen Reichsanstalt in Charlottenburg, *Walter Bothe*, die Assistenten am Physikalischen Institut der Universität, *James Franck* und *Gustav Hertz*, alle drei spätere Nobelpreisträger, Hans Geiger und, allerdings *nur* als meteorologischer Beobachter, der kriegsfreiwillige Professor, Geheimrat und Direktor der Sternwarte zu Potsdam, *Karl Schwarzschild*. Der exzellente Forscher starb schon 1916 an der bösartigen, während des Kriegseinsatzes ausgebrochenen Hautkrankheit «Pemphigus» des Auto-Immunsystems. Er hatte wesentliche Beiträge zu Einsteins neuer Gravitationstheorie geliefert.

Eine andere Gruppe von Physikern war nach Monaten des Einsatzes an der Front zu weniger gefährlichen Aufgaben abkommandiert worden: zu einer von dem Breslauer Physiker und Rittmeister der Reserve *Rudolf Ladenburg* gebildeten Schallmessabteilung im Rahmen der Artillerie-Prüfungskommission mit Dienstgebäude in der Spichernstraße. Die Aufgabe dieser Abteilung lag darin, mögliche Anwendungen unterschiedlicher Methoden zur Positionsbestimmung feuernder Geschütze, etwa optische (Geschütz-«Feuer»), akustische (Geschütz-«Donner») und seismometrische (Rückstoß-«Beben») zu vergleichen und zu verbessern. Insbesondere wurde ein von Ladenburg angeregtes Schallmessverfahren ausgearbeitet und in der Praxis, also an der Front, eingeführt. Zu den Wissenschaftlern in Uniform gehörte Max Born, damals Extraordinarius in Berlin. In den Schubladen hatten die Physiker allerdings ihre Berechnungen zu dem, was sie eigentlich interessierte, Probleme der Kristallphysik wie etwa Kompressibilität oder Kohäsionskräfte der Kristalle. Born traf sich zu dieser Zeit fast täglich mit Einstein, wie er später berichtete.

Zwei der drei Kollegen, die wesentlichen Anteil an Einsteins Berufung nach Berlin hatten, beteiligten sich an Kriegsforschung. Zuerst experimentierte Nernst mit Tränengas und anderen Stoffen, welche die Soldaten außer Gefecht setzen konnten, ohne sie zu töten. Die ersten Fronterprobungen im Oktober 1914 brachten aber nur ungenügende Luftkonzentrationen und blieben wirkungslos. Dann schlug Haber ein billiges Industrieabgas, Chlorgas, vor und entwickelte ein Abblasverfahren; die erste «Anwendung» an der Front in seiner Gegenwart erfolgte am 22. April 1915 bei Ypern in Flandern und führte zu etwa 15 000 Gasvergifteten und 5000 Toten. Der zum Hauptmann beförderte Haber stellte sein Institut in Dahlem dieser rein militärischen Forschung vollständig zur Verfügung. Laut Otto Hahn nahmen 1916 an einer Besprechung im Haberschen Institut mit der Industrie über den Stand der Gaskampfstoffe «25 prominente Wissenschaftler des Instituts, darunter die späteren Nobelpreisträger Willstätter, Franck und Wieland», teil. Nach der Haager Konvention war Giftgas verboten, aber Haber glaubte, er könne den Krieg damit verkürzen. Ein eigenes Pionierregiment war für den Einsatz von Gaskampfstoffen gebildet worden, in dem sich Physiker und Chemiker wie J. Franck, G. Hertz, Otto Hahn und *Wilhelm Westphal* wieder begegneten. Die nötigen Gasmasken wurden auf Drängen Habers von dem Chemiker und Nobelpreisträger des Jahres 1915 für seine Forschungen über Pflanzenfarben, *Richard Willstätter*, verbessert. Willstätter war kein Freund des Krieges. Aber die Creme der deutschen Spitzenforscher war bereit oder hatte keine Skrupel, als willige Unterstützer von Kaiser und Vaterland zu fungieren. Das kann genauso gut von den Wissenschaftlern in Frankreich und England gesagt werden: Vom französischen Militär wurde das noch tückischere Phosgengas in Granaten abgefüllt und am 22. Februar 1916 erstmals eingesetzt. Seine Wirkung übertraf die schlimmsten Befürchtungen. Es wurde üblich, Gasgranaten mit Farben zu kennzeichnen: Gelb-, Blau- und Grünkreuz. Wurden zwei verschiedene Giftgase gleichzeitig verschossen, so hieß dies verharmlosend «Buntschießen».

Wusste der Pazifist Albert Einstein von den streng geheimen, menschenfeindlichen Entwicklungen, die sein guter Freund Fritz Haber betrieb? Gewiss doch: Der bekannte Münchener Physiker *Arnold Sommerfeld* erzählte, dass, als er Einstein am Anfang des Krieges besucht habe, beide einen Kriegsbericht über den gegnerischen Einsatz von Gaswaffen gelesen hätten. Einsteins Kommentar sei gewesen: «Das heißt, sie haben zuerst gestunken, aber wir können es noch besser.» Das habe er von seinem Freund Haber gewusst. Dagegen ausgesprochen, wie etwa sein medizinischer Kollege *Ludolf von Krehl*, der angesehenste und erfolgreichste Internist Heidelbergs, hat er sich nie. Es konnte Einstein auch nicht entgangen sein, dass Habers Beitrag zur industriellen Erzeugung von Stickstoff (Haber-Bosch-Verfahren) die Verlängerung des Krieges um Jahre ermöglicht hatte (Munitions- und Düngemittelproduktion). Einstein und Haber blieben Freunde; vermutlich haben sie ihre sich widersprechenden Einstellungen einfach verdrängt. Habers Frau, *Clara Immerwahr*, selbst eine promovierte Chemikerin, empfand dagegen den Gaskrieg als Perversion und Korrumption der Wissenschaft, kritisierte ihren Mann und erschoss sich am 2. Mai 1915 mit seiner Dienstwaffe. «Es muss an einer Veranlagung in ihrer Familie gelegen haben», waren die Kommentare. Am gleichen Tage noch reiste der «Hauptmann» Fritz Haber an die Ostfront zum nächsten Giftgaseinsatz, vielleicht auf Befehl.

In zwei Fällen ist Einstein selbst in den Verdacht gekommen, er habe möglicherweise auch zur Rüstungsforschung beitragen wollen. Im August 1916 hatte er die kleine Arbeit «Elementare Theorie der Wasserwellen und des Fluges» veröffentlicht und dabei wohl die Idee für eine günstige Form des Flugzeugflügels in der Art eines «Katzenbuckels» entwickelt. Die mit Flugzeugbau beschäftigte Firma «Luftverkehrsgesellschaft Berlin-Johannisthal» hatte die akademische Gemeinschaft um Mithilfe bei der technischen Verbesserung der Luftwaffe aufgerufen. An sie schickte Einstein seinen Entwurf, und ein Versuchs-Doppeldecker wurde entsprechend umgerüstet. Zwei Testpiloten mühten sich, in die Lüfte zu steigen; es gelang ihnen auch, vom Boden wegzukommen, danach «wie eine schwangere Ente» in der Luft zu hängen und mit nicht geringer Erleichterung dann wieder Boden unter die Räder zu bekommen. Einstein hat später seine Blamage humorvoll anerkannt; in der Tat hatte er zu diesem Zeitpunkt weder die physikalischen Grundlagen des Fliegens völlig verstanden noch die aerodynamische Fachliteratur gelesen, in der alles genau auseinander gesetzt worden war. Zu seiner Entlastung muss gesagt werden, dass auch die Flugzeugfirma offensichtlich niemanden hatte, der sich in der *Theorie* des Fliegens auskannte. In der *Praxis* hätte es schon kompetente Leute vor Ort gegeben, wenn der preußische Militärgeist etwas weniger kleinlich vorgegangen wäre. Etwa in Gestalt der Flugpionierin *Melli Beese*, die seit 1912 eine Flugschule auf dem ältesten Flugplatz Deutschlands in Berlin-Johannisthal betrieb. Neben ihrem Beruf als Fluglehrerin entwickelte diese Frau ein eigenes Flugzeug, die «Melli-Beese-Taube», das wichtige Verbesserungen sowohl in flug- als auch in herstellungstechnischer Hinsicht gebracht haben soll. Während des Ersten Weltkriegs waren sie und ihr französischer Mann als feindliche Ausländer interniert. Nernsts früherer Schüler in England, Frederick Lindemann, war erfolgreicher als Einstein; er beschäftigte sich theoretisch und praktisch mit dem Trudeln von Flugzeugen und rechnete aus, wann eine Stabilisierung möglich ist.

Einsteins andere Mitwirkung bei einer rüstungsrelevanten Entwicklung, nämlich der des für Schiffe aller Art, insbesondere U-Boote, wichtigen Kreiselkompasses, war sehr erfolgreich, wurde aber erst nach dem Ersten Weltkrieg vollendet. In beiden Fällen unterschied sich Einstein vom Pazifisten einer früheren Epoche, dem *direkten* Erfinder mörderischer Kriegsmaschinen für seine Brötchengeber: *Leonardo da Vinci.*

Der ungleiche Kampf der Memoranden

Am Anfang des Krieges war die offizielle Lesart der deutschen Kriegsführung, dass sich ein belagertes Land eben verteidige. Eine öffentliche Diskussion von «Kriegszielen» war damit ausgeschlossen und auch verboten. Im weiteren Verlauf des Krieges ließ sich dieses Verbot nicht klar durchhalten. Militärführung und Anhänger des «Alldeutschen Verbandes» glaubten noch immer an einen Sieg Deutschlands; die letzteren formulierten Petitionen an Regierung und Reichstag, in denen sie ihre Vorstellungen über eine Verteilung des Fells des Bären darlegten. Im Mai 1915 erklärten sechs große Wirtschaftsverbände, Belgien müsse unter deutscher Kontrolle bleiben, die Grenze zu Frankreich solle westwärts bis zu einer Linie von Belfort bis Boulogne am Ärmelkanal verschoben werden, und die baltischen Provinzen Russlands samt der sich südlich anschließenden Gebiete könnten annektiert werden. Im Juni wurde die vom «Alldeutschen Verband» unterstützte, nach dem protestantischen Theologen und Professor der Berliner Universität, *Reinhold Seeberg,* benannte «Seeberg-Adresse» von 325 Professoren und 40 Reichstags- und Landtagsabgeordneten unterschrieben; fünfzig Professoren und Dozenten der Berliner Universität waren dabei. Zusätzlich zu den von den Wirtschaftsverbänden geforderten Annexionen sollten der deutsche Kolonialbesitz wiederhergestellt werden, Englands Einfluss über Ägypten und den Suez-Kanal beendet und, überhaupt, das ganze Britische Empire zerschlagen werden. Der «Bund Neues Vaterland» reagierte schnell mit einem von Quidde verfassten Memorandum an den Reichskanzler und die Mitglieder des Reichstags vom 14. Juli 1915. Die Annexionspläne wurden als für Deutschland schädlich zurückgewiesen – schon weil die 16 Millionen der in den zu annektierenden Gebieten lebenden Bevölkerung schwerlich integriert werden konnte. 700 Kopien wurden verteilt, bevor die weitere Verbreitung vom Militär verboten wurde. Übersetzungen erreichten Frankreich, die Niederlande und Schweden.

Ein weiteres, dem Gedankengut des «Alldeutschen Verbandes» entgegenwirkendes Memorandum, die so genannte «Delbrück-Dernburg-Petition» folgte Ende Juli 1915; sie wurde von zwölf Mitgliedern des «Bundes Neues Vaterland» unterzeichnet, darunter Einstein, Arco, Quidde, Schücking und Tepper-Laski. Einsteins Berliner Physiker-Kollegen Max Planck und Heinrich Rubens schlossen sich an, insgesamt aber nur 15 Professoren der Berliner Universität. Diese Petition erhielt nur ca. ein Zehntel der Unterschriften der annexionistischen «Seeberg-Adresse». Der Inhalt der «Delbrück-Dernburg-Petition» war konservativer als der von Quiddes Memorandum und nur teilweise anti-annexionistisch. Mit dem Satz: «[...] bekennen wir uns zu dem Grundsatz, dass die Einverleibung oder Angliederung politisch selbständiger und an Selbständigkeit gewöhnter Völker zu verwerfen ist», wurde zwar die Annektierung Belgiens ausgeschlossen, nicht aber die Ausgliederung der baltischen Provinzen aus dem Russischen Reich und die Begründung eines größeren Kolonialbesitzes in Afrika. Einsteins Unterschrift unter einem Satz wie «Wir alle sind, mit dem ganzen Volke, fest überzeugt, dass dieser Krieg mit einem vollen Sieg Deutschlands enden wird» steht in auffälligem Widerspruch zu seiner Meinung, die er nur acht Wochen später Romain Rolland bei seinem Besuch mitteilte, nämlich dass er den Sieg der alliierten Kriegsgegner erhoffe und damit die Zerstörung der Macht Preußens und seiner Dynastie. Hierin zeigt sich ein Gegensatz zwischen Einsteins gesellschaftlicher Anpassung in Berlin und seiner inneren Distanzierung von der Haltung seiner Kollegen.

Einsteins Durchbruch
zur allgemeinen Relativitätstheorie

Einer der ersten öffentlichen Vorträge Einsteins zu seiner Relativitätstheorie in Berlin dürfte der in der Archenholdschen Sternwarte am
2. Juni 1915 gewesen sein. Ende Juni 1915 hielt er dann sechs Vorlesungen an der Universität Göttingen über seine Fortschritte in der Formulierung einer «allgemeinen Relativitätstheorie» auf Einladung des Mathematikers David Hilbert, bei dem er auch wohnte. Am Namen «allgemeine
Relativitätstheorie» ist nicht zu erkennen, dass es sich um eine Theorie
der *Schwerkraft* bzw. ihrer Wechselwirkung mit anderen Kräften handelt.
Die Begegnung von Hilbert und Einstein befruchtete beide Forscher
und führte zu einem Wettlauf zwischen ihnen. Anfang Oktober erzählte
Einstein Max Born, in seiner Gravitationstheorie sei etwas nicht in Ordnung, und gegen Ende des Monats schien er noch keinen Ausweg gefunden zu haben. In seinem Brief vom 28. Oktober 1915 fragte Born
Hilbert, ob er «dieses Unheil selbst entdeckt» oder ob er von Einstein davon erfahren habe. Mit Veröffentlichungen Einsteins im November erreichte das Ringen einen Höhepunkt: Am 4., 8. und 25. November 1915
sandte er der Akademie die Arbeiten «Zur allgemeinen Relativitätstheorie» mit dem Nachtrag «Die Erklärung der Perihelbewegung des Merkur
aus der allgemeinen Relativitätstheorie» und «Die Feldgleichungen der
Gravitation». Nach sechs bis acht Jahren mühsamer Arbeit war damit
das Werk, das Einstein allergrößten Ruhm bringen sollte, vollendet. Hilbert kündigte für den 20. November einen Vortrag über «Die Grundlagen der Physik» in Göttingen an und schickte Einstein die Textvorlage,
in der er im Prinzip dieselben Feldgleichungen der Gravitation angab
wie Einsteins endgültige. Hilberts Ziel war eine vereinheitlichte Theorie
der Einsteinschen Gravitation und der Mieschen Elektrodynamik. Einstein äußerte sich verärgert darüber, dass ihm Hilbert so kurz vor Erreichen des Ziels zuvorkommen wollte; sein Kommentar in einem Brief an
Freund Zangger, nämlich dass der weltberühmte Mathematiker seine
Ergebnisse «nostrifizieren» wolle, ist Ausdruck dieser Verstimmung und
auch Zeichen dafür, wie selbstbewusst, fast arrogant Einstein sein konnte. Dass der berühmte Mathematiker nach den Diskussionen mit ihm
vielleicht einen schnelleren Durchblick gehabt haben könnte als er selbst,

mochte er wohl nicht akzeptieren. In Borns Brief an Hilbert vom 23. November ist zu lesen:

> [...] von Einstein und Freundlich hörte ich, dass Sie jetzt die Gravitation in Ordnung gebracht haben; auch konnte ich einen kurzen Auszug Ihres Vortrags in der mathematischen Gesellschaft einsehen [...]. Einstein selber sagt, er habe das Problem ebenfalls gelöst, doch scheint mir seine Betrachtung (die ich nur aus Gesprächen kenne) ein Spezialfall der Ihrigen. Jedenfalls ist es ihm gelungen, die Anomalien der Planetenbahnen numerisch richtig aus seinen Formeln abzuleiten. Das ist doch ein großer Erfolg.

Einige Wissenschaftshistoriker streiten noch heute über diese Angelegenheit. Der von Einstein im Briefwechsel mit Hilbert reklamierte Prioritätsanspruch wurde von diesem ohne weiteres anerkannt; Hilbert hatte zusätzlichen Ruhm nicht nötig. Übrigens könnte selbst einem Einstein unterstellt werden, dass er sich möglicherweise gelegentlich Ergebnisse anderer angeeignet hat, ohne darauf hinzuweisen. In seiner berühmten kosmologischen Arbeit von 1917 verwendete Einstein einen *geschlossenen* dreidimensionalen Raum für sein Weltmodell, ohne einen Hinweis zu geben, dass dieser schon ein Jahr vorher in einer Arbeit des todkranken Karl Schwarzschild, der bald darauf sterben sollte, vorkam. In ihr ist ein Sternmodell beschrieben; Schwarzschild hatte die so genannte «innere Schwarzschild-Lösung» mit genau dem sphärischen dreidimensionalen Raum eingeführt, wie ihn Einstein im nächsten Jahr in seiner kosmologischen Lösung benutzte. Einstein hatte Schwarzschilds Arbeit bei der Akademie eingereicht. Sah er die Idee des geschlossenen Raumes, die viel zu seinem Ruhm beitrug, zuerst beim Kollegen Schwarzschild?

Statt *Newtons* einzigem Schwerepotential traten in Einsteins Gravitationstheorie fünf weitere auf, und alle mussten schwer lösbaren *nichtlinearen* Gleichungen, den seither berühmt gewordenen Einsteinschen Feldgleichungen, genügen. Das wichtigste Resultat war aber, dass die Schwerkraft sowohl den Uhrengang wie das Messen von Entfernungen maßgeblich beeinflusste. Anhänger des Philosophen Immanuel Kant fingen sehr bald an zu zetern, dass nicht sein könne, was nicht sein dürfe: Die von den räumlichen Abständen der Körper einzuhaltende Geometrie sollte nach Kant ebenso wie der Zeitablauf *apriorisch*, also als Vorbedingung jeder Erfahrung, *fest* vorgegeben sein. Kant hatte für die in seiner Epoche ausschließlich relevante Geometrie des Euklid votiert, wie sie uns unsere Alltagserfahrung nahe legt. Bei Einstein bestimmte aber die jeweilige Verteilung von Massen sowohl die Raum-Geometrie als auch den Zeitverlauf, so dass die Geometrie des Raumes in der Regel nicht-euklidisch sein würde.

Besonders schwierig zu verstehen war die auf den Göttinger Mathematiker *Hermann Minkowski* zurückgehende Zusammenfügung von Raum und Zeit zu einem *vierdimensionalen* Gebilde, der sog. *Raum-Zeit* und deren «Krümmung». Bis heute interpretieren Philosophen gelegentlich diese vier Dimensionen als rein *räumliche* und wundern sich dann, wie dies mit den drei Dimensionen unseres Anschauungsraums zusammengehen kann. Aber Zeit und Raum lassen sich auch in der «allgemeinen Relativitätstheorie» gut auseinander halten. Sowohl der dreidimensionale Raum kann gekrümmt sein als auch die vierdimensionale *Raum-Zeit*; nur können wir uns die Krümmung eines vierdimensionalen Gebildes nicht mehr anschaulich vorstellen. In der vierdimensionalen Minkowskischen Darstellung sind die Gravitationspotentiale in der geometrischen Größe versteckt, die den «Abstand» zwischen zwei benachbarten Punkten und den «Winkel» zwischen zwei Richtungen in der Raum-Zeit definiert. Diese Größe wird *metrisches Feld* genannt.

Die Auswirkungen der neuen Theorie des Schwerefelds machen sich für unsere Sinne allerdings nicht schon beim Herabfallen eines Apfels bemerkbar. Die Schwerkraft wird ja von massiven Körpern erzeugt; je dichter die Materie und je mehr davon im Körper ist, desto stärker wird seine anziehende Schwerewirkung auf andere Körper sein. Die über die Newtonsche Beschreibung hinausgehenden Effekte aus Einsteins Theorie, die von der Schwerkraft eines Bleigewichts, eines Tisches oder eines ganzen Hauses herrühren, sind unmessbar klein – nicht aber die von der Schwerkraft der Erde oder der Planeten. Einsteins Theorie sagte drei solche neuen Effekte auf der Erde bzw. in unserem Planetensystem voraus, die durch Beobachtungen bestätigt oder widerlegt werden konnten. Das war einmal die sog. *Gravitations-Rotverschiebung*, oder der Einfluss des Schwerefeldes auf den Uhrengang: eine Uhr am Meer geht um einen winzigen Betrag langsamer als eine Uhr auf dem Mount Everest. Mit Atomuhren kann dieser Effekt heute sehr genau gemessen werden. Zu Einsteins Zeit diskutierte man ihn als eine äquivalente *Frequenz*verschiebung, die sich als *Rot*verschiebung der Wellenlänge der von der Sonne oder von einem anderen Stern kommenden Spektrallinien zeigt. Der zweite Effekt betrifft die Bewegung der Planeten um die Sonne, die sich nach der Newtonschen Theorie auf den ovalen (elliptischen) Kepler-Bahnen abspielt. Bei diesen Bahnen gibt es einen sonnennächsten Punkt, der bei jedem Umlauf derselbe ist. In der neuen «allgemeinen Relativitätstheorie» Einsteins verschiebt sich dieser Punkt, dem der Name «Perihel» gegeben wurde, bei jedem weiteren Umlauf minimal, aber messbar. In der erwähnten Arbeit «Die Erklärung der Perihelbewegung des Merkur …» geht es um den sonnennächsten Punkt der Bahn des innersten Planeten Merkur. Aus den Beobachtungen dieses Himmelskörpers in den vergangenen zweihundert Jahren kannten die Astronomen diesen Effekt schon vor Einsteins Theorie, konnten ihn aber nicht erklären.

Der dritte Effekt, die sog. «Lichtablenkung am Sonnenrand», sollte sich als der für die allgemeine Öffentlichkeit spektakulärste herausstellen. Nach Einsteins Theorie der Schwerkraft wird auch das energiereiche Licht von einem massiven Körper angezogen, «fällt auf ihn zu» wie jede Masse, und zwar wegen der Gleichwertigkeit von Masse und Energie. Das energiereiche Licht von Sternen, das in der Nähe des Sonnenrandes vorbeiläuft, wird am meisten auf die Sonne zu abgelenkt, da das Schwerefeld nach weiter draußen schwächer wird. Dieses Licht kann aber nur bei einer totalen Sonnenfinsternis beobachtet werden, bei der das von der Sonne selbst abgestrahlte Licht durch die Mondscheibe ausgeblendet wird. Ein Sternfeld muss also zweimal fotografiert werden, das erste Mal während einer Sonnenfinsternis, das zweite Mal Wochen oder Monate später, wenn die Sonne aus dem fotografierten Sternfeld weit genug herausgewandert ist. Die Fotoplatten werden verglichen und die Verschiebung der Sternbilder ausgemessen. Da totale Sonnenfinsternisse nicht allzu häufig vorkommen und manchmal nur in den (von Europa aus) entlegendsten Gegenden der Erde gesehen werden können, bedeutete diese Messung einen großen Aufwand. Aus der Newtonschen Theorie konnte mit einigen Klimmzügen genau die *halbe* Größe des von Einsteins Theorie vorhergesagten und später beobachteten Wertes der Lichtablenkung berechnet werden. Auch Einstein hatte dies 1911 schon getan.

Obgleich felsenfest davon überzeugt, dass seine «allgemeine Relativitätstheorie» die richtige Theorie zur Beschreibung der Schwerkraft war, kümmerte sich Einstein um den Nachweis dieser drei vorhergesagten Effekte durch Beobachtungen. Seit Schwarzschilds Tod gab es in Deutschland kaum einen Astronomen, der sich für seine im Vergleich mit der Newtonschen Erklärung der Schwerkraft komplizierte Theorie interessierte und es sinnvoll fand, Zeit und Arbeitskraft für den aufwändigen Nachweis winziger Effekte einzusetzen. Messungen der Ablenkung von Lichtstrahlen an der Sonne wurden erst im Jahr 1919 durchgeführt. Die Resonanz auf diese Theorie blieb zunächst schwach; Einstein, noch in Zürich, hatte sich schon am Ende des Jahres 1913 bei Besso beklagt, dass zwar Lorentz und Langevin sich für seine Überlegungen zur Gravitation interessierten, aber Physiker wie Max von Laue und Max Planck «den prinzipiellen Erwägungen nicht zugänglich» seien, und daraus sogleich auf den deutschen Nationalcharakter geschlossen: «Der freie, unbefangene Blick ist dem (erwachsenen) Deutschen überhaupt nicht eigen (Scheuleder!).» Da besonders in England namhafte Physiker seiner Theorie zunächst ablehnend gegenüberstanden und auch in Frankreich nicht jedermann hell begeistert von ihr war, verliert Einsteins Schluss auf einen vermeintlichen deutschen Nationalcharakter jede Überzeugungskraft.

Sein einziges damals veröffentlichtes Bekenntnis gegen den Krieg

Etwa um die Zeit seines Endspurts auf sein Ziel «allgemeine Relativitätstheorie», nämlich am 23. Oktober 1915, lud die Berliner Sektion des Goethebundes Einstein ein, seine Meinung zum Krieg ohne jede Einschränkung zu äußern. Sein Beitrag sollte mit anderen in der Schrift «Das Land Goethes 1914–1916. Ein vaterländisches Gedenkbuch» erscheinen. Für Einstein war dies eine willkommene Gelegenheit, seine Haltung gegen den Krieg nicht nur in privaten Briefen an seine ausländischen Freunde auszudrücken, sondern eine größere Leserschaft mit ihr bekannt zu machen. In Briefen aus Berlin hatte er keine direkte Kritik an der Haltung der kaiserlichen Regierung geübt; diese blieb den außerhalb des Zensurbereichs (etwa in der Schweiz) geschriebenen Briefen vorbehalten. In seinem kleinen Essay «Meine Meinung zum Krieg» sagte er nun, dass der Krieg zu den ärgsten Feinden der menschlichen Entwicklung gehöre und dass alles nur Menschenmögliche getan werden müsse, um ihn zu verhindern. Trotz der unsagbar traurigen gegenwärtigen Zustände sei er aber überzeugt,

dass eine staatliche Organisation in Europa, welche europäische Kriege ebenso ausschließen wird wie jetzt das deutsche Reich einen Krieg zwischen Bayern und Württemberg, in nicht allzu ferner Zeit sich erreichen lassen wird.

In einem ersten, doppelt so langen Entwurf gab es Absätze, die den Herausgebern nicht passten wie etwa der, in dem Einstein seine Zugehörigkeit zu einem Staat aus seiner Gefühlssphäre verbannte und sie kühl als rein geschäftliche Angelegenheit definierte «wie etwa die Beziehung zu einer Lebensversicherung». Sein Bild vom Staatswesen war demnach von der Vergötzung des Staates durch viele seiner Kollegen weit entfernt. Oder die Passage, in der er den Nationalismus mit einem Schrank verglich, der «die moralischen Requisiten des tierischen Hasses und des Massenmordes birgt», die im Kriegsfalle dann gehorsam herausgenommen werden. Einstein zog diese Formulierungen zurück, beharrte aber darauf, dass der Verherrlichung des Krieges *im Frieden* und der Pflege von Gedanken, die den Krieg *im Frieden* vorbereiten, energisch entgegengewirkt werden müsse. Ob Einstein beim Schreiben daran dachte, dass der Kampf gegen solche Verherrlichung und Billigung des Krieges *in Kriegszeiten*, wie sie jetzt herrschten, hoffnungslos sein würde, oder ob eine weniger vorsichtige Formulierung die Herausgeber gegen ihn aufgebracht hätte, bleibt offen.

Zum Ende der gedruckten Version hob er den Zeigefinger und forderte, dass Macht und Habgier, Hass und Streitsucht wie früher als Laster verachtet werden sollten. Ihm als einem Juden stehe es wohl an, zu sagen: «Ehret Euren Meister Jesus Christus nicht nur mit Worten und Gesängen, sondern vor allem durch eure Taten.» Diese einzige in Deutschland während des Krieges veröffentlichte Stellungnahme Einsteins gegen den Krieg könnte auch heute mit Gewinn von den Mächtigen der Erde gelesen werden.

Stellungskrieg und Revolution

In seiner doppelten Isolierung als verlassener Ehemann und pazifistischer Stein des Anstoßes inmitten von kriegsbejahenden Kollegen fand Einstein Trost in wissenschaftlicher Arbeit und bei seiner Geliebten Elsa Löwenthal. Während des ganzen Jahres 1915 schrieb er an Freunde wie Ehrenfest und Zangger, wie gut ihm seine Absonderung von den Menschen bekäme. Er schwämme «wie ein Öltropfen auf dem Wasser», abgehoben durch seine Ansichten und seine Art zu leben. Er führe ein glückliches, sehr ruhiges Leben, ein viel abgeschiedeneres als in Zürich. Er sei aber nicht einsam wegen der liebenden Fürsorge seiner Kusine, die ihn letzten Endes ja nach Berlin gezogen habe. Deutlicher und ironischer: «Der Frieden und die Gemütsruhe tun mir ungemein wohl, nicht minder das äußerst wohltuende, wirklich hübsche Verhältnis zu meiner Kusine, dessen Dauercharakter durch die Unterlassung einer Ehe garantiert ist.» Einsteins Tätigkeit als neu gewählter Präsident der Deutschen Physikalischen Gesellschaft in der Nachfolge von *Max Planck* ab 5. Mai 1916 scheint ihn nicht viel Zeit gekostet zu haben. Am 14. Mai 1916 hatte er das allerdings noch vor sich; er schrieb Besso, er arbeite recht mäßig und lebe beschaulich, «ohne Misston». Als Strohwitwer ließ er sich von dem wie viele andere Berliner aus Breslau stammenden, dreißig Jahre älteren Journalisten *Alexander Moszkowski* für die wöchentlichen Treffen einer «Literarischen Gesellschaft» im Hotel Bristol interessieren. Moszkowski hatte sich mit Witz- und Scherzgedicht-Sammlungen wie «Die unsterbliche Kiste» («Die 333 besten Witze der Weltliteratur» mit einer Auflage von über 100 000!), anderen «humoristischen» Büchern sowie Zitatenschätzen offensichtlich ernähren können. Die Bekanntschaft mit Einstein sollte dem Journalisten einen weiteren Erfolg bringen.

Enttäuschte Hoffnungen: 1916–1918

Wie schön war denn nun das Leben in Berlin? George Grosz, 1915 als
dienstuntauglich aus dem Militärdienst entlassen, empfand:

Das Berlin, in das ich zurückkehrte, war kalt und grau. Der Hochbetrieb in den
Musikcafés und Weinlokalen kontrastierte unheimlich mit den dunklen, düsteren, ungeheizten Wohnvierteln. Dieselben Soldaten, die dort tanzten und be-
trunken an den Armen von Prostituierten hingen, sah man ein andermal miss-
mutig, paketebehangen und noch vom Grabendienst verdreckt durch die
Straßen ziehen, von einem Bahnhof zum anderen.

Im März 1916 wurde für die Dauer des Krieges ein Kuchenbackverbot
erlassen und eine «Butterkarte» eingeführt; sie erlaubte 125 Gramm pro
Person und Woche; im April musste der Zucker, im Juni das Fleisch rationiert werden. Die Milchversorgung brach zusammen, ab dem August
1916 wurde Käse nicht mehr angeboten. Im Juli 1916 kamen die Klei-
derbezugsscheine und Süßstoffkarten, im Oktober Eierkarten. Hinzu
gesellte sich eine schlechte Ernte mit einem Kartoffelertrag, der auf unter die Hälfte des Vorjahres zurückging. Die Kohlrübe avancierte zum
Grundnahrungsmittel, als Brotzusatz, Marmeladen- und, getrocknet, als
Kaffeeersatz. Ein höhnisches und blasphemisches Glaubensbekenntnis
machte die Runde:

Ich glaube an die Steckrübe, die allgemeine Ernährerin des deutschen Volkes,
und an die Marmelade, ihre stammverwandte Genossin, geboren durch die Verfügung des Kriegsernährungsamtes, durch die meine sämtlichen Hoffnungen
auf Kartoffeln gestorben und begraben, gelitten unter dem Wucher der Bauern,
gesammelt, gepresst und verarbeitet, aufgestrichen als Tafelobst, von dannen sie
kommen wird als Brotaufstrich für Deutschlands Heldensöhne. Ich glaube an
den heiligen Krieg, eine große allgemeine Wuchergesellschaft, die Gemeinschaft
der Hamsterer, Erhöhung der Steuern, Kürzung der Fleischration und ein ewi-
ges Bestehen der Brotkarte – Amen!

Da Kautschuk fehlte, wurden ab Sommer 1916 private Fahrradschläu-
che und -mäntel beschlagnahmt; schließlich mussten die Radfahrerab-
teilungen von Land- und Seebataillonen ausgerüstet werden. Nur Schulkinder und Arbeiter mit mindestens drei Kilometer Wegstrecke zur
Schule oder zum Arbeitsplatz durften Fahrrad fahren und auch Ärzte
und Hebammen, wenn es ihr Beruf erforderte. Vergnügungsfahrten mit

Taxis waren natürlich verboten. Berliner Schüler sammelten Kastanien und Obstkerne ebenso wie alte Konservendosen im Dienst des Vaterlandes. Sie konnten den Krieg, vom kärglicher werdenden Essen abgesehen, als reines Spiel empfinden, klebten in das unterhaltende und belehrende «Gloria-Viktoria-Album» Postkartenbilder des «Völkerkriegs» und erhielten in ihren Schulen wohl allwöchentlich Antworten zur Frage «Wo stehen unsere Heere?» anhand aktueller vierfarbiger «Kriegsschauplatzkarten». Aus diesen erfuhren sie, «wo und wann Flieger und Zeppeline Bomben warfen», Zeppeline, die vielleicht in Berlin-Staaken gebaut wurden. Zu Weihnachten lag etwa das gefahrlose Kriegsspiel für Jung und Alt, «Ein U-Boot torpediert ein Kriegsschiff», unter dem Christbäumchen oder für die noch Kleineren das Bilderbuch «Vater ist im Kriege», herausgegeben «zum Besten der Kriegskinderspende Deutscher Frauen» von Kronprinzessin Cecilie. Auch dieses Buch kannte die Luftschiffe, ihre Bombenlast, deren Abwurf und Abwehr:

Aus den engen Gassen quillt
Dampf in grauen Wellen,
Und die Mörser schießen wild
Von den Zitadellen.

Wie durchs Wasser der Delphin,
Zieht in hoher Ferne
Unversehrt ein Zeppelin
Heimwärts durch die Sterne.

Die Reallöhne waren 1916 auf 78 % des Niveaus von 1900 gefallen; die Arbeiterschaft begann unruhig zu werden. Ein erster Streik zur Verbesserung der Akkordlöhne hatte schon im Oktober 1914 in der Maschinenbaufabrik «C. Beermann GmbH» am Schlesischen Tor stattgefunden. Im Zusammenhang mit dem Hochverratsprozess gegen den Arbeiterführer Liebknecht, der Ende Juni 1916 unter Ausschluss der Öffentlichkeit vor dem Kommandanturgericht Berlin begann und mit seiner Verurteilung zu über vier Jahren Zuchthaus endete, gab es Protest-Streiks der Metallarbeiter in Groß- und Rüstungsbetrieben. Das «Oberkommando in den Marken» warnte, dass die Berliner Arbeiter «dem Einflusse ihrer offiziellen Partei- und Gewerkschaftsführer allmählich entgleiten und in das radikale Lager, dasjenige der so genannten Spartakus-Gruppe, abschwenken.»

Trotz allen Mangels wurde in Berlin und Umgebung nicht nur für die Rüstung heftig gearbeitet; der erste Straßenbahntunnel Berlins, der *Lindentunnel*, konnte im Dezember 1916 in Betrieb genommen werden. Der U-Bahn-Bau an der Entlastungsstrecke Nollendorfplatz bis Gleisdreieck ging bis 1917 voran, an der Bornholmstraße wurde die große Hindenburgbrücke (heute: Böse-) über Bahnlinien nach Norden fertig gestellt. Schottky erhielt ein Patent für seine für den Rundfunk wichtige Verstärkerröhre.

Vom «Brot» war nicht viel übrig geblieben, was also mit den «Spielen»? Die Olympischen Spiele, die 1916 in Berlin gefeiert werden sollten, fielen aus. Dazu war 1913 das nach Plänen des Charlottenburger Architekten *Otto March* gebaute «Kaiser-Wilhelm-» bzw. danach «Deutsche Stadion» (das heutige Olympiastadion) mit 64 000 Plätzen und Kaiserloge eingeweiht worden; es wurde nicht mehr dringend gebraucht. Die erste Stummfilm-Wochenschau zu Propagandazwecken war in Berliner Kinos am 1. Oktober 1914 zu sehen. Ab 1915/16 war die Filmzensur wieder liberaler geworden, so dass *Ernst Lubitsch* die Deutschen in der Heimat mit Lustspielen eher derben Inhalts und mit Titeln wie «Fräulein Seifenschaum» oder «Als ich tot war» unterhalten konnte, während sich die später auch berühmt gewordenen Filmregisseure *Friedrich Wilhelm Murnau* und *Fritz Lang* freiwillig als Soldaten in den Krieg begaben.

Irgendwie schien es nicht bei allen gleich mager zuzugehen:

Pelz als Kleidschmuck bildet in diesem Winter einen Hauptbestandteil der Mode. [...] Den Saum der Jacken, teilweise auch der Röcke sehen wir von schmalen und breiten Streifen Pelzwerk eingefasst. Fast unerlässlich scheint der sehr hohe Pelz am Kragen. Der fast vergessene Biber kommt an grünen Kleidern zu Ehren. Mit ihm wetteifern Sealstreifen und graue Fellsorten, zum Beispiel Silberfuchs, Seefuchs, grauer Wolf, Silberbrabant, eine dem Chinchilla ähnliche dichthaarige Neuerscheinung, und Opossum.

August Scherls Wochenblatt *Die Woche* brachte diesen Text im November 1916; im selben Heft wurde ebenso für «Deutschen Cognac Scharlachberg, Marke Auslese» und «Sekt Hoehl Extra trocken» munter geworben. Und auch den Lieben an der Front sollte es nicht schlecht gehen: Der Unteroffizier Busch gewann den Anzeigen-Wettbewerb 1916 «Müller-Extra an die Front» und ließ auf seiner Werbezeichnung einen «Gemeinen» mit Zigarre im Mund und Sektflasche in der Manteltasche mit einer Kiste «Müller-Extra» vorwärts rennen.

Das passte zum offensichtlich ungebrochenen Siegeswillen einiger Kollegen Einsteins an der Berliner Universität; vielleicht verdrängten sie auch nur ihre unbequeme Lage. Jedenfalls bekannten sie in einem Aufruf Ende Juli 1916:

Unsere Feinde rechnen mit der Not, in die sie uns durch Absperrung versetzen können. Sollten wir der kleinen Entbehrungen wegen, die uns der Tag auferlegt, unsere Zukunft in Frage stellen können, sollten das tun, obgleich wir Sieger sind? Wir verdienen nicht, ein Volk zu heißen und ein Reich zu haben, wenn es so wäre. So wollen wir denn [...] durchhalten und siegen [...].

Mit «Absperrung» war die Seeblockade der deutschen Häfen durch die Entente gemeint.

Nach dem Jahr 1915 äußerte sich Einstein in seinen Briefen kaum mehr zum Krieg, der nach der vergeblichen Offensive gegen die Festung Verdun im Februar 1916 und der unentschiedenen Schlacht an der Somme vom Sommer bis November zum unbeweglichen Stellungskrieg wurde. Angesichts der Hunderttausenden von Toten war Einsteins Kennzeichnung des Krieges als «Krankheit» oder «Wahnsinn» angebracht; er nannte die Welt ein Irrenhaus. Mit dem Krieg verbundene soziale und wirtschaftliche Faktoren nahm er nicht zur Kenntnis oder sprach nicht darüber. Eine rationale Diskussion von Haltungen und Zielen der kriegführenden Parteien findet sich bei ihm nicht.

Was ihm mehr am Herzen lag, waren Themen, die ständig im «Bund Neues Vaterland» diskutiert wurden: die Demokratisierung Deutschlands, insbesondere die Stärkung des Parlamentes und die Reform des preußischen Wahlrechts. Aber der Verein war jetzt offiziell verboten. Doch schon vier Monate nach dem Verbot, am 8. Juni 1916, wurde im Hause von Weisbach ein Ersatz ins Leben gerufen, die «Vereinigung Gleichgesinnter». Als ein vertraulicher Gesprächskreis von rund dreißig pazifistischen Intellektuellen mit verschiedenartigem politischen Hintergrund setzte die Vereinigung die im «Bund Neues Vaterland» geführte theoretische Diskussion innen- und außenpolitischer Fragen fort. Und zwar im Geiste der Überwindung eines gewissenlosen Nationalismus und von Machtpolitik durch eine auf ethischen Grundlagen ruhenden

Politik. Der Klub strebte danach, die öffentliche Meinung zu beeinflussen und sobald wie möglich Beziehungen mit Wissenschaftlern *im Ausland* wieder aufzunehmen. Einstein, der bei der Gründungsversammlung nicht anwesend war, hatte an der Tendenz der Vereinigung nichts auszusetzen und schrieb Weisbach im Oktober 1916, dass die Krankheit der Zeit in der Kraftlosigkeit moralischer Ideen liege. Wenn Machtpolitik der Bismarck-Treitschkeschen Art überwunden sei, werde sich das ersehnte Ziel einer Kriege ausschließenden Organisation der Staaten (wenigstens von Europa und Amerika) bald durchsetzen. «Nehmen Sie mich also auf in Ihre Liste, dass mir der Trost bleibt: dixi et salvavi animam meam.»* Neben Einstein gehörten der «Vereinigung Gleichgesinnter» zwei weitere Physiker an, der befreundete *Max Born* in Berlin und *Heinrich Rausch von Traubenberg,* ein Experimentalphysiker und Privatdozent an der Universität Göttingen. Einstein kam selten zu den Treffen, die etwa im Sitzungssaal der Verlagsbuchhandlung S. Fischer in der Bülowstraße 90 stattfanden; verbürgt ist seine Anwesenheit bei zwei Zusammenkünften im Oktober und Dezember 1917. Während Rausch von Traubenberg und *Friedrich-Wilhelm Foerster,* ein Sohn des Astronomen Foerster, die preußische Außenpolitik seit Bismarck als brutale und Deutschland schadende Machtpolitik ablehnten, schlug die Mehrheit vor, Patriotismus und nationale Werte auf humanistische und ethische Prinzipien zu gründen, was zu einem friedlichen Interessenausgleich zwischen großen und kleinen Ländern führen würde. Einstein wurde von der «Vereinigung Gleichgesinnter» vermutlich angezogen, weil in ihr aktuelle Fragen der politischen Ethik wie die Zähmung des Hasses gegen Ausländer und eine Reformierung der Beziehungen zwischen den Völkern frei diskutiert werden konnten.

Lise Meitner schilderte in einem Brief an Otto Hahn Einsteins Verhalten bei einer Abendeinladung «bei Plancks» im November 1916:

Einstein spielte Violine und gab nebstbei so köstlich naive und eigenartige politische und kriegerische Ansichten zum Besten. Schon dass es einen gebildeten Menschen gibt, der in dieser Zeit überhaupt keine Zeitung in die Hand nimmt, ist doch sicher ein Curiosum.

---

* Dies gesagt, habe ich meine Seele gerettet.

Auf die tatsächliche politische und militärische Lage konnte wegen der Zensur aus deutschen Zeitungen nur mit Mühe geschlossen werden. Doch gab es unzensierte Schweizer Blätter; dank der Inkompetenz der Militärbehörden durften zwar deutsche Zeitungen nicht ins Ausland gelangen, aber die Presse der neutralen Länder ungehindert nach Deutschland.

Im «Steckrübenwinter» 1916/17 wurden in Berlin Temperaturen von minus 20 Grad und darunter gemessen; die längste Frostperiode dauerte vom 4. Januar bis 10. Februar 1917. Die Anlieferung von Brennstoffen kam auf den überlasteten Schienenwegen und eingefrorenen Kanälen fast völlig zum Stillstand. Theater, Kinos und Museen wurden geschlossen; die Schulkinder bekamen Kälteferien. Wärmende Kleidung und Schuhe gab es, wenn überhaupt, nur auf Bezugsschein. Die amtlichen Wochenrationen für Erwachsene betrugen in Groß-Berlin 1800 Gramm Brot, natürlich mit Kartoffeln oder Kohlrüben gestreckt, 80 Gramm Butter, 250 Gramm Fleisch und Knochen, 180 Gramm Zucker, ein halbes Ei. Der im Januar 1917 aus Zürich zurückgekehrte Richard Huelsenbeck sah die Lage nüchtern:

Berlin war die Stadt der festangezogenen Bauchriemen, des immer lauter rollenden Hungers, wo die versteckte Wut sich in eine maßlose Geldgier umsetzte, wo das Interesse der Menschen immer mehr einseitig auf ihre nackte Existenz gerichtet war. Während man in Zürich wie in einem Luftkurort lebte [...] wusste man in Berlin nicht, ob man am folgenden Tage noch ein warmes Mittagessen haben würde. Die Furcht saß den Menschen in den Gliedern, sie ahnten, dass die große Sache, die von Hindenburg u. Co. geführt wurde, sehr schief gehen würde. [...] Es zeigt sich das alte Phänomen der deutschen Geschichte, dass Deutschland das Volk der Dichter und Denker wird, wenn es einzusehen beginnt, dass es als Land der Richter und Henker abgewirtschaftet hat.

Die Lust, nach einer Geldspende Nägel mit glänzenden Köpfen in die am Königsplatz aufgestellte riesige Figur von Hindenburg aus Holz auf stählernem Innengerüst einzutreiben, dürfte merklich nachgelassen haben.

Kein Wunder, dass bei dieser Ernährungssituation und seinem Arbeitspensum auch Albert Einstein im Februar 1917 an Magen und Leber erkrankte; er wurde von *Otto Juliusburger*, Sanitätsrat und Psychiater, behandelt. Die notwendige spezielle Diätkost erhielt Einstein über süddeutsche Verwandte und Freund Zangger in der Schweiz. Im März kamen Gallensteine hinzu. Einstein war gerade bei den Korrekturen für sein Buch «Über die spezielle und allgemeine Relativitätstheorie, gemeinverständlich» – ein Versuch, seine Theorien einem größeren Publikum als den Fachwissenschaftlern allein zu erklären. Besuche konnte er empfangen, so im März den in Göttingen bei Hilbert Mathematik studierenden Schweizer *Rudolf Jakob Humm*. Die beiden unterhielten sich über Gravitationswellen und die Möglichkeit, die Quantentheorie aus der Gravitationstheorie herzuleiten, die Einstein jedoch zurückwies. Humm erhielt seinen Doktorgrad, wurde später ein erfolgreicher Schriftsteller in Zürich, Mitbegründer und Sekretär der dortigen Gesellschaft «Das neue Russland». Dem entsprechenden Berliner Verein galt auch Einsteins Sympathie.

Einstein hatte wohl gerade noch *vor* den Magenproblemen eine bedeutende Arbeit fertig stellen können, die er am 8. Februar der Akademie einreichte, seine «Kosmologischen Betrachtungen zur allgemeinen Relativitätstheorie». Sie enthielt den Versuch, die durch die «Sterne» gegebene großräumige Materieverteilung am Himmel durch eine modellhafte Lösung seiner Feldgleichungen zu beschreiben. Bei seinem zweiwöchigen Aufenthalt in den Niederlanden Ende September bis Anfang Oktober 1916 hatte er mit dem Astronomen *Willem de Sitter* über die allgemeine Relativitätstheorie und «die Welt im Großen» ausgiebig und auf gleicher Augenhöhe diskutiert. In der neuen Arbeit veränderte Einstein seine Feldgleichungen der Gravitation: Er fügte ein neues Formelglied hinzu, in dem eine bislang unbekannte Naturkonstante, die *kosmologische Konstante* auftrat. Für das Publikum ohne physikalische Fachkenntnisse bestand die Sensation dieser Arbeit Einsteins darin, dass er ein Weltmodell angab, in dem der Raum von *endlichem* Volumen, aber *unbegrenzt* ist, das heißt ohne sichtbare Grenze. Er hat demnach ähnliche Eigenschaften wie sie von zweidimensionalen Wesen auf einer Kugeloberfläche wahrgenommen würden. Arnold Zweig jubilierte rückblickend im Herbst 1933:

In Einstein feiert die radikale Denkkraft des Juden einen Triumph wie nicht mehr seit den Tagen des Baruch Benedikt Spinoza. Das Weltall: kein unendliches System mehr, sondern eines, dem auf bestimmte Art die Eigenschaft des Geschlossenseins zugeschrieben werden muss!

Der Besuch in Holland hatte weit reichende Folgen; de Sitter publizierte noch 1916/17 drei Arbeiten über Einsteins allgemeine Relativitätstheorie und ihre Konsequenzen für die Astronomie in einer *englischen* astronomischen Zeitschrift. Und die englischen Astronomen waren fair und klug genug, schon 1917 während des grausam ausgekämpften Krieges gegen Deutschland Vorbereitungen für Expeditionen zur Messung der Ablenkung von Lichtstrahlen an der Sonne bei der nächsten totalen Sonnenfinsternis in Gang zu setzen. Neben dem «astronomer royal» Sir Frank Dyson war auch der Quäker, Pazifist und Kriegsdienstverweigerer *A. S. Eddington* beteiligt. Im Gegensatz zu seinem berühmten Philosophiekollegen Bertrand Russell wurde Eddington nur deswegen nicht eingesperrt, weil sich seine Kollegen vom Cambridger Trinity College gute Gründe hatten einfallen lassen, weswegen er in der Wissenschaft eher gebraucht werde als beim Dienst mit der Waffe, und weil sie wohl auch die nötigen Beziehungen hatten.

Anfang April war Einstein so weit wiederhergestellt, dass er eines der wöchentlichen Treffen der Berliner Sektion der Deutschen Friedensgesellschaft im «Café Austria» in der Potsdamer Straße 28 besuchen konnte. Die Zusammenkunft von einem Dutzend Mitgliedern wurde von der Polizei aufgelöst, jedoch in einer Wohnung beim privaten Tee weitergeführt. Bei dieser Gelegenheit begegnete der schon für den «Bund Neues Vaterland» sehr aktive Quidde dem Mit-Pazifisten Einstein zum ersten Male, ein weiteres Indiz für Einsteins Passivität in der tätigen Friedensarbeit. Die Polizei war nervös, seit im Februar die russischen Revolutionäre das Zarenregime gestürzt und die Spartakusleute im Reichstag «aus vollem Herzen die entschlossene Erhebung» des russischen Proletariats begrüßt hatten. Die Stimmung unter den gewerkschaftlich organisierten Metallarbeitern, vom Maschinenschlosser zum Revolverdreher, in den Groß-Berliner Munitionsfabriken heizte sich auf.

Der Februar 1917 hatte es in sich gehabt: Am ersten Tag des Monats war die Erklärung des uneingeschränkten U-Boot-Kriegs durch Deutschland erfolgt, nachdem das halbherzige Friedensangebot von den Kriegsgegnern abgelehnt worden war. Das von vielen vorausgesehene Verhängnis nahm seinen Lauf. Schon ein Jahr zuvor hatte Reichskanzler von Bethmann-Hollweg in einer Rede vor dem Reichstag vor einem uneingeschränkten U-Boot-Krieg gewarnt, da dieser die USA in den Krieg hineinziehen könnte: «Man wird uns erschlagen wie einen tollen Hund!» Am 18. Februar 1917 gaben die Schauspielerinnen *Tilla Durieux* und *Gertrud Eysoldt* vor geladenen Gästen einen Vortragsabend in der Kunsthandlung *Paul Cassirer.* Das Programm bezog sich mehr oder weniger auf den Krieg. *Käthe Kollwitz* berichtete, dass die ersten Texte von Kolb und Däubler an ihr vorübergegangen seien. «Dann aber las die Durieux eine Geschichte von Leonhard Frank [...] mit einer eigenen wachsenden Leidenschaft und Erregtheit. Es war fast nicht zum Aushalten. Als sie geendet hatte und ihr letzter Ruf ‹Frieden› noch klang, rief einer aus den Zuhörern laut, wie in übermäßiger Sehnsucht immer weiter – Frieden, Frieden – es war, als ob wir hochgehoben wurden von derselben Welle.»

Einstein schlug sich zur gleichen Zeit brieflich mit einer weiteren Friedensinitiative Nicolais herum, die sich dieser während des langweiligen Militärdienstes im schlesischen Graudenz ausgedacht hatte. Er hatte in meist kaum politisch zu nennende Schriften deutscher Klassiker revolutionären Geist hineingelesen und plante eine Auswahl von Texten in einer Serie von Bänden «Die Politik der Klassiker». Als Mitherausgeber hatte er Buek und den Radikalpazifisten, Gründer und Herausgeber der expressionistischen literarischen Zeitschrift *Die Aktion, Franz Pfemfert,* gewonnen. Der mittellose Pfemfert, seit langem ein Bundesgenosse Nicolais im Kampf gegen den Militarismus, machte sich auf die Suche nach Geldgebern; er verhandelte mit dem Reichstagsabgeordneten der polnischen Minderheit in Preußen *Woycech Korfanty,* der den Krieg ablehnte, weil ein Sieg die preußische Herrschaft über Teile Polens nur noch länger aufrechterhalten würde. Korfanty erklärte sich bereit, ein Syndikat zu bilden, um die fehlende Geldsumme zusammenzubekommen. Wie sich später herausstellen sollte, führte Korfanty im Jahr 1921 bewaffnete polnische Aufständische an, die in das Gebiet der von den Siegern überwachten Volksabstimmung zur endgültigen Grenzziehung in Oberschlesien eindrangen. Einstein sollte Nicolai helfen, Adolf Moos, einen begüterten Vetter seiner Geliebten Elsa, zu finanzieller Unterstützung zu bewegen. Er hielt die Sache jedoch für aussichtslos. Nicolai gab nicht auf und machte Einstein Vorwürfe wegen seines Rückzugs. Dieser wollte für absehbare finanzielle Verluste in Elsas Verwandtschaft nicht verantwortlich gemacht werden, explodierte verbal und lehnte energisch jede Unterstützung für das Projekt ab.

Anfang April 1917 spaltete sich formell die sog. Unabhängige Sozialdemokratische Partei (USPD), unter anderen mit dem Berliner Arbeiterfunktionär bzw. Reichstagsabgeordneten *Hugo Haase*, als eigene Partei von der SPD ab. Die Sozialdemokraten in der Berliner Stadtverordnetenversammlung trennten sich in 23 SPD- und 22 USPD-Abgeordnete mit der Spartakusgruppe als selbständiger Untergruppe. Mitte April streikten bis zu 50 000 Arbeiter von dreihundert Berliner Rüstungsbetrieben für eine gerechtere Verteilung der Lebensmittel, kürzere Arbeitszeiten und höhere Löhne. Auch politische Forderungen wie die nach Aufnahme sofortiger Friedensverhandlungen, der Aufhebung von Belagerungszustand und Zensur, der Freilassung politischer Häftlinge und nach einem demokratischen Wahlrecht erklangen. Der Chef des Kriegsamtes, Generalleutnant Groener, reagierte mit Drohungen:

Die schlimmsten Feinde stehen mitten unter uns – das sind die Kleinmütigen und die noch schlimmeren, die zum Streik hetzen. Diese müssen gebrandmarkt werden vor dem ganzen Volke, diese Verräter am Vaterlande und am Heere [...] Glück auf zur Arbeit!

Rädelsführer des Streiks wurden sofort, andere Streikende nach und nach zum Militär eingezogen.

Am 11. Mai 1917 trug Einstein in einer Sitzung der Physikalischen Gesellschaft seine Arbeit «Zum Quantensatz von Sommerfeld und Epstein» vor, in der er eine koordinatenunabhängige Form der Bohr-Sommerfeldschen Quantenregeln vorschlug. Aber offensichtlich war seine Gesundheit schwerer angeschlagen, als er dachte. Die im Mai gebrochene Zehe war eine Bagatelle. Schlimmer, dass anscheinend ein altes Magenleiden aus seiner Studentenzeit zurückkam. Sein Arzt riet ihm dringend zu einer Kur im Engadin, aber Einstein musste sparen und versuchte, sich während seines Besuches in der Schweiz im Juli und August 1917 bei seiner Schwester Maja und ihrem Mann Paul Winteler in Luzern zu erholen. Einen andauernden Erfolg brachte das noch nicht; im Herbst hatte er «einen einzigen kleinen Anfall», aber «ich liege viel». Schließlich musste er dann über sechs Wochen lang wegen eines Geschwürs am Magenausgang oder Zwölffingerdarm, das «Empfindlichkeit bei Erschütterungen» verursachte, das Bett hüten. Nach einer Röntgen-Diagnose hatte Professor *Rudolf Ehrmann*, der ärztliche Direktor der Inneren Abteilung des Krankenhauses Neukölln, ein Spezialist für Magen-, Darm- und Leberkrankheiten, Einsteins Behandlung übernommen. Seit der Rückkehr aus der Schweiz nach Berlin im Herbst 1917 scheint Einstein in der Haberlandstraße 5 bei seiner Geliebten und nun auch Lebensgefährtin gewohnt zu haben. Sie sorgte rührend für ihn: «Elsa kocht mir unverdrossen alle drei Stunden mein Hühnerfutter»; er hielt sich ruhig und verbrachte im Sommer die Zeit auf dem Balkon.

Zum Oktober 1917 war Einstein Direktor des neu errichteten Kaiser-Wilhelm-Instituts für Physik geworden, vorerst einer Briefkastenfirma unter Einsteins Privatadresse, da kein Institutsgebäude existierte. Dass das Institut nur durch eine private Spende möglich geworden war, deren größter Teil aus Kriegsanleihen bestand, störte den Kriegsgegner Einstein nicht.

Es ist nicht bekannt, dass Einstein sich für den Expressionismus in Literatur oder Malerei interessiert hätte. Er las wohl auch nicht regelmäßig die *Aktion* Franz Pfemferts mit ihren wunderbaren expressionistischen Holzschnitten. Über die Einbeziehung der Relativitätstheorie im «Versuch über den Expressionismus» des Chemikers und Schriftstellers *Paul Hatvani* in einem Heft der *Aktion* im Dezember 1917 hätte Einstein sich bestimmt amüsiert. Nach Hatvani gab es:

Ein beachtenswertes gleichzeitiges Zusammentreffen geistiger Erlebnisse: Gleichzeitig fast mit der Geburt der neuen expressionistischen Kunst begann sich die neue Relativitätstheorie (vor allem Einstein) der Naturwissenschaften zu bemächtigen. [...] Ich will nur anführen, dass es zum Beispiel dem Professor Einstein gelungen ist, die Newtonsche Gravitationsanschauung durch eine neue zu ersetzen, die ich «psychozentriert orientierte» nennen möchte: Sie hebt alle Voraussetzungen der ultra- und intraphysikalischen Trägheit des Denkens auf und löst das denkende Ich selbst in den Bewusstseinsinhalt «Gravitation» auf [...] Und tut dies nicht auch jedes expressionistische Kunstwerk?

Dass die *Aktion* von bürgerlichen Pazifistenvereinen wie dem «Bund Neues Vaterland» nicht gerade viel hielt, hätte Einstein aber nicht erfreut. Originalton Pfemfert: «Übrigens wissen die Leutchen [...], dass meine Arbeit nie etwas gemein gehabt hat mit dem Pazifismus der Quidde-Wolff-vonGerlach-Gesellschaft und dem Schlafwagen-Internationalismus der Scheidemann-Haase-Partei [...].» Also gerade mit einem solchen Personenkreis wie demjenigen, dem Einstein sich angeschlossen hatte. Im September 1917 schien es Einstein gesundheitlich besser zu gehen; er schrieb Besso, das Futter sei gut und er liege viel; er habe die Quantentheorie auf den starren Körper angewandt.

Die Versorgungslage in Berlin blieb schlecht. Im Winter 1917/18 gab es auf die Lebensmittelkarten nur noch 30 Gramm Butter und 50 Gramm Margarine wöchentlich. Die Kartoffelversorgung verbesserte sich 1918, an Gemüse wurde jedoch fast nur Kohl angeboten. Kleidung und Schuhe waren kaum zu bekommen. Im Jahr 1918 betrug der durchschnittliche Tageslohn für männliche Arbeiter 3,85 Mark gegenüber den 3,30 Mark von 1914; die Preise für Kartoffeln waren dagegen 1918 auf das Dreifache des Wertes von 1914 gestiegen, für Eier auf das Sechsfache, für Fleisch auf das 2,5fache. Nur 20 % der Wohnungen in Berlin hatten Stromanschluss; der Rest musste mit dem wie die Brennstoffe Kohle und Gas rationierten Petroleum oder Spiritus beleuchtet werden. Nach den mit Gewalt unterdrückten Massenstreiks von 400 000 Arbeitern insbesondere aus Rüstungsbetrieben Ende Januar wurden am 1. Februar 1918 acht Waffen- und Munitionsfabriken unter militärische Leitung gestellt und der «verschärfte» Belagerungszustand gegen weitere Unruhen in der Bevölkerung für Berlin, Charlottenburg, Schöneberg, Wilmersdorf, Neukölln, Lichtenberg und Spandau dekretiert.

Während der «Liegekur» im Winter muss Einstein stetig an der Analyse seiner Gravitationstheorie weitergearbeitet haben. Er habe erfreuliche wissenschaftliche Kontakte und es ginge ihm gut, ließ er Freund Besso im Januar 1918 wissen. Einer dieser Kontakte war die Korrespondenz mit dem für Krupp in Essen arbeitenden Mathematiker *Rudolf Förster* alias *R. Bach* zwischen November 1917 und Januar 1918 über eine gemeinsame Darstellung des elektromagnetischen und des Schwerefeldes in *einer* Theorie, der so genannten «Einheitlichen Feldtheorie». Am 31. Januar 1918 reichte Einstein der Akademie cine Arbeit «Über Gravitationswellen» cin, die drei Wochen später gedruckt vorlag. Solche Gravitationswellen entsprechen den elektromagnetischen Wellen, nur dass sie nicht von beschleunigten elektrischen Ladungen, sondern von sich zeitlich ändernden schweren Massen hervorgebracht werden. Im Labor können solche Wellen nicht erzeugt werden, da nicht genügend große Massen und Beschleunigungen bereitgestellt werden können, um messbare Amplituden dieser «Schwere-Schwingungen» zu erreichen. Unter der Annahme eines schwachen Gravitationsfeldes berechnete Einstein die durch Gravitationswellen in alle Richtungen abgestrahlte Gesamtenergie pro Zeiteinheit einer punktförmigen Strahlungsquelle. Bis heute sind solche Schwerewellen noch nicht beobachtet worden; ihre Quellen sollen ferne Objekte wie zu einem Zusammenstoß aufeinander zu spiralende Doppelstern-Systeme oder auch Supernovae-Explosionen sein. Es ist zu hoffen, dass die jetzt arbeitenden Detektoren – einer davon in der Nähe von Hannover – in der Lage sind, erste Signale zu messen; ganz sicher ist das aber nicht.

Während sich die Gravitationswellen vorläufig nicht bemerkbar machten, schlug die beginnende Berliner Dada-Bewegung größere Wellen. Am 23. Februar 1918 hielt Huelsenbeck in dem von dem Kunsthändler J. B. Neumann zur Verfügung gestellten Saal der Neuen Secession die «Erste Dadarede in Deutschland». Sie wurde im April mit einem Dada-Vortragsabend fortgesetzt; *Raoul Hausmann* präsentierte sein Manifest «Das neue Material in der Malerei», in dem er erklärte:

Dada; das ist die vollendete gütige Bosheit, neben der exakten Photographie die einzige berechtigte bildliche Mitteilungsform und Balance im gemeinsamen Erleben [...]. Nur hier gibt es erstmals keinerlei Verdrängungen, Angstobstinationen, wir sind weit entfernt von der Symbolik, dem Totemismus; elektrisches Klavier, Gasangriffe, hergestellte Beziehungen, Brüllende in Lazaretten, denen wir erst durch unsere wunderbaren widerspruchsvollen Organismen zu irgendeiner Berechtigung, drehenden Mittelachse, Grund zum Stehen oder Fallen verhelfen [...].

Im März und April entwickelte sich ein intensiver Briefwechsel zwischen Einstein und dem Mathematiker *Hermann Weyl* aus Zürich über dessen Vorschlag für eine *einheitliche Feldtheorie* von Elektromagnetismus und Gravitation. Ende März besuchte Weyl Einstein in Berlin. Im Mai 1918 zog sich Einstein noch eine Gelbsucht zu. Nach achtwöchigen Sommerferien an der Ostsee in Ahrenshoop im Juli und August 1918 hatte sich seine Gesundheit so weit gebessert, dass er überlegte, den ergangenen Ruf nach Zürich zwar abzulehnen, sich dort aber jährlich für zwei Vortragszyklen von vier bis sechs Wochen Dauer zu verpflichten. In diesem Sinne fiel seine Entscheidung nach Sondierungen in Berlin dann auch aus.

Im Unterschied zu vielen seiner Kollegen hatte Einstein den Krieg

nicht unterstützt. Er reagierte daher besonders empfindlich, als ein bezüglich seiner politischen Haltung offensichtlich ahnungsloser Breslauer
Kollege, der Mathematiker Adolf Kneser, Einsteins Forschungsleistun-
gen als Anstrengungen zum Siege Deutschlands reklamierte. In seiner
Ansprache zur alljährlichen Feier von Kaisers Geburtstag am 27. Januar
1918 sprach Kneser von den neuen Entwicklungen auf dem Gebiet der
Gravitationstheorie und stellte sich hinter Einsteins «allgemeine Relativitätstheorie». Am Ende seiner Rede verließ er dann den rein wissenschaftlichen Diskurs, bewertete Einsteins Ergebnisse als «während des
Weltkrieges durch deutsche Arbeit zuwege gebracht» und ordnete sie
«der in vollem Pulsschlage weitergehenden Friedensarbeit unseres Volkes hinter der Front» ein. Im Tempel der Wissenschaft würde das Feuer
der Vesta gehütet und für ruhige Zeiten lebendig gehalten. «Darin zeigt
sich der sichere Blick in die Zukunft, der Siegeswille des deutschen Volkes.» Kneser sandte Einstein einen Sonderdruck seiner Ansprache «Von
der Schwere», worauf dieser sich verletzt fühlte: Er leide darunter, wenn
sein Name für chauvinistische Propaganda missbraucht werde. Seiner
Herkunft nach sei er Jude, von der Staatsbürgerschaft her Schweizer
und als Denkender ein menschliches Wesen und nur ein Mensch – ohne
spezielle Vorliebe für ein Staatswesen. Er wünschte, er hätte das sagen
können, bevor Kneser seine Rede gehalten habe, und sei überzeugt, dass
Kneser dann Rücksicht auf seine Gefühle genommen und sich nicht so
geäußert haben würde. Kneser antwortete höflich, aber bestimmt:

Von Ihren Gesinnungen ist an den betreffenden Stellen meiner Rede durchaus
nichts gesagt [...] bleibt aber die Tatsache, dass Ihre glänzenden Entdeckungen
während des Krieges in Deutschland zustande gekommen sind, das Ihnen [...]
Muse zu wissenschaftlicher Arbeit gewährt. So müssen Sie es sich schon gefallen lassen, dass Ihre Arbeiten Deutschland zur Ehre gerechnet und der deutschen Friedensarbeit [...] eingeordnet werden. Es freut mich, dass Sie den Exodus vieler schweizerischer Gelehrter nicht mitgemacht haben [...]. Ich glaube
daraus schließen zu können, dass Sie selbst, bewusst oder unbewusst, gefühlt
haben, dass Deutschland die sicherste Stätte Ihrer wissenschaftlichen Arbeit
ist.

Kneser legte den Finger auf eine schwache Stelle in Einsteins Verhalten:
Warum wollte er, der so angefüllt war mit Verachtung für den militaristischen Geist in der deutschen Gesellschaft, selbst dann noch in Berlin

bleiben, als er im Sommer 1918 ein Angebot aus Zürich an die dortige Universität und die Eidgenössische Technische Hochschule bekam? An Freund *Michele Besso* schrieb er, dass man ihm in Berlin «alles Erdenkliche zu Füßen» lege und er vor «Scham in den Boden» sinken wolle. Seiner Schwester vertraute er an: «In Berlin alles aufgeben, wo man mir so unbeschreiblich entgegenkommt, das brächte ich nicht fertig.» Die Kollegen Planck und Haber, die Einstein nicht ziehen lassen wollten, hatten sich eingeschaltet und eine beträchtliche Gehaltserhöhung für ihn erreicht. Beides, die wissenschaftliche Atmosphäre in Berlin und auch das, was er dort verdienen konnte, schien unvergleichlich attraktiver. Und da war noch seine Geliebte Elsa, die er nicht verpflichten konnte, mit ihm nach Zürich zu ziehen. Seine Frau Mileva hatte ihren Widerstand gegen eine Scheidung aufgegeben; die Verhandlungen über ihren Unterhalt durch Einstein standen vor dem Abschluss. Er wäre in Zürich seinen beiden heranwachsenden Söhnen näher gewesen. Einstein grübelte lange und träumte schlecht – er habe sich mit dem Rasiermesser die Gurgel durchgeschnitten.

Der «Obersozi» Einstein

Das Militär beließ die deutsche Öffentlichkeit in dem irrigen Glauben, ein Sieg oder wenigstens ein den gebrachten Opfern angemessener Friedensschluss sei noch immer möglich. Der Pfleger in einem Militärlazarett, *Bertolt Brecht*, sah das anders:

Und als der Krieg im vierten Lenz
Keinen Ausblick auf Frieden bot,
Da zog der Soldat seine Konsequenz
Und starb den Heldentod.

Dagegen gingen die Aktivitäten von pazifistischen Intellektuellen beim Friedenskampf mit der Feder und bei der Gründung neuer Debattierklubs weiter. Einstein beteiligte sich an einer Initiative für die Wiederaufnahme internationaler Beziehungen unter den Gelehrten; ein Buch mit Beiträgen bekannter Wissenschaftler zu diesem Thema sollte in der Schweiz publiziert werden. Seine feste Überzeugung war es, dass sittlich hoch stehende Persönlichkeiten, die «durch glückliche geistige Leistungen ein überlegenes Ansehen bei den geistigen Arbeitern der ganzen zivilisierten Welt» erlangt hatten, durch öffentliche Aufrufe, wenn schon nicht die Mächtigen zur Raison bringen, so doch denjenigen «zum Trost gereichen» könnten, «die in ihrer Einsamkeit den Glauben an eine sittliche Entwicklung noch nicht verloren haben». Er sandte ein Zirkular an Kollegen, erhielt aber zurückhaltende bis ablehnende Antworten. Hilbert wollte warten, bis der «Wahnsinns-Orkan ausgetobt hat und die Vernunft wiederkehrt», und befürchtete, dass ein solcher Aufruf nur weitere Feindseligkeit der kriegsbefürwortenden Kollegen hervorrufen würde, «wirkt doch schon das Wort international auf unsere Kollegen, wenn sie sich in corpore fühlen, wie das rote Tuch». Der Theologe und Philosoph *Ernst Troeltsch* bekannte, dass ihm eine «einfache Flucht in das Reich des Geistes und der Genossenschaft der wenigen Gläubigen» nicht möglich sei; als Realist war er an einem akzeptablen Ausgang des gefährlichen Krieges zu sehr interessiert. Aus dieser Episode schließen wir, dass wenn Einstein überhaupt je Sympathie für ein *kollektives* Unternehmen aufbrachte, dann für die *internationale Zusammenarbeit* der Wissenschaftler. Für das Ziel, die zerrissenen Bande zwischen den Gelehrten auf beiden Seiten des Kampfes wieder zu knüpfen, setzte er sich ein.

In eine andere Richtung als Einstein ging der radikale Pazifist *Kurt Hiller*, der einer «aristokratischen» intellektuellen Elite das Wort redete. Die Parlamente hätten versagt, also sollte eine Vereinigung Intellektueller gebildet werden, die das Land von seinem nationalistischen Kurs abbringen könnte. Hiller hatte im Hochsommer 1918 in der Wohnung des den linken Flügel der USPD leitenden *Eduard Bernstein* Einstein getroffen, als dieser «zwar noch nicht auf der Höhe seines Weltruhms, aber bereits jedem Gebildeten in einem Grade bekannt [war], dass eine andere Haltung ihm gegenüber als die des Respekts ausgeschlossen blieb», und ihm eines seiner Pamphlete zugeschickt. Einstein, der Hillers Ablehnung der parlamentarischen Demokratie kannte, lehnte mit einer seiner seltenen Stellungnahmen zu politischen Inhalten in einer brieflichen Antwort vom 9. September 1918 ab, an den von Hiller vorgeschlagenen Zusammenkünften teilzunehmen. Er sah als Rettung für Deutschland nur eine rasche und radikale Demokratisierung nach dem Vorbild der Westmächte. Nur eine solche Verfassung könnte eine weitreichende Dezentralisierung des «Machtwillens» garantieren und damit eine Wiederholung der

Ereignisse von 1914 ausschließen. Die offizielle Begründung seiner Ablehnung ist allerdings wieder einmal: «Es ziemt sich für mich als einen Schweizer nicht, mich in hiesige politische Angelegenheiten einzumischen.» Anfang Oktober stellte der neue Reichskanzler Prinz Max von Baden seine Absichten vor: Deutschland sollte eine konstitutionelle Monarchie und die SPD an der Regierung beteiligt werden. Danach sandte die Regierung ein Ersuchen um Waffenstillstands- und Friedensverhandlungen an Woodrow Wilson, den Präsidenten der USA. Mitte Oktober begann auch der «Bund Neues Vaterland», sich zu reorganisieren. Am 14. Oktober trafen sich Mitglieder im Hotel Esplanade in der Bellevuestraße und hörten Bernsteins und Tepper-Laskis Verurteilung der für den Krieg Verantwortlichen zu: Monarchie, Militarismus und Kapitalismus. Auf einem weiteren Treffen im gleichen Hotel fünf Tage später wurde ein Resolution verabschiedet und im *Berliner Tageblatt* veröffentlicht. Eine totale Neuordnung von Verfassung und Verwaltung in demokratischem und sozialistischem Geiste auf der Grundlage eines in direkter, geheimer und gleicher Wahl («ein Wähler, eine Stimme») bestimmten Parlamentes wurde gefordert; natürlich sollten dann auch Frauen und Soldaten wählen dürfen. Die Einhaltung der Menschenrechte, Erziehung der Jugend zum Frieden und die Abschaffung von Klassen-Privilegien waren Teil des Programms.

Die sich von Kiel aus rasch ausbreitende Meuterei von Marinesoldaten am 4. November 1918 und die Ausrufung des Generalstreiks für den 9. November führten zum von der SPD zwei Tage vorher ultimativ geforderten Rücktritt des Kaisers und zur Verkündung der Republik durch Scheidemann. Am Vortag aufgerufen mit:

Heraus aus den Betrieben, heraus aus den Kasernen! Reicht Euch die Hände. Es lebe die sozialistische Republik!,

zog am Morgen des Tages eine riesige Menschenmenge aus dem Wedding, aus Moabit, Johannisthal und Oberschöneweide, aus allen Stadtteilen mit großen Fabriken zum Zentrum, vor das Schloss, zum Alexanderplatz, nach «Unter den Linden», teilweise bewaffnet, aber mit Schildern «Brüder! Nicht schießen!» an der Spitze der Kolonnen. Rote Fahnen wehten über ernsten Gesichtern. Würden die Soldaten, wie es der Kaiser bei einer Ansprache zur Rekrutenvereidigung gefordert hatte, im Falle des Aufruhrs auf ihre Verwandten, Eltern, Brüder schießen? Sie schossen nicht. Sie verbrüderten sich, wie etwa vor der Kaserne des II. Garde-Ulanen-Regiments in der Invalidenstraße. In einem Einzelfall, ausgerechnet bei der Besetzung der «Maikäferkaserne», der Kaserne eines Garde-Füsilier-Regiments in der Chausseestraße der Oranienburger «Vorstadt» (auf dem Gelände befindet sich heute das «Stadion der Weltjugend»), in deren Wachstube *Hans Leip* 1915 den Text des Liedes «Lilly Marleen» geschrieben hatte, erschoss ein Offizier drei Arbeiter der AEG. Der wieder zugelassene «Bund Neues Vaterland» rief zu einer Massenkundgebung in der Nähe des Reichstags für Sonntag, den 10. November, auf. Hunderttausend Menschen begrüßten die Republik, wurden aber durch plötzliches Maschinengewehrfeuer auseinander getrieben, so dass nur noch wenige die Rede des Arztes und Sexualforschers *Magnus Hirschfeld* an einem nahe gelegenen, sichereren Orte hören konnten. In der Sonntagsausgabe der *Vossischen Zeitung* wurde für den nächsten Tag eine Versammlung mit einer Ansprache Eduard Bernsteins in der Alexanderstraße 41, «im Lehrervereinshaus, 8 Uhr abends», angekündigt, unter anderem im Namen der «Professoren Blaschke und Einstein», dem Schriftsteller und Vorreiter der gesellschaftskritischen Reisereportage Arthur Holitscher und der Feministin und Sexualreformerin *Helene Stöcker*.

Vielleicht war auch Einstein an diesem ungewöhnlich warmen und sonnigen Tag unterwegs; nach Weisbach schien der Himmel «der jungen Republik wohlzuwollen, und eine gewisse Fröhlichkeit lag in der Luft». Jedenfalls nahm Einstein in den nächsten Tagen zum ersten Male aktiv am politischen Geschehen teil, vermutlich aus Begeisterung über die Beseitigung des «Militarismus und der Geheimratsduselei», wie er seiner Schwester Maja schrieb. Seiner Mutter bekannte er spöttisch, er sei unter den Akademikern nun «so eine Art Obersozi». Wie andere politische Gruppen, etwa ein provisorisch gebildeter Studentenrat, hatte der «Bund Neues Vaterland» ein Büro im Reichstag erhalten und am Montag, dem 11. November 1918, eröffnet. Die Universität war vom Studentenrat geschlossen, ihr konservativer Rektor Seeberg anscheinend von radikalen Studenten festgesetzt worden. Zusammen mit Max Born und dem Psychologen Max Wertheimer wollte Einstein mit dem Studentenrat verhandeln. Die drei kamen in das überfüllte Reichstagsgebäude jedoch nicht hinein. Holitscher, in jenen Tagen Vorstandsmitglied des «Bundes Neues Vaterland», schloss sich dem Trio an und gelangte mit ihm ins Reichskanzlerpalais. Im Vorzimmer einer gerade unter Leitung von Ebert stattfindenden Kabinettssitzung trafen sie «Auguren und Gelehrte des Sozialismus» wie *Karl Kautsky* und Bernstein. Durch seine Vermittlung «konnten wir unsere Universitätssorgen vorbringen», schrieb Max Born. Erst am Tag darauf sprachen sie im Reichstag mit dem Studentenrat, der sich «voller Idealismus über die Tatsachen hinwegsetzt» und dessen «Ungestüm die Gefahr des Bolschewismus in sich birgt, denn im Soldatenrat sind ähnliche Gesinnungen vorhanden [...]». In der Diskussion äußerte sich Einstein – wohl im Zusammenhang mit neu aufgestellten Statuten. Er sehe die akademische Freiheit, die *Lehr*freiheit der Dozenten und die *Wahl*freiheit in ihren Vorlesungen für die Studierenden als «das Wertvollste an der Einrichtung der deutschen Universitäten» und warne: «Mir täte es leid, wenn die Freiheit aufhörte.» Der ebenfalls am 10. November in Anlehnung an den Arbeiter- und Soldatenrat gegründete «Rat der geistigen Arbeiter» hatte in sein Programm die Forderung «unbeschränkte Freiheit der politischen Diskussion und Aktion sämtlicher Hochschulbürger» aufgenommen, mit der Einstein vermutlich einverstanden gewesen wäre. Einem weiteren Punkt, der «Freie[n] Dozentur und Wahl der Professoren durch die Studenten», hätte er aber wohl nicht zugestimmt. Eine nahe liegende Mitarbeit in diesem Gremium ist nicht zustande gekommen, vielleicht weil Kurt Hiller darin eine wichtige Rolle spielen wollte; er hatte den Vorsitz übernommen.

Unter dem Motto «Die gesetzgebende Nationalversammlung» veranstaltete der «Bund Neues Vaterland» am Mittwoch derselben Woche in den «Prachtsälen des Westens» in der Spichernstraße 3 eine Volksversammlung. Nach einem Bericht der *Vossischen Zeitung* waren mehr als tausend Teilnehmer gekommen und auf zwei der Säle verteilt worden. Im oberen sprach neben anderen Rednern auch Einstein gegen die Diktatur des Proletariats und für die rasche Einberufung einer verfassunggebenden Versammlung. Ein handschriftlicher Entwurf, der dieser Ansprache zugrunde gelegen haben könnte, existiert. Nach diesem begann er mit «Die alte Klassenherrschaft ist beseitigt. Sie fiel durch ihre eigenen Sünden und durch die befreiende Tat der Soldaten», fasste den Soldatenrat zusammen mit dem Arbeiterrat als vorläufiges «Organ des Volkswillens» auf und warnte davor, eine Diktatur des Proletariats einzurichten, «um Freiheit in die Köpfe der Volksgenossen einzuhämmern». Gewalt erzeuge nur Hass und Gegenreaktion. Den jetzigen sozialdemokratischen Führern gebühre rückhaltlose Anerkennung.

Einsteins Wunsch nach schneller Einberufung einer verfassunggebenden Versammlung drückte sich auch in seiner Unterstützung eines neu gebildeten *Demokratischen Volksbundes* aus, der sich für «die unverzügliche Einberufung der Nationalversammlung für Deutschland und Deutsch-Österreich» aufgrund des allgemeinen, gleichen, geheimen und direkten Wahlrechtes in der Form der Verhältniswahl mit gleichem Recht für beide Geschlechter einsetzte. Andere Professoren wie Fritz Haber und Heinrich Rubens waren ebenso mit von der Partie wie die Dichter Richard Dehmel und Gerhart Hauptmann, der Maler Max Liebermann und die Industriellen Walter Rathenau, Robert Bosch und *Hugo Stinnes.* Einstein unterzeichnete den Gründungsaufruf der neuen *Deutschen Demokratischen Partei* (DDP) ebenso wie der Soziologe *Alfred Weber,* von Gerlach, der Bankier und Politiker *Hjalmar Schacht* und der Chefredakteur des *Berliner Tageblatts, Theodor Wolff,* in dessen Blatt er erschien. Mitglied dieser liberalen Partei wurde Einstein jedoch nicht. Die nicht geringen Unterschiede in den Doktrinen des «Bundes Neues Vaterland» und der DDP waren für ihn anscheinend unwesentlich, wenn beide Gruppierungen dasselbe von ihm avisierte Ziel, in diesem Fall die demokratische Verfassung, verfolgten. Dieser Zug in Einsteins Denken, nämlich ihm weniger erwünschte Aspekte einfach auszublenden, ist in der Definition seiner Religiosität und in seinem Verhältnis zum Zionismus ebenfalls wiederzufinden.

Dennoch unterschrieb Einstein nicht jede gut gemeinte Initiative, selbst wenn sie von dem vor der Jahrhundertwende als Sozialdemokrat seiner Lehrbefugnisse an der Berliner Universität beraubten Physiker *Leo Aarons* kam. Aarons hatte in einem «Offenen Brief an Rektor und Senat der Universität Berlin» vom 12. November 1918 gefordert, die Universität möge die an den Hochschulen versammelten «geistigen Kräfte» einschließlich derer des «praktischen Lebens» zu einem Kongress einladen unter dem Motto «Wie können die geistigen Kräfte der Nation am besten für die Neugestaltung von Groß-Deutschland nutzbar gemacht werden?» Einstein verweigerte sich diesem Vorschlag des «mutigen Vorkämpfers des freien Wortes», da die Professoren in dem eben zu Ende gegangenen Kriege überdeutlich gezeigt hätten, dass man von ihnen in politischen Dingen nichts lernen könne. Es sei nun dringend nötig, «dass sie eines lernen, nämlich ‹Maul halten!›». Zu sehr dröhnten in Einsteins Ohren noch die chauvinistischen Reden vieler Kollegen. Einem von diesen, dessen «unter germanischer Flagge segelndes Kraftmeiertum» ihm sehr auf die Nerven gegangen war, hatte er am 24. Februar 1918 geschrieben, dass er «lieber mit meinem von Ihnen und Ihren Gesinnungsgenossen für endgültig überwunden gehaltenen Landsmann Jesus Christus» übereinstimme. «Leiden ist mir eben wirklich lieber als Gewalt üben.» Zwei Jahre später fasste *Tucholsky* alias Ignaz Wrobel in der *Weltbühne* das Fortwirken der Unverbesserlichen in den Vers:

Sieh den Professor an! Er gibt sich fachlich
und spricht von Rhamses und vom Erbschaftsstreit,
und täglich infiltriert er, scheinbar sachlich,
den jungen Herrn die alte Kaiserzeit.

Die deutschen Hochschulen waren noch immer «Horte der Reaktion», so dass sich im Mai 1920 republiktreue Professoren zu einem Aufruf «Für die demokratische Verfassung» in der *Vossischen Zeitung* bekannten, darunter auch Einstein.

Der neu formierte «Bund Neues Vaterland» (BNV) wählte neben einem achtköpfigen Vorstand einen «Arbeitsausschuss» von 14, darunter Einstein und Rausch von Traubenberg, sowie einen «Hauptausschuss» von 17 Mitgliedern, in den Tepper-Laski, Nicolai, Schücking, Graf Kessler zusammen mit bekannten Schriftstellern und Künstlern wie Käthe Kollwitz, *Heinrich Mann* und Max Pechstein kamen. Das vom Arbeitsausschuss formulierte Programm enthielt als wichtigste Punkte: (1) Mitarbeit an der Völkerversöhnung; (2) Kampf für die Abschaffung jeder Gewalt- und Klassenherrschaft, Kampf für die Menschenrechte und soziale Gerechtigkeit; (3) Mitarbeit an der Verwirklichung des Sozialismus (aber nicht im Sinne einer Parteidoktrin); (4) Kultur der Persönlichkeit.

Auch als ab dem 10. Dezember die Gardetruppen aus dem Krieg zu ihren Berliner Standorten zurückkehrten und am geschmückten Brandenburger Tor eine Ehrenbegrüßung durch *Friedrich Ebert* und den Oberbürgermeister erhielten – auch ein Plakat «Seid willkommen, tapfere Streiter, Gott und Wilson helfen weiter» war zu sehen –, schien Einstein weiter begeistert darüber, dass «die Kultur des Militarismus» aus Berlin verschwunden sei, und glaubte, dass sie nicht wiederkehren würde. Er sah den Entwicklungen gleichwohl nicht ohne Sorge entgegen; während Süddeutschland sich mehr die Schweiz zum Vorbild nähme, herrsche in Berlin das russische Beispiel bedenklich vor. «Entlaufene Sklaven ohne eigentlichen Gemeinsinn und ohne Übersicht.» Das schrieb er Anfang Dezember an Besso, brach seine Vorlesung über die Relativitätstheorie ab und reiste Mitte des Monats mit Elsa in die Schweiz, offiziell, um seinen Vorlesungsverpflichtungen in Zürich nachzukommen. Die Formalitäten dazu – Einstein wollte kein Gehalt, sondern nur seine Reisekosten und Auslagen während des Aufenthaltes ersetzt bekommen – waren noch nicht beschieden worden; erst kurz vor Weihnachten fassten die kantonalen Behörden ihre Beschlüsse. Inzwischen fuhren Albert und Elsa zu seiner Schwester Maja nach Arosa und Luzern. Die gut besuchten Vorlesungen hielt Einstein dann während dreier Wochen im Februar. Ein anderer, gar nicht nebensächlicher Zweck der Reise war die Scheidung von Mileva Marić. Die Ehe wurde, nachdem sich Einstein zum Ehebruch bekannt hatte, «wegen natürlicher Unverträglichkeit» vom Bezirksgericht am 14. Februar 1919 geschieden. Mileva bekam das Sorgerecht für die Kinder; Einsteins Unterhaltspflicht, der er bisher schon treulich nachgekommen war und 1917 eine Summe von 12 000 Mark, 1918 8500 Mark oder 6000 Franken überwiesen hatte, wurde auf 8000 Franken festgeschrieben. Angesichts des sich rapide verschlechternden Wechselkurses eine nicht zu unterschätzende Belastung.

Einen dritten Zweck der Reise hatte Einstein am 6. Dezember 1918 seinem Freund Paul Ehrenfest in Leiden mitgeteilt:

[…] ich werde nächster Tage über die Schweiz nach Paris reisen, um die Entente zu bitten, die hiesige ausgehungerte Bevölkerung vor dem Hungertod zu retten. Nach soviel Lüge fällt es schwer, der bitteren Wahrheit zum Glauben zu verhelfen. Aber ich denke, mir wird man glauben, wenn ich mein Ehrenwort gebe.

Einstein hatte keine Beziehungen zu den Mächtigen der Siegernationen, fuhr nicht nach Paris, sondern beließ es beim Wunschdenken.

In Berlin begann die Oberste Heeresleitung, insbesondere der von der Westfront kommende Teil der weiterbestehenden kaiserlichen Armee, sich als zweites Machtzentrum neben der Regierung der «Volksbeauftragten» aus Mehrheitssozialisten (SPD) und USPD zu etablieren. Es musste zur Auseinandersetzung untereinander und mit den sozialistischen und kommunistischen Befürwortern einer Räteregierung, der Spartakusbewegung, kommen. Die Volksbeauftragten konnten sich nur mit Hilfe des Militärs an der Macht halten. Von den blutigen Straßenkämpfen im Dezember und im Januar 1919 mit ihren Hunderten von Toten, mit den Morden an Karl Liebknecht und Rosa Luxemburg, spürte Einstein in der Schweiz nichts. Allerdings sandte er mit 326 anderen, darunter dem Präsidenten der AEG und Publizisten Walther Rathenau, seine Unterschrift zu einer Erklärung der von Nicolai in Sachen Liebknecht-Luxemburg gegründeten «Liga zur Förderung der Humanität». Sie begann mit den Worten: «Die Unterzeichneten [...] erheben Widerspruch gegen den Geist der brutalen Gewalt, der zurzeit wieder einmal in fast allen Schichten Berlins herrscht.» Einstein verpasste auch die erste wirklich demokratische Wahl in Deutschland am 19. Januar 1919, die zur verfassunggebenden Nationalversammlung. Mitgewählt hätte er nicht, da er sich als Schweizer empfand und bis 1926 als solcher bei den Berliner Meldebehörden geführt wurde.

Am 6. Februar trat die Nationalversammlung zusammen, in *Weimar*, nicht in Berlin, da dort Störungen nicht ausgeschlossen werden konnten. Mit zu Passagierflugzeugen umgerüsteten Militärmaschinen war vorher der erste Liniendienst in Europa auf der Strecke «Berlin–Weimar» aufgenommen worden. Noch im März folgten die Linien «Berlin–Hamburg» und «Berlin–Warnemünde». Der Sozialdemokrat Friedrich Ebert wurde zum Reichspräsidenten mit Sitz in Berlin gewählt. Eine Koalitionsregierung mit dem Sozialdemokraten Scheidemann als Ministerpräsidenten trat ihr Amt an. Tucholsky alias Theobald Tiger kommentierte mit Versen in der *Weltbühne*:

Herr Landrat, Herr Landrat! Der Scheidemann
regiert neben Zepter und Krone!
Man denke: noch gestern im preußischen Bann
und heute am Königsthrone!
Wer gestern verboten und konfisziert,

ist heute Minister und regiert –
Herr Landrat die Welt geht unter!

Rechtzeitig vor seinem vierzigsten Geburtstag am 14. März, den Albert mit Elsa wieder in Berlin verbrachte, hatte der sozialdemokratische Volksbeauftragte *Gustav Noske*, dem von Ebert das Oberkommando der Truppen in und um Berlin übertragen worden war, vor der Nationalversammlung die blutige Niederschlagung der spartakistischen und kommunistischen Revolutionäre verkündet. Seit Anfang März war der Belagerungszustand wieder eingeführt worden. Das von George Grosz gezeichnete Titelbild der ersten Aprilnummer der satirischen Zeitschrift des Malik-Verlags «Die Pleite» zeigt einen ordenbehängten Noske mit Sektglas in der einen und Säbel in der anderen Hand, Handgranaten im Gürtel, inmitten der Niedergemetzelten. Albert Einstein konnte aber nicht gemeint sein, als Graf Kessler am 16. März 1919 niederschrieb: «[...] zahlreiche Künstler und Intellektuelle (zum Beispiel Einstein) seien auf der Flucht von Haus zu Haus. Die Regierung habe vor, rücksichtslos die Kommunisten ihrer geistigen Führer zu berauben.» Es musste sich um seinen mindestens so bekannten Namensvetter, *Carl Einstein*, gehandelt haben, der von 1916 bis 1918 in der Zivilverwaltung des Generalgouvernements im besetzten Brüssel tätig gewesen war, ein Offizieren gegenüber sehr despektierliches Mitglied des Brüsseler Soldatenrats. Der zu dieser Zeit in Berlin ebenso gut bekannte *Carl* wurde öfter mit *Albert* Einstein verwechselt. Dessen vorwiegend passive, nach außen gesellschaftlich angepasste Rolle als Pazifist während des Ersten Weltkriegs spielte sich im Rahmen ethischer Überzeugungen, nicht aber politischer Handlungen ab – schon gar nicht in der Öffentlichkeit.

Neben der Ungewissheit über die zukünftige Gestalt des Staatswesens waren soziale Fragen besonders beunruhigend für die Berliner. Die Zahl der Arbeitslosen in der Stadt betrug im Januar 1920 59 000, in Groß-Berlin 93 000; die Vergleichszahl für ganz Deutschland war 447 000, mit steigender Tendenz. Als Arbeitsbeschaffungsmaßnahme diente die Weiterführung des Baus der Nord-Süd-Bahn, der Siemensschen elektrischen U-Bahn von Neukölln entlang der Friedrichstraße in die Bezirke im Norden. Die Kriegsheimkehrer drängten zurück an ihre Arbeitsplätze, die inzwischen mit «auswärtigen» Arbeitern und Angestellten sowie vielen Berliner Frauen besetzt worden waren. Die Stellung der Frauen hatte sich grundlegend verändert; sie mussten in der Kriegswirtschaft mitarbeiten und waren als Straßenbahn- oder Fahrstuhlführerinnen beschäftigt, ab 1918 sogar als Kraftfahrerinnen für die Armee. Endlich durften auch Frauen in den Berliner Lehrerverein eintreten. Noch 1916 hatten Lehrerinnen in den öffentlichen Schulen Eheverbot gehabt; Lehrerinnen, die sich verheirateten, mussten aus dem Amt scheiden. Aber viele Frauen mussten in der Arbeitswelt wieder ins zweite Glied zurücktreten. Immerhin hatten Frauen jetzt das Wahlrecht und erfuhren Gleichbehandlung mit den Männer wenigstens im Sinn derselben «staatsbürgerlichen Rechte und Pflichten». Aber unerhört schien es doch, dass eine Frau wie Käthe Kollwitz am letzten Tag des Januar 1919 als Professor in die Akademie der Künste in Berlin berufen wurde. Sie selbst empfand dies eher als peinlich: «Die Akademie gehört doch zu den etwas verzopften Institutionen, die beiseite gebracht werden sollten.» Erst nach ihr, im Sommer, wurde auch Lise Meitner als Abteilungsleiterin im KWI für Chemie der Professorentitel verliehen. In einigen Bereichen, wie dem staatlichen Justizdienst in Berlin, verlief die Emanzipation der Frauen langsamer als die der jüdischen Bewerber. Erst ein Reichsgesetz vom Juni 1922 verschaffte auch Frauen den vollen Zugang zu allen Ämtern in der Justiz.

Am letzten Tag des Mai 1919 tauchte die Leiche der ermordeten Rosa Luxemburg im Landwehrkanal auf. In der «Ode an Berlin» des deutschfranzösischen Dichters *Yvan Goll* wird ihrer gedacht:

Hymnen schreibt der rote Redakteur!
Und die Orgeln brausen: O Susanne!
Heilige Rosen blühen im Landwehrkanal.
Letzte Rose von Deutschland!

Keine leichte Entscheidung:
Mileva, Elsa oder Ilse?

Als Einstein Mileva Marić kennen und lieben lernte, entsprach sein Frauenbild vermutlich *nicht* mehr dem unter männlichen Bildungsbürgern immer noch weit verbreiteten aus Schillers Gedicht «Die Glocke» mit seiner «drinnen waltenden, züchtigen Hausfrau und Mutter der Kinder». Oder vielleicht doch? Schließlich hatte er sich mit einem «Blaustrumpf» zusammengetan, einer Studentin, mit der er über Physik und seine Theorien diskutieren konnte, auch wenn sie – damals noch als seine Freundin – ihr Abschlussexamen nicht bestanden hatte. Auf einem Foto aus Studententagen ist das Gesicht der Einundzwanzigjährigen attraktiv, aber angespannt, unter dunklem Haar über einer großen glänzenden Schleife; der Blick ist distanziert, die Lippen selbstbewusst zusammengepresst. Ob Mileva zu Einsteins berühmten drei Arbeiten aus dem Jahr 1905 beigetragen hat und in welchem Umfang, bleibt mangels Dokumenten umstritten. Es fällt auf, dass die Einstein-Biografen in ihrer Mehrzahl Mileva als graue Maus, als unbedeutende Helferin eines bedeutenden Mannes beschreiben, als ob sie sich davor fürchteten, durch eine positivere Darstellung einen Schatten auf Einsteins Ruhm zu werfen. Einstein erweckte in seinen Briefen an Mileva manchmal den Eindruck, als habe sie eine wichtigere Rolle gespielt als die ihr heutzutage zugebilligte: «Ich freu mich auch sehr auf unsere neuen Arbeiten. Du musst jetzt Deine Untersuchung fortsetzen – wie stolz werd ich sein, wenn ich gar vielleicht ein kleines Doktorlin zum Schatz hab & selbst noch ein ganz gewöhnlicher Mensch bin!» Oder:

Wie stolz und glücklich werde ich sein, wenn wir beide zusammen unsere Arbeit über die Relativbewegung siegreich zu Ende geführt haben. Wenn ich so andre Leute sehe, da kommt mirs so recht, was an Dir ist!

Mileva mit den beiden Söhnen, Berlin 1914

Solche Briefstellen sind zu vieldeutig, als dass eine wesentliche Mitwir-kung Milevas daraus belegt werden könnte.

Mileva war auch in anderer Hinsicht weiter als andere Züricher Stu-dentinnen; sie riskierte, dass Einstein sie vor der Ehe zur Mutter machte, also dem Schicksal auslieferte, in ihrer serbischen Heimat als vorehelich geschwängerte Frau verachtet, ja ausgestoßen zu werden. Einsteins Va-ter hatte die Zustimmung zur Heirat verweigert; Albert fehlte eine siche-re Anstellung. Seine Mutter mahnte ihn: «Bis Du 30 bist, ist sie eine alte Hex.» Ein Jahr nach der geheim gehaltenen Geburt seines ersten Kindes mit Mileva, seiner Tochter «Lieserl», im Haus von Milevas Eltern, die dort blieb und deren weiteres Leben bis heute im Dunkeln bleibt, hatten sich beide Hindernisse erledigt. Albert und Mileva heirateten im Januar 1903 nach dem Tod seines Vaters, aber wohl gegen den Willen beider Familien. Das zweite Kind, der Sohn Hans Albert, wurde im Mai 1904 geboren. Danach scheint die erste Liebe nachgelassen zu haben. Ein-stein flirtete mit hübschen Frauen, ohne dies zu verbergen; die wegen eines wohl ererbten angeborenen Hüftfehlers seit Kindertagen leicht hinkende Mileva wurde immer eifersüchtiger. Ein eher harmloser kurzer Briefwechsel mit einer vielleicht nicht so harmlosen verflossenen Liebe erregte Milevas Eifersucht. Sie schwärzte Einstein beim Ehemann der Briefschreiberin an und brachte ihn in eine peinliche Situation. Das gab wohl den ersten heftigen Knacks in der Ehe.

Mileva war fleißig; in Zürich kochte und wusch sie, nahm Studenten als Untermieter und Kostgänger auf, um Einsteins schmales Gehalt als Professor aufzubessern. Es wird erzählt, ihr Mann habe ihr hie und da im Haushalt und mit dem Kind geholfen, weil es ihm Leid getan habe, dass sie nach der Hausarbeit sich noch bis spät in die Nacht mit der Bearbeitung seiner mathematischen Probleme beschäftigt habe. Vermutlich wird sie mehr und mehr im Verständnis der Einsteinschen Forschungsprobleme zurückgefallen sein. Wie sollte sie auch den Wissensvorsprung ihres Mannes aufholen, der dauernd mit Kollegen und Freunden diskutieren konnte, während sie sich um Kind, Küche und Ehemann kümmerte? Ein Forscher-Ehepaar wie *Pierre* und *Marie Curie* würden Mileva und Albert nie werden. Das sah der verliebte Einstein Ende 1901 schon voraus: «Bis Du mein liebes Weiberl bist, wollen wir recht eifrig zusammen wissenschaftlich arbeiten, dass wir keine alten Philistersleut werden, gellst.» Nach der Heirat hat Einstein seine Frau nie darin unterstützt, eigene berufliche Wege einzuschlagen. Nach der Geburt des zweiten Sohnes Eduard musste Mileva zwei Kinder und ihren Mann ohne Hilfe versorgen; ihre Gesundheit litt. Der von ihr ungeliebte Umzug nach Prag und die Rückkehr nach Zürich innerhalb kurzer Zeit hatten zusätzliche Unruhe in das Familienleben gebracht. Nach einem Bericht von Anna Besso, der Frau von Michele Besso, soll Einstein vor seiner Abreise nach Berlin Milevas großen Vorzug gepriesen haben: Mit ihr könne er überall hingehen, ohne sich schämen zu müssen, weil sie keine Dummheiten schwatze. Das könne er sonst von keinem einzigen Mitglied seiner Familie sagen. Ob das ironisch gemeint war? Denn Mileva war im Laufe der Jahre wohl immer schweigsamer geworden.

Die Trennung von Mileva

Leider half dieses Kompliment nichts mehr. Seit Juli 1914 lebte Albert getrennt von Mileva in Berlin, sie mit den Söhnen in Zürich. Der Erste Weltkrieg verschärfte die Trennung wegen der Erschwernisse für Reisen in das Ausland, selbst in die «neutrale» Schweiz. Zunächst hatte Albert nicht die Absicht, seine Geliebte in Berlin zu heiraten. Schon 1913 hatte er Elsa in einem Brief darüber informiert, dass das Gericht nur einen «Ehebruch» als Scheidungsgrund gelten lasse, er aber «nicht einmal einen mich selbst überzeugenden Beweis von dem Vorliegen der Tatsache» habe, also eines Ehebruchs von Mileva. Einstein konnte die Scheidung nicht selbst vor Gericht beantragen; nur Mileva konnte das tun. Auf eine vorsichtige Warnung Zanggers hin, Störungen der Beziehung zu Mileva zu vermeiden, schrieb ihm Einstein am 26. November 1915, es habe Gründe dafür gegeben, warum er es mit Mileva nicht habe aushalten können – trotz zärtlicher Liebe zu seinen Kindern. Bei allem Respekt vor seiner Kusine Elsa, ihrem anständigen Charakter und ihrer Güte könne er sich doch nicht zu einer zweiten Heirat entschließen; dazu trüge auch die Existenz von Elsas achtzehnjähriger Tochter bei. Hauptsächlich die Eitelkeit von Elsas Eltern läge den Bemühungen zugrunde, ihn in eine Ehe zu zerren. Allerdings habe die ältere Generation auch einen lebendigen moralischen Vorbehalt gegen eine wilde Ehe. Andererseits sei in Berlin «der Snobismus» so weit gediehen, dass die Frauen in Elsas Familie deswegen nicht an Prestige verlören, sondern nur gewinnen könnten. Ließe er sich aber «einfangen», so würde das sein Leben komplizieren und für seine Jungen schwierig sein. Er wolle sich weder durch seine Zuneigung noch durch Tränen beeinflussen lassen, sondern bleiben wie er sei. Auch Freund Besso sprach sich gegenüber Zangger gegen eine Scheidung und darauf folgende Heirat «als ein großes Übel» aus und hoffte, dass er nicht mit seinem «lieben, alten Freund Einstein deswegen brechen» müsse. Er wolle aber seine höchste Pflicht ihm gegenüber erfüllen. Zangger traute dem Frieden nicht; Einstein leide unter dem Schicksal seiner Kinder und habe doch keine rechte Vorstellung davon. Er folge nicht seinem Instinkt, sei «so abhängig» und lasse sich von anderen einspannen. Mit den «anderen» ist vermutlich Einsteins Verwandtschaft in Berlin gemeint. Es werde zu einer Entscheidung kommen: «Frauen bleiben nicht ruhig.» Aber welche Entscheidung? Ein Jahr nach der Trennung, im Sommer 1915, reiste Einstein nach Zürich, machte Ausflüge mit den Buben, mit Hans Albert auch eine Reise ins Württembergische. Fragen von Mileva und den Kindern nach der Zukunft wich er aus, vermutlich weil er selbst nicht wusste, wie er sich entscheiden sollte. Auch auf Milevas Kummer über ihren an der russischen Front vermissten einzigen Bruder, einen Arzt, reagierte Einstein nicht. Zanggers Befürchtungen erwiesen sich als richtig. Im Februar 1916 verlangte Albert von Berlin aus von Mileva die Scheidung; zu Ostern fuhr er nach Zürich, aber die Wochen dort wurden eine für alle Beteiligten unheilvolle Zeit. Hans Albert schrieb seinem Vater nicht mehr nach Berlin; Einstein wollte seine Frau nie mehr sehen; Mileva selbst erkrankte, musste mit Herzanfällen ins Hospital, fühlte sich verlassen und unversorgt. Zangger, Besso und weitere Freunde der Familie halfen aus, so gut sie konnten. Einstein schien die Schwere von Milevas Erkrankung und einen möglichen Zusammenhang mit seinen Scheidungsplänen zuerst nicht wahrzunehmen:

Vor allem meinen innigsten Dank dafür, dass Du meinen Kindern und meiner Frau ein so treuer Helfer bist. Deinem Schreiben nach scheint meine Frau wirklich ernsthaft krank zu sein [...]. Jetzt bitte ich Dich nur inständig, mich durch Karten über den Stand der Dinge auf dem Laufenden zu halten [...].

Besso machte seinem Freund Vorwürfe, aber der konterte zornig: «20 Jahre haben wir uns gut verstanden. Und nun sehe ich in Dir einen Grimm gegen mich wachsen, eines Weibes wegen, das Dich nichts angeht. Wehre Dich dagegen! Sie wäre es nicht wert, wenn sie auch hunderttausendmal im Recht wäre!» Aus einem Brief Einsteins an eine serbische Freundin Milevas im September 1916 geht hervor, dass er die Trennung von Mileva als eine «Sache des Überlebens» für sich ansah und nie mehr zu ihr zurückkehren würde. Trotzdem sei sie ein von ihm amputierter Teil und werde dies bleiben. Mileva werde ein Weile wegen ihrer Zurückgezogenheit leiden. Einstein bat Milevas Freundin dann, ihr in ihrer Verzweiflung beizustehen. «Bemitleiden Sie mich nicht. Trotz meiner äußeren Probleme verläuft mein Leben in perfekter Harmonie. Alle meine Gedanken sind auf das Denken gerichtet.» Er gleiche einer Person, die der Blick auf weite Horizonte begeistere und werde nur gestört, wenn «ein undurchschaubares Objekt sie in der Betrachtung» hindere. Die Vermutung liegt nahe, dass nicht Mileva das undurchschaubare Objekt war, sondern mathematische oder begriffliche Probleme in seiner Forschungsarbeit. Die Frau als *Teil* des männlichen Körpers: eines der alttestamentarischen Bilder, die er manchmal verwendete. Immerhin hatte er die Lage seiner Frau begriffen und schrieb Zangger, dass sie ihm sehr Leid täte, und er glaubte, «dass ihre schweren Erlebnisse mit mir und durch mich wenigstens zum Teil an ihrer schweren Erkrankung schuld sind». Diese Erkenntnis, Milevas schlechter Gesundheitszustand und der Rat seiner Schweizer Freunde schienen Einstein überzeugt zu haben, sein, oder eher Elsas, Scheidungsverlangen zurückzunehmen. «Von jetzt an werde ich sie nicht mehr mit der Scheidung behelligen. Die betreffende Schlacht mit meinen Verwandten ist geschlagen. Ich habe gelernt, Tränen zu widerstehen.» Mileva ging es weiterhin gesundheitlich schlecht; über den Winter war keine Besserung zu erwarten. Wieder zu Hause, leitete sie «trotz der körperlichen Schwäche vom Bette aus das Hauswesen ruhig und sicher», freute sich mit den Kindern und nahm auch «die Musikstudien Albertlis» mit Erfolg in die Hand, wie Michele Besso seinem Freund Albert mitteilte.

Einstein nahmen die Auseinandersetzungen in seiner Ehe und die Sorge um seine Kinder wohl stärker mit, als er nach außen erkennen ließ. Verdrängungsmechanismen wirkten vielleicht, wenn er in der Korrespondenz mit Besso während der Jahre 1916 und 1917 sowohl in Bezug auf seine Frau wie auf seinen Sohn Eduard das Ende der Probleme durch deren Tod herbeisehnte: «Es freut mich, dass es meiner Frau langsam besser geht. Aber allerdings, wenn es, wie ziemlich wahrscheinlich, Gehirntuberkulose ist, so wäre ein baldiges Ende besser als eine lange Qual.» Der Zustand von Eduard deprimierte ihn. «Es ist ausgeschlossen, dass er ein ganzer Mensch wird. Wer weiß, ob es nicht besser wäre, wenn er Abschied nehmen könnte, bevor er das Leben richtig gekannt hat.» Er fühlte sich schuldig an ihm und machte sich Vorwürfe. Auch wenn sich Einsteins Diagnosen sowohl bei Mileva wie bei Eduard als falsch herausstellen sollten, so belastete ihn das Aufgespaltensein zwischen seinen Kindern bei Mileva und seiner Geliebten Elsa doch stark. Er litt seit Anfang 1917 unter Magen- und Gallenbeschwerden und musste selbst behandelt und gepflegt werden. Im Juli und August 1917 verbrachte er wieder einige Wochen in der Schweiz, auch zur eigenen gesundheitlichen Erholung. Mit seinen Söhnen fuhr er nach Arosa und ließ den siebenjährigen Eduard dort in einem Kindersanatorium zu einem einjährigen Aufenthalt, weil er fürchtete, dass er Tuberkulose haben könnte. Mileva hatte ihre Mutter gebeten, zu ihrer Pflege zu kommen; da diese aber selbst kränklich war, schickte sie Milevas jüngere Schwester Zorka nach Zürich. So schön es zunächst für Mileva gewesen sein muss, mit ihrer Schwester zusammen zu sein, so konnte Zorka ihr doch nicht lange helfen, sondern musste sich wegen einer Depression in einer Nervenheilanstalt bei Zürich selbst behandeln lassen. Mileva schrieb den Ausbruch einem schrecklichen Kriegserlebnis Zorkas zu: Sie war 1916 von mehreren Soldaten vergewaltigt worden.

Auch dieses Mal gewährte Einsteins Unentschlossenheit, begleitet von seinem geschwächten Gesundheitszustand, Mileva nicht mehr als einen Aufschub: im Februar 1918 bestand er endgültig auf Scheidung. Zangger schrieb – vermutlich an Bessos Frau oder einen Rechtsbeistand:

Frau Einstein hat eben einen brutalen Brief aus Berlin erhalten: «Ich habe mich entschlossen, auf jeden Fall eine Scheidung zu bekommen.» Das ist der Egoismus von Elsa, die nicht will, dass Geld geschickt wird, die früher, als er noch treu und nicht berühmt war, Einstein nicht einlud, ja ihn kaum kannte. Ich schreibe Besso einen Brief, bitte Sie jedoch, seinen Inhalt vorher mit Frau Einstein zu besprechen. Bitte schreiben Sie in den Entwurf, was Frau Einstein für angemessen hält. [...] In der Zwischenzeit sind wir daran gewöhnt, so anständig wie möglich mit der Berliner Brutalität umzugehen.

Der Brief Zanggers an Besso enthielt den folgenden Abschnitt: «Freund Einstein macht mir Sorgen. Erzürnt schreibt er grobe Briefe [...] Nun bekam ich einen an seine Frau gerichteten Brief: ‹Heute bin ich auf jeden Fall entschieden, mich scheiden zu lassen, bedenke dies. Ich biete Dir 9000 Mark, alles eingeschlossen – bis zum Nobelpreis –, ich verspreche, diesen in der Schweiz für die Kinder zu investieren [...]. Du musst die Scheidung einreichen, ich werde alles von Berlin aus erledigen›» Zangger empfand Drohungen Einsteins gegenüber Mileva als «Messer an die Kehle ohne Vorwarnung. Wir müssen beraten und eine Antwort an Professor Einstein vorschlagen.» Die Mediatoren Zangger und Besso erreichten mit juristischer Hilfe Einvernehmen in den finanziellen Fragen zwischen den Eheleuten. Einstein war überzeugt, dass Mileva «vorsichtig mit dem Geld umgehen [wird], wenn ich tot bin; ich will ihr also keine Aufsicht aufhalsen [...]». Wieso rechnete er mit seinem früheren Tod? Wegen seiner eigenen seit dem Jahr 1917 andauernden Erkrankung? Tatsächlich starb die drei Jahre ältere Mileva sieben Jahre vor ihm. Einstein fand, sie sei gut versorgt; außer dem, was vereinbart worden sei, erhielte sie bei seinem Tode 5000 Franken, zudem besäße sie noch ihr Heiratsgut von 10 000 Franken auf der Bank. «Nimmst Du noch dazu, dass ihre Eltern auch ziemlich was haben, so muss man sagen, dass ganz anständig, wenn auch nicht glänzend für die Kinder gesorgt ist, jedenfalls unvergleichlich besser, als seinerzeit für mich gesorgt war.» Mileva gab dem Druck nach und reichte den gewünschten Antrag auf Scheidung ein. Der Himmel über Zürich und Berlin schien sich aufzuhellen. Einstein war «sehr glücklich über die netten Briefe, die mir die Buben schreiben; auch Mileva schreibt freundlich.» Seine fehlende emotionale Beteiligung zeigt sich in einem Brief an Besso Ende 1918, in dem er seine Scheidungsangelegenheit als einen «Spaß für alle, die darum wissen» empfand. Seine Vernehmung vor einem Berliner Gericht sei geplatzt, weil er zu spät geladen worden sei, so dass die Scheidungsakten schon wieder nach Zürich zurückgesandt worden wären. Freund Zangger machte einen letzten Versuch, Einstein seinen Kindern näher zu bringen und seiner Geliebten Elsa zu entziehen: Er bemühte sich mit Erfolg um einen Ruf für ihn nach Zürich. Einstein lehnte jedoch ab; immerhin verpflichtete er sich zu einem regelmäßigen Lehrauftrag in Zürich. Einsteins Ehe mit Mileva Marić wurde im Februar 1919 geschieden; sie hatte 16 Jahre gedauert. Einstein bemerkte gegenüber Zangger 1915, es sei ihm «zu Mute, wie wenn ich zehn Jahre Zuchthaus hinter mir hätte.» Damit stutzte er das Liebesglück mit Mileva auf eine Dauer von höchstens zwei Jahren zurück. Ob das gerecht war?

Wen soll ich heiraten?

Albert Einstein und Elsa Löwenthal waren seit fast sieben Jahren zusammen; nun sollte schnell geheiratet werden. Am 2. Juni 1919 war es soweit – trotz des vom Schweizer Gericht auferlegten zweijährigen Eheverbots. Aber so ganz gerade war Einsteins Weg zu diesem Tag nicht gewesen, nicht nur wegen Mileva, nicht nur wegen zusätzlicher finanzieller Verpflichtungen durch eine neue Eheschließung. In ihrem eigenen Heim war Elsa eine Konkurrentin erwachsen. Über den großen Astronomen *Johannes Kepler* ist in einem Prager Archiv dokumentiert, dass er nach dem Tode seiner Frau in einem Brief an einen Freund eine Liste von über einem Dutzend für ihn akzeptablen Heiratskandidatinnen mit Be-

Albert und Elsa Einstein in Berlin, 1921

schreibungen erstellte. Nach Keplers Worten konnte er die Erste auf der Liste aber nicht heiraten, weil ihre Tochter als Nummer 2 auch dabei war! Die Qual der Wahl zwischen Mutter und Tochter – auch Einstein wähnte sich in dieser wohl bekannten Situation. Nur dass er seine Zweifel über die Auszuwählende nicht einem Freund mitteilte, sondern den betroffenen Frauen selbst: der zweiundvierzigjährigen Elsa und ihrer ältesten, einundzwanzigjährigen Tochter Ilse. Wir wissen darüber aus einem Brief, den Ilse Löwenthal am 22. Mai 1918 an Georg Friedrich Nicolai geschrieben hat. Ilse war mit dem Herzspezialisten und Schürzenjäger Nicolai nicht nur als einem Arzt ihrer Mutter vertraut, sondern hatte ihn angehimmelt und am Ort seiner militärischen Strafversetzung seit Herbst 1917, Eilenburg bei Leipzig, mehrfach besucht. Von ihrer Schwester Margot wissen wir, dass Ilse dabei eine weitere seiner ungezählten «Eroberungen» geworden ist, die er in einer Liste festhielt, auf der auch die «Mutter-und-Tochter-Kombination» vorkam. Nun schrieb Ilse ihm – mit der über den Brief gesetzten Bitte, Nicolai möge den Brief nach dem Lesen sofort vernichten – von einem plötzlichen inneren Konflikt. Er sei der einzige Mensch, dem sie sich in dieser Sache anvertrauen und der ihr einen Rat geben könne.

Sie erinnern sich, dass wir neulich von Alberts und Mamas Heirat sprachen, und Sie sagten mir, Sie hielten eine Ehe zwischen Albert und mir für richtiger. Ich habe bis gestern nie im Ernst daran gedacht. Gestern wurde plötzlich die Frage gestellt, ob A. Mama oder mich heiraten wolle. Diese Frage, zuerst halb im Scherz ausgesprochen, wurde innerhalb weniger Minuten eine ernste Angelegenheit, die nun voll und ganz überlegt und besprochen werden muss. Albert selbst lehnt jede Entscheidung ab, er ist bereit, mich oder Mama zu heiraten.

Ilse fuhr dann fort, dass Albert sie sehr lieb habe, «vielleicht so lieb wie mich nie mehr ein Mann haben wird»; das habe er ihr gestern auch selbst gesagt. Vielleicht würde er sie sogar lieber als Frau haben, da sie jung sei. «Ich habe nie den Wunsch oder die geringste Lust verspürt, ihm körperlich nahe zu sein. Anders bei ihm – wenigstens in letzter Zeit. – Er hat mir selbst einmal zugegeben, wie schwer es ihm fällt, sich zu beherrschen.» Sie glaubte aber, ihre Gefühle für ihn seien nicht ausreichend stark für ein Zusammenleben als Eheleute. Letztlich käme sie sich dabei nur wie eine als Sklavin verkaufte Frau vor.

Während also die «Abfindung» von Mileva ausgehandelt wurde für eine Ehescheidung, die von Einstein gelegentlich mit einer Ehrenrettung für Elsas Ruf in Berlin begründet worden war, hatten sich seine Neigungen auf seine junge Stieftochter erweitert. Mit Ilse im gebärfähigen Alter kam zwanglos auch das Thema eines Kindes ins Spiel: «A. meinte auch, wenn ich nicht den Wunsch hätte, ein Kind von ihm zu haben, wäre es für mich schöner, *nicht* mit ihm verheiratet zu sein. Und diesen Wunsch habe ich wirklich nicht […].» Sie bekäme ein schlechtes Gewissen ihrer Mutter gegenüber, dass es vermutlich ungerecht sei, Elsa den nach vielen Jahren endlich «sich selbst eroberten Platz streitig [zu] machen». Ilse fühlte sich sehr unglücklich darüber, dass sie «als kleines, dummes 20jähriges Ding über eine solch' ernste Sache» entscheiden solle. «Helfen Sie mir! Ihre Ilse.» Angesichts des Wortlautes und ihrer Erfahrungen kann Ilses Brief nicht als «Jungmädchenphantasie» abgetan werden. Er wirft eher die Frage auf, ob Einstein unter einer Ehe im positiven Sinne nur einen stabilen häuslichen Wohlfühl-Rahmen verstanden hat, ohne große emotionale Beteiligung und ohne Einschränkung seiner sexuellen Freizügigkeit. Im negativen Sinne stellte er die Ehe als eine «schwere[n] Geduldsprobe» dar, zu der man sanftmütig veranlagt sein müsse. Bei anderer Gelegenheit beschrieb er sie als Sklaverei in kulturellem Gewande, erfunden von einem fantasielosen Schwein.

Ein Jahr nach Ilses verzweifeltem Hilferuf waren die Würfel gefallen; Einstein hatte ihre Mutter als Ehegattin gewählt, eine Frau, die ihn als ihren Mann in den Himmel erhob – zumindest in einem Brief an eine Freundin mehr als ein Jahrzehnt nach der Hochzeit:

Du lieber Himmel, wie erbärmlich geht es doch zu in dieser Welt! […] Wenn z. B. der Albert eine Zeitlang lieber Gott sein dürfte, der würde vieles säubern und auskehren und besser machen, als der liebe Gott es tat! Glauben Sie das nicht auch?

Die zweite Ehe war für beide Partner nicht so glücklich wie die vorangegangenen gemeinsamen sieben Jahre als Liebespaar. Elsa musste für den «eroberten Platz» im Leben Einsteins vieles ertragen, sich ganz zurücknehmen. Sie war ihrem Mann intellektuell unterlegen, hatte vermutlich keine höhere Schulbildung, wahrscheinlich auch keine Berufsausbildung, da sie sich jung verheiratet hatte. Im Unterschied zu Mileva empfing sie als «Frau Professor Einstein» zwar einen Teil des auf ihn fallenden Glanzes, der ihm verliehenen Ehrungen, und sie genoss dies. Das Zeugnis für ihre Hausangestellte unterschrieb sie sogar mit «Frau Albert Einstein». Aber sein Herz und seinen Körper musste sie mit anderen Frauen teilen. Einen Vergleich bietet das Paar *Erwin Schrödinger* und seine Frau *Annemarie Schrödinger*, geb. Bertel, die wie Elsa nicht berufstätig war und ihren Mann ebenfalls glühend bewunderte. Nur dass Schrödingers Frau die vielen Affären ihres Mannes akzeptierte und sich mit *Hermann Weyl* und Paul Ewald als ihren Liebhabern tröstete. Elsa konnte als eine für den ausschließlichen Besitz ihres Mannes kämpfende Frau im Gegensatz zu Annemarie Schrödinger keine Toleranz gegenüber der polygamen Lebensweise ihres Mannes aufbringen. Sie hatte kein Verständnis für eine dazu eventuell nötige «unromantische» Vorstellung von der Beziehung zwischen Mann und Frau, die gegenseitige Zuneigung und Hilfsbereitschaft jedoch nicht ausschließt.

Männer und Frauen sind nicht monogam veranlagt

Ein Chanson von Friedrich Hollaender enthält die Zeilen:

Liebe macht selige Stunden,
Treue macht gar keinen Spaß.
Ich weiß nicht, zu wem ich gehöre,
ich bin doch zu schade für einen allein.

Als eine Freundin Einsteins, deren Mann ihr untreu gewesen war, bei Einstein Rat suchte, schrieb er ihr im Sinne des Chansons: «Sie wissen sicher, dass die meisten Männer, wie auch die meisten Frauen, von Natur nicht monogam sind. Diese Leute reagieren um so stärker, wenn ihnen Hindernisse in den Weg gelegt werden, um sie davon abzuhalten, was sie möchten. Einen Menschen zu zwingen, treu zu sein, ist für alle Betroffenen eine sehr bittere Frucht.» Meist bleibt Untreue zwischen Lebenspartnern im ungewissen Dunklen. Einstein jedoch machte Seitensprünge in voller *familiärer* Offenheit und erwartete von seiner Frau, dass sie sein Verhalten akzeptierte. Elsa litt darunter. In einem Brief aus den dreißiger Jahren schrieb sie an ihre gute Bekannte, die zierliche und sehr gescheite Übersetzerin, Chefredakteurin von Ludwig Steins *Nord und Süd* und spätere Biografin von Einstein, *Antonina Vallentin*, verheiratete Mme. Julien Luchaire: «Ihrer Veranlagung nach leiden Sie auch sehr unter der polygamen Veranlagung Ihres Mannes, für den Sie eine wahre Leidenschaft hatten und vielleicht in gewissem Sinne auch heute noch haben. Ich fühle, Sie sollten eine Änderung herbeiführen – aber Sie wollen und können es doch nicht.» Auch Elsa hätte Grund «zu einer Änderung» gehabt und wollte sie auch nicht. Bei einer von Einsteins Affären sagten ihre Töchter, sie müsse sich eben damit abfinden oder sich andernfalls von Albert trennen. Elsa weinte und fand sich damit ab. Ihre schmeichelhafte Beschreibung in einem Buch über die Berliner Gesellschaft von 1928 hätte Elsa gefallen und sie getröstet. Der Verfasser sah sie in ihrer schwierigen Lage als Frau eines berühmten Mannes: «In dieser Hinsicht ist Frau Katja Mann Frau Elsa Einstein zu vergleichen, der Gattin Albert Einsteins. Sie ist eine geborene Einstein, eine Kusine ihres Mannes. Wenn man ihr begegnet, blond, zart, blass, mit einem wundervollen Ausdruck von Abgeklärtheit und innerer Harmonie, dann fühlt man es: Sie schafft dem Manne die Welt, in der er weltbewegend denkt.» Auch in anderer Hinsicht ist der Vergleich von Elsa Einstein und Katja Mann aufschlussreich. Katjas Vater, der Mathematikprofessor Alfred Pringsheim, hatte andauernd Verhältnisse mit anderen Frauen, die er vor seinen Kindern nicht geheim hielt; mit ihren acht Jahren stellte Katja sich sogar vor, dass ihr Vater mit seiner damaligen Geliebten ein Kind haben würde. Katjas Mutter sah die Schwächen ihres Mannes, fügte sich aber anscheinend mit Humor in ihr Schicksal. Das konnte Elsa nicht; sie fühlte sich durch Einsteins Affären verletzt.

Ob Einsteins Sekretärin oder Schreibkraft *Betty Neumann* im Jahr 1923 seine erste Liebhaberin in der zweiten Ehe war, bleibt unbekannt. Betty war eine österreichische Nichte des Arztes *Hans Mühsam*, der Einsteins an Krebs erkrankte Mutter Pauline Anfang 1920 in Berlin behandelt hatte. Einstein und Mühsam publizierten eine gemeinsame Forschungsarbeit in einer medizinischen Zeitschrift; auf einer Postkarte an Mühsam im Juli 1923 grüßte Einstein in einem Nachtrag das liebe Frl. Neumann «einstweilen privat», bis «Sie mir wieder den Kampf mit dem Papier versüßen». Nicht ganz drei Monate später schrieb er in einem Brief vom Physikerkongress in Bonn an die «Liebe Betty!», dass er sich «riesig freute mit Deinem Geplauder von Himmel, Bäumen, dem kritischen Bruder [...]». Er kündigte die Daten seines kommenden Aufenthaltes in Leiden bei Paul Ehrenfest an einschließlich des Straßennamens: «Dort bekomme ich einen Brief von Betty. In Kiel war's allerdings recht schön mit meinem athletischen Bubi; etwas fehlte aber doch ...» Der Briefschluss «Sei einstweilen herzlich gegrüßt von Deinem A. Einstein» deutet an, dass zur dienstlichen Beziehung eine engere persönliche getreten war. Nach Dennis Overbye ließ Elsa es zu, dass Einstein sich mit Betty ungefähr ein Jahr lang zweimal wöchentlich, vermutlich dienstlich, traf, muss aber darauf hingewirkt haben, dass er Bettys Anstellung 1924 beendete. In einem im Internet vorübergehend zugänglichen Brief vom 24. Januar 1924 schrieb Einstein:

Liebste Betty! Gestern erzählten mir Onkel und Tante Hans, dass Du nun schon wieder geschieden bist. [...] O Betty, wenn ich nicht eingekeilt wäre, wie ich es bin [...]! Ich wäre schon glücklich, wenn ich Dich irgendwie in meiner Nähe wüsste und manchmal Dein liebes Lächeln sehen dürfte. Aber das Schicksal ist erbarmungslos auch gegen die Vielbeneideten, wie ich einer bin. Weil ich Dir nicht nachlaufen darf, so hoffe ich immer, Dich so zufällig zu treffen, aber es geschieht so selten, und dann nicht einmal zufällig. Liebe Betty, lach über mich alten Esel und such Dir einen Mann, der zehn Jahre jünger ist als ich und der Dich ebenso lieb hat wie ich, sei aber doch geküsst von Deinem A. Einstein.

In einem Artikel zu einer Ausstellung im American Museum of Natural History im November 2002 wurde behauptet, dass die Affäre mit Betty sogar fast eine Dekade gedauert habe. Im Januar 2000 mokierte sich Meir Ronnen in der *Jerusalem Post* darüber, dass Archivare der «National and Hebrew University Library» in Jerusalem, wo die Korrespondenz zwischen Einstein und Betty Neumann aufbewahrt wird, diese selbst einem so bekannten Historiker wie Fritz Stern nicht zugänglich gemacht haben. Möglicherweise ist das für Betty Neumann angegebene Todesjahr falsch und sie lebte damals noch, so dass Rücksicht auf sie zu nehmen war. Hat sie vielleicht etwas mit der Berliner Schauspielerin und Kabarettistin *Elisabeth (Liesl) Neumann* zu tun, die erst 1994 starb, in erster Ehe mit dem Wiener Psychoanalytiker *Siegfried Bernfeld* verheiratet, in den USA dann mit dem Regisseur *Berthold Viertel* liiert war, den sie später heiratete? Die Heimlichtuerei der Nachlassbesitzer um Einstein ist kontraproduktiv; sie lenkt das Interesse über Gebühr auf seine Affären und überlässt das Feld weniger zuverlässigen oder eingefärbten Erzählungen. So berichtete Einsteins für Übertreibungen bekannter Freund und Berliner Internist *Janos Plesch* etwa, dass Einstein ein stark sexuell bezogener Mensch gewesen sei, wie man «an seinen vollen Lippen und seiner gut geformten, aber langen Nase» unschwer sehen könne. Die Natur habe Einstein großzügig für seine Eskapaden ausgestattet. Er sei nicht besonders wählerisch in der Auswahl seiner Geliebten gewesen;

von einem natürlichen Erdenkind sei er mehr angezogen gewesen als von einer feinen Dame der Gesellschaft. Die Berlinerinnen haben ihm wohl besser gefallen als die Berliner!

«Zieren bis 12 Uhr dreißig,
Küssen bis nachts um zwei […]
Du bist doch Mutterns Beste,
Du, die Berlinerin –!»

Ganz stimmen kann Pleschs Einschätzung nicht, denn die Dame, mit der Einstein eine von 1925 bis 1932 andauernde Liebesbeziehung aufrechterhielt, konnte zur feinen Gesellschaft gezählt werden. Diese zierliche und gepflegte Witwe eines Chefarztes, *Toni Mendel*, war nicht viel jünger als Einstein, besaß eine Villa am Wannsee und gestattete sich einen Wagen mit Fahrer. Das machte sich gut bei den zahlreichen gemeinsamen Konzert- und Opernbesuchen, zu denen Frau Mendel Einstein einlud. Er traf sich mit Toni zeitweise ungefähr einmal in der Woche, übernachtete oft in ihrer «Millionenvilla» und spielte dort «gelegentlich schon um 6 Uhr morgens so laut Klavier, dass alle Hausbewohner davon wach wurden […]». Frau Mendel war bei Einsteins eingeführt «und brachte für Frau Professor immer Pralinen und anderes mit […]». Diese enge Freundschaft wurde von Elsa nach dem Eindruck ihrer «Stütze» Herta aber nur gezwungenermaßen respektiert. Frau Mendel besuchte Einstein im Sommerhaus in Caputh, wobei es stürmische Begegnungen mit Elsa gab, wie eine Eintragung im Caputher Gästebuch vom 24. September 1931 zeigt:

Heute ham wir keine Händel
ob ich gleich die Toni Mendel.

Am gleichen Tag trug sich übrigens auch der Pianist Edwin Fischer ein. Anscheinend kamen die beiden Frauen im Großen und Ganzen aber miteinander aus; nach Einsteins Herzerkrankung im Frühjahr 1928 soll der Arzt Dr. Plesch Einstein mit seiner Frau Elsa, seiner Geliebten Toni Mendel, Tochter Margot und der neuen Sekretärin *Helene Dukas* im Sommer zur Erholung an die Ostsee nach Scharbeutz geschickt haben.

Die Dichterin *Claire Goll*, die eine Affäre mit Rilke hinter sich hatte und zusammen mit ihrem Freund, dem mathematischen Statistiker *Emil Julius Gumbel*, Einstein an Weihnachten 1918 besuchte, täuschte sich in ihm, als sie urteilte: «Die Frauen waren ihm nicht gleichgültig. Er machte ihnen linkisch den Hof, aber es blieb bei kleinen Galanterien und Bonmots, äußerstenfalls einer freundschaftlichen Liebkosung. Zum Frauenhelden fehlte ihm die nötige Erfahrung. Er reservierte alle Draufgängerei für seine wissenschaftlichen Spekulationen und Entdeckungen.» Dass Einstein Frauen auch ohne «Draufgängerei» von sich einnehmen konnte, zeigte sich etwa bei seiner Reise nach Südamerika, die er im Jahr 1925 ohne seine Frau unternahm. Er freundete sich auf der Hinreise mit der Schriftstellerin *Else Jerusalem*, geb. Kotányi, an. A. Hermann schreibt in seiner Einstein-Biografie, dass ihm die «Pantherkatze» in Argentinien nicht von der Seite gewichen sei. Frau Jerusalem hatte mit dem damals offenherzigen, im Wiener Bordell-Milieu spielenden Roman «Der heilige Skarabäus» einen großen Erfolg gehabt; zwischen 1909 und 1919 erzielte das im Berliner Verlag von S. Fischer erschienene Buch zweiunddreißig Auflagen.

Zu Beginn der dreißiger Jahre tauchte eine weitere Geliebte Einsteins häufiger auf, *Margarete Lebach*, eine lustige, blonde Wienerin, neun Jahre jünger als Elsa. Ab 1931 besuchte sie die Haberlandstraße wöchentlich, brachte Elsa selbst gebackenes Wiener Gebäck mit, hatte aber mehr Interesse an Albert. Es müsse sich da wohl eine engere Freundschaft zwischen ihr und dem Herrn Professor entwickelt haben, meinte Elsas «Stütze» Herta. Jedenfalls stellte sich die Wienerin im Sommer 1932 einmal in der Woche auch in Caputh ein. «Wenn sie kam, fuhr Frau Professor immer nach Berlin, um Bestellungen und andere Besorgungen zu machen. Sie ist dann immer gleich früh am Morgen in die Stadt gefahren und kam erst spät am Abend zurück. Sie hat sozusagen das Feld geräumt [...].» Einstein hatte «die befreundete Dame», wie Nathan und Norden sie in ihrem Buch verschleiernd nennen, aber schon früher kennen gelernt und ihr im Juni 1928 nach seinem Krankenlager geschrieben: «Der Forschritt meiner Rekonvaleszenz steht im umgekehrten Verhältnis zur Zahl der Ärzte und anderer Personen, die sich für mein klappriges Skelett interessieren.» Mindestens seit dem Sommer 1929 segelte Frau Lebach mit Einstein; einmal vergaß sie ihren tief dekolletierten Badeanzug in seinem Segelboot. Einsteins Rechenassistent *Mayer* brachte das Kleidungsstück vom Boot zurück, zusammen mit anderen Sachen zum Waschen, und gab es Elsa, weil er glaubte, dass der Einteiler Einsteins Stieftochter Margot gehörte. Der Badeanzug löste einen heftigen

Streit zwischen den Eheleuten aus. Einstein selbst konnte nicht schwimmen; im Unterschied zum Reichspräsidenten Ebert wurde er nie in der Badehose fotografiert. Ob Elsa und ihre Töchter schwimmen gelernt haben? Jedenfalls segelte Elsa nicht mit Albert. So lockte dieser eben eine andere Segelgefährtin:

> Liebe Frau Lebach!
>
> Ich schäme mich meines herrlichen Segelschiffs, wenn außer mir selbst niemand was davon hat. Am liebsten aber hab ich's, wenn ich Euch herumsegeln kann. Also: Schluss mit den miesen Ausreden. Weil ich weiß, dass Ihr angebunden seid an Euer Geschäftchen, so will ich Euch die Bestimmung der Zeit ganz überlassen. Ich kann es stets einrichten, wenn Ihr mir Tag und Stunde genügend vorher mitteilt. […] Ihr A. Einstein.

Auch Frau Lebach scheint verheiratet gewesen zu sein; aus Pasadena schreibt Einstein im Januar 1931: «Liebe Lebachs! […] Seid herzlich gegrüßt. Auf ein frohes Wiedersehen Mitte März Euer A. Einstein.» Es könnte sein, dass «Lebach & Co., Modeblätter» in der Charlottenstraße im Berliner Westen das «Geschäftchen» war und Margaretes Mann der Willy Lebach, der nach 1933 und bis zum «Anschluss» Österreichs im Verwaltungsrat der Wiener Firma «Chic Parisien Bachwitz AG» in der Löwengasse saß.

Estella, Tilla und die Cassirers

Die Begegnungen Einsteins mit den «natürlichen Erdenkinder», von denen Plesch erzählte, haben anscheinend wenig oder keine Spuren hinterlassen, denn eine weitere Frau in Einsteins Leben zählte zu den mit überdurchschnittlichem Vermögen ausgestatteten Berlinerinnen. Mit ihr berühren wir ein nun zu beschreibendes verzweigtes «Netz» in der Berliner Gesellschaft. Die Liebhaberin ist *Estella Katzenellenbogen*, anscheinend Besitzerin mehrerer Blumengeschäfte und ebenfalls mit Limousine und Chauffeur ausgestattet. Elsas «Stütze» fand ihren Wagen «viel vornehmer als den Wagen des [mit Einstein] befreundeten Arztes Prof. Katzenstein»; Estellas Sohn Konrad Kellen verriet in seiner Autobiografie, es sei ein «in Paris angefertigtes mitternachtsblaues Benz-Coupé» gewesen. Estella, neben Sohn Konrad Mutter von zwei Töchtern, Leonie und

Estella, war bis zu ihrer Scheidung gegen Ende der zwanziger Jahre die Frau des Generaldirektors der «Ostwerke», *Ludwig (Lutz) Katzenellenbogen*. Die «Ostwerke», ein Konzern aus Sprit-, Zement-, Hefe-, Glas- und Maschinenfabriken, gerieten nach der Übernahme der Berliner Schultheiß-Patzenhofer Brauerei und in Folge der Wirtschafts- und Finanzkrise Ende der zwanziger Jahre in Schwierigkeiten. Nach der Scheidung lebte Estella weiterhin im Haus «in der Bendlerstraße am Tiergarten», das ihr verblieb. Vielleicht richtete sich folgender Brief Einsteins an eine unbekannte Adressatin mit mir unbekanntem Datum an Estella, vielleicht aber auch an Betty: «Liebchen [...] ich arbeite schwer, und in der Zwischenzeit denke ich glücklich an Dich [...]. Ich schreibe diesen Brief unter großen Schwierigkeiten, weil Elsa jeden Augenblick hereinkommen kann, und deshalb muss ich wirklich aufpassen [...]. Gestern war es so wunderschön, dass ich noch immer von Entzücken erfüllt bin [...]. Ich komme wieder um 5 Uhr an denselben Ort oder, noch besser, 10 Minuten vor 5, wenn Du es einrichten kannst [...]. Sei geküsst, mein Liebes, von Deinem A. E.» Estellas Vater war Arzt gewesen, sie selbst der nicht-orthodoxen Medizin, sprich: dem Pendeln, gegenüber aufgeschlossen. Darüber dürfte sie mit dem Physiker Einstein aber kaum gesprochen haben.

Estellas Gatte Ludwig Katzenellenbogen gehörte der «Gesellschaft der Freunde» an, einem von 1792 bis 1935 bestehenden Berliner Verein, der sich unter dem Motto Moses Mendelssohns «Nach Wahrheit forschen, Schönheit lieben, Gutes wollen, das Beste thun» für die Emanzipation und Integration der jüdischen Bürger einsetzte. Unter seinen Mitgliedern gab es viele Bankiers und Verleger, auch Max Liebermann und Alexander Moszkowski gehörten dazu, Einstein nicht. Unter den wenigen nichtjüdischen Vereinsmitgliedern befanden sich der Reichsbankpräsident und «finanzielle Architekt des nationalsozialistischen Regimes» Hjalmar Schacht, der Politiker und zeitweilige Reichskanzler *Hans Luther* und Carl Friedrich von Siemens. Katzenellenbogen hatte also Verbindungen; weitere kamen hinzu durch seine im Februar 1930 geschlossene Ehe mit der Schauspielerin Tilla Durieux; er war ihr dritter Mann. Die faszinierende Tilla Durieux «mit dem Gesicht einer Wildkatze und dem geschmeidigen Körper einer Tänzerin» hatte 1910 den Kunsthändler Paul Cassirer geheiratet.

Die Cassirers bildeten eine verzweigte Familie. Zwei Brüder von Paul besaßen eine Kabelfabrik, der älteste Bruder Richard war Nervenarzt, die Schwester verheiratet mit dem Vetter *Bruno Cassirer*, dem Besitzer des gleichnamigen Verlags in der Derflingerstraße. Paul und Bruno hatten 1898 den Verlag «Kunstsalon und Verlagsbuchhandlung B. & P. Cassirer» im Tiergartenviertel in der Victoriastraße 35 – die Straße ist heute verschwunden – gegründet, gingen ab 1901 aber getrennte Wege. Paul führte den Kunsthandlungszweig des Verlags allein weiter, gründete jedoch 1908 auch den Literaturverlag «Paul Cassirer», in dem seit 1910 die kunstkritische Halbmonatszeitschrift *Pan* herausgegeben wurde. Ein weiterer Vetter von Paul muss genannt werden, der Philosoph *Ernst Cassirer*. Bruno verlegte viele Bücher philosophischen Inhalts dieses Vetters, auch dessen Buch über Einsteins Relativitätstheorie. Im Vorwort bemerkte Ernst Cassirer: «Albert Einstein hat den folgenden Aufsatz im Manuskript gelesen und ihn durch einzelne kritische Bemerkungen, die er an die Lektüre geknüpft hat, gefördert [...].» Der Schriftsteller *Max Tau* übertreibt die Nähe von Cassirer und Einstein wohl ein wenig, wenn er berichtet: «[...] seine Deutung der Relativitätstheorie [war] Anlass einer Freundschaft mit Albert Einstein, der damals schon erkannte, was Werner Heisenberg neuerdings wieder ausgesprochen hat: Die Naturwissenschaft braucht die Philosophen zur Deutung und Sinngebung dessen, was sie erobert oder entdeckt. Wer das Glück hatte, einmal eine Begegnung zwischen Albert Einstein und Ernst Cassirer zu erleben, weiß, dass geistige Größe immer auch höchste Einfachheit bedeutet.» Hier kommt also Einstein wieder ins Spiel. Hat er Estella Katzenellenbogen auf der Schiene «Cassirer-Durieux-Katzenellenbogen» kennen gelernt? In dem Mitglied der USPD Paul Cassirer und in Tilla Durieux hätte Einstein politisch ähnlich denkende Menschen finden können. Paul und Tilla hatten während des Ersten Weltkriegs eine Zeitlang in der Schweiz gelebt und dort mit den Schriftstellern René Schickele, *Stefan Zweig, Annette Kolb* und anderen Pazifisten Kontakt gehabt. In Berlin verkehrte die Durieux viel bei S. Fischer sowie bei Max Slevogt, war also «mittenmang» in der Literatur- und Theaterszene.

Neben Estella interessierte sich Einstein aber nicht für Tilla Durieux *als Frau*, sondern für ihre hübschere Konkurrentin auf der Bühne *Elisabeth Bergner*, «die österreichische Mischung von Blitzgescheitheit und Charme des Charmes mit der erotisch heiseren Stimme», wie sie ein

Sohn von Max Reinhardt beschrieb. In ihren Memoiren erzählte Frau Bergner über ein Gastspiel in Princeton: «Dort besuchte mich Einstein in meiner Garderobe. Diese Begegnung oder Wiederbegegnung – wir kannten uns schon aus Berlin, er hatte mich dort in allen Rollen gesehen und erinnerte sich an alle – […].» Eine Zählung führt auf immerhin einundzwanzig verschiedene Stücke in neun Berliner Theatern. Einstein und Elisabeth Bergner hatten sich in Berlin nicht nur im Theater, sondern auch im Hause von Dr. Plesch getroffen, in dem sie wie auch *Marlene Dietrich* verkehrte. Plesch hatte Einstein zeitweilig sogar eine kleine Wohnung auf seinem Anwesen zur Verfügung gestellt. Während sich Frau Bergner in ihren Erinnerungen als unberührbare Frau darstellt, halten dies andere für ein Märchen. Der Sohn des Schauspielers *Alexander Granach*, des ersten Geliebten von Elisabeth Bergner in Berlin, schreibt, dass Frau Bergner die große Liebe im Leben seines Vaters gewesen sei und: «Nach ihm kam Heinrich George. Sie hatte ungeheuer viele Liebhaber, die ihre Lebensstraße pflasterten, und sie ging einfach über sie hinweg.» Es ist nicht ausgeschlossen, dass auch Einstein ihr näher gekommen ist als ihre vielen fernen Bewunderer. Originalton Bergner:

Es ist erstaunlich, wie oft das Leben ganz von Neuem beginnt. […] Ein bisschen hatte das schon angefangen, als ich Einstein traf. Aber damals glaubte ich, es handle sich hauptsächlich um eine Geschmacksveränderung. Dass mir einfach nicht mehr gefiel, was mir einmal gefallen hatte. Aber jetzt war es etwas anderes geworden. Als ich erfuhr, dass Einstein gestorben war, wusste ich gleichzeitig, dass er so lebendig in mir war und bleiben wird, als ob er neben mir im Zimmer wäre. Was ich bedauerte, war nur, dass ich ihm nichts mehr erzählen konnte […].

Einmal standen Tilla Durieux, Elisabeth Bergner und Albert Einstein gemeinsam auf einem Programmzettel: Bei der Gedächtnisfeier für den verstorbenen Schauspieler Albert Steinrück 1929 im Schauspielhaus am Gendarmenmarkt. Einstein gehörte wie Georg von Arco und Generaldirektor Ludwig Katzenellenbogen und andere zum «Ehrenausschuss».

Einen berühmten Vater zu haben, wäre schön!

Wer außerhäusliche Liebesabenteuer hat, muss aufpassen, dass er nicht erpressbar wird. Die Drohung, Einstein bei Elsa anzuschwärzen, konnte nicht wirken, da er nichts verbarg. Oder ließ er seine Frau nur von den *respektablen* Freundinnen wissen? Erpressen wollte sie Einstein wohl nicht, aber eine Frau, mit denen die Einsteins in Berlin bekannt geworden waren, versuchte später, Albert als ihren Vater auszugeben. Es handelt sich um die Schauspielerin *Grete Markstein* aus Wien, die von Juni 1920 bis Ende 1924 Verträge mit dem Berliner Staatlichen Schauspielhaus unter seinem Intendanten *Leopold Jessner* bekam, einem mit Einstein befreundeten Sozialdemokraten, und dort in Nebenrollen auftrat. Nach den Recherchen von Frau Zackheim war Grete 1926 Mutter geworden, schlug sich als Vortragskünstlerin mehr schlecht als recht durch und machte 1929 eine Grammofonaufnahme mit einer Sammlung von Volksmärchen aus der ganzen Welt. Die Schallplatte muss sie den Einsteins geschickt haben, denn Elsa schrieb ihr 1930 einen anerkennenden Brief, und Albert überwies ihr 1932 eine kleine Summe aus seinem «physikalischen Fonds», einem durch Spendengelder gedeckten Bankkonto zu seiner freien Verfügung. Wie die Beziehung zwischen Einstein und Grete Markstein zustande gekommen ist und welcher Art sie genau war, ist unbekannt. Kurz nach der «Machtübernahme» floh Grete Markstein über Paris nach London. Dort suchte sie 1935 den ebenfalls nach England emigrierten Dr. Plesch auf und gab sich ihm sowie Einsteins Freund, dem Wissenschaftler *Frederick Lindemann* in Oxford gegenüber, als Einsteins Tochter aus. Die Nachricht verbreitete sich; Weyl und von Laue erfuhren davon. Einstein engagierte einen Detektiv, der in Wien Nachforschungen anstellte und herausfand, dass die dort geborene Grete Markstein nur 15 Jahre jünger war als er: Als eine Tochter des damaligen Münchener Gymnasiasten Einstein, dessen Eltern gerade nach Italien gezogen waren und der die Schule bald abbrechen würde, kam sie also kaum in Frage. Einstein schickte seine Genugtuung in Reimform an seinen Freund Plesch:

> Meine Freunde all mich foppen,
> Helft mir die Familie stoppen! [...]
> Doch dass ich noch unentwegt
> Eier seitwärts hätt' gelegt,
> Wär' zwar niedlich anzuhören,
> Tät's nicht andere Leute stören.

Worauf die schlüpfrigere Antwort von Plesch zurückkam:

Zum Zuchthengst wird, – und weiß nicht wie
Durch Niedertracht ein Weltgenie!
Der Mensch soll sich darob nicht grämen,
Er braucht sich deshalb nicht zu schämen,
Denn alles ist nur relativ,
Und nur ein Tölpel nimmt es schief.
Drum fahre fort in Gottes Namen:
Beglück die Welt durch deinen Samen!

Das angeschnittene Thema mag nicht jedem gefallen. Aber warum sollten Einsteins Liebesbeziehungen nicht nachgezeichnet werden, wenn die
anderer großer Physiker offen liegen? Ein Beispiel bietet der Physikno-
belpreisträger, Begründer der Wellenmechanik und Kollege Einsteins in
Berlin als Nachfolger Max Plancks, Erwin Schrödinger, der sich in zahlreiche Liebesabenteuer stürzte und mindestens zwei Töchter außerhalb
seiner Ehe zeugte, ohne dass diese gescheitert wäre. Warum sollte gerade
Einsteins Privatleben in einer Biografie ausgeklammert werden? Anscheinend widerspricht dem öffentlichen Bild des genialen, sittlich ma-
kellosen, weltenthobenen Albert Einstein die Tatsache, dass ihn Frauen
angelockt haben und von ihm angezogen wurden. Zeitgenossen, die in
ihren Erinnerungen von Einsteins Beziehungen zu Frauen als rein «pla-
tonischen» sprachen, waren ignorant, blind gegenüber seinem wirklichen
Leben oder beschönigend.

Doch findet sich seit einigen Jahren in Einstein-Biografien eine Notiz
darüber, dass Einstein nach Elsas Tod mit einer Nachtklubtänzerin in
New York noch eine Tochter gezeugt hat, die 1941 geboren sein soll. Sie
sei «von mit ihm [Einstein] verbundenen Menschen» adoptiert worden.
Die «Eingeweihten» haben jahrelang rücksichtsvoll geschwiegen, vielleicht auch, um die Hüter des Einstein-Bildes nicht zu verärgern. Nach
einer Andeutung in 1999 hat sich *Evelyn Einstein* zum Einstein-Jahr
2005 nun einem deutschen Wochenmagazin geöffnet: Ihr Vater Hans
Albert, der älteste Sohn Albert Einsteins, habe sie 1941 im Alter von
einigen Wochen zwar adoptiert, jedoch zeitlebens abgelehnt. Sie halte es
für gut möglich, dass sie die Tochter Einsteins sei und dieser ihren Vater
zur Adoption genötigt habe. Dass Einstein sich weder zum «Lieserl»
noch zu seiner zweiten Tochter bekannt hat, wirft einen dunklen Schatten auf seine Persönlichkeit.

Nach der Sonnenfinsternis:
Der Aufgang eines Weltstars

Seine pazifistische Gesinnung während des Krieges hatte Einstein weder im wissenschaftlichen Establishment noch in höchsten Regierungskreisen geschadet: Er rückte in weitere bedeutende Positionen ein. Im Großen Hauptquartier in Belgien hatte der Kaiser am 30. Dezember 1916 höchstpersönlich Einsteins Berufung zum Mitglied des Kuratoriums der Physikalisch-Technischen Reichsanstalt in Charlottenburg als Nachfolger von Karl Schwarzschild unterzeichnet. Ein Jahr später musste der Präsident der Kaiser-Wilhelm-Gesellschaft, Adolf von Harnack, «Seine Kaiserliche und Königliche Majestät» in tiefster Ehrfurcht bitten, dem am 1. Oktober eröffneten physikalischen Institut mit Einstein als Direktor den Namen «Kaiser-Wilhelm-Institut für Physik» geben zu dürfen. Einstein saß seit 1914 auch im Vorstand der Deutschen Physikalischen Gesellschaft.

Mindestens seit 1911 war Einstein der Frage nachgegangen, mit welchen astronomischen Messungen die Ablenkung von Lichtstrahlen durch schwere Massen nachgewiesen werden könnte. Ab 1. Januar 1918 wurde Erwin Freundlich wegen seines Interesses an der «allgemeinen Relativitätstheorie» und ihrem experimentellen Nachweis sein Mitarbeiter. Von seinen Vorgesetzten an der Sternwarte wurde Freundlichs Arbeit auf diesem Gebiet behindert, da ihm als zuarbeitendem Assistenten andere Aufgaben, etwa die systematische Positionsbestimmung von Sternen, zugewiesen worden waren. Außerdem hielten die Vorgesetzten nicht viel von Ansätzen, die über die Newtonsche Gravitationstheorie hinausgingen. Freundlich war im Juli 1914 mit zwei Mitarbeitern der Sternwarte nach Russland zur Krim aufgebrochen, um Messungen während einer totalen Sonnenfinsternis am 21. August durchzuführen, dort aber vom Ausbruch des Weltkrieges überrascht und interniert worden. Nach dem Ende seiner militärischen Verpflichtungen setzte Freundlich sich vehement dafür ein, die institutionellen und apparativen Voraussetzungen in Berlin zu schaffen, um die *Rotverschiebung der Spek-*

trallinien im Sonnenspektrum bzw. an anderen Sternspektren nachweisen zu können.

Gleichzeitig kümmerte sich Einstein um weitere Folgerungen aus seiner «allgemeinen Relativitätstheorie». Im März 1918 antwortete er mit einer Arbeit auf eine neue, von de Sitter gefundene Lösung von kosmologischer Bedeutung der durch die kosmologische Konstante erweiterten Einsteinschen Feldgleichungen. De Sitters Lösung widersprach Einsteins Vorstellungen. Seiner Meinung nach bildete die allgemeine Relativitätstheorie «[...] nur dann ein befriedigendes System, wenn nach ihr die physikalischen Qualitäten des Raumes allein durch die Materie *vollständig* bestimmt werden. [...] Es darf also [...] kein Raum-Zeit-Kontinuum möglich sein ohne Materie, welche es erzeugt.» De Sitters Weltmodell war aber gerade ein solches. Es stellte einen leeren Raum ohne jegliche Materie dar; auf den ersten Blick schien es zeitunveränderlich. Einstein glaubte den Grund für die physikalische Unzulässigkeit von de Sitters Lösung in einer mathematischen Unvollständigkeit, einer so genannten Singularität, gefunden zu haben. Das stimmte aber nicht; der Göttinger Mathematiker *Felix Klein* war einer von denen, welche die vermeintliche «Singularität» als eine durch eine bestimmte Koordinatenwahl künstlich erzeugte, mathematisch bedeutungslose Erscheinung erkannten. Nun hatte Einstein 1917 seine «kosmologische Konstante» aus einem, vielleicht philosophisch begründeten, Vorurteil gerade deswegen eingeführt, weil er glaubte, der Kosmos dürfe sich mit der Zeit *nicht* ändern. Nur mit dieser kosmologischen Konstante war es ihm gelungen, eine solche zeitlich unververänderliche Lösung seiner Gleichungen zur Beschreibung des Kosmos zu finden, die jetzt seinen Namen trägt: Einstein-Kosmos. Eine genauere Prüfung zeigte, dass die neue Lösung von de Sitter *zeitabhängig* war. Einige Jahre später fand der russische Mathematiker *Alexander Friedman* weitere zeitlich variable kosmologische Modelle, mit denen die Expansion des beobachtbaren Teils des Kosmos heute erklärt wird.

Im Mai 1918 konnte Einstein sein Amt als Präsident der Deutschen Physikalischen Gesellschaft abgeben; zuletzt bereitete er noch die Feier zu Plancks sechzigstem Geburtstag am 26. April vor. Die bildreiche Rede, die er bei dieser Gelegenheit hielt, gibt Auskunft darüber, was Einstein zur Forschung geführt hatte, nämlich eine Flucht aus dem rauen und langweiligen Alltagsleben. Sein eigenes Streben nach einer «Einheitlichen Feldtheorie» drückte er in Form eines Wunsches für Planck aus: «Möge es ihm gelingen, die Quantentheorie mit der Elektrodynamik und Mechanik zu einem logisch einheitlichen System zu vereinigen.» Mitte Mai stellte Einstein in der Akademie eine Arbeit zur Frage der Energieerhaltung in der allgemeinen Relativitätstheorie vor. Er musste sich gegen Kritik von Fachgenossen wie den Wiener theoretischen Physikern Erwin Schrödinger und *Hans Bauer* wehren, die den von ihm vorgeschlagenen Ausdruck für die Energie*dichte* des Schwerefeldes anzweifelten. Ende Mai reichte er Weyls Arbeit zur Vereinigung von Schwerkraft und Elektromagnetismus bei der Akademie ein und fügte einen eigenen Kommentar an, den Weyl seinerseits kommentierte. Trotz seiner großen Begeisterung für die mathematische Schönheit von Weyls Theorie lehnte Einstein diese ab, da ihre physikalischen Folgen der Erfahrung teilweise widersprachen.

Der im langwierigen Prozess der Überwindung seiner körperlichen Beschwerden begriffene Einstein fand sich in einer neuen Situation: Er blieb nicht länger der alleinige Interpret seiner allgemeinen Relativitätstheorie. Andere studierten sie und mischten sich ein, entwickelten neue Ideen und wagten sogar, Kritik an manchen seiner Meinungen über die Theorie zu üben. Auch in der Lehre hatten sich Kollegen schon mit den Relativitätstheorien intensiv befasst, so Adolf Kneser in Breslau im Wintersemester 1916/17. Einsteins Publikationen während der weiteren Monate im Jahr 1918 dienten nicht zuletzt dazu, die Meinungsführerschaft unter den Fachkollegen nicht zu verlieren und interpretative Missverständnisse aufzuklären. Nur eine kurze Mitteilung in den Verhandlungen der Deutschen Physikalischen Gesellschaft zeigte, dass Einstein auch an andere physikalische Probleme dachte als an die des Schwerefeldes: Er fragte sich, ob Brechungsexponenten für Röntgenstrahlen experimentell bestimmt werden könnten. Angesichts der Verhandlungen mit Mileva (über dritte Personen wie Zangger und Besso) zur Vorbereitung der Scheidung sowie des Endes der Kampfhandlungen im Herbst und der nachfolgenden politischen Umwälzungen konnte von Einstein in diesem Jahr kein bahnbrechendes neues Resultat mehr erwartet werden.

Am 9. Mai 1919 bekam die deutsche Verhandlungsdelegation die Friedensbedingungen in Versailles in die Hand gedrückt. Drei Tage spä-

146

ter rief Ministerpräsident Scheidemann bei der Protestsitzung der Nationalversammlung in der Aula der Berliner Universität dazu aus: «Welche Hand müsste nicht verdorren, die sich und uns in solche Fesseln legt? Dieser Vertrag ist nach Ansicht der Reichsregierung unannehmbar.» Eine gewaltige Demonstration im Lustgarten am 22. Mai protestierte gegen den «Gewaltfrieden». Einstein schrieb am 4. Juni 1919 an Max Born: «Die politische Lage sehe ich nicht so scharf wie Sie. Die Bedingungen sind hart, werden aber niemals realisiert werden. [...] Die Franzosen handeln nur aus Angst. Ludendorff aber hatte Napoleonsgelüste. [...] Endlich wird mit der Gefährlichkeit Deutschlands auch die Einigkeit der Gegner in Rauch aufgehen [...].» Das war auch die Haltung des Finanzministers Erzberger, der glaubte, mit der Unterzeichnung des Friedensvertrages werde sich eine Deutschland geneigtere Stimmung ergeben. Vor Einstein hatte im November 1918 Johannes Fischart in der *Weltbühne* Ludendorff einen «Napoleoniden» genannt. Nach dem Rücktritt der Regierung Scheidemann wurden am 28. Juni 1919 der Vertrag von Versailles sowie die Abkommen über die militärische Besetzung des Rheinlands von der Reichsregierung unter Protest unterzeichnet.

Einstein hatte sich zwischen Januar und Mitte März 1919 in Zürich aufgehalten, dort Vorlesungen gegeben, Ausflüge mit Elsa gemacht, Mileva mit seinen Söhnen besucht und mit diesen musiziert. Nach Plancks Geburtstag reiste er Ende April 1919 wieder nach Zürich und setzte dort seine Vorlesungen fort, allerdings vor kleinerem Publikum: Noch ein Drittel der Studierenden und 20 % der Gasthörer erschienen. Zuvor hatte er zu zwei Sitzungen der nun nicht mehr *Königlichen*, sondern *Preußischen* Akademie der Wissenschaften am 10. und 24. April zwei Arbeiten vorgelegt; eine interessante in der ersten, eine etwas danebengegangene in der zweiten Sitzung. Die erste Arbeit betraf sein ausgedehntes Modell eines elektrisch geladenen Elementarteilchens, das durch die anziehenden Schwerekräfte zusammengehalten wurde. Die Gleichungen blieben jedoch unterbestimmt, so dass der für Experimente wesentliche «Radius» der Teilchen nicht berechnet werden konnte. Die zweite Arbeit fiel in das Gebiet der Astronomie; eine bisher unverstandene Schwankung in der Position des Mondes sollte aufgeklärt werden. Und zwar allein mit den Mitteln der Newtonschen Theorie der Schwerewirkung. Leider kannte sich Einstein in den Methoden der *Zeitmessung* der Astronomen nicht gut aus. So wies der Danziger Astronom *A. von Brunn* drei Monate später nach, dass Einsteins «Erklärung» des Effektes hinfällig sei. Dieser musste sich auf das Konditional zurückziehen: «Meine Betrachtung wäre richtig, wenn sich die Astronomen der Erde als räumlichen Bezugskörper in Verbindung mit einer besonderen Uhr als Zeitmaß bedienten.»

Einstein, ein neuer Sonnenkönig?

Mit dem Waffenstillstand und den damit eröffneten Reisemöglichkeiten über das Meer, ohne Bedrohung durch deutsche U-Boote, hatten die englischen Astronomen begonnen, ihre Expeditionspläne zur Messung der Lichtablenkung voranzutreiben. Die nächste totale Sonnenfinsternis sollte am 29. Mai 1919 in einem Streifen um den Äquator von Brasilien bis zur Westküste Afrikas sichtbar werden. So fuhr die eine Gruppe nach Sobral im Norden Brasiliens, die andere auf die damals portugiesische Insel Principe im Golf von Guinea. Zwar stellten sich dann die Wetterbedingungen auf Principe als nicht optimal heraus, aber beide Expeditionen brachten verwertbare Fotoplatten mit Sternbildern in unmittelbarer Nähe der abgedunkelten Sonne mit und machten auch Vergleichsaufnahmen desselben Sternfeldes ohne die Sonne darin. Es dauerte mehrere Monate, bis Eddington und seine Kollegen aus der mühsamen Ausmessung der Sternpositionen zu einem eindeutigen Resultat kommen sollten. Einstein wusste von den Anstrengungen seiner englischen Kollegen über Ehrenfest und Lorentz in Holland und hatte sie wohl auch schon Mitte April 1919 in seinem Vortrag für jedermann über die Relativitätstheorie in der Aula der Viktoria-Luisen-Schule, Ecke Uhland- und Gasteiner Straße, erwähnt. Die Schule war die älteste der vier «höheren Mädchenschulen» (Lyzeen) in Berlin vor dem Krieg und zu Fuß bequem von Einsteins Wohnung aus zu erreichen; eingeladen hatte der «Sozialistische Studentenverein». Der Vortrag wurde von der *Vossischen Zeitung* noch im April publiziert. Dieselbe Zeitung wies Anfang Mai noch einmal auf das kommende Ereignis hin. Am Tag der totalen Sonnenfinsternis selbst unterrichtete dann ein ausführlicher Artikel mit der Überschrift «Die Sonne bringt es an den Tag» die allgemeine Leserschaft über die englischen Sonnenfinsternis-Expeditionen und deren Zweck. Durch seine holländischen Freunde erfuhr Einstein im September von den vorläufigen Beobachtungswerten. Zwar erreichten diese die Größe des von ihm vorhergesagten Effektes, waren aber mit so großen Messfehlern behaftet, dass zwischen der Newtonschen Vorhersage und dem doppelt so großen Wert der allgemeinen Relativitätstheorie keine eindeutige Entscheidung gefällt werden konnte. Das interessante, für die europäische Menschheit in ihrer damaligen ungemütlichen wirtschaftlichen Verfassung aber keineswegs besonders nützliche Experiment, wurde in der Presse zu einem dramatischen Zweikampf zwischen Einstein und Newton hochstilisiert. In seiner Begeisterung berichtete Einstein vom positiven Ausgang der Sonnenfinsternis-Expeditionen nicht nur seiner todkranken Mutter und einem Züricher Physiker, sondern erzählte auch dem uns schon bekannten Journalisten Moszkowski davon. Wie von ihm zu erwarten, schrieb Moszkowski einen Artikel «Die Sonne bracht' es an den Tag» für das *Berliner Tageblatt*. In ihm stellte er Einsteins Theorie als voll bestätigt dar und lobte sie als Beschreibung «der wahre[n] Konstitution des Universums». Einstein sandte sofort eine «Richtigstellung», jedoch an die nur von naturwissenschaftlich Vorgebildeten gelesene Zeitschrift *Die Naturwissenschaften*. Hier gab er den großen Bereich genau an, den die Messwerte überdeckten, behauptete aber andererseits, die von der allgemeinen Relativitätstheorie geforderte Ablenkung des Lichtes an der Sonne sei bestätigt worden. Die ersten Nachrichten für die Öffentlichkeit waren also von Einstein selbst ohne eine Bestätigung von erster Hand lanciert worden. Dieses Vorgehen bildet einen gewissen Widerspruch zu der von ihm häufig geäußerten und gezeigten Indifferenz gegenüber experimentellen Resultaten, die seine Vorhersagen tangieren konnten.

Dass diese Zeitungsartikel auch weiter entfernte Leser erreicht hatten, zeigte die Postkarte mit einem mühsam gereimten Vierzeiler, die eine Runde aus dem Züricher Physikalischen Kolloquium mit Hermann Weyl und Peter Debye im Oktober an Einstein schickte:

Alle Zweifel sind entschwunden,
Endlich ist es nun gefunden:
Das Licht, das läuft natürlich krumm,
Zu Einsteins allergrößtem Ruhm!

Die Kollegen in der medizinischen Fakultät der Universität Rostock hatten daher eine gute Nase gehabt, als sie Einstein am 12. November den Ehrendoktor verliehen. Denn vor der offiziellen Bekanntgabe der Resultate in London auf einer feierlichen gemeinsamen Sitzung von «Royal Society» und «Royal Astronomical Society» am 6. November 1919 waren Berliner Feuilletonleser und deutsche Fachkollegen ja schon über den Triumph Einsteins über *Newton* informiert worden. Etwas auffällig für den mit den Schwierigkeiten der Messung Vertrauten war allerdings, dass die in London präsentierten Werte für die Lichtablenkung, nämlich 1,98 ± 0,12 Bogensekunden für die Aufnahmen aus Sobral bzw. 1,61 ± 0,30 Bogensekunden für die von Principe so dicht am vorhergesagten Wert von 1,8 Bogensekunden lagen. Die heutigen Messungen zeigen, dass Einsteins Theorie bis auf ein Promille genau den richtigen Wert gibt! Es ist aber ebenso klar, dass das 1919 in London verkündete Resultat weit weniger aussagekräftig war als damals behauptet. In den Tagen nach dem 6. November überboten sich die englische und amerikanische Presse in Preisungen für Einstein und seine Theorie. Man folgte der Bewertung des verdienten Präsidenten der «Royal Society», Sir Joseph John Thomson, ausgedrückt im Idiom einer seefahrenden Nation, es handle sich bei Einsteins Leistung «nicht um die Entdeckung einer einsamen Insel, sondern um die eines ganzen Kontinents wissenschaftlicher Gedanken», man schrieb über eine «Revolution in der Wissenschaft» und sah Einstein auf einer Stufe mit Archimedes und Newton; es durfte auch etwas mehr sein. Der Gerühmte stellte sich dann ganz bewusst in diese Linie: Bei seinem Besuch in London im Jahr 1921 legte er einen Kranz am Grabe Newtons in der Westminster Abbey nieder. Wie Alexander Popes Grabinschrift für Newton zeigt, waren Dichter schon damals großzügig im Loben gewesen:

> Nature and Nature's law lay hid in night;
> God said, let Newton be! and all was light.

Auf Anfrage der *London Times* schrieb Einstein einen kurzen Aufsatz «Was ist Relativitätstheorie?», den die *Times* unter dem Titel «My theory» Ende November 1919 abdruckte. Etwas später bildete ein Porträt Einsteins das Titelbild der *Berliner Illustrirten Zeitung* vom 14. Dezember 1919 mit der nicht gerade bescheidenen Unterschrift: «Eine neue Größe

Welch ein Konzert
der Lobpreisungen!
Die Damen sprechen
von ihren Schneidern. –
Aber nein, es handelt
sich um Einstein.

— Quel concert de louanges ! Ces dames parlent encore de leurs coutu=
riers.
— Mais non, il s'agit d'Einstein.   (*Dessin de* P. PORTELETTE.)

der Weltgeschichte: Albert Einstein, dessen Erkenntnisse eine völlige
Umwälzung unserer Naturbetrachtung bedeuten und den Erkenntnis-
sen eines Kopernikus, Kepler und Newton gleichwertig sind.»

Ein solcher «Personenkult» war vielen Physikern neu, gefiel ihnen
nicht und erregte Neid. Der des Antisemitismus unverdächtige theoretische Physiker Friedrich Hund erzählte, damals sei gemunkelt worden,
«das ginge nicht gut aus» und «da stecke eine jüdische Clique» dahinter,
Letzteres vermutlich, weil sich die beiden bedeutenden Zeitungsverlage
Ullstein und Mosse in jüdischem Besitz befanden und die *Berliner Illustrirte* zu Ullstein gehörte. Ein Teil der Berliner Tagespresse begleitete
Einstein, die Sonnenfinsternis-Expeditionen und die aus ihnen folgende
Bestätigung der allgemeinen Relativitätstheorie mit Notizen und Arti-
keln, so die *Vossische Zeitung* in sechs ihrer Ausgaben zwischen Oktober
1919 und Februar 1920. Zwischen November 1919 und Sommer 1921
entfaltete sich Einsteins Prestige in den USA am stärksten. Die amerikanische Zeitschrift für an Naturwissenschaft interessierte Leser, *Scientific
American*, bemerkte 1921, dass es die geistige Welt in der Regel nicht
eilig habe, diejenigen anzuerkennen, die ihr Leben vernünftigen Dingen

widmeten und verwies auf den Mönch und Erbforscher Gregor Mendel, dem dies erst lange nach seinem Tode geschehen sei. Ganz anders bei Einstein: «[…] der sensationelle Aufstieg des deutschen Physikers ist der ungewöhnlichste in der Geschichte der Wissenschaft. Der [Zirkus-]König der Anpreiser, Barnum, hätte keine effizientere und lohnendere Werbekampagne beginnen können.»

Tatsächlich ist es nicht einfach zu verstehen, was die gebildete und auch die weniger gebildete Öffentlichkeit in Berlin so in den Bann schlug. Waren es die Begriffe «Raum» und «Zeit» der Theorie, von denen jedermann ein Alltagsverständnis mit sich herumtrug? Die vermeintliche Umwälzung des Weltbilds passte gut zu den gleichzeitigen schockierenden Veränderungen in Staat, Gesellschaft und Kultur; war das der Grund? Lag es an der positiven Leistung eines *deutschen* Forschers nach dem verlorenen Krieg – doch noch ein *deutscher* Sieg? Wurde das Himmelsspektakel der Sonnenfinsternis wie ein unterhaltsamer Stummfilm gesehen, mit einem «Happyend»? Wurde Einstein von irgendwelchen Interessengruppen zur Leitfigur hochgehievt, wie es die rechte Presse behauptete? Lag es an Einsteins sympathischer Erscheinung und seinem bescheidenen Auftreten? Sein Schwiegersohn Kayser sah den Hauptgrund für Einsteins Ruhm in dessen großartiger Persönlichkeit, «seinem wissenschaftlichen Werk und seiner Menschlichkeit. Die Hoffnungen und Wünsche zahlloser Menschen richten sich auf beides.» Einsteins Gesicht habe vermutlich einen tieferen Eindruck auf die Leute gemacht als die populäre und verkürzte Zusammenfassung seiner großen Entdeckungen. Der Arzt und Schriftsteller *Alfred Döblin* schwärzte nicht die Presse, sondern die Wissenschaftler selbst an, als er 1923 im *Berliner Tageblatt* danach fragte, wer denn die Menschen dazu dränge, Einsteins «Lehre so überaus ernst und wichtig zu nehmen? Die Hierarchie der Wissenschaftler, der Geheimbund, die Verschwörung und Freimaurerei der Mathematiker […]». Am Ende blieb nach Jahren im Bewusstsein der Massen und manch eines Dichters von Einsteins Theorien doch nicht viel mehr als das missverstandene Wort «relativ». Yvan Goll ließ 1929 in seinem Buch «Sodom Berlin» den Romanhelden Odemar sagen: «Spengler kündigt den Untergang des Abendlandes an. Die Dichter verkünden den Tod der Kunst. Einsteins Verdikt besagt die Relativität aller Dinge. Was wahr ist, ist falsch. Die alte Welt stürzt ein!» Und so sah es 1927 der in Berlin arbeitende französische Reporter und Romanschriftsteller *Maurice Dekobra*:

Wie jung waren wir damals! Einstein hatte uns noch nicht infiziert mit der Erkenntnis der Relativität aller Dinge, auch der Liebe. In den Zelten, nicht weit von dem Institut für sexuelle Wissenschaften, wo jetzt Dr. Hirschfeld seine merkwürdigen Studien über die Anomalien der armen Menschheit betreibt, tranken wir unseren Dämmerschoppen, und das Bier war noch heller als das Blondhaar unserer kleinen Mädchen.

So allgemein anwendbar war die «allgemeine Relativitätstheorie» nun doch wieder nicht; aber das schien nur die Fachleute zu kümmern.

Dass es in Hirschfelds Institut nicht nur Forschungen über «Anomalien», sondern dreimal in der Woche unentgeltliche ärztliche Auskunft «über Angelegenheiten des Ehe- und Sexuallebens, über Fragen der Fortpflanzung und über Ehetauglichkeit» gab, passte nicht so recht in seine Glosse. Viele ähnliche Beratungsstellen des Mutterschutzbundes und der Internationalen Arbeiterhilfe öffneten in Berlin während der Jahre der Weimarer Republik. Kurt von Tepper-Laski, Mönchsheim bei Hoppegarten, unterschrieb eine Petition an die gesetzgebenden Körperschaften des Deutschen Reiches zur Abschaffung des § 175; auch der Maler Liebermann und der Experte Professor Krafft-Ebing, Wien, waren dabei, nicht aber Albert Einstein.

In den Vereinigten Staaten von Amerika erhöhten sich Einsteins Bekanntheitsgrad und seine Reputation enorm. Das Land war in einem ähnlichen Zustand der Unruhe wie Deutschland gewesen – mit vier Millionen streikenden Arbeitern im Jahr 1919. Eine Revolution in Russland, die Revolutionierung gewohnter Begriffe wie Raum und Zeit, beides schwer nachzuvollziehen. Anfang Juli 1920 kündigte der *Scientific American* ein Preisausschreiben an, den «Einsteinpreis-Aufsatzwettbewerb»: Der beste allgemein verständliche Aufsatz über die Einsteinschen Relativitätstheorien in englischer Sprache und von maximal 3000 Worten Länge sollte mit 5000 $ belohnt werden. Das Preisgeld war von einem reichen amerikanischen Junggesellen in Paris, *Eugene Higgins*, gestiftet worden. Unter Codenamen trafen bis zum November dreihundert Aufsätze ein; die Jury prämierte den sich «Zodiaque» nennenden englischen Einsender *Lyndon Bolton*, einen «senior examiner» im englischen Patentamt in London. Sein Aufsatz «Relativität» wurde ebenso abgedruckt wie

Foto und Lebenslauf. Geschäftstüchtig stellte der «Einstein Editor» des *Scientific American* eine Auswahl der eingesandten Essays in Buchform zusammen und bot sie den Lesern unter dem Titel «Relativität und Gravitation» an. Der bekannte Differentialgeometer an der Universität Delft, *Jan Arnoldus Schouten*, ging ebenso leer aus wie der deutsche Philosoph *Moritz Schlick*, der 1917 ein Buch zu Einsteins Raum-Zeit-Vorstellungen geschrieben hatte.

Dem Kinderarzt in Rutherford, New Jersey, und anerkannten amerikanischen Dichter *William Carlos Williams* gelang nach Einsteins erstem Besuch in den USA ein hymnisches Gedicht von einem Dutzend Strophen: «St. Franziskus Einstein der Narzissen» – mit dem Untertitel «Zum ersten Besuch von Professor Einstein in Amerika im April 1921.» Einige Verse mögen für einen ersten Eindruck genügen:

> Zur richtigen Zeit
> ist Einstein gekommen
> bringt den April in seinem Kopf
> herauf von der See
> in Thomas March Jeffersons
> schwarzem Boot bringt er
> Freiheit unter die tote
> Freiheitsstatue
> um Narzissen zu befreien
> im Wasser die singen:
> Einstein hat sich unser erinnert
> Heiland der Narzissen!

Das Gedicht endet mit den Zeilen:

> Einstein ist's
> aus komplizierter Mathematik
> inmitten der Narzissen –
> Frühlingswinde wehen
> im Geviert, warm und kalt, schütteln die Blumen!

Einstein hatte Anfang Januar 1920 seine krebskranke Mutter aus der Schweiz zu sich nach Berlin genommen; sie starb schon im Februar. «Meine Mutter ist gestorben. Wir sind alle ganz erschöpft. Man fühlt, was die Bande des Blutes bedeuten.» Damals war Williams' Gedicht noch nicht geschrieben; es zu lesen, hätte beiden gut getan.

Folgen des «Einsteinrummels»

Die überwiegende Anzahl derer, die sich, fachlich oder populärwissenschaftlich, mit seinen Relativitätstheorien beschäftigten, hängten sich an den Schweif des hell erstrahlenden Kometen Einstein und versuchten, daraus eigenen Ruhm zu destillieren oder güldene Münze zu schütteln. Eine Minderheit bemühte sich krampfhaft, und meist ohne Kenntnis der notwendigen mathematischen Hilfsmittel, die Theorien Einsteins zu widerlegen. Eine winzige Minderheit stellte eigene Prioritätsansprüche und beschwerte sich darüber, dass niemand diese anerkennen wollte. Manchen Philosophen, besonders Kantianern, fiel es schwer, die von Einstein geforderte Relativierung des Gleichzeitigkeitsbegriffes zugunsten seiner Abhängigkeit vom Bewegungszustand der benutzten Uhr zu akzeptieren. Schließlich störten sich «völkische» Kreise an Einsteins jüdischer Abstammung und glaubten, falls sie sich nicht vulgärer oder raffinierterer Formen des Antisemitismus bedienten, zwischen deutscher und jüdischer Physik unterscheiden zu müssen. Für Letzteres bot der damals in Heidelberg tätige Experimentalphysiker Philipp Lenard während des «Dritten Reichs» ein abstoßendes Beispiel. Ein 1914 gegen England gerichtetes Pamphlet verkaufte er dann 1940 als Schrift gegen die Juden. Es gab natürlich auch Kombinationen der genannten Verhaltensweisen.

Bücher und Pamphlete

Nach der Verkündung der Messungen über die Lichtablenkung an der Sonne, also ab 1920, taten Autoren und Verleger ihr Bestes: Die Buchpublikationen über Einsteins Relativitätstheorien, ihre philosophischen Folgen und das mathematische Rüstzeug zu ihrem Verständnis erreichten ihren Gipfel im Jahr 1921. Das erwähnte, 1917 erschienene Buch aus Einsteins Feder hatte 1921 die 12. Auflage erreicht, und bis 1922 waren schon 65 000 Exemplare verkauft worden. Insgesamt verließen in den deutschsprachigen Ländern zwischen 1919 und 1924 ca. hundert Bücher und Schriften im Sinne der Einsteinschen Theorien und ca. siebzig anti-relativistische die Druckerpressen. Eine Bibliografie des Mathematikers an der belgischen Universität Louvain, *Maurice Lecat*, verzeichnet für den gleichen Zeitraum zweitausend Einträge. Der Experimentalphysiker an der Physikalisch-Technischen Reichsanstalt in Charlottenburg und Kollege Einsteins, *Ernst Gehrcke*, ein Gegner der *speziellen* Relativitätstheorie schon seit 1911, trug eine Sammlung von «über 5000 Zeitungsausschnitten und Zeitschriftenaufsätzen» zusammen und kommentierte einige davon in einer Broschüre mit dem aufgeregten Titel «Die Massensuggestion der Relativitätstheorie». Sie erschien 1924 im Verlag Hermann Meusser in Berlin, der sich sonst eher durch zahnmedizinische Veröffentlichungen auszeichnete. Gehrcke hatte sich durch Instrumentenentwicklung in der Optik ausgewiesen, genauer in der Präzisionsinterferometrie, und war auch Mitentdecker der so genannten Anodenstrahlen gewesen. Berlin zur Ehre gereicht aber, dass der Verlag *Otto Hillmann*, der eine Vielzahl von Anti-Relativisten in seinem Verlagsprogramm führte, seinen Sitz in Leipzig gehabt hat. Die heute vergessenen, meist recht dünnen Broschüren hießen etwa «Verstand gegen Relativität», «Der Fehler in der Einsteinschen Relativitätstheorie», «Die Haltlosigkeit der Relativitätstheorie» oder schlicht «Anti-Einstein».

Zwischen 1920 und 1925 gab es wohl kaum eine Tageszeitung, keine Wochenschrift, kein Monatsheft von überregionaler Bedeutung, in denen nicht irgendjemand Stellung zu Einsteins Relativitätstheorien genommen hätte. Der Bogen reicht vom katholischen Studentenblatt *Der Weg* über naturwissenschaftliche Monatsschriften wie *Die Heimat* (Stuttgart), *Natur und Kultur* (Innsbruck/Wien/München), *Die Umschau* (Frankfurt) zu philosophischen Zeitschriften wie *Beiträge zur Philosophie des Deutschen Idealismus* und *Grundwissenschaft*, die philosophische Zeitschrift der «Johannes-Rehmke-Gesellschaft». Ein Beispiel des Jahres 1920 stellt Erwin Freundlichs Artikel in den *Weißen Blättern* dar, einer von René Schickele herausgegebenen literarischen Monatsschrift im Berlinischen Verlag von Paul Cassirer. Es ist schon ungewöhnlich, einen Aufsatz über die Entwicklung des physikalischen Weltbildes mit den Formeln für die Lorentz-Transformation eingerahmt durch Gedichte von *Else Lasker-Schüler* und dem Schweizer Dramatiker und Lyriker *Max Pulver* zu sehen.

Auch Moszkowski rührte sich wieder; Einstein hatte ihm im Frühjahr 1920 mehrere Gesprächssitzungen eingeräumt. Moszkowski verwandelte diese dann 1921 in dem intensiv vermarkteten Buch «Einstein – Einblicke in seine Gedankenwelt» in einen Text hemmungsloser Bewunderung für das Genie. Max Born und seine Frau Hedi hatten eine reißerische Ankündigung des Buches im Buchhändler-Börsenblatt gelesen. Sie fürchteten den Einstein wegen des öffentlichen Trubels um seine Relativitätstheorie gemachten Vorwurf der Reklametätigkeit und mahnten ihn, das Erscheinen des Buches zu verbieten: «Ich beschwöre Dich, mach es so, wie ich schreibe. Andernfalls: Ade Einstein! Dann haben Deine jüdischen ‹Freunde› erreicht, was die Antisemitenbande nicht gekonnt hat.» Darauf teilte Einstein Moszkowski «in einem eingeschriebenen Brief» mit, «dass sein herrliches Opus nicht gedruckt werden darf». Als das Buch dann doch erschien, drohte er Moszkowski nur «insbesondere mit den Abbruch der Beziehungen». Gegenüber Born gab Einstein sich gleichgültig: «Übrigens ist mir X doch lieber als Lenard und Wien. Denn Letztere stänkern aus Liebe zur Stänkerei, Ersterer dagegen nur, um Geld zu verdienen (was doch vernünftiger und besser ist).» Man wundert sich, was Einstein mit dem Begriff «stänkern» bei Moszkowski meinte; das Buch trug zur Verbreitung seines Ruhms unter den «Bildungsbürgern» bei. Der politisch konservativ eingestellte Kollege Sommerfeld in München fand, das Buch sei unzuverlässig und mache um Einstein einen Intelligenz-Zirkus. Borns Alterskommentar über Moszkowskis Werk ist milde: «Das Wissenschaftliche ist primitiv und oft missverstanden. Sonst aber enthält es viele recht amüsante Schilderungen und Anekdoten, die für Einsteins Art kennzeichnend sind. […] Große Bewegungen wie Antisemitismus, Überhandnehmen der ‹Publicity› laufen zwangsläufig ab, nach dem von Einstein so oft in diesem Zusammenhang zitierten Gesetz des Determinismus.» Da dachte Born wohl an Worte, die ihm Einstein 1920 geschrieben hatte: «Wie bei dem Mann im Märchen alles zu Gold wurde, was er berührte, so wird bei mir alles zum Zeitungsgeschrei: suum cuique.»*

Moszkowskis Buch war erfolgreich ins Englische übersetzt worden und hatte schon 1921 eine deutsche Auflage von 35 000 erreicht, nicht zuletzt dank guter Werbung von der Art, wie wir sie in einer Rezension in der Zeitschrift *Umschau* finden: «Ein unterhaltsames Buch liegt vor uns: so eine Art Eckermanns Unterhaltungen mit Goethe. Der Eckermann heißt hier Alexander Moszkowski und der Goethe ist diesmal Ein-

---

* Jedem das Seine.

*Werbung für das Buch von Alexander
Moszkowski des Hoffmann u. Campe
Verlages, 1921*

stein.» Moszkowski scheint es überhaupt nicht peinlich gewesen zu sein,
dass er in einem anderen Buch, das ein Jahr früher im gleichen Verlag
wie das Einstein-Buch das «5. bis 10. Tausend» erreicht hatte, seine
schlechte Meinung von der Naturwissenschaft verkündet hatte: «Wer in
den Büchern der Natur richtig zu lesen versteht, der muss allmählich da-
hinterkommen, dass die Physik und die Physis, die Naturkunde und die
Natur selbst, einander wert sind. Sie taugen alle zusammen nicht viel.
Seit Urzeiten bemüht sich eine dürftige Wissenschaft, die Zusammenhänge einer erbärmlichen Erscheinungswelt zu erforschen und zu erklären. Ich werde diese Erbärmlichkeit bis in alle Einzelheiten nachweisen,
und ich bin sicher, dass bis zum Schluss meiner Erörterungen deine Na-
turbegeisterung und deine Verehrung der physikalischen Wissenschaften sich in Fetzen aufgelöst haben wird.»

Einsteins Gegner griffen ihn mit der von Born befürchteten Strategie
an: Er sei nicht nur der Anlass zu all dem «Einsteinrummel», sondern
fördere diesen mit Kräften. Die Öffentlichkeit ist heute daran gewöhnt,
dass auch Wissenschaftler die Werbetrommel rühren; in der damaligen
Ethik der Naturwissenschaft war eine solche Haltung verpönt. Max
Borns Buch «Die Relativitätstheorie Einsteins» in der berühmten gelben
Reihe des Berliner Verlags von Julius Springer enthielt in der ersten Auf-

lage von 1919 ein Vorsatzblatt mit einem eindrucksvollen, signierten Porträt Einsteins. Dieser Personenkult in einem seriösen Fachbuch war bisher verstorbenen Gelehrten vorbehalten gewesen. In den vorausgegangenen Monografien über die Relativitätstheorien von Laue oder Weyl fand sich nichts Vergleichbares. Kritik wurde laut; in weiteren Auflagen ließ Born Einsteins Porträt weg. In der Tat öffnete Einstein sich bereitwillig verschiedensten Unternehmungen, die seine Theorien verbreiten konnten, irritierte damit gelegentlich seine Freunde und bot seinen Feinden Angriffsflächen. So etwa, wenn er den Versuch eines Laien, Max Hasse, eine «volkstümliche Darstellung» der Einsteinschen Relativitätstheorie zu geben, unterstützte, obgleich Autor Hasse «freimütig» eingestand, «nicht mehr einen Lehrsatz euklidischer Geometrie beweisen zu können». Er hatte die Druckbogen der im *Selbstverlag* herausgebrachten Broschüre Einstein einfach zugesandt. Dieser beglückte ihn mit der Feststellung, dass Hasses populäre Darstellung «in der Tat dem Geiste des Nichtphysikers in glücklicher Weise» entgegenkomme und korrigierte «einige kleine Böcke». Hasse konnte seine 15 Seiten bis 1920 in fünf Auflagen drucken lassen.

Die Finanzkrise in Deutschland in den Jahren 1922 und 1923 und der damit verbundene Kaufkraftverlust führte auch zu einem starken Rückgang der Neuerscheinungen auf dem Gebiet der Einsteinschen Theorien. Eine kleine Erholung nach der Einführung einer stabilen Währung dauerte nicht an. Der Vergleich mit den Büchern über die neue Heisenbergsche und Schrödingersche *Quantentheorie* ab 1925 zeigt, dass dieses für unsere heutige Lebenspraxis so viel wichtigere Gebiet der Physik weder eine so große öffentliche Aufmerksamkeit noch eine so massive Gegnerschaft wie die Relativitätstheorien hervorrief. Das mag daran liegen, dass an der Entwicklung der Quantenmechanik *mehrere* Physiker von gleicher hervorragender Statur beteiligt waren, von denen zudem *keiner* die Ausstrahlung Einsteins erreichte. Vielleicht war entscheidend, dass abstraktere Begriffe wie «Wellenfunktion», «Messwahrscheinlichkeit» und «Unschärferelation» statt der jedermann verständlichen *Raum, Zeit* und *Relativität* auftauchten. Über die in der Alltagserfahrung fehlenden Quantenerscheinungen konnte der Normalbürger nicht so leicht Witze reißen.

Einstein-Film und hormonelle Verjüngung

Es muss Einstein wie Goethes Zauberlehrling ergangen sein: Er wurde den Besen der öffentlichen Aufmerksamkeit nicht mehr los, auch wenn er sich dagegen wehrte. Ein gutes Beispiel ist der von der Colonna-Film, Berlin SW 61, Blücherstr. 13, herausgebrachte Dokumentar- und Unterrichtsfilm «Einstein-Film». Anfang April fand seine Erstaufführung in Berlin statt. Außer der Zulassungskarte der Film-Prüfstelle Berlin vom 30. 3. 1922, «Der Bildstreifen wird zur öffentlichen Vorführung im Deutschen Reiche, auch vor Jugendlichen, zugelassen», und einigen Standbildern scheint nichts mehr von diesem Streifen von 2045 Metern Länge übrig geblieben zu sein, auch nichts von der amerikanischen Fassung von Premier Pictures. Der Film bestand aus drei Teilen: I. Relativität des Standpunkts; II. Relativität der Bewegung; III. Längen- und Zeitmaße abhängig vom Bewegungszustand des Zuschauers. «Der Film schließt dann mit Aufnahmen über die Sonnenfinsternis des Jahres 1919, die bekanntlich wichtige Beweise für die EINSTEINsche Relativitätstheorie erbrachte [...]», berichtete Dr. Albert Neuburger in der *Berliner Zeitung am Mittag* vom 27. März 1922. Aufschlussreich für die Wirkung des Filmes ist ein despektierlicher Artikel im *Berliner Lokal-Anzeiger* des deutsch-nationalen Pressezars *Alfred Hugenberg* vom Mai: «Der erste Teil des Filmes ist eine Illustration zu dem schönen Liede: ‹Wenn Du denkst, der Mond geht unter – der geht nicht unter – das scheint nur so!› [...] Eine große Rolle [...] spielt dann noch die richtig gehende Uhr. Es wird uns gezeigt, dass eine Uhr, die auf der Straße geht, ganz andere Zeiten anzeigt als eine Uhr, die ein Mann bei sich hat, wenn er mit der Untergrundbahn zu fahren hat [...].»

Im Vorfeld müssen dem Zustandekommen des Films einige Auseinandersetzungen vorausgegangen sein. Der Züricher Gymnasiallehrer, Popularisator der Einsteinschen Relativitätstheorie und Aufklärer *Rudolf Lämmel* beklagte sich in einem Aufsatz in der Zeitschrift *Umschau*, dass sein «Film-Manuskript vom November 1920, das der Berliner Filmindustrie und der staatlichen Stelle angeboten wurde, bis September 1921 warten musste». Und «auch jetzt ist die Verfilmung auf sehr merkwürdigen Wegen zustande gekommen». In der Tat wird der Film in derselben Nummer der *Umschau* zwar unter seinem endgültigen Titel, aber «nach Manuskripten und unter der Mitwirkung von Dr. Otto Buek,

Prof. Dr. Fanta (Prag), Dr. Rudolf Lämmel (Zürich) und Prof. G. F. Nicolai» angekündigt. Buek und Nicolai sind uns wohl bekannt als Mitverfasser und Mitunterzeichner des Protestes gegen den «Aufruf an die Kulturwelt» zu Beginn des Ersten Weltkriegs. Fanta ist vielleicht der Sohn von *Berta Fanta* in Prag, die einen Kreis jüdischer Intellektueller um sich scharte und eine Anhängerin des Anthroposophen *Rudolf Steiner* war. Zu diesem Kreis gehörten *Max Brod*, der Mathematiker *Gerhard Kowalewski*, die Philosophen *Hugo Bergmann* und *Oskar Kraus*, ein Gegner der Relativitätstheorie, sowie Albert Einstein selbst während seiner Prager Zeit.

Einstein scheint nicht sonderlich entzückt gewesen zu sein. Im *Berliner Tageblatt* vom 2. Juni 1922 protestierte er unter der Überschrift «Professor EINSTEIN und der EINSTEIN-Film»: «Durch Bemerkungen von Freunden und viele Zuschriften werde ich darauf aufmerksam, dass im Publikum der Eindruck entsteht, dass ich an dem gegenwärtig vorgeführten Film über Relativitätstheorie durch Mitarbeit oder sonstwie beteiligt sei. Ich sehe mich veranlasst, dies hiermit ausdrücklich in Abrede zu stellen. Da ich glaube, dass an diesem Irrtum hauptsächlich die Bezeichnung ‹EINSTEIN-Film› die Schuld trägt, habe ich die betreffende Filmgesellschaft gebeten, für den Film eine passende, objektive Bezeichnung zu wählen.» In späteren Anzeigen heißt der Film dann «Die Grundlagen der EINSTEINschen Relativitätstheorie». Zumindest kannte Einstein aber die meisten der Verfasser des Filmskripts persönlich.

Wie wenig manche mit dem Namen Einstein trotz des scheinbaren «Einsteinrummels» anfangen konnten, zeigt folgende Begebenheit. Ein Korrespondent mit dem Kürzel AMIS gestand in der *Neuen Hamburger Zeitung*:

Bisher wusste ich von Einstein nur das eine, dass die meisten Menschen seinen Namen und den Steinachs gern verwechseln; natürlich tat ich es auch. Erst vor kurzer Zeit wurde mir der Unterschied zwischen beiden klar, denn ich ging ins Curiohaus und sah mir dort den Einstein-Film an. Eigentlich wollte ich etwas über die Verjüngung hören und war gar nicht wenig erstaunt, als ich erkannte, dass Einstein der Entdecker der Relativitätstheorie ist [...].

Es gab um 1922 auch einen Film über die hormonelle Verjüngung nach den Ideen von *Eugen Steinach* mit «Hunderttausenden von Besuchern». Steinach war zu seiner Zeit ein sehr bekannter Hormonforscher, der glaubte, dass die Vasektomie die männliche Potenz wiederherstellen und verjüngen könne. *Sigmund Freud* etwa unterzog sich einer Steinach-Operation (Durchtrennung beider Samenleiter), in der Hoffnung, dass sein Mundhöhlenkrebs positiv beeinflusst werde. Eine Zeitung in Bad Nauheim vertauschte umgekehrt Steinach mit Einstein. Die *Bremer Nachrichten* vom 3. Oktober 1920 berichteten: «Einstein und Steinach sind in aller Munde. Aber es scheint, dass sie in den Köpfen nicht immer genügend auseinander gehalten werden. Bei der Tagung der Naturforscher und Ärzte in Nauheim kündigte das dortige Lokalblatt an: ‹Professor Steinach ist nicht in Bad Nauheim anwesend, jedoch wird eine streng wissenschaftliche Diskussion seiner Relativitätstheorie stattfinden.›» Besonders amüsant ist es, wenn in dieser Komödie der Irrungen vierzig Jahre später in einem Buch über «Die Zwanziger Jahre» auch noch der französische Physiologe *Voronoff*, der Verjüngungsversuche durch Transplantation von Affenhoden machte, an die Stelle von Steinach gesetzt wird: «Wenn gar Einsteins Relativitätstheorie auf meist recht alberne Weise in Teekonversationen und zuweilen in Gesellschaft mit den Affendrüsen des russischen Arztes Voronoff auftauchte, ja, wenn die Relativitätstheorie sogar in gängigen Anekdoten ein zwar unverstandener, aber vertrauter Begriff wurde, versteht man, dass sich die Leute anstießen, wenn sie dem löwenhäuptigen, grauhaarigen kleinen Gelehrten mit seinen sanften erstaunten Augen auf der Straße begegneten. Jeder kannte ihn.» Selbst *Maxim Gorki* spricht in seinem Essay «Vom russischen Bauern» von 1922 im selben Satz sowohl von Einstein wie von Steinach: «[das russische Volk] wird sich nicht so bald den Kopf zerbrechen über Einsteins Theorie, und sich keine Mühe geben, die Bedeutung Shakespeares oder Leonardo da Vincis zu verstehen, aber es wird wahrscheinlich für Steinachs Experimente Geld geben, und sich zweifellos sehr bald den Sinn der Elektrifizierung zu Eigen machen, den Wert eines ausgebildeten Agronomen [...] und die Vorteile einer Chaussee.» Noch 1924 war dem unter dem Pseudonym «Rumpelstilzchen» auftretenden, viel gelesenen, rechtskonservativen und antisemitischen Glossenschreiber *Adolf Stein* die Verwechslung eine Erwähnung wert:

Ich bin ein ganz ungebildeter Mensch, denn ich habe einmal Crêpe Georgette mit Crêpe de Chine verwechselt. Frau Ministerialrat verwechselt nur Steinach und Einstein; das ist nicht halb so schlimm. Im vorigen Jahre wusste sie es noch ganz genau, aber «mein Gott, das ist doch vieux jeu!» sagt sie jetzt, und man stimmt ihr bei. In Berlin muss der Mensch der Gesellschaft immer nur darüber etwas wissen, «wovon man gerade spricht». Das ist in neun von zehn Fällen eine neue Operette oder ein neu ausgestattetes Modeschaufenster. Im zehnten Falle ist es Tutanchamun oder ein Meisterboxer oder eine technische Erfindung.

Vorlesungen und Vorträge

Mit Einsteins plötzlichem Ruhm stieg auch der Zuspruch zu seiner «Privatvorlesung»; hatte er doch keinerlei Vorlesungsverpflichtung, und seine Kurse brauchten von Studierenden nicht für Prüfungen gehört werden. Aber bezahlen mussten sie dafür wie für Pflichtvorlesungen. Der Schwierigkeitsgrad seiner Relativitätstheorien war nicht dazu geeignet, Anfänger anzulocken. Zu seiner Vorlesung im Wintersemester 1919/20 werden also fortgeschrittene Studierende, Doktoranden und berufstätige Physiker gekommen sein. Aus reiner Neugier auf den Gelehrten stellte sich dann eben viel Publikum aus der Stadt ein:

Eine Stunde vor Beginn herrscht bereits reges Leben, fragt man, sucht man, tummelt man sich. Endlich erscheint Einstein, mit stürmischem Jubel empfangen. Angehörige aller Fakultäten sind erschienen, die das Was wohl weniger interessiert als das Wie. Und diese erleben das herrliche Schauspiel, wie ein Mensch mit einem Zauberstabe überlegen die Welt gestaltet. Klar, sachlich, jedes Wort ein Hammerschlag. [...] Es ist eine Wollust, einen großen Mann zu sehen.

Dieser begeisterte Bericht des *Berliner Tageblatts* vom 20. Februar 1920 schönte die raue Wirklichkeit der vorangegangenen zwei Wochen. Einsteins Vorlesung war gestört worden; es muss turbulent zugegangen sein, denn im sozialdemokratischen *Vorwärts* war von «Exzessen eines antisemitischen Studentenpöbels» die Rede. In einer am Tag darauf ebenfalls dort abgedruckten Presse-Erklärung bemerkte Einstein «eine gewisse *animose* Gesinnung mir gegenüber. *Antisemitische Äußerungen* als solche fielen nicht, doch konnte ihr *Unterton* so gedeutet werden.» Er kündigte einen Abbruch der Vorlesung an, «sollte es noch einmal zu solchen Szenen kommen wie gestern». Der «studentische Ausschuss» protestierte formell beim Rektor und Althistoriker *Eduard Meyer* gegen die zahlreichen nichtberechtigten Anwesenden, die *keine* Hörergelder bezahlten. Einstein, dem Regeln, die er nicht einsah, gleichgültig waren, störte diese

Ungleichbehandlung der Hörer nicht; für ihn kam es nur darauf an, ob genug Platz im Hörsaal blieb. Nach Gesprächen mit Rektor und Studierenden unter der Vermittlung von Nernst beschloss er, das von den Studierenden erhaltene Stundenhonorar zurückzuzahlen und die Vorlesung in anderer Form und eventuell in einem anderen Hörsaal weiterzuführen. Im darauf folgenden Sommersemester hielt er keine Vorlesung.

In Zürich war eine ganz ähnliche Situation geschickter gehandhabt worden. Bei Einsteins Vorlesungen im Februar 1919 fand dort eine strenge Personenkontrolle an der Hörsaaltür statt zur Überprüfung, ob die Hörergelder bezahlt worden waren. Als Begründung führte das Rektorat die durch Kohlenmangel gewachsenen Heizkosten an. Als eine Kusine Einsteins an der Tür abgewiesen wurde, weigerte sich dieser, den Saal zu betreten, und gab erst nach, als sie hineingelassen wurde. Danach wies ihn der Rektor jedoch schriftlich darauf hin, dass die Regelung des Zugangs zu seiner Vorlesung ausschließlich Sache der Universitätsverwaltung sei. Einsteins Hinweis, er halte die Vorlesung ohne Bezahlung, nützte nichts. Einstein ärgerte sich über den Rektor; von Antisemitismus war nicht die Rede.

Rudolf Bach in Essen zog für seinen Artikel «Die Relativitätslehre und Einstein» in den *Technischen Blättern,* der Wochenschrift zur *Deutschen Bergwerks-Zeitung,* am 6. November 1920 ein Fazit aus den Aufregungen um die Relativitätstheorien Einsteins:

Auf den von allen Einsichtigen von Anfang an mit Befremden betrachteten Versuch, die Lorentz-Einsteinsche Relativitätstheorie [...] den weitesten Kreisen als einen unerlässlichen Teil der allgemeinen Bildung aufzudrängen, ist bald eine erbitterte Reaktion gefolgt: Bolschewistenphysik, Hegelphase der Physik, Einsteinschwindel und ähnliche Schlagworte sind die Waffen, mit denen sich die unglücklichen Überfallenen gegen die neue Heilslehre wehren. Es scheint deshalb an der Zeit, den Werdegang und die Grundlehren der Relativitätstheorie einmal ganz nüchtern, ohne Enthusiasmus, zu betrachten, damit der mathematisch-naturwissenschaftlich Gebildete – und nur für solche kann die Lehre von Interesse sein – sich Rechenschaft davon geben kann, was vor Einstein geleistet ist, was Einstein dazu getan hat, was noch zu leisten bleibt [...].

In diesem Sinne brachte die englische Zeitschrift *Nature* am 17. Februar 1921 ein ganz den Einsteinschen Relativitätstheorien gewidmetes Heft heraus, in dem auf dreißig Seiten führende Experimental- und theoretische Physiker, Astronomen, Astrophysiker, Mathematiker und ein Philosoph das Gebiet unter den verschiedensten Gesichtspunkten darstellten und beleuchteten. Ein ins Englische übersetzter Artikel von Einstein bildete den Anfang. Wissenschaftliche Größen wie Eddington, Jeans, Lorentz und Weyl waren ebenso mit von der Partie wie der Kritiker der Theorie und Anhänger des Äthers als einem absoluten Bezugssystem, Oliver Lodge. Auch in der Berliner Universität trug Einstein wieder vor; am 23. Februar 1921 hielt er im Hörsaal 33, dem späteren Kinosaal, den Vortrag «Geometrie und Erfahrung». Seine Antrittsrede in Leiden vom Mai des Vorjahres hatte den gleichen Titel gehabt. Am nächsten Tag sprach er auf Einladung einer Mathematisch-Physikalischen Arbeitsgemeinschaft «Über den gegenwärtigen Stand des Problems von der Natur des Lichtes». Das bezog sich auf ein Thema, das ihn sehr beschäftigte: Bestand das Licht nun aus elektromagnetischen *Wellen*, wie es aus der Maxwellschen Elektrodynamik folgte und wodurch die bisherigen Erfahrungen gut erklärt wurden. Oder bestand es aus den von ihm schon 1905 vorgeschlagenen Licht*teilchen*, den Photonen? Wie könnte diese Frage durch ein Experiment entschieden werden?

Man kann sich gut vorstellen, dass Einstein irgendwann von den vielen Vortragseinladungen genug hatte und sich die auswählte, welche er als wichtig empfand. Ein Beispiel geben Einladungen nach Frankreich durch die französische «Liga für Menschenrechte», die französische «Philosophische Gesellschaft» und, durch seinen Freund, den Physiker *Paul Langevin*, zu Vorlesungen am «Collège de France» in Paris, alle ausgesprochen im Jahr 1922. Reisen in das Land des «Erbfeindes» bildeten ein Politikum höchsten Grades, zumal der Deutschland gegenüber unversöhnliche Nationalist Poincaré gerade französischer Ministerpräsident geworden war. Langevin hatte signalisiert, dass die Einladung als Bemühung zur Wiederherstellung der Beziehungen zwischen deutschen und französischen Gelehrten verstanden werden solle. Dieser Einstein ans Herz gewachsene Gesichtspunkt und eine Unterredung mit dem damaligen deutschen Außenminister Walther Rathenau gaben den Ausschlag. Einstein nahm nach anfänglicher Ablehnung aller drei Einladungen die von Langevin an, benachrichtigte die Preußische Akademie und reiste am 28. März, unter Vermeidung öffentlichen Aufsehens und ab der Grenze von Langevin und dem französischen Astronomen *Charles Nordmann* begleitet, nach Paris. Nordmann hatte vorab in einem Artikel im *Matin* die Oppositionshaltung Einsteins gegen die kaiserliche Kriegspolitik während des Ersten Weltkriegs bekannt gemacht und ihn in einer den Zweck heiligenden Verbiegung der Tatsachen vom Professor an der Universität Berlin zum Professor in Leiden und zum Privatier der Berliner Akademie gemacht. Auf beiden Seiten des Rheins schimpfte die rechte Presse, je nachdem gegen den vaterlandslosen Gesellen oder gegen den deutschen Juden, «dessen Vaterland das Deutschland über alles ist». Am «Collège de France» hielt Einstein vier Vorlesungen in einem Französisch, «das grammatisch gut» war nach einem Bericht des *Figaro*, «aber nicht immer glatt. Manchmal hat er Mühe, das genaue Wort zu finden [...].» Der Eintritt war streng limitiert und kontrolliert, die Presse ausgeschlossen; auf einem Pressefoto sind zehn in der Menschenmenge um die Einlasspforte herum postierte Polizisten zu erkennen. Außer den Wissenschaftlern muss aber auch der eine oder die andere aus der vornehmen Gesellschaft zugehört haben: Auch in Paris wurde Einstein zum Medienspektakel und je nach politischer Ausrichtung reichlich gelobt oder kritisiert.*

Es war eine Premiere [...]. Man fand da die Chinchillas und die Hermelinkragen wieder, die man schon in den Vorlesungen von Bergson flüchtig gesehen hatte. Man hörte da dieselben Betrachtungen: – Entzückend, meine Liebe! – Reizend! – Wir werden ihn zu unserem Jour einladen. – Er ist von einer Klarheit!

Die *Gräfin Anna Elisabeth de Noailles*, im Jahr zuvor mit dem Literaturpreis der Académie Francaise ausgezeichnet, gab ein Festessen zu Ehren von Einstein; er saß neben Madame Curie. Der Mitgewinner ihres Nobelpreises von 1903, Antoine Becquerel, lebte nicht mehr, aber sein Sohn Jean, Professor am Naturkundemuseum von Paris, lud Einstein zum Tee. Ein Besuch der Akademie der Wissenschaften kam nicht zustande, da mehr als zwei Dutzend ihrer Mitglieder angekündigt hatten, in einem solchen Fall beim Eintritt Einsteins demonstrativ den Raum zu verlassen. Dieser widerlegte beim dritten Vortrag am «Collège de Fran-

---

* Zwischen dem 23. März und dem 15. April 1922 erschienen 300 Artikel in 41 Pariser Tages- und Wochenzeitschriften.

ce» die Argumente des extra aus Genf angereisten Anti-Relativisten Guillaume und stellte sich einer Diskussion über seine Relativitätstheorien vor der französischen «Philosophischen Gesellschaft». Auch in Paris machte sich ein Dichter ans Werk, der Librettist der französischen Fassung von Schuberts «Dreimädelhaus», *Hugues Delorme*; er widmete Einstein dreizehn Verse zu vier Zeilen, in denen Painlevé eine Träne verdrückte und Bergson außer sich vor Freude war.*

Am letzten Tag vor der Heimreise besuchte Einstein auf eigenen Wunsch mit Nordmann und seinem Freund und Übersetzer *Maurice Solovine* vom Krieg verwüstete Orte wie Reims und fand angesichts all der Soldatenfriedhöfe und Ruinen, es wäre nötig, alle Studenten aus Deutschland hierher zu holen, damit sie begriffen, wie grausam der Krieg ist. Diese Geste der Menschlichkeit wirkte in Frankreich besonders wohltuend. So konnte der deutsche Botschafter vom geglückten Auftreten Einsteins in Paris berichten, «der deutschem Geist und deutscher Wissenschaft hier Gehör verschafft und neuen Ruhm erworben hat».

Der Einstein-Turm

Einer derjenigen, die nach der Bekanntgabe der Messergebnisse aus der Sonnenfinsternis am 6. November 1919 schnell daran dachten, wie Einsteins Ruhm zugleich zur Förderung der Wissenschaft und der eigenen Karriere eingesetzt werden konnte, war Erwin Freundlich. In der *Vossischen Zeitung* vom 30. November 1919 fand er es nicht übertrieben, die Bestätigung der Voraussage der Einsteinschen Relativitätstheorie: «[...] als einen Wendepunkt in der Geschichte der Naturwissenschaften [zu] feiern, nur zu vergleichen mit Epochen, welche mit den Namen Ptolemäus, Kopernikus, Kepler und Newton verknüpft werden.» Noch im November muss aus einer Unterredung von Freundlich mit Unterstaatssekretär *Becker*, dem späteren preußischen Kultusminister, der Anstoß zu einer Beschlussvorlage für den Haushaltsausschuss der preußischen Landesversammlung gekommen sein, mit der Verpflichtung der: «Staats-

---

* Er spielte auch mit der Doppeldeutigkeit des Wortes «restreinte» im französischen Ausdruck «relativité restreinte» für «spezielle Relativitätstheorie».

Der Einstein-Turm in Potsdam

regierung [...], im Einvernehmen mit der Reichsregierung die Mittel bereitzustellen, um Deutschland die weitere Mitarbeit mit anderen Nationen zum Ausbau der grundlegenden Entdeckungen Albert Einsteins
und diesem selbst weitere Forschungen zu ermöglichen.» Der Ausschuss
bewilligte 150 000 Mark. Einstein bedankte sich sehr bei Kultusminister
Haenisch, hätte es angesichts der schwierigen Zeiten aber nützlicher für
die Forschung auf dem Gebiet der allgemeinen Relativitätstheorie gefunden, «wenn nur die Sternwarten und Astronomen des Landes einen
Teil ihrer Apparate und ihrer Arbeitskraft in den Dienst der Sache stellen wollen». Dann setzte er sich speziell dafür ein, dass Freundlich eine
feste Stelle am Potsdamer Astrophysikalischen Observatorium bekam.

Freundlich entwarf im Dezember wohl auch den Aufruf zur *Albert-
Einstein-Spende*, der großen Firmen wie der BASF, den Bayer Farben-

fabriken, Zeiss, Bosch, Siemens & Halske, AEG und einigen Handels-
und Bankhäusern zugesandt wurde. Der Zweck der Spende war es, dem
Astrophysikalischen Observatorium diejenigen Beobachtungsmittel zu
verschaffen, die es brauche, um an «der experimentellen Grundlegung
der allgemeinen Relativitätstheorie» ebenso wie andere Nationen mitzu-
arbeiten. Eine halbe Million Mark sei nötig. Was mit dem Geld genau
gemacht werden sollte, stand nicht im Spendenaufruf. Geplant war ein
Turm-Teleskop, mit dem präzise Spektraluntersuchungen am Sonnen-
licht vorgenommen werden konnten. Spendengelder und Sachspenden
gingen reichlich ein; zu ihrer Verwaltung bildete sich ein Kuratorium.
Neben Einstein, dem Vorsitzenden «auf Lebenszeit», gehörten ihm
Freundlich, der jeweilige Direktor des Potsdamer Astrophysikalischen
Instituts, weitere Physiker und ein Vertreter des Preußischen Kultusmi-
nisteriums sowie mit dem Vorsitzenden der IG Farben, Carl Bosch, und
Dr. Schneider vom Reichsverband der Deutschen Industrie zwei bedeu-
tende Vertreter der geldgebenden Industrie an. Die Treuhandschaft
über die «Einstein-Spende» übernahm das Bankhaus Mendelssohn &
Co. in der Jägerstraße. Die Organisation in Form einer «Einstein-Stif-
tung» war verzwickt und bescherte dem «Einstein-Institut» eine Zwi-
schenstellung. Weder war es eine unabhängige Einrichtung noch eine
Abteilung des Astrophysikalischen Instituts, was ab 1921 zu ständigem
Zwist zwischen dessen Direktor Ludendorff und Freundlich als dem
Leiter des «Einstein-Instituts» führte.

Freundlich, der schon seit Jahren mit dem Architekten Erich Mendelsohn korrespondiert hatte, setzte dessen modernen Entwurf eines
Turms auf einem langgezogenen Untergeschoss aus Stahlbeton, der ein
wenig an ein aufgetauchtes U-Boot erinnert, ohne Widerstand durch.
Der Rohbau des von der umgebenden brandenburgischen Backstein-
Architektur extrem abstechenden Einstein-Turms war 1921 fertig gestellt, der Einbau der Optik des Turmteleskops dauerte jedoch noch bis
Ende 1924. So etwa ab April 1925 konnte die wissenschaftliche Arbeit
beginnen. Die Überprüfung der Einsteinschen Relativitätstheorie, be-
sonders der Gravitationsrotverschiebung der solaren Spektrallinien,
blieb bis 1933 erfolglos; von spektrometrischen Untersuchungen der
Sonnenkorona bis zu einem Gemeinschaftsprojekt mit dem Frankfurter
Planeteninstitut zur genaueren Berücksichtigung der Störungen der

Merkurbahn durch die anderen Planeten wurden viele andere nützliche Forschungen im Bereich der Astrophysik ausgeführt. Die größte bleibende Wirkung hatte der Einstein-Turm für das Gebiet der Architektur, später dann für die Sonnenphysik, kaum eine für die Physik der Schwerkraft. Statt «Einstein-Turm» wäre die Namensgebung «Freundlich-Turm» gerechter gewesen, wenn Initiativen, eingebrachte Arbeit und Geldsammeltätigkeit berücksichtigt worden wären. Ohne Einsteins Name wäre die Forschungseinrichtung aber nie zustande gekommen. Das damalige «Einstein-Institut» in Potsdam* kann sogar als ein Musterbeispiel dafür angesehen werden, wie eine vornehmlich an kurzfristig renditeträchtigen Objekten interessierte Wirtschaft unter etwas gewagten Versprechungen dazu gebracht werden kann, Gelder für langfristig nützliche Forschung herauszurücken.

Seit einem Krach, in dem es um ein für einen Verkauf wertvoll gewordenes handschriftliches Manuskript von Einstein ging, war das Verhältnis zwischen Einstein und Freundlich getrübt: «Ich habe ja jedenfalls die persönlichen Beziehungen zu ihm abgebrochen [...].» Einstein beteiligte sich nur noch halbherzig am Fortgang des Instituts, kam aber fast regelmäßig zu den Sitzungen und unterstützte Freundlich insoweit, dass dieser eine mehr oder weniger selbständige Dauerstelle bekam. Die weitere Entwicklung der Physik hat gezeigt, dass es in den zwanziger Jahren messtechnisch noch gar nicht möglich war, die Gravitationsrotverschiebung an Spektrallinien der Sonne nachzuweisen. Das gelang erst in den *sechziger* Jahren des zwanzigsten Jahrhunderts.

Reisender in Wissenschaft und anderem

Einsteins neuer Ruhm brachte ihm zahlreiche Einladungen im In- und Ausland. Zumeist waren sie von fachlichem Interesse geleitet, aber nicht immer: Der Gedanke, Einstein als Werbeträger zu nutzen, lag offensichtlich in der Luft. Was die wissenschaftliche Seite betrifft, so gingen hier die während des Weltkriegs *neutralen* Länder voran; Ende Mai 1920

---

* Nicht zu verwechseln mit dem heutigen «Albert-Einstein-Institut für Gravitationsphysik» der Max-Planck-Gesellschaft im nahen Golm! Auch nicht mit dem ehemaligen «Einstein Laboratorium» für Theoretische Physik der Akademie der Wissenschaften der DDR in Potsdam-Babelsberg.

wurde Einstein in die Niederlande eingeladen und fuhr nach Leiden. Dort sprach er in der Aula der Universität über «Raum und Zeit in der modernen Physik». Unter den Zuhörern befand sich auch der deutsche Gesandte, dem das «ungemein bescheidene Auftreten Einsteins» gefiel und der am nächsten Tag «für Einstein und einige Leidener Persönlichkeiten» ein Frühstück gab. Auf Betreiben seines Freundes wurde Einstein dort Mitglied der Amsterdamer Akademie der Wissenschaften. Danach kamen im Juni Norwegen und Dänemark an die Reihe. Der Studentenverband an der Universität Oslo bat ihn zu drei Vorträgen und machte ihn zum Ehrenmitglied; auf dem Rückweg besuchte er Bohr in Kopenhagen und hielt dort einen Vortrag vor der «Astronomischen Gesellschaft». Der deutsche Gesandte und spätere Helfershelfer Hitlers *Konstantin von Neurath* berichtete nach Berlin, Einsteins klarer Vortrag sei mit starkem Beifall aufgenommen worden und seine Theorie habe große Bedeutung für die Wiederaufnahme der internationalen wissenschaftlichen Beziehungen. Nach einem Abstecher nach Kiel verbrachte Einstein den Hochsommer in Berlin. Die Teilnahme an der Naturforschertagung in Bad Nauheim im September kürzte er ab; nach seinen Worten musste er in Stuttgart «zugunsten einer Volkssternwarte predigen». Einstein war nicht der erste theoretische Physiker gewesen, der Skandinavien nach dem Krieg besuchte. Sein Münchener Kollege Arnold Sommerfeld spielte im Herbst 1919 die Rolle eines Emissärs der deutschen Wissenschaft bei einer Konferenz über Röntgenspektren im schwedischen Lund und bei einem Vortrag in Kopenhagen. Dazu hatte ihn Niels Bohr eingeladen.

Im Oktober folgte Einsteins zweite Reise ins niederländische Leiden; die dortige Universität hatte ihn zum Gastprofessor gemacht. Seine Antrittsvorlesung «Äther und Relativitätstheorie» verwirrte so manchen Physiker – Lenard eingeschlossen. Einstein verwendete die alte Bezeichnung «Äther» wieder für einen neuen Begriff, nämlich den des metrischen Feldes, in dem die Gravitationspotenziale kodiert sind und das Weyl «Führungsfeld» genannt hatte. Er fasste ihn als ein «Medium» auf ohne mechanische oder kinematische Eigenschaften, das physikalische Geschehen aber mitbestimmend. Der Januar 1921 sah Einstein auf einer Reise nach Prag, wo er beim Kollegen *Philipp Frank* wohnte. Sein Vortrag vor der dortigen «Urania» bekam durch das Publikumsinteresse eher

Event- als Volksbildungscharakter. Einstein zeigte sein Interesse an dem eben entstandenen tschechoslowakischen Staat durch Besuch bei Professoren in der neu errichteten tschechischen Universität. Die Weiterfahrt führte ihn nach Wien; dort schlug er sein Quartier bei seinem wegen Messungen zur elektrischen Elementarladung umstrittenen Kollegen *Felix Ehrenhaft* auf. Über zwanzig Jahre später charakterisierte er ihn als fähigen Experimentator und «subjektiv» ehrenhaft, «aber ohne jede Selbstkritik». Sein Vortrag in einem Konzertsaal wurde zu einer Massenveranstaltung mit 3000 erwartungsvoll erregten, aber auch überforderten Zuhörern.

Danach begannen Reisen Einsteins, in denen seine wesentliche Rolle die der Galionsfigur eines für gute Zwecke außerhalb der Physik segelnden Schiffes war. Als Erstes bat ihn der «Bund Neues Vaterland» im Februar 1921, mit Graf Kessler und Lehmann-Russbüldt nach Amsterdam zu den leitenden Persönlichkeiten des neu gegründeten Internationalen Gewerkschaftsbundes zu fahren, nicht nur um eine Zusammenarbeit zwischen Friedensorganisationen und Gewerkschaften anzubahnen, sondern um eine Vermittlung dieses Internationalen Gremiums wegen der zwischen Frankreich und Deutschland besonders umstrittenen jüngsten Reparationsbeschlüsse der Siegermächte zu bitten. Kessler notierte: «Früh in Bentheim Grenzkontrolle. Einstein, der zum ersten Male, wie es schien, Schlafwagen fuhr, sah sich alles äußerst interessiert an.» Die Reisegenossen konnten kaum verschiedener gewesen sein; hier der aristokratische Weltmann, Kunstsammler, Mäzen, Schriftsteller, Diplomat und Politiker, dort der aus kleinen Verhältnissen kommende, sich nicht selten etwas grob ausdrückende, modeferne, geniale Physiker und Moralist – beide verbunden durch die gemeinsame pazifistische Haltung. In Kesslers Tagebuch treten dann während der Gespräche weder Einstein noch Lehmann-Russbüldt in Erscheinung. Die Unterredungen verliefen freundschaftlich; viel versprechen konnten die Niederländer nicht. Am nächsten Tag: «Früh mit Einstein im Reichsmuseum. [Ich] War von der ‹Nachtwache› [Rembrandts] zuerst enttäuscht und dann überwältigt, völlig sprachlos vor Erregung […].»

Hatte die Öffentlichkeit von dieser Reise kaum Notiz genommen, so erregte Einsteins nächste «Benefiz»-Reise auf Einladung der zionistischen Weltorganisation im Jahr 1921 die Gemüter nicht wenig, selbst die von Kollegen und Freunden. Nach längerer Überzeugungsarbeit war es dem damaligen Vorsitzenden des zionistischen Verbandes in Deutschland, *Kurt Blumenfeld*, geglückt, Einstein zu einer Sicht zionistischer Ziele zu verhelfen, welche die von Einstein abgelehnte Absicht, einen jüdischen Nationalstaat in Palästina zu gründen, durch die für ihn positive Bestrebung, Juden die vermisste innere Sicherheit, Unabhängigkeit und Freiheit zu geben, ersetzte. Als der Leiter des in London ansässigen Zionistischen Weltverbandes, *Chaim Weizman*, darum bat, Einstein möge mit ihm zu einer Werbekampagne und Spendensammelaktion für einen jüdischen Aufbaufonds nach Amerika fahren – insbesondere sollten die Gelder zur Gründung einer Universität in Jerusalem verwendet werden –, willigte dieser ein. Er war sich bewusst, dass er «als Renommierbonze und Lockvogel» dienen sollte, ließ sich aber auch von Befürchtungen von Fritz Haber, dass diese Reise den jüdischen Deutschen schaden werde, von seinem Entschluss nicht abbringen. Haber sah Feindseligkeit voraus, die Einstein wegen seiner Reise, zusammen mit *englischen* Juden, ins Land des doppelzüngigen Wilson entgegenschlagen würde und fürchtete Nachteile auch für sich:

Jetzt ist der Augenblick, in dem die Zugehörigkeit zu Deutschland ein Stück Martyrium ist. Wollen Sie die Demonstration der inneren Fremdheit wirklich? [...] Sie opfern mit Sicherheit den schmalen Boden, auf dem die Existenz der akademischen Lehrer und Schüler jüdischen Glaubens an deutschen Hochschulen beruht.

Ob Haber wusste, dass der Chemiker Weizman ähnlich wie er selbst in der Kriegsforschung, genauer: der Verbesserung von Sprengstoffen, tätig gewesen war? In seiner prompten Antwort verwies Einstein darauf, dass er viele Berufungen aus dem Ausland abgelehnt habe, nicht aus Anhänglichkeit an Deutschland, sondern an seine lieben deutschen Freunde, «von denen Sie einer der ausgezeichnetsten und wertvollsten sind. Anhänglichkeit an das politische Gebilde Deutschland wäre für mich als Pazifisten unnatürlich.» Auch den Funktionären des zionistischen Weltverbandes war nicht ganz wohl zu Mute. Zum einen ließ sich Einstein keinen Maulkorb umbinden und war für seine wiederkehrende Naivität in außerphysikalischen Dingen bekannt; zum anderen hatte er bei der Vorbereitung der Reise amerikanische Universitäten durch übertriebene

Honorarforderungen für geplante Vorträge vor den Kopf gestoßen; das schien keine für das Einwerben von Spenden vorteilhafte Verhaltensweise zu sein. Immerhin brauchte man, wie Blumenfeld berichtete, hinsichtlich der Terminologie Einsteins nichts zu befürchten: Wenn er «Mein Volk» sagte, meinte er damit die Juden. Ein anderes, unter Einsteins Berliner Kollegen für Ärger sorgendes Problem war ebenso umgangen: Einstein hatte als Einziger der international boykottierten deutschen Physiker eine Einladung zum Solvay-Kongress in Brüssel erhalten und zugesagt. Nun fuhr er stattdessen nach Amerika. Vielleicht konnte er auf diese Weise nicht nur die Sache des Zionismus fördern, sondern sogar etwas für die Wiederherstellung besserer Beziehungen zwischen den amerikanischen und deutschen Wissenschaftlern tun. Mit den Reisenden schon auf hoher See unterwegs, veröffentlichte die *Vossische Zeitung* am 27. März 1921 einen Artikel, in dem Einstein die Aufgaben einer jüdischen Universität in Jerusalem darlegte und seine Amerikareise unter diesem Aspekt beschrieb. Elsa Einstein fuhr mit – aus Gründen von Einsteins Gesundheit –, bekam aber ihre eigene Kabine auf dem Schiff und ein eigenes Zimmer in den Hotels. Einstein brauchte sie, um ihm lästige Dinge und Entscheidungen abzunehmen und ihn vor den Aufdringlichkeiten seiner Fans zu schützen. Die verflossenen neun Jahre seit dem ersten beglückenden Kuss mit Elsa hatten ihre Spuren hinterlassen; nun war Elsa seine «Alte», die – wie er sich einmal beklagte – ihn wie ein Möbelstück umkreiste und pflegte.

Er habe zwei ungeheuer strapaziöse Monate hinter sich, schrieb er seinem Freund Besso Ende Mai aus New York, aber es habe sich gelohnt; insbesondere die jüdischen Ärzte Amerikas seien spendabel gewesen. Es bliebe das Bewusstsein, «etwas wirklich Gutes gethan zu haben» und sich «tapfer und ungeachtet aller Proteste von Juden und Nichtjuden für die jüdische Sache eingesetzt zu haben». Einstein trug am «City College» in New York vor und hielt drei Vorlesungen an der dortigen Columbia University sowie vier an der Universität in Princeton, wurde bei seiner Reise durch das Land überall herumgereicht und insbesondere von vielen jüdischen Amerikanern begeistert aufgenommen.

Auf dem Rückweg von Amerika verbrachte Einstein im Juni eine knappe Woche in England. Nach der Verleihung der Ehrendoktorwürde durch die Universität von Manchester fuhr er zu einem Vortrag am

«King's College» der Universität von London und zu Begegnungen mit Kollegen wie A. S. Eddington und A. N. Whitehead sowie öffentlichen Größen wie *George Bernhard Shaw* und Viscount Haldane of Cloan.

Letzterer, selbst Autor eines Buches über Relativitätstheorie, nahm ihn als Gast auf und leitete Einsteins Vortrag mit den überschwänglichen Worten ein, er habe eine größere Revolution im menschlichen Denken herbeigeführt als Kopernikus, Galilei und Newton.

Die Rückkehr nach Berlin brachte Einstein eine Einladung des Zentralkomitees des Deutschen Roten Kreuzes mit seinem Präsidenten von Winterfeldt zu einer festlichen Veranstaltung am 30. Juni, bei der auch Reichspräsident Friedrich Ebert und viele Mitglieder des Kabinetts Wirth sowie der Berliner Oberbürgermeister *Gustav Böß* anwesend waren. Einstein erzählte von seiner Reise in die USA und nach England, insbesondere von einer spürbar unfreundlichen Haltung gegenüber allem Deutschen. Einige nicht unbedingt willkommene Zeitungsberichte folgten. Das *Berliner Tageblatt* zeichnete Einsteins Eindrücke von Amerika wohl etwas verzerrt nach, wenn es sie so darstellte:

Es gibt Städte mit einer Million Einwohner – trotzdem welche Armut, welche geistige Armut! Die Leute sind also froh, dass ihnen etwas gegeben wird, womit sie spielen und wofür sie schwärmen können […]. Sie tun alles, was en vogue und in der Mode ist, und haben sich nun zufällig auf die Einstein-Mode geworfen. […] Man erzählt ihnen von etwas Großem, das Einfluss auf das ganze weitere Leben haben soll, und von einer Theorie, die nur von dem Auffassungsvermögen einer kleinen Gruppe Hochgelehrter überwältigt werden kann […]. Es imponiert ihnen, es bekommt die Farben und die bezaubernde Macht des Mysteriums […] so wird man enthusiastisch und aufgeregt.

Einstein dementierte am nächsten Tag und bezeichnete die Darlegungen als «grobe Entstellungen, die den Sinn dessen, was er zu sagen habe, in das Gegenteil verwandeln». In einer Unterredung mit der *Vossischen Zeitung* zwei weitere Tage später gab er dann zu: «Dass das sensationelle Interesse für die Relativitätstheorie, welches sich im großen Publikum zeigt, zum großen Teil auf einer Art Missverständnis beruht, ist wohl sicherlich wahr. Aber dies gilt nicht nur für das amerikanische Publikum, sondern ebenso gut für unser deutsches.»

Einstein bleibt sich treu

Ein Jahr später interessierte sich der Züricher Professor E. Bovet für die Begeisterung des allgemeinen Publikums für Einsteins Relativitätstheorie. «Ist sie reiner Snobismus? Höflichkeit einem fremden Gelehrten gegenüber? Oder erklärt sie sich durch die Ahnung einer tief greifenden Änderung in unserer Weltauffassung?» Bovet schrieb an einige berühmte Wissenschaftler, darunter Albert Einstein, Hermann Weyl und Langevin. Einstein antwortete im Juni 1922, dass die Relativitätstheorie nur eine Verbesserung und Änderung der Grundlage des «physikalisch-kausalen Weltbildes» sei, «ohne eine Änderung der grundsätzlichen Gesichtspunkte». Diese Äußerung zeigt, dass Einstein zurückhaltend, ja scheinbar unberührt auf das öffentliche Interesse an seinem Erfolg reagiert hat. Dass mehr und mehr *er selbst* und nicht seine Relativitätstheorien im Mittelpunkt stand, war verständlich – von dem für ein allgemeines Publikum schwer zugänglichen Inhalt der Theorien her gesehen. Trotz des Kults um seine Person blieb Einstein bescheiden im Auftreten, verlor nichts von seiner freundlichen Art, Menschen zu begegnen, und bewahrte seine Fröhlichkeit. Natürlich genoss er seinen Ruhm, der ihm viele Türen öffnete, sogar höchst unstandesgemäß das private Tor des belgischen Königspaares. Dazu musste er sich in seiner Garderobe anpassen und öfter einen ungeliebten Smoking oder sogar einen Frack anziehen; er unterwarf sich den Regeln aber nicht völlig. Graf Kessler notierte: «Einstein majestätisch trotz seiner übergroßen Bescheidenheit und Schnürstiefeln zum Smoking.» In zwei Verhaltensweisen könnte eine Auswirkung seines Weltruhms auf Einstein gefunden werden, in seiner freudigen Annahme von Geschenken und in seinem Umgang mit der Weltpresse. Auf beides werden wir zurückkommen. Als zweiter Sonnen-«König» hat er sich niemals verstanden.

Die Hatz auf Einstein und seine Theorien

Die politische Situation zu Beginn der Weimarer Republik blieb instabil. Aufgrund des Versailler Vertrags musste die Reichswehr auf hunderttausend Mann reduziert werden; viermal so viele standen aber noch in den Kasernen. Vor der Entlassung stehend, waren Kommandeure und Mannschaften politischen Versprechen leicht zugänglich. Am frühen Morgen des 13. März 1920 marschierte die Freikorps-Marinebrigade des Korvettenkapitäns Ehrhardt mit ungefähr 5000 Soldaten von ihrem Standort Döberitz bei Berlin in die Stadt, besetzte das Regierungszentrum und wichtige Knotenpunkte. Vielleicht sangen sie auf dem Weg ihr Lied:

Hakenkreuz am Stahlhelm,
schwarzweißrotes Band,
die Brigade Erhardt
werden wir genannt.
[...]
Die Brigade Erhardt
schlägt alles kurz und klein,
wehe dir, wehe dir,
du Arbeiterschwein.

Der Kapp-Putsch hatte begonnen; Regierung und Reichspräsident, rechtzeitig gewarnt, konnten entkommen und flohen nach Stuttgart. Der selbst ernannte Kanzler für fünf Tage, *Wolfgang Kapp*, war Mitgründer der *Vaterlandspartei* gewesen und nach dem Waffenstillstand Vertreter Ostpreußens im Hauptvorstand der Deutschnationalen Volkspartei (DNVP) geworden. Ein von den Gewerkschaften ausgerufener und zumindest teilweise gemeinsam von den Linksparteien SPD, USPD und KPD unterstützter Generalstreik, die Weigerung der Mehrzahl der Ministerialbeamten zur Zusammenarbeit mit Kapp und das Zudrehen des Geldhahns durch die Reichsbank ließ den versuchten Staatsstreich schnell scheitern. Soldaten der abrückenden Marinebrigade erschossen vor dem Brandenburger Tor zwölf der demonstrierenden Arbeiter. Bewaffnete Arbeitergruppen lieferten sich Gefechte mit der die Macht plötzlich wieder übernehmenden Reichswehr; in Köpenick hielt sie ein Standgericht, das einen Arbeiterführer und zehn Arbeiter hinrichtete. Linksradikale Kräfte versuchten auch im Ruhrgebiet, Thüringen und Sachsen die Macht mit Gewalt an sich zu reißen und wurden erst nach bitteren Kämpfen bezwungen. Ein «Räuberheld» dieser Kämpfe, der sich als eine Art Schinderhannes aufführende Techniker *Max Hölz*, wurde wegen seiner Gewalttaten zu lebenslangem Zuchthaus verurteilt, aber 1928 amnestiert. Seine Lebenserinnerungen, «Vom weißen Kreuz zur roten Fahne», fand Einstein lesenswert. Die Wahlen zum Reichstag nach dem Putschversuch im Juni 1920 zeigten, dass die Radikalisierung zwischen rechten und linken politischen Kräften fortgeschritten war: Die Parteien der Weimarer Koalition – SPD, Zentrum und Deutsche Demokratische Partei (DDP) – verloren ihre Mehrheit. Dagegen verdoppelte die national-konservative Deutsche Volkspartei (DVP) die Anzahl ihrer Sitze im Reichstag. Auch die radikalere Linke gewann hinzu, die USPD vervierfachte fast die Zahl ihrer Abgeordneten. Die sich in der Spaltung zwischen den «Spartakisten» und Kommunisten auf der einen und den Sozialdemokraten auf der anderen Seite ausdrückenden fundamentalen Meinungsverschiedenheiten sollten sich verhängnisvoll auf das Bestehen der Weimarer Republik auswirken. Die radikale Linke verzieh die blutige Niederschlagung ihres Versuchs, eine Räterepublik zu gründen, nie. Wie bitter Anklagen gegenüber dem «Verrat» der Sozialdemokratie sein konnten, zeigt ein den Reichspräsidenten Ebert schmähender – allerdings erst später im Exil geschriebener – Vierzeiler von Bertolt Brecht:

Ich bin der Sattler, der dem Junkerpack
von Neuem in den Sattel half. Ich Sau
ließ mich von ihnen kaufen, noch im Sack
des Armen Groschen. Gab's für mich kein Tau?

Diese einseitige Sicht relativiert sich, wenn wir die Meinung von George Grosz im März 1933 lesen: «Bitter ist, und für manche Interessierte hier unbegreiflich, warum diese Millionen Kommunisten einfach glatt versagten [...] und Hitler sich einfach fett an die Krippe setzen konnte. Nun, die III. Internationale wird uns da ja auch wieder, wie immer, wenn der

Porzellanladen in Trümmer gegangen, die treffende Analysierung servieren. Es hat etwas tragisches, diese deutsche Arbeiterbewegung.» Gemessen an den Ereignissen und den Presseberichten darüber, bildete das Jahr 1920 einen Höhepunkt sowohl der Begeisterung für Einstein als auch der Aufregung über ihn. Es waren nicht nur Physiker und Naturwissenschaftler, sondern auch politische Aktivisten aus dem national-konservativen Lager um die DNVP, die den «shooting star» Einstein für ihre Zwecken benutzen wollten. Da die Physiker in der Mehrzahl dem naiven Glauben anhingen, Wissenschaft und Politik müssten und könnten streng getrennt werden, ließen sie sich besonders leicht für politische Zwecke manipulieren. Davon zeugt eine von einem völlig Unbekannten geschickt inszenierte Kampagne gegen die Relativitätstheorien Einsteins in Berlin. Antisemitismus der verschiedensten Spielarten hatte längst in der Gesellschaft gewuchert, in Berlin eher schwächer als im übrigen Deutschland. Dieser Antisemitismus spielte auch in der Anti-Einstein-Kampagne eine Rolle. Es wäre jedoch kurzsichtig, sie allein unter diesem Gesichtspunkt erklären zu wollen.

Die Anti-Einstein-Kampagne in Berlin

Die große Aufmerksamkeit durch einen Teil der Presse wurde Einstein zu viel; Besso ließ er wissen, er sei «viel geplagt durch übertriebene Verhimmelung». Genau diese Situation wurde nun gegen ihn ausgenutzt. Im Sommer 1920 trat ein Verein mit dem Namen «Arbeitsgemeinschaft deutscher Naturforscher zur Erhaltung reiner Wissenschaft e. V.» an die Berliner Öffentlichkeit und lud zu Vorträgen «im großen Saal der Philharmonie, abends 8 Uhr» ein. Am 24. August sollten die Herren Paul Weyland über «Einsteins Relativitätstheorie eine wissenschaftliche Massensuggestion» und Prof. Dr. E. Gehrcke über «Kritik der Einsteinschen Relativitätstheorie» reden. Am 2. September standen dann Vorträge von Prof. Dr. Kraus, Prag, «Relativitätstheorie und Erkenntnistheorie», und Dr. Ing. L. C. Glaser, Berlin, «Physikalische Einwände gegen Einsteins allgemeine Relativitätstheorie», auf dem Programmzettel. Viele weitere Abendveranstaltungen sollten folgen. Gehrcke kennen wir schon als guten Experimentalphysiker und hartnäckigen Anti-Relativisten; wer aber war Weyland?

Paul Weyland bezeichnete sich als Ingenieur. Zumindest für 1921 war er der Vorsitzende der Arbeitsgemeinschaft; die Adressen von Geschäftsstelle und Privatwohnung Weylands in der Stavanger Straße im Norden Berlins waren dieselben. Als aktives Mitglied der DNVP stand er auf der Seite ihres völkisch-rassistischen Flügels, der auf den Ausschluss von jüdischen Parteimitgliedern drang. Weyland versuchte, verschiedene ultrarechte, antisemitische Gruppen zu einem «Deutschvölkischen Block» zusammenzubringen. Er warb Leser für das konservativ-nationalistische Berliner Blatt *Deutsche Zeitung* und war Mitglied des monarchistischen «Bundes der Aufrechten», der die Republik bekämpfte. Weil Weyland die DNVP in der «jüdischen Frage» zu tolerant fand, gründete er im Jahr nach der Anti-Einstein-Kampagne die *Deutschvölkischen Monatshefte*, deren Spruchband unter der Titelzeile in der Mitte ein Hakenkreuz mit dem Motto «in hoc vinces»* aufwies, umrahmt von «Für Wiedererrichtung der Monarchie! Für deutsche Sitten! Für die nationale Einheit des deutschen Volkes! Für deutsches Wesen!» Doch die erste Nummer dieser Zeitschrift war schon die letzte. Weyland sprach auch bei Versammlungen des zu antisemitischer Propaganda vom «Alldeutschen Verband» gegründeten «Schutz- und Trutzbundes». Der Ausdruck im Vereinsnamen «zur Erhaltung reiner Wissenschaft» bedeutete nach den Zielen des Vereins: «Angestrebt wird Judenreinheit der deutschen Wissenschaft. [...] Weitere Ziele sind die Bekämpfung jüdischen Geistes in unseren Reihen.» Dieses Bekenntnis kam erst Anfang 1921 heraus; im Programmzettel zu den Veranstaltungen in der Philharmonie las sich alles viel harmloser. Da war nur die sprachlich nicht ganz korrekte Rede davon, dass «das deutsche Volk davor beschützt werden [soll], von gewissen Kreisen emporgelobte Wissenschaftler, die mit halbfertigen Meinungen die wissenschaftlich interessierte Welt in Aufruhr versetzen [...] fehlgeleitet zu werden.»

Weyland war also raffiniert genug, im Zusammenhang mit der Veranstaltung in der Berliner Philharmonie seinen Judenhass zu verbergen. Er sagte dort, sein Ziel sei nicht, Einsteins Relativitätstheorie unter einem speziellen mathematischen Gesichtspunkt zu kritisieren, sondern «zu untersuchen, wie es kam, dass die allgemeine Relativitätstheorie seit ge-

---

* Mit diesem [Zeichen] siegt ihr.

raumer Zeit die Massen in Aufruhr versetzen konnte.» Einstein werde von Teilen der Presse, die er «Einstein-Presse» nannte, ständig glorifiziert und die Ergebnisse der Sonnenfinsternis-Expedition zugunsten der Relativitätstheorie überinterpretiert. Schließlich rückte er die «Einsteinschen Ideen» in die Nähe des «Gedankenchaos der Dadaisten»: «Niemand wird sich wundern, wenn gegen diesen wissenschaftlichen Dadaismus eine Bewegung entstanden ist, mit dem Ziele, die Öffentlichkeit aufzuklären, was denn eigentlich an der Einsteinschen Relativitätstheorie ist [...].» Weylands Rede ist als Heft 2 der Schriften aus dem Verlag der Arbeitsgemeinschaft 1920 in Berlin erschienen; er reproduzierte dort auch eine ganze Reihe von Zeitungsartikeln zur Anti-Einstein-Kampagne. Heft 1 gibt Gehrckes Vortrag wieder, allerdings unter dem Titel, der für Weyland angekündigt worden war: «Die Relativitätstheorie eine wissenschaftliche Massensuggestion». Gehrckes Redetext war schon vorher gedruckt worden und wurde am Saaleingang zum Verkauf angeboten wie auch – nach einem Bericht der Tageszeitung *Die Freiheit* – Hakenkreuz-Anstecker. Ein einziges weiteres Heft kam zustande, eine lange Abhandlung über spezifische Wärmen mit vielen Tabellen von Messwerten des Ingenieurs und Physikers *Rudolf Mewes* aus Berlin NW 21, Pritzwalkerstraße 8, dessen Expertise eher auf den Gebieten von Heizung, Kühlung, Gaskomprimierung, Klimaanlagen und Verbrennungsmotoren zu suchen war, nicht aber in physikalischen Fragen. Auf Anraten mehrerer Gutachter hatte der renommierte Vieweg-Verlag die Veröffentlichung des Opus abgelehnt; es stelle «das Gebiet der spezifischen Wärme völlig einseitig vom Standpunkt des Verfassers dar» und gehe «auf die reiche Entwicklung der letzten 25 Jahre so gut wie gar nicht ein». Einsteins Ideen hatte der ältere Herr angeblich schon im März 1889 in einem Vortrag vor der physikalischen Gesellschaft in Berlin vorweggenommen. An seiner Meinung ließ er keinen Zweifel: «Dass die relativistischen Ideen [...] von rein deutschen Forschern, nämlich Christian Doppler, Wilhelm Weber und Rudolf Mewes, nachweislich herrühren, aber nicht von dem semitischen Professor und Kommunisten Dr. Albert Einstein [...].»

Dieser hatte es sich mit einer seiner Stieftöchter in einer Loge bequem gemacht und auch Nernst ließ es sich nicht nehmen, bei Weylands und Gehrckes Anti-Einstein-Abend als aufmerksamer Hörer dabei zu sein. Ein reines Vergnügen kann es für Einstein nicht gewesen sein, obwohl er «mit gelassener Ruhe, mitunter sogar leise lächelnd» den Ausführungen der Redner folgte. Nach dem Ereignis ergriffen liberale und gemäßigte Berliner Blätter Partei gegen die Weylandschen Anschuldigungen unter Überschriften wie «Die Offensive gegen Einstein» (*Berliner Tageblatt*), «Der Kampf gegen Einstein» (*Vossische Zeitung*), «Der Kampf um Einstein» (*Vorwärts*) und, etwas ironischer, «Ein Einstein-‹Kenner› – Der Kampf gegen die Relativitätstheorie» (*8-Uhr-Abendblatt*). Einsteins Kollegen Max von Laue, Walther Nernst und Heinrich Rubens bedauerten ohne Namensnennung am übernächsten Tage in der Berliner *Täglichen Rundschau*, dass «Einwände gehässiger Art auch gegen seine [d. h. Einsteins] wissenschaftliche Persönlichkeit» erhoben worden waren. Sie betonten, dass auch abgesehen von den Relativitätstheorien Einsteins «seine sonstigen Arbeiten ihm einen unvergänglichen Platz in der Geschichte unserer Wissenschaft sichern». Außerdem werde Einstein «von niemand in der Achtung fremden geistigen Eigentums, in persönlicher Bescheidenheit und Abneigung gegen Reklame übertroffen». Damit hatte der «Nobody» Weyland ein Ziel schon erreicht; er erregte öffentliche Aufmerksamkeit und er war seinem zweiten Ziel näher gekommen, nämlich neue Mitglieder für seine verschiedenen Grüppchen zu werben.

Einstein selbst fühlte sich herabgesetzt und sandte eine längere Erklärung an das *Berliner Tageblatt* mit der ironischen Überschrift «Meine Antwort. Über die antirelativistische G.m.b.H.» Aus dem eingetragenen Verein (e. V.) hatte er eine auf finanziellen Erwerb ausgerichtete Gesellschaft (G.m.b.H.) gemacht. Was Weyland betrifft, der weder mit Vermögen noch mit einer Lebensstellung ausgestattet war, so mag er durchaus in die richtige Richtung gezielt haben. Aber er schuf damit Angriffsflächen für seine Gegner, ebenso wie mit seiner erstmaligen Erwähnung des Antisemitismus als Motiv im Hintergrund: «Ich bin mir sehr wohl des Umstandes bewusst, dass die beiden Sprecher einer Antwort aus meiner Feder unwürdig sind, denn ich habe guten Grund zu glauben, dass andere Motive als das Streben nach Wahrheit diesem Unternehmen zugrunde liegen. (Wäre ich Deutschnationaler mit oder ohne Hakenkreuz statt Jude von freiheitlicher Gesinnung, so […]).» Einstein versammelte die Namen von zehn Autoritäten der theoretischen Physik und Mathematik als Unterstützer um seine Theorie und widerlegte ausführlich

Gehrckes Einwände. Nebenbei machte er sich Lenard zum Feind, weil er ihn als Physiker «von internationaler Bedeutung» unter den Gegnern der Relativitätstheorie angriff:

Ich bewundere Lenard als Meister der Experimentalphysik; in der theoretischen Physik aber hat er noch nichts geleistet und seine Einwände gegen die allgemeine Relativitätstheorie sind von solcher Oberflächlichkeit, dass ich es bis jetzt nicht für nötig erachtet habe, ausführlich auf dieselben zu antworten.

Am Ende seiner Erwiderung spielte der sich immer als Schweizer fühlende Einstein auch ein wenig die deutsche Karte, wenn er sagte: «Es wird im Auslande [...] einen sonderbaren Eindruck machen, wenn sie sehen, dass die Theorie sowie deren Urheber in Deutschland selbst derart verunglimpft wird.»

Eine Schrift von Lenard war während der Veranstaltung in der Philharmonie ausgelegt, und Weyland hatte ihn im Programm als einen der nächsten Redner angekündigt, ohne dass Lenard zugesagt hatte. Bis zum Anti-Einstein-Abend hatte Lenard noch keine unzulässige Kritik an der speziellen Relativitätstheorie veröffentlicht. Seine politische Zuneigung gehörte jedoch schon damals dem «Alldeutschen Verband». Der erzürnte Lenard forderte bei einem Vermittlungsversuch durch Arnold Sommerfeld eine *öffentliche* Entschuldigung von Einstein. Dieser ließ eine solche durch Kollegen, nämlich F. Himstedt aus Freiburg und Max Planck, in Form einer kurzen Notiz im *Berliner Tageblatt* überbringen: «[...] hat uns Herr Einstein ermächtigt, sein lebhaftes Bedauern auszusprechen, dass er die in seinem Artikel enthaltenen Vorwürfe auch gegen den von ihm hochgeschätzten Kollegen Herrn Lenard gerichtet hat.»

Weyland ließ sich die Gelegenheit nicht entgehen und beschied Einsteins Zeitungsreplik knapp, er bringe sachlich nichts hervor und suche hinter dem Antisemitismus Schutz. Doch wurde er schnell bloßgestellt, nachdem die *Berliner Zeitung* am 3. September einen Brief von ihm, dem «Schriftwart der Einsteingegner», an mögliche Redner für seine Anti-Einstein-Kampagne veröffentlicht hatte. In ihm köderte er diese mit Geld; es werde «*bei der Sache ein Gewinn von etwa 10–15 000 Mark für Sie herauskommen*». Dass er mit seinem Antwort-Artikel dennoch in die ihm von Weyland gestellte Falle getappt war, bekannte Einstein in einem Brief an Max Born Anfang September 1920: «Jeder muss am Altar der

Dummheit von Zeit zu Zeit sein Opfer darbringen [...]. Und ich tat es gründlich mit meinem Artikel.» Ein witziger Bekannter habe ihm versichert, dass bei Einstein alles Reklame sei: «Sein neuester und raffiniertester Trick ist die Weyland G.m.b.H.» Dass Einstein und seine jüdischen Kollegen und Kolleginnen hinsichtlich des Antisemitismus besonders hellhörig waren, versteht sich von selbst. Lise Meitner empfand bezüglich der «Anti-Einstein-Vorträge mit antisemitischen Hintergründen» in der Berliner Philharmonie in einem Brief an Otto Hahn, dass sie den Deutschen keine Ehre machten, «man könne da wirklich von einem gewissen Barbarentum reden. Soll die heilige Inquisition wieder aufstehen mit Herrn Gehrcke als Großinquisitor?»

Beistand für Einstein kam auch von nicht naturwissenschaftlicher Seite, von dem Schauspieler *Alexander Moissi*, von Max Reinhardt und Arnold Zweig, die sich über «die alldeutsche Hetze» gegen Einstein entrüsteten und ihn «in wahrhaft internationaler Gesinnung der Sympathie aller freien Menschen» versicherten, «die stolz sind, Sie in ihrer Reihe zu wissen, Sie zu den Führern der Weltwissenschaft zu zählen». Der deutsche Botschafter in London, Friedrich Sthamer, berichtete Anfang September eilig, dass die englischen Blätter Nachrichten von heftigen Angriffen gegen Einstein wiedergegeben und sogar eine Notiz gebracht hätten, dass Einstein beabsichtige, Deutschland zu verlassen und in die USA zu gehen. «Prof. Einstein ist gerade im gegenwärtigen Augenblick für Deutschland ein Kulturfaktor ersten Ranges [...]. Wir sollten einen solchen Mann, mit dem wir wirkliche Kulturpropaganda treiben können, nicht aus Deutschland vertreiben.» In der Tat dachte Einstein, wie er am 9. September an Born schrieb, «im ersten Augenblick der Attacke» an Flucht. Vielleicht hat ihn neben aller anderen Unterstützung auch der offene Brief des preußischen Unterrichtsministers *Konrad Haenisch* getröstet, in dem dieser am 7. September seine «Empfindungen des Schmerzes und der Beschämung» darüber ausdrückte, dass die von Einstein «vertretene Lehre in der Öffentlichkeit Gegenstand gehässiger [...] Angriffe gewesen, und dass selbst Ihre wissenschaftliche Persönlichkeit von Verunglimpfungen und Verleumdungen nicht verschont geblieben ist.» Haenisch hoffte, dass die Gerüchte über einen möglichen Weggang Einsteins nicht stimmten, aus einem Berlin, «das stolz darauf war und stets stolz darauf bleiben wird, Sie, hochverehrter Herr Professor, zu den ersten Zierden seiner Wissenschaft zu zählen.» Einsteins schnelle Antwort an Haenisch machte klar, dass «Berlin die Stätte ist, mit der ich durch menschliche und wissenschaftliche Beziehungen am meisten verwachsen bin». Einem Ruf ins Ausland würde er nur dann folgen, wenn «äußere Verhältnisse mich dazu zwingen». Im Jahr 1933 trat dieser Fall dann ein. Gegenüber Max Born äußerte sich Einstein nach dem Brief an Haenisch konkreter und privater über seine Zukunftspläne: «Heute denke ich nur mehr an den Ankauf eines Segelschiffes und eines Landhäuschens bei Berlin am Wasser.» Er muss mit der Stadt, mit dem Kranz von Seen und Wäldern um sie und in ihr gefühlsmäßig verbunden gewesen sein. Hätte er eine «Ode an Berlin» schreiben können und nicht nur Verse gereimt, wie er es gerne tat, so wären Zeilen in ihr wie die auf die Großstadtatmosphäre bezogenen aus Yvan Golls Gedicht unvorstellbar:

Nichts ist irdischer aus den Poren des Sterns geschwitzt
als Berlin, du Bar des Planeten.
Wie ich Urwelt spüre,
Unterwelten entsteigt der Autobus und der Auerochs,
Hörner voll elektrischer Diamanten,
Hirne, braun gebacken bei Kempinsky.

Statt bei Kempinski fühlte Einstein sich wohler im Grunewald, am Wannsee oder mit dem Segelboot auf der Havel.

Rededuell in Bad Nauheim

In seiner öffentlichen Antwort auf Weylands und Gehrckes Anti-Einstein-Abend hatte Einstein jeden, «der sich vor ein wissenschaftliches Forum wagen darf», eingeladen, an der auf seine Anregung während der Naturforschertagung in Bad Nauheim im September 1920 stattfindenden «Diskussion über die Relativitätstheorie» teilzunehmen. Seit Beginn des Weltkrieges war dies die erste der sonst regelmäßig stattfindenden *Versammlung Deutscher Naturforscher und Ärzte*, zu der sich verschiedene Fachverbände zusammenfanden, darunter die Deutsche Physikalische und die Mathematische Gesellschaft sowie die Gesellschaft für technische Physik. Gehrcke trug in einer Sitzung zu Atom- und Molekülphysik über die Struktur der Balmer-Serie der Spektrallinien des Wasserstoffs vor. Der anwesende Weyland musste schweigen: Ihm fehlten die notwendige Vorbildung und jegliches Urteilsvermögen in wissenschaftlichen Dingen. Laut Weyl war die Sitzung über die Relativitätstheorien aufgrund einer Initiative der mathematischen Gesellschaft zustande gekommen und auf zwei Tage verteilt worden. Am ersten Tag sprachen Weyl selbst über seine elektrisches und Schwerefeld verbindende «Einheitliche Feldtheorie», dann die theoretischen Physiker *Gustav Mie* und Max von Laue sowie der Bonner Experimentalphysiker *Leonhard Grebe*. Dieser hatte versucht, die von Einstein vorhergesagte Rotverschiebung der Spektrallinien aus Molekülspektren der Sonne zu bestimmen. Grebes zusammen mit *Albert Bachem* ausgeführte Messungen an der Stickstoffbande gaben jedoch kein schlüssiges Resultat; Einstein fasste sie dennoch als Bestätigung seiner Theorie auf, wie aus seiner Korrespondenz mit dem Freund Besso hervorgeht.

Nach diesen Vorträgen mit jeweils kurzen Diskussionen folgte die angekündigte «Generaldebatte». Aus der damaligen Zeit existieren zwei mehr oder minder *offiziöse* Berichte, eine nicht sehr kohärente zweiseitige Zusammenfassung von 1920 in der *Physikalischen Zeitschrift* und ein etwas späterer vierseitiger Artikel Weyls für die *Jahresberichte der deutschen Mathematikervereinigung* von 1922. Ebenso wie diese sind die Darstellungen in den Berliner Tageszeitungen *Vorwärts* und *Berliner Tageblatt* sachlich und undramatisch. Gehrcke zitiert in seinem Buch «Die Massensuggestion der Relativitätstheorie» einen Bericht der *Kölnischen Zeitung* vom 30. September: «Besonderen Eindruck machte der öffentliche Meinungsaustausch zwischen EINSTEIN und dem berühmten Heidelberger Physiker LENARD. [...] Eine Einigung zwischen LENARD und EINSTEIN wurde nicht erzielt, und nachdem noch andere Redner für (z. B. Prof. BORN) und wider (Prof. PALAGYI-Budapest) die Relativitätstheorie gesprochen hatten, wurde die weitere Erörterung vertagt, da, wie der Vorsitzende der Sitzung, der berühmte Physiker PLANCK, aus Berlin bemerkte, ‹die Relativitätstheorie es leider bisher noch nicht fertig gebracht habe, die für die Sitzung verfügbare absolute Zeit von neun bis ein Uhr zu verlängern›.»

Warum ging es denn nun bei der wissenschaftlichen Diskussion? Lenard erhob drei Einwände gegen die *allgemeine* Relativitätstheorie: *Erstens* sei der Äther unverzichtbar für ein Verständnis der Physik und

Einstein habe ihn jetzt auch wieder eingeführt; würden *zweitens* starre Drehungen betrachtet werden, so erlaube die allgemeine Relativitätstheorie *Über*lichtgeschwindigkeiten; *drittens* könne das Relativitätsprinzip nur für Kräfte proportional zur Masse gelten. Solle es für beliebige Kräfte gelten, so müssten fiktive, das heißt nicht durch Materie erzeugte Schwerefelder eingeführt werden. Die ersten beiden Einwände zeigten, dass Lenard im Verständnis der allgemeinen Relativitätstheorie noch nicht sehr weit gediehen war. Als *materielle Substanz* war der Äther unnötig geworden; durch seine Uminterpretation als ein metrisches *Führungsfeld* im Sinne der Minkowski-Metrik des materiefreien Raumes konnte das Wort aber wieder gebraucht werden. Starre Körper im Sinne der Euklidschen Geometrie kann es weder in der speziellen noch der allgemeinen Relativitätstheorie geben, da sie instantane Fernwirkung nach sich ziehen würden. Substanziell war Lenards dritter Einwand, wie Weyl sofort zugab. Denn das Schwerepotential in der Einsteinschen Gravitationstheorie wird, ganz entgegen der ursprünglichen Erwartung Einsteins, durch die Materie nicht vollständig bestimmt; auch die *Randbedingungen*, mit denen die Differentialgleichungen gelöst werden müssen, spielen eine Rolle. Es gibt mathematisch überall definierte Lösungen der Einsteinschen Feldgleichungen *ohne Materie*. Anschaulich bedeutet dies, dass der Raum in der Form von metrischen Beziehungen *unabhängig* von aller Materie existieren kann: Newtons Raumauffassung triumphiert über die Leibnizsche in der Einsteinschen Gravitationstheorie.

Dass die Teilnehmer einschließlich Einsteins innerlich aufgeheizt waren, ist nach dem Vorausgegangenen in der Berliner Philharmonie nicht zu bezweifeln. Einstein schrieb Born, er werde sich nicht mehr so wie in Nauheim in Erregung versetzen lassen. Lenard trat aus der Deutschen Physikalischen Gesellschaft aus und verbot deren Mitgliedern den Zutritt zu seinem Dienstzimmer. Das Zerwürfnis war endgültig. Was die Öffentlichkeit betrifft, so berührte eine Auseinandersetzung um Meinungsfreiheit und religiöse Toleranz sehr viel mehr Menschen als der innerphysikalische Streit um die Relativitätstheorien. Einsteins Namensvetter *Carl Einstein* hatte 1921 sein polemisches Drama über das Leiden Jesu Christi, «Die schlimme Botschaft», publiziert, das die Passion Christi als gesellschaftliches Ereignis mit den entsprechenden Strippenziehern im Hintergrund darstellte. Die «staatstragenden» Gesellschaftsschichten sahen darin einen Affront; ihre theologischen und juristischen Vertreter strengten den ersten großen Gotteslästerungsprozess der Weimarer Republik an. Carl Einstein wurde zu 15 000 Mark Strafe verurteilt.

Die Tatsache, dass Berliner Teilnehmer an der Tagung wie Lise Meitner ihre Brotmarken für die Woche dort als *Reisebrotmarken* mitnehmen mussten, zeigt, wie kritisch die Ernährungssituation fast zwei Jahre nach dem Waffenstillstand noch immer war. Vieles musste rationiert bleiben oder war unerschwinglich. Im Dezember 1920 lag das wöchentliche Existenzminimum einer Familie mit zwei Kindern bei 327 Mark; ein Maurer verdiente aber nur 312,80 Mark, und ein Kilogramm Schweinefleisch kostete in Berlin fast 41 Mark. Gleichzeitig gingen vom Berliner Zentralviehhof stetige Lieferungen von Schafen, Pferden und Rindern als Teil der Kriegsentschädigung an die Entente. Der Ansturm zum «Städtischen Butterverkauf», bei dem das Pfund Butter 68 Mark kostete, musste durch die Schutzpolizei geregelt werden. Als *Niels Bohr* im April 1920 aus dem neutralen Dänemark zu einem Vortrag nach Berlin kam und Einstein besuchte, brachte er ihm unter anderem auch *Butter* mit.

Dass im Alltagsleben Normalität noch nicht eingekehrt war, spürten die Berliner auf Schritt und Tritt. Etwa auf dem Schild im Wartezimmer eines Arztes:

Die Patienten werden gebeten,
infolge der Kohlennot zur Heizung
des Wartezimmers bei jedem Besuch
ein Brikett mitzubringen.
Dr. med. Wagner

War Einsteins Leben gefährdet?

In einigen Darstellungen wird berichtet, gegen Ende des Anti-Einstein-Abends in Berlin im August 1920 habe ein Student in Richtung von Einstein gerufen, dass man «diesem Juden an die Gurgel springen» solle. Da für den Vorfall aber verschiedene Orte und Zeiten angegeben werden, kann er nicht als eindeutig belegt gelten. War Einsteins Leben durch körperliche Angriffe bedroht wie vor 1920 das Liebknechts und Luxemburgs und 1922 das Rathenaus? Ein einziger konkreterer Hinweis findet sich in einer Fußnote in Nicolais Broschüre «Romain Rollands Manifest und die deutschen Antworten»: «Nicht alle gingen dabei gerade so weit wie Herr Lebius, der neulich seine deutschen Landsleute aufforderte, Albert Einstein – also den einzigen Mann, um den die Welt heute noch Deutschland beneidet – glatt tot zu schießen (eine Aufforderung zum Mord, für die der betreffende übrigens nur zu einer Geldstrafe verurteilt wurde).» Da Einstein nur im Rahmen der geringen Minderheit von Pazifisten politisch tätig wurde, und das eher selten, also den Macht- und Wirtschaftsinteressen von niemandem in die Quere kam, ihn wohl auch die schützende Aura des Genies umgab, ist eine direkte Gefährdung eher als unwahrscheinlich anzusehen. Dennoch erscheint es als Spiel mit dem Feuer, wenn der *Vorwärts* vom 27. August 1920, gefolgt vom *Israelit* am 2. September, ein Spottgedicht «Die Einstein-Hatz», anscheinend von dem jüdischen Wirtschaftsjournalisten des Ullstein-Verlags *Ludwig Lewinsohn* unter seinem Pseudonym *Morus*, gegen die Anti-Einstein-Meute abdruckte. Spätere Interpreten haben das Gedicht dann für bare antisemitische Münze gehalten. Es sei hier nur auszugsweise wiedergegeben:

Hep-hep, tut-tut,
der Einstein ist ein Jud'!
Runter vom Katheder, schachere mit Leder!
[...]
Erster Hetzprofessor: Germanen, uns wagt man zu bieten,
Die Theorien des Semiten.
Da macht sich so ein Mauschel breit'
Und lässt die Zeit im Raum verschwinden,
Verleugnung ist's der «großen Zeit»,
Ihm fehlt das Nationalempfinden.
[...]
Zweiter Hetzprofessor: Fort mit der Judenrepublik!
Wir fordern Nationalphysik. Auch die Mathematik verlangen
Wir nach völkischen Belangen
Sei's integral, differential, in erster Linie national!
[...]
Chor der farbentragenden Studenten
Los von der billigen
Studierwut!

Zeitfreiwilligen
Tut Bier gut.
Schießt Proletarier!
Das ziemt dem Arier.

Wenn Gefahr für Einstein bestand, dann jedenfalls nicht von Weyland und seinem Anhang. Weyland reiste im Herbst 1921, also kurz nach Einstein, in die Vereinigten Staaten und versuchte, auch in Skandinavien Wissenschaftler gegen Einstein aufzuhetzen. Nachdem dieser den Nobelpreis erhalten hatte, scheint Weyland sein Interesse an der Auseinandersetzung mit ihm und der Relativitätstheorie verloren zu haben. Er versuchte, sich bei den Nazis anzubiedern, fiel durch Betrügereien und Unterschlagungen im In- und Ausland auf, auch als SA-Führer. Daher wurde er 1936 ausgebürgert und bei seiner Rückkehr nach Deutschland 1939 verhaftet; er überlebte die Jahre 1940 bis 1945 in den Konzentrationslagern Dachau und Sachsenhausen. Schon im Februar 1921 hatte sich Gehrcke von Weyland distanziert und ihn Lenard gegenüber als «eine der vielen zweifelhaften Typen, die die revolutionäre, nachkriegerische Großstadt hervorgebracht hat», charakterisiert.

«Rathenau ermordet! Massen haltet Euch bereit!» Eine Sonderausgabe des Zentralorgans der SPD, *Vorwärts*, verbreitete die Nachricht vom feigen Mord am späten Vormittag des 24. Juni 1922 durch eine an der Ecke Königsallee-Wallotstraße im Stadtteil Grunewald in den offenen Wagen des Reichsaußenministers gefeuerte Maschinenpistolensalve und eine Handgranate. Eine nationalistische Organisation «Consul» und die gleichen Kreise wie die an der Ermordung des katholischen Zentrumspolitikers *Matthias Erzberger* im August 1921 Beteiligten hatten diese Untat auf dem Gewissen. Am 4. Juli fand eine große von SPD und KPD organisierte Protestdemonstration vor der Kaiser-Wilhelm-Gedächtniskirche mit 700 000 Teilnehmern statt; direkt vor dem «Romanischen Café» im «bürgerlichen Stadtviertel» riesige Plakate des Malik-Verlags «Platz! dem Arbeiter» und «Hoch die Rote Republik»!

Während eine Reaktion Einsteins auf den Mord an Erzberger nicht bekannt ist, scheint er dieses Mal wirklich Angst bekommen zu haben. Am 7. Juli schrieb er an Planck, dass ihm Warnungen zugegangen seien, wonach er zur Gruppe derjenigen Personen gehöre, gegen die von völkischer Seite Attentate geplant seien. Einen sicheren Beweis habe er nicht, aber er ziehe sich deswegen vorläufig aus der Öffentlichkeit zurück. Seine Vorlesung, die Einstein im Sommer 1922 dienstags von 5 bis 7 Uhr nachmittags im Hörsaal 122 hielt, brach er ab. Wie real die Gefahr war, ist schwierig zu beurteilen. Das *Berliner Tageblatt* druckte am 5. August 1922 eine Notiz: «Einsteins Absage an den Naturforschertag: Auf der Liste der Mörderorganisation». Die *Casseler Allgemeine Zeitung* behauptete am 12. August 1922 nach Informationen von «der zuständigen Berliner Stelle», dass die Liste der Mörderorganisation, auf der auch Einsteins Name gestanden haben soll, durch «die polizeilichen Erhebungen [...] nicht ans Licht gefördert» worden sei. Auf jeden Fall hallte die Drohung in der internationalen Presse wider. Die Nachricht drang sogar zum bekannteren Bruder *Erich* des Berliner Arztes und Ko-Autors von Einstein, Hans Mühsam. Der Schriftsteller Erich Mühsam war wegen seiner Beteiligung an der Münchener Räteregierung eingesperrt worden. Seine Tagebuchnotiz lautet: «So ist Einstein z. B. trotz seines Weltruhms, der ihm Einladungen in alle Weltgegenden einträgt, im eigenen ‹Vaterland› seines Lebens nicht sicher. Er ist Jude und Pazifist – infolgedessen droht ihm in dieser glorreichen Republik der Tod.» Im Juni 1924 hat sich Einstein in einer Audienz bei dem damaligen Reichskanzler *Dr. Marx* für die Freilassung des Schriftstellers Erich Mühsam eingesetzt.

Jetzt im Sommer 1922 bekam Einstein die Gelegenheit, Berlin zu einem Arbeitsbesuch bei der Firma «Anschütz & Co G.m.b.H.» in Kiel für eine Woche zu verlassen; er kündigte am 1. Juli von Berlin aus seine Ankunft in Kiel für den 5. Juli an; seine Frau Elsa würde ihn begleiten. Es kann daher nicht der folgenschwere Überfall mit antisemitischem Hintergrund auf den Publizisten *Maximilian Harden* am 3. Juli gewesen sein, der Einstein nach Kiel trieb. Infolge der Beunruhigung wegen des Mordes an Rathenau entstand bei ihm der vorübergehende Gedanke, eine Villa in Kiel zu kaufen und sich aus Berlin zurückzuziehen. Von diesem Plan blieb eine für ihn vom Fabrikanten *Hermann Anschütz-Kaempfe* eingerichtete Ferienwohnung mit direktem Zugang zum Wasser über eine Gartentreppe übrig. Wenn Einstein sich nicht fürchtete, so umso mehr seine Frau Elsa. Zehn Jahre später schrieb sie in einem Brief an Antonina Vallentin, dass es ihr gelungen sei, Einstein nach dem Mord an Rathenau aus Berlin nach Holland wegzulotsen. Er wisse selbst jetzt noch nicht, dass «ich damals stundenlang vor und während seiner Abreise den Bahnhof bewachen ließ und zwei handfeste junge Kerle mit ihm nach Holland reisen ließ. Im gleichen Abteil.» Die Republik versuchte sich zu wehren durch eine Verordnung und danach durch ein «Gesetz zum Schutze der Republik». Preußens Innenminister Severing löste nationalistische Verbände wie «Alldeutscher Verband» und «Stahlhelm» auf und kündigte eine Säuberung der aus dem Kaiserreich übernommenen, weitgehend republikfeindlichen Beamtenschaft an. Der Reichskanzler Dr. Wirth brachte vor dem Reichstag die Situation auf den Punkt:

Wir wollen in Demut und Geduld einen Weg der Freiheit für das eigene unglückliche Vaterland suchen. In diesem Sinne sollen alle Hände und jeder Mund sich regen, um endlich in Deutschland diese Atmosphäre des Mordes, des Zornes, der Vergiftung zu zerstören. Da steht der Feind, wo Mephisto sein Gift in die Wunde eines Volkes träufelt, da steht der Feind, und dabei ist kein Zweifel: Dieser Feind steht rechts.

Die Leipziger Naturforscherversammlung

Der Kampf um die Meinungshoheit sowohl in der Presse als auch in der Deutschen Physikalischen Gesellschaft endete nicht mit der Überlegenheit der «Relativisten» in Bad Nauheim. Auf der nächsten Tagung der Deutschen Physikalischen Gesellschaft in Jena im September 1921 meldete sich niemand von der ersten Garnitur der Forscher auf dem Gebiet der Relativitätstheorie zu Wort. Erst 1922 hatten die Physiker auf Seiten Einsteins wieder eine Gelegenheit, die Bedeutung seiner Theorien zu betonen, und zwar beim Jubiläum «Hundert Jahre Versammlung Deutscher Naturforscher und Ärzte» in Leipzig im September. Ein Plenarvortrag von Einstein unter dem Titel «Das Relativitätsprinzip in der Physik» war von Planck ins Auge gefasst worden. Einsteins Absage nach dem Mord an Rathenau ließ Max von Laue einspringen.

Dieses der Relativitätstheorie von den Organisatoren der Tagung verliehene Gewicht passte Lenard nun überhaupt nicht. Er und eine Gruppe von achtzehn weiteren Gegnern der Einsteinschen Relativitätstheorie einschließlich Ernst Gehrcke unterschrieben eine Presseerklärung, ließen sie auch auf Handzettel drucken und an den Eingangstüren zum Vortragssaal verteilen. Gegen den Eindruck, «als stelle die Relativitätstheorie einen Höhepunkt der modernen wissenschaftlichen Forschung dar» legten «*die unterzeichneten Physiker, Mathematiker und Philosophen entschiedene Verwahrung ein.* […] betrachten es als unvereinbar mit dem Ernst und der Würde deutscher Wissenschaft, wenn eine im höchsten Maße anfechtbare Theorie voreilig und marktschreierisch in die Laienwelt getragen wird […]». Zeitgleich mit der Tagung scheint in Leipzig eine Werbekampagne für den Einstein-Film «mit riesigen Plakaten» an den Litfasssäulen gelaufen zu sein. Der diesmal nicht von einem Unbekannten wie Weyland, sondern von anerkannten Fachleuten gestartete Versuch, die Auseinandersetzung aus den inneren Diskursräumen der Physik auf den Marktplatz der allgemeinen Meinungen zu verlagern, fand zwar ein kurz dauerndes Echo in der Presse, konnte die steigende Akzeptanz der Relativitätstheorien unter den Physikern aber nicht verhindern. Die Verleihung des Nobelpreises für Physik für 1921 an Einstein im späteren Herbst 1922 tat ein Übriges, um die Mucker verstummen zu lassen. Bis auf einen leichten Regen von antirelativistischen Schriften und Schriftchen, der 1931 in einem schmalbrüstigen Heft mit dem Ehrfurcht einflößenden Titel «Hundert Autoren gegen Einstein» seinen größten Tropfen bildete, kehrte die Ruhe des Alltags ein.

Im Oktober distanzierte sich Thomas Mann in seinem Vortrag «Von deutscher Republik» im Beethovensaal in der Köthener Straße in Kreuzberg zur Feier von Gerhart Hauptmanns sechzigstem Geburtstag endlich von seinen «Betrachtungen eines Unpolitischen» und bekannte sich zur Republik: «[…] und der Staat, ob wir wollen oder nicht, – er ist uns zugefallen, in unsere Hände gelegt, in die jedes einzelnen; er ist unsere Sache geworden, die wir gut zu machen haben, und das ist eben die Republik, – etwas anderes ist sie nicht.» Sein älterer Bruder Heinrich war ihm voraus gewesen, als er im November 1918 vor dem «Rat der geistigen Arbeiter» gesagt hatte: «Wir wollen, dass unsere Republik, bis jetzt noch ein Zufallsgeschenk der Niederlage, nun auch Republikaner erhalte. Und wir sehen in Republikanern weder Bürgerliche noch Sozialisten. […] Republikaner nennen wir Menschen, denen die Idee über den Nutzen, der Mensch über die Macht geht.»

Weltstadt Berlin: Goldene Jahre
zwischen Inflation und Wirtschaftskrise

Die nach dem In-sich-Zusammenfallen der preußischen Monarchie entstandenen Machtverhältnisse erwiesen sich als kompliziert und instabil. Zwar gab es ein demokratisch gewähltes Parlament und von diesem unterstützte Mehrparteien-Regierungen, aber in Militär und Beamtenschaft dominierten die alten «Kader» mit ihrer Ablehnung oder bestenfalls halbherzigen Unterstützung der Republik. Über ein Dutzend relevanter Parteien taktierten und traten keineswegs alle für die Republik ein. Im Januar 1920 war der Versailler Vertrag in Kraft getreten, in seiner Folge das Rheinland in Zonen aufgeteilt, die zwischen fünf und fünfzehn Jahren besetzt bleiben sollten. Dies, die gewaltigen Gebietsverluste des Reichs, die im öffentlichen Bewusstsein leider nicht mit den deutschen Gebietsaneignungs-Fantasien während des Kriegs verglichen wurden, sowie die Deutschland auferlegte alleinige Schuld am Kriege schürten Revanchegedanken und Hass gegen die als Erniedrigung und Verrat verstandene Annahme des «Versailler Diktats». Nach großer wirtschaftlicher Not durchlebte die Weimarer Republik zwischen 1924 und 1929 eine gegenüber den Anfangsjahren politisch und wirtschaftlich *relativ* stabile Periode, die den äußeren Rahmen für die so genannten «goldenen zwanziger Jahre» bildete.

«O Stadt der Schmerzen in Verzweiflung düsterer Zeit!»

Bevor die «goldenen» Jahre wirklich werden konnten, hatte die wahnsinnige Inflationsspirale von 1923 weite Kreise des Mittelstandes mit Armut bekannt gemacht.* Die Änderung des Dollarwertes gegenüber der Mark spiegelte sich im Preis für einen Einzelfahrschein bei der Berliner Straßenbahn wider: Am 1. August schon auf 10 000 Mark festgesetzt,

---

* Die Überschrift dieses Abschnitts stammt aus einem expressionistischen Berlin-Gedicht von Johannes R. Becher.

mussten am 1. September für ihn 150 000 Mark und am 15. November sogar 30 Milliarden Mark bezahlt werden. Der Währungsverfall hatte in den Jahren 1921/22 begonnen; die Alliierten drängten auf die Erfüllung der auf die riesige Summe von 132 Milliarden Goldmark festgelegten deutschen Reparationszahlungen. Im Januar 1923 besetzten belgische und französische Truppen das Ruhrgebiet. Der einsetzende «Ruhrkampf» mit Arbeitsverweigerung und passivem Widerstand erreichte unter dem schlanken und eleganten Generaldirektor der Hamburg-Amerika-Linie als Reichskanzler, *Wilhelm Cuno*, seinen Höhepunkt. Die Reichsregierung stellte die Versorgung und Bezahlung von Arbeitern und Staatsbeamten sicher; das kostete bis zu 40 Millionen Goldmark täglich. Fehlendes Geld wurde nachgedruckt. Nach *Friedrich Glum*, dem Generalsekretär der Kaiser-Wilhelm-Gesellschaft seit 1920, erledigte die KWG die Gehaltszahlungen durch Überweisungen, «aber die Universitätsprofessoren mussten sich ihr Geld an der Kasse der Universität holen, wohin sie sich mit Koffern und Rucksäcken begaben. Ich erinnere mich noch gut, Geheimrat Planck, den späteren Präsidenten, mit einem Rucksack voller Banknotenpakete vor der Universität angetroffen zu haben.» Im Oktober kostete ein Dollar schwindelerregende 40 Milliarden Mark, seine höchste amtliche Notierung in Berlin erreichte er bei unvorstellbaren 2,52 Billionen Mark, in den Auslandsbörsen bei über vier Billionen. Die Inlandspreise waren entsprechend geklettert, die Löhne hinterhergehinkt; am Gipfel der Inflation mussten die Preise täglich neu festgesetzt werden. Die Preisliste über dem Kassenschalter im Schloßparktheater Steglitz lautete:

Preise der Plätze
Um mit der Teuerung Schritt
zu halten, ohne das Publikum zu
übervorteilen, kosten:
der *billigste Platz* = 2 Eier
der *teuerste Platz* = 1 Pfund Butter
lt. Tagespreis
Schloßparktheater
Die Direktion

Hellmut von Gerlach kommentierte im Juli: «Der Lebensstandard der Massen sinkt. Daneben herrscht eine ernste Knappheit an Kartoffeln und Fett. Die Frauen müssen vor den Läden stundenlang Schlange stehen, um einige Gramm Margarine zu bekommen. Unruhe und Erregung nehmen zu. Überall brechen Streiks aus, und die Gefahr eines Generalstreiks droht. Die Kommunisten gewinnen an Boden.» Die Stadt Berlin richtete Volksküchen ein, in denen Essen für die in langen Schlangen wartenden Hungernden ausgegeben wurde. Das *Berliner Tageblatt* rief zu einer Spendensammlung «für Massenspeisungen» zusammen mit der Heilsarmee auf: «Gott es Ihnen lohne, was Sie geben für die Gulaschkanone.» – «Jede Gabe, je größer, je besser hilft sättigen hungrige Esser.» Die Lage war so ernst, auch durch Aufruhr in Sachsen, Thüringen und Bayern, dass im September 1923 der Ausnahmezustand über das Reich verhängt wurde; die vollziehende Gewalt lag nun beim Chef der Heeresleitung, General *von Seeckt*. Das *Berliner Tageblatt* berichtete am 16. Oktober 1923:

In der elften Vormittagsstunde war hier aus allen Stadtgegenden eine unabsehbare Menschenmenge aus Männern, Frauen und jungen Burschen zusammengekommen, die in die Räume des Rathauses gewaltsam einzudringen versuchten, um teils eine Herabsetzung der Lebensmittelpreise, teils aber eine Erhöhung der Arbeitslosenunterstützung zu erzwingen. Nur mit Mühe gelang es zunächst, die Tore des Rathauses abzuriegeln. [...] Jeglicher Straßenverkehr wurde unterbunden, und tief in die Königstraße hinein und in die Spandauer Straße bis zum Molkenmarkt staute sich die tobende Masse. Um der drohenden Gefahr einer Plünderung zu begegnen, hatten alle Geschäftsinhaber des Zentrums, natürlich auch die Warenhäuser, ihre Läden geschlossen. Da es auf gütlichem Wege der Schutzpolizei nicht möglich war, die erregte Menge zu zerstreuen, ging sie mit der Waffe vor [...].

Folgenreich war die Entscheidung des Reichstages im Oktober, einem «Ermächtigungsgesetz» zuzustimmen, das der Regierung erlaubte, auf dem Verordnungsweg wirtschaftliche, finanzielle und soziale Maßnahmen zu treffen. Dabei konnte sogar von den Grundrechten abgewichen werden. Dieses aus der akuten Notlage entstandene Gesetz sollte es 1933 den Nationalsozialisten ermöglichen, ihre Macht zu zementieren.

Mitte November konnte die Währung durch die Regierung Stresemann und ihren Währungskommissar Dr. Hjalmar Schacht durch Einführung der «Rentenmark» stabilisiert werden. Das bedeutete einen drastischen Währungsschnitt: Ein US-Dollar wurde auf 4,2 Rentenmark festgesetzt. Am Ende der Inflation hatte somit eine riesige Umverteilung der Vermögen durch die Regierung mit Billigung des Parlaments stattgefunden: Sparern und den vom Zins ihrer Geldanlagen, etwa der gezeichneten Kriegsanleihen, lebenden Rentnern wurde die Existenzgrundlage entzogen. Der Arzt Döblin beschwerte sich: «Am 5. November erhalte ich von der Allgemeinen Ortskrankenkasse der Stadt Berlin für die Behandlung eines kranken Kriegsbeschädigten durch Postanweisung *eine Million*. Das ist bei dem Dollarstand vom 3. November [...] 1/1000 Pfennig. In Worten also: ich empfange für die spezialärztliche Behandlung eines Kranken *eintausendstel Pfennig* per Post zugesandt.» Die befürchteten Enteignungen durch eine kommunistische Räteherrschaft hätten es für viele nicht schlimmer machen können als die Lastenverteilung der von *bürgerlichen* Parteien getragenen deutschen Regierung. Fein heraus waren diejenigen, die früher, oder auch erst im Laufe des Jahres, Grundbesitz oder Sachwerte auf Pump gekauft hatten; sie konnten bei einem Verdienst, der nun auf wertlose Millionen gestiegen war, ihre Schulden mühelos zurückzahlen: Diese waren nach dem Motto «Mark gleich Mark» auf dem Nominalwert stehen geblieben. Spekulanten konnten gewaltige Vermögen zusammenraffen. Die Berliner nannten den typischen Schieber und Profiteur nach einem Namenswettbewerb «Raffke». Zu den Inflationsgewinnern gehörte auch der Staat selbst. In einer allgemein verbreiteten Verleugnung der Wirklichkeit wurden nicht die Kriegstreiber der wilhelminischen Ära für die wirtschaftliche Misere verantwortlich gemacht, sondern die Regierungen während der Weimarer Republik.

Das Jahr 1924 brachte einen nach dem US-Bankier und Politiker *Charles G. Dawes* benannten realistischeren Plan für die Zahlung der deutschen Reparationen, dem sowohl die Siegermächte als auch der Reichstag zustimmten. Eine der Konsequenzen bildeten amerikanische Kredite zur Sicherung der Währungsstabilität; eine «kurze Dollarsonne» ging somit über Berlin auf. Auch das außenpolitische Fahrwasser für die Republik war seit der Normalisierung des Verhältnisses zur Sowjetunion im Jahr 1922 ruhiger geworden. Mit dem Vertrag von Locarno, in dem sich Deutschland zum Verzicht auf gewaltsame Änderungen des territorialen Status quo an den Westgrenzen verpflichtete, hatte eine deutsch- französische Annäherung begonnen. Nach den vier sich ablösenden Regierungskoalitionen von 1923 schien es ein ermutigendes Zeichen, dass von 1924 bis 1930 die Regierung im Mittel nur einmal pro Jahr wechselte.

Der als Assistenzarzt am «Städtischen Krankenhaus am Friedrichshain» angestellte spätere Verleger *Gottfried Bermann Fischer* sah die Stadt am Ende des Jahres der Hyperinflation nicht nur rosig:

Berlin Ende 1923 war eine aufregende, gleichsam elektrisierende Stadt, die sich mit gewaltiger Vitalität den Folgen des Krieges und der Inflation entrungen hatte. Die Luft zitterte vom Optimismus einer neuen Ära. Die Talente schossen aus dem Boden, wurden auf den Schild gehoben und wieder fallen gelassen. Begeisterte Zustimmung und grausames Vergessen waren das Charakteristikum dieses Berlin, in dem die Menschen von einem Wirbel des Lebensgenusses erfasst waren. [...] Mir jedoch als jungem Arzt blieben die Schattenseiten des Lebens nicht verborgen. [...] Stunde für Stunde lieferten die Unfallwagen die Opfer der Berliner Nacht bei uns ab, die kämpferischen Trunkenbolde mit zerschlagenen Köpfen, mit Stich- und Quetschwunden, die misslungenen Selbstmorde, oft aus unglücklicher Liebe, junge Mädchen nach gefährlichen Eingriffen [...]. Es war ein bedrückendes Bild von den sozialen Zuständen hinter dem Trubel und dem trügerischen Glanz der frühen zwanziger Jahre.

Trotz der prekären Wirtschaftslage schritt die technische Modernisierung der Stadt Berlin in atemraubendem Tempo fort. 1921 wurde die Avus-Autostraße Berlin-Wannsee, auch als Rennstrecke benutzt, eröffnet. Ein Jahr später zog mit dem ersten Berliner Fernsprech-Selbstanschlussamt der Telefonverkehr ohne «Fräulein vom Amt» ein. Bis 1928 hingen schon eine halbe Million Anschlüsse am Telefonnetz. Am 29. Oktober 1923 war es dann soweit: Die erste Sendung des deutschen Unterhaltungsrundfunks ging aus einem Studio im Vox-Haus in der Potsdamer Straße in den «Äther». Darin ein Gedicht von *Klabund*:

Zwischen Bäumen
Wachsen schlanke steile dünne Eisensäulen
In den Horizont
Die Funktürme von Königs Wusterhausen
Hier Königs Wusterhausen auf Welle 1300
Achtung Achtung Achtung
Der Dichter Klabund spricht eigene Verse.
Er spricht mit abgehackter blecherner Stimme
Dieweil er im Grase liegt –

Das rechte Ohr an die Erde gepresst
Horcht er auf den Herzschlag der Erde
Und auf den Wanderschritt des Maulwurfs
Er wirft die Worte in die Luft
Wie nicht entzündete Raketen
Sie brennen nicht
Sie leuchten nicht
Sie fallen zischend ins feuchte Gras.

Ab 1924 gab es dann die jährliche «Große Deutsche Funkausstellung Berlin»; die Ansprache zur Eröffnung der siebten Ausstellung «und Phonoschau» im August 1930 würde Albert Einstein halten. Vor den elektromagnetischen Wellen hatten Flugzeuge und die Zeppelinschen Passagier-Luftschiffe den Luftraum erobert: 1924 wurde der Flugplatz Berlin-Tempelhof als modernster in Europa eingeweiht.

Kultur in den Goldenen Zwanzigern: 1925–1929

In die Zeit der Weimarer Republik fielen beschleunigte Veränderungen im wirtschaftlichen und kulturellen Bereich, etwa durchgreifende *Rationalisierungsprozesse* in Produktion und Dienstleistung oder die Aufweichung der starren Klassenstruktur der wilhelminischen Epoche. Heinrich Mann frohlockte: «Schranken sind gefallen. Die Revolution mag schwach und von kurzem Atem gewesen sein, Schranken sind dennoch gefallen, die Klassen sind sich näher. Berlin, wo sie auf ihrem Kampffeld eng zusammengedrängt sind, sich genauer beobachten als irgend sonst, hat Klassen, die einander zu kennen angefangen haben. Wie neu!» Zur weiter dauernden Kultur für Eliten oder Milieus wie zur anschwellenden «Arbeiterbildungs-Kultur» gesellte sich eine unabhängig von Herkunft und Bildung konsumierbare *Massenkultur*. Realisiert wurde sie durch die Verbreitung erschwinglicher Printmedien, den leichter als das Theater zugänglichen Kinofilm, das Hörvergnügen vom häuslichen Sitzmöbel aus durch Schallplatte und Rundfunk, den Massensport, alle in erheblichem Maße von der zahlenmäßig stark angewachsenen Gruppe der Angestellten konsumiert. Während dieser Prozess als «Demokratisierung» der Kultur im Sinne ihrer Verfügbarmachung für jedermann interpretiert werden konnte, trieben ihn die gleichen ökonomischen Kräfte wie immer.

Ein neues Zauberwort, *Weekend*, synonym mit *Freizeit*, breitete sich aus. In einem «Führer durch das ‹lasterhafte› Berlin» lesen wir:

Wer ein Freund von gemeinsamen Weekendfahrten ist, der findet in Berlins Umgebung unzählbare Gelegenheiten. Mit einer Einladung an die Havelseen und an die anderen Märkischen Gewässer stößt man bei der naturliebenden Berlinerin niemals auf Widerstand. Gewissen Bedenken in die Illegitimität solcher Unternehmungen hat die großstädtische Bijouteriewarenindustrie Rechnung getragen, indem sie «Trauringe fürs Wochenende» für nur drei Mark auf den Markt gebracht hat.

Auf dem Berliner Messegelände wurde 1925 die erste «Wochenendausstellung» eröffnet. Kiaulehn schilderte sie als eine Art von eleganter Laubenkolonie rings um den Funkturm und bettete sie in Strebungen der Berliner ein: «[...] Eine neue Gründerzeit brach aus [...]. Die Berliner Seen und Flüsse wurden neu entdeckt, und wo es nur ging, entstanden Wochenendsiedlungen großen und kleinen Stils. Wer nicht kaufen konnte, pachtete, und wer sich auch auf Stottern kein Wochenendhäuschen leisten konnte, mietete wenigstens einen Bootsschuppen oder ein Gasthauszimmer am See.» Einsteins Wunsch nach einem Sommerhäuschen im Grünen, am besten an einem der Seen in der Umgebung, lag genau im damaligen Berliner Trend.

Wie an diesem Beispiel zu sehen ist, waren einige Güter der Massenkultur nicht für alle erschwinglich; hier verbanden sich «die goldenen zwanziger Jahre» und die soziale Frage. Außer der Aufnahme des Sozialstaatsprinzips in die Weimarer Verfassung, also:

Jedem Deutschen soll die Möglichkeit gegeben werden, durch wirtschaftliche Arbeit seinen Unterhalt zu erwerben. Soweit ihm angemessene Arbeitsgelegenheit nicht nachgewiesen werden kann, wird für seinen notwendigen Unterhalt gesorgt,

creignete sich auf diesem Feld nichts *grundlegend* Neues; dennoch kam es zu einer bedeutenden Ausdehnung und Verbesserung der einzelnen sozialen Leistungen des Staates und der Kommunen. So wurde etwa im Juli 1927 ein grundlegendes Gesetz über Arbeitsvermittlung und Arbeitslosenversicherung beschlossen, das dieses Feld als Reichsaufgabe auswies. Der Ausdruck «Die goldenen Zwanziger» bezieht sich jedoch in der Regel auf Theater, Film, Operette und die schönen Künste – nicht auf neue soziale Errungenschaften, die der politischen Linken sowieso nicht weit genug gingen.

Lebendig aufsteigen vor unseren Augen können die «goldenen Zwanziger» am besten durch Menschen, die zu ihrem geistigen und künstlerischen Schwung beigetragen haben. Aber bei welchem der vielen Beteiligten beginnen? Nach der Darstellung eines Gesellschaftsbeobachters aus dem Jahr 1928 standen Tilla Durieux und Renée Sintenis

im Mittelpunkt des ultramodernen Berliner Kunstlebens, dessen Mittelpunkt die Zeitschrift *Der Querschnitt* und der Flechtheimsche Kunstsalon am Lützowufer ist. Die Schauspielerin, die den Spitznamen «die weiße Negerin» hat, ist groß und kräftig, von brutaler und doch fesselnder Hässlichkeit, die Bildhauerin, schlank und mädchenhaft, trägt den Kopf eines jungen Römerknaben. Übrigens sind die Damen Durieux und Sintenis nicht nur große Künstlerinnen, sondern auch gute Geschäftsfrauen. Sie beziehen Einnahmen, um die sie mancher Bankdirektor beneidet.

Vermutlich ist hier mit *ultramodern* dasselbe gemeint, was heute «in» heißt; stilistisch kann bei der auf Sportlerfiguren und Tierplastiken wie den «Berliner Bär» spezialisierten René Sintenis, der bekanntesten Bildhauerin Berlins in den zwanziger Jahren, von «modern» kaum die Rede sein. Der folgende Streifzug führt durch verschiedene kulturelle Bereiche mit einzelnen markanten Persönlichkeiten.

Alles Theater!

Im Oktober 1928 sah sich Graf Kessler in Paris den «Siegfried» von *Jean Giraudoux* an und schrieb in sein Tagebuch: «Die Regie und das Spiel waren [...] miserabel, ebenso drollig veraltet wie die Kostüme der ‹Deutschen›. Wenn man von London oder Berlin nach Paris in ein Theater kommt, fühlt man sich plötzlich auf ein ganz anderes, viel tieferes Niveau versetzt, sozusagen in die ‹Provinz›, wo noch die Moden und Unarten von vor dreißig Jahren für das Allerneueste gelten.» Kessler war durch die Berliner Theaterlandschaft mehr als verwöhnt. Wo gab es so viele allabendlich spielende Bühnen, wo so viele berühmte Regisseure? Wo eine solche Zahl von fähigen Theaterkritikern? Mitunter bestand im Berlin der fünfzig Tageszeitungen mit ihren Kritikern das Publikum einer Premiere vorwiegend aus Journalisten. Erfolg in Berlin wurde das Gütesiegel für Dramatiker, Stückeschreiber, Schauspieler, Regisseure und Bühnenbildner. Giraudoux selbst sollte 1931 zu den Proben für sein Stück «Amphitryon 38» im Lessing-Theater mit *Elisabeth Bergner, Ernst Deutsch* und dem später von Nationalsozialisten ermordeten *Hans Otto* in Hauptrollen nach Berlin kommen.

Der kleine, blauäugigen Wiener «Bühnenzauberer» mit gewellten Haaren, Max Reinhardt, inszenierte im «Großen Schauspielhaus», dem in einen riesenhaften Tropfsteindom umgebauten Zirkus Schumann mit dreitausend Sitzplätzen. Er liebte die prunkvolle Ausstattung für alle Sinne und holte als Bühnenbildner Maler wie Lovis Corinth, Max Slevogt und *Emil Orlik.* Sein Konkurrent Leopold Jessner im Berliner Staatstheater interpretierte die Stücke zeitnäher mit Hilfe von Maschinen und Filmprojektoren, die Klassiker expressionistisch. Einstein reichte das Theaterstück «Das Kind von Amerika», das Hedwig Born, die Frau des befreundeten Physikers Max Born, verfasst hatte, an Jessner weiter; gespielt worden ist es wohl nicht. Der jüngere Piscator hatte 1920/21 das «Proletarische Theater» gegründet, das das «revolutionäre Gefühl entzünden und wach halten helfen» wollte. Seit 1924 führte er Regie an der Volksbühne; seine Inszenierung der Schillerschen «Räuber» im Staatstheater in einer Art Kommunardenumgebung gefiel Tilla Durieux. Sie gab ihm Geld, mit dem er das riesige «Theater am Nollendorfplatz» mietete und am 3. September 1927 mit «Hoppla, wir leben!» von Ernst Toller eröffnete. Brecht, Grosz und *John Heartfield* arbeiteten mit. Einziges finanziell erfolgreiches Stück wurde «Der brave Soldat Schwejk», in dem *Max Pallenberg* als Schwejk auf einem Laufband scheinbar über die Bühne marschierte.

Auch an anderen Theatern fanden große Ereignisse statt. Eines davon war die Uraufführung von Carl Zuckmayers «Der fröhliche Weinberg» im Theater am Schiffbauerdamm drei Tage vor Weihnachten 1925. An die Premiere seines Stückes «Pankraz erwacht oder Die Hinterwäldler» unter der Regie von Heinz Hilpert in einer Matinee der «Jungen Bühne» Anfang desselben Jahres erinnerte sich Zuckmayer so:

Das Haus war von einem Publikum geistiger Elite und von sensationslüsternen Zeitgenossen überfüllt. Spitzen der Berliner Intelligenz und Gesellschaft erschienen im Parterre und in den Logen, ich erinnere mich an Albert Einstein und Gustav Stresemann, Renée Sintenis, Pechstein, Poelzig, Else Lasker-Schüler, von Brecht und den anderen Generationsgenossen ganz zu schweigen, dazu kamen sämtliche Berliner Theaterdirektoren, Regisseure, Dramaturgen, Kritiker, sogar manche aus der Provinz.

Vermutlich hat Einstein Theatervorstellungen hauptsächlich aus familiärem oder gesellschaftlichem Anlass besucht oder wenn ihn ein Thema besonders stark anzog. *Lili Brik*, eine Geliebte des russischen Dichters *Vladimir Majakowski*, die anlässlich ihrer Durchreise in Berlin Ende Februar 1930 ins Theater ging, hielt in ihrem Tagebuch fest: «*Dreyfuß* gesehen. Gute Schauspieler! In der ersten Reihe saß Einstein. Brief von Wolodja.» Einsteins Lieblingsschauspielerin Elisabeth Bergner spielte am 15. November 1932 zum siebzigsten Geburtstag von Gerhart Hauptmann im Staatstheater in dessen Stück «Gabriel Schillings Flucht» die Figur der Hanna Elias an der Seite von Werner Krauss. Die Reichsregierung hatte dazu eingeladen. Einstein saß wieder in der ersten Reihe, wie auch Heinrich Mann, dahinter Graf Kessler, neben ihm Hugo Simon, Ludwig Fulda, Generaloberst von Seeckt. In der früheren Hofloge die Botschafter, darunter der französische und der englische. Graf Kessler merkte sich: «Das Stück wirkt veraltet, das Problem geht uns nichts mehr an. Albert Einstein antwortete Simon, der sich in der Pause nach dem ersten Akt zu ihm vorbeugte und fragte, wie er das Stück fände: ‹Na, wenn schon!›, die treffendste Formulierung des Gefühls, das es auslöst!»

Brecht musste lange warten, bis ihm in der Zusammenarbeit mit *Kurt Weill* ein erster Durchbruch gelang, wenn auch im Musiktheater: Im Theater am Schiffbauerdamm wurde die «Dreigroschenoper» am 31. August 1928 uraufgeführt; die Premiere war ein einziger Triumph. Sogar der strenge Alfred Kerr schrieb keinen Verriss, sondern fand die «Revue» unterhaltsam. Nach der Aussage des Architekten von Einsteins Sommerhaus, *Konrad Wachsmann*, begeisterte die Dreigroschenoper Einstein nicht. Er hatte sie sich nur angesehen, weil er von Stieftochter Margot dazu überredet worden war. Seine negative Einstellung lag wohl an der Musik Weills, mit der er sich nicht anfreunden konnte.

Musikleben

Das Berliner Musikleben stand dem Theater nicht nach. Zu den drei subventionierten Opernhäusern trat für kurze Zeit sogar ein *viertes*. Das Deutsche Opernhaus in Charlottenburg wurde seit 1925 von den Mahlerschülern *Bruno Walter* und *Fritz Stiedry* geleitet. Dann die Staatsoper unter der Intendanz des Komponisten *Max von Schillings*, mit den Dirigenten *Leo Blech* und seit 1923 *Erich Kleiber*. Auch *Wilhelm Furtwängler*, ein geborener Berliner wie Bruno Walter, hat dort dirigiert. 1919 war aus «Krolls Festsälen» am Eingang des Tiergartens gegenüber dem Reichstag ein Theater für die Freie Volksbühne und danach eine zweite Spielstätte der Staatsoper mit 2200 Plätzen geworden, die «Kroll-Oper». In den Jahren 1927 bis 1931 wurde sie zur selbständigen Einrichtung und von *Otto Klemperer* geleitet. Als Bühnenbildner wirkten unter anderen *Oskar Schlemmer* und *Lázló Moholy-Nagy* vom Bauhaus mit. Wird die Komische Oper mit eingerechnet, so waren dies vier Spielstätten auf Weltniveau.

Einstein scheint häufiger in der Kroll-Oper gewesen zu sein. *Natalia Saz* berichtete über eine Vorstellung von Verdis «Falstaff» in diesem Berliner Opernhaus, bei der sie Regie führte. In einer Pause hätten Einstein, Elsa, Margot und Dimitri Marianoff sie aufgesucht und «dem ersten weiblichen Opernregisseur» für die interessante Aufführung gedankt. Eine verfremdende Inszenierung von Richard Wagners «Fliegendem Holländer» erregte den Zorn der rechten Presse:

Der natürlich bartlose Holländer schaut aus wie ein bolschewistischer Agitator, Senta wie ein fanatisch exzentrisches Kommunistenweib, Erik mit wüstem Haarschopf und im Wollsweater wie ein Zuhälter. Man muss das alles miterlebt haben, um sich ein ungefähres Bild vom Wesen dieses proletarisierten «Ur-Holländers» zu machen. Künstlerischer Volksbetrug großen Stils [...]. Es muss mit Entschiedenheit gesagt werden: der Betrieb in der Staatsoper am Tiergarten schadet dem Rufe Berlins als Kunststadt.

Einstein besuchte einen Strawinsky-Abend im selben Haus, bei dem der Komponist selbst das Klavier in seinem *Concerto* für Klavier, Blasorchester und Kontrabässe spielte und Otto Klemperer dirigierte: «Fast die gesamte Koryphäenwelt Berlins lauschte gespannt und hingerissen. Da sah man Edwin Fischer, Arthur Schnabel, Albert Einstein, Alfred Kerr, [...] den französischen Botschafter [...], die Kapellmeister Szell und Zweig [...], sah man ferner eine Riesenschar von jungen Musikern und Musikinteressenten, darunter Flechtheim, den jungen Stresemann, Frau Geheimrat Deutsch [...].»Der «junge Stresemann» war *Wolfgang Stresemann*, der älteste Sohn des deutschen Außenministers; er hatte Jura und

Musik studiert und war in den zwanziger Jahren Dirigent geworden. Stresemann berichtete über ein Konzert von *Yehudi Menuhin:*

Am Vormittag des 12. April 1929 klingelte das Telefon. Louise Wolff* rief an und sagte: «Kommen Sie unbedingt heute Abend in die Philharmonie, es geschieht ein Wunder, ein zwölfjähriger Geiger spielt drei Violinkonzerte, ich habe noch Platz in meiner Loge.» Unter den Konzerten waren die von Beethoven und Brahms. Zum Schluss des Konzerts Jubel, Dankbarkeit, Augenblicke, in denen sich die Gedanken nach oben richten. Über das Podium stürzt Albert Einstein in das Künstlerzimmer, umarmt den Zwölfjährigen mit den Worten: «Jetzt weiß ich, dass es einen Gott im Himmel gibt.»

Die Kroll-Oper wurde auch zu nichtmusikalischen Veranstaltungen benutzt; so hat Einstein nach der *New York Times* im Juni 1930 dort vor vollem Haus anlässlich der «2nd World Power Conference» über «Raum-, Feld- und Ätherproblem in der Physik» gesprochen. Der Reichstag als Financier schloss das Haus mit dem Ende der Spielzeit im Juli 1931 unter dem Vorwand knapper Mittel, vielleicht auch wegen des engagierten Einsatzes Klemperers für modernes Opernschaffen.

Auch Richard Strauß' Musik hörte sich Einstein im Januar 1926 an, wie aus Kesslers Tagebuch hervorgeht: «Premiere des ‹Joseph› unter Straußens Leitung. Ungeheurer, fast unerhörter Erfolg. Der Saal ein wahres ‹Tout Berlin›; der Reichskanzler, Simons, Seeckt, viele Minister, alle gesellschaftlichen, künstlerischen, literarischen Spitzen, Albert Einstein usw. usw. [...] Die Durieux über alles Lob erhaben.» Tilla Durieux konnte also auch singen! Sie hatte die Potiphar in diesem Stück schon einmal 1921 gespielt. Diesmal war es eine Aufführung der «Josephslegende» des Komponisten als Ballettpantomine.

Neben der Opernmusik genossen die Berliner symphonische und Kammermusik, Chorveranstaltungen und Liederabende, Solistenkonzerte mit den besten «Tonkünstlern» aus aller Welt. Furtwängler folgte Artur Nikisch nach dessen Tod 1922 als Dirigent der Berliner Philharmoniker, die «Bruno-Walter-Konzerte» gaben dem bekannten Mozart-Interpreten die Gelegenheit, das Publikum zu begeistern. Auch der Professor für Komposition an der Berliner Akademie der Künste, *Ferruccio Busoni,*

---

* Louise Wolff war die bekannteste Berliner Konzert-Managerin.

liebte Mozart; zum Abschied von seinem Amt gab er 1922 Konzertabende mit zwölf aufeinander folgenden Klavierkonzerten von Mozart.

Zum Musikleben gehörte auch das Musiktheater in Form von Operette und Musikrevue. Berlin übernahm in den «goldenen Jahren» Wiens Rolle als Premierenstadt erfolgreicher Operetten. Dafür sorgte das Dreigestirn der Komponisten *Leo Fall* etwa mit «Madame Pompadour» (1922), *Franz Lehár* mit «Paganini» (1925) und «Land des Lächelns» (1929) sowie *Oscar Straus* mit «Die Perlen der Kleopatra» (1924). Fritzi Massary war unangefochtener weiblicher Superstar der Operettenszene, *Richard Tauber* mit seinem «Gern hab' ich die Frau'n geküsst ...» gefeierter männlicher Gegenpart. Für ihn komponierte Lehár das Singspiel «Friederike» nach der Liebesgeschichte des jungen Goethe mit der Sesenheimer Pfarrerstochter. Einstein soll bei der Berliner Uraufführung am 6. Oktober 1926 dabei gewesen sein – mit anderen illustren Besuchern wie dem Prinzen von Preußen, Heinrich Mann und Hugenberg.

Bewegte Bilder

Der Stummfilm, die große Neuigkeit, entwickelte sich gegen Ende der zwanziger Jahre weiter zum Tonfilm. Die Universum-Film A. G., kurz «Ufa», war 1917 von einem Konsortium unter der Leitung der Deutschen Bank mit Beteiligung des Deutschen Reiches als Medium der Kriegspropaganda gegründet worden. Gestützt auf eine eigene Kinokette brachte die Ufa unabhängige Produktions- und Verleihfirmen unter ihren Einfluss und kaufte Konkurrenten auf. Berliner Kinos der Ufa waren etwa das Lichtspielhaus Wittelsbach in Wilmersdorf, einem der ersten Kinobauten in Berlin, der Ufa-Palast am Zoo, der Tauentzien-Palast und das Universum-Filmtheater von Erich Mendelsohn aus dem Jahr 1931. Dieser Name zeigt, dass die Lichtspieltheater in den zwanziger Jahren der Großstadtarchitektur neue Ausdrucksmöglichkeiten boten. Welterfolge wurden produziert wie *Fritz Langs* «Metropolis» nach dem Buch seiner Frau *Thea von Harbou*. Falls Einstein sich diesen Film mit seiner irrationalen, ziemlich wirren Handlung und dem Leitmotiv «Zwischen Hirn und Hand muss es den Mittler Herz geben» angeschaut hat, dürfte er davon kaum begeistert gewesen sein. Dagegen fand die Uraufführung des Filmes «Frau im Mond» des Paares Lang und von Harbou am 15. Oktober 1929 im Ufa-Palast am Berliner Zoo in Gegenwart von

Das Großkino «Lichtburg»

Albert Einstein statt. Vermutlich hatten ihn die in Zusammenarbeit mit dem Raketenforscher *Hermann Oberth* hergestellten, technisch auf dem modernsten Stand stehenden Szenen vom Start der Rakete zum Mond, ihrem Flug und der Landung auf dem Himmelskörper angelockt.

1927 kaufte der politisch rechtslastige Hugenberg die «Universum-Film AG». In den Hugenbergschen Ufa-Kinos zuerst *nicht* gezeigt werden durfte der mit minimalem Etat gedrehte Film «Menschen am Sonntag» nach einem Drehbuch von *Billy Wilder* und mit dem Regisseur *Robert Siodmak*, ein Riesenerfolg des Jahres 1929. Er beschrieb die Sonntagserlebnisse der Bewohner eines Berliner Mietshauses und holte die meisten Mitwirkenden direkt von der Straße. «Menschen am Sonntag» sollte kein politischer Film sein; sein «proletarisches» Gegenstück bildete der Dokumentarfilm «Wie der Berliner Arbeiter lebt» des bulgarischen Filmregisseurs *Slatan Dudow*. Dudows Name ist bekannter geworden durch den Klassiker der «linken» Filmkunst während der Weimarer Republik, «Kuhle Wampe oder: Wem gehört die Welt», zu dem Bertolt Brecht das Buch und *Hanns Eisler* die Musik geschrieben hat. Von der Berliner Filmprüfstelle zunächst als «sittenwidrig» und «gotteslästerlich» verboten, musste er nach energischen Protesten freigegeben werden. In der entscheidenden ideologischen Szene wird ganz zum Schluss des Films bei einer hitzigen Diskussion in der U-Bahn über das Verbrennen von Kaffeebohnen in Brasilien zur Erzielung eines höheren Preises die Frage gestellt: Wer wird die Welt verändern? Diejenigen, denen sie nicht gefällt, so wie sie jetzt ist!

Nach der Aussage seines Schwiegersohns Marianoff, der beruflich mit Filmen zu tun hatte, ging Einstein selten ins Kino, und nur, wenn ihn Elsa, ihre Töchter oder Freunde dazu aufforderten. Er soll *Sergej Eisensteins* Filme «Panzerkreuzer Potemkin» und «Zehn Tage, die die Welt erschütterten» geschätzt haben sowie dem sowjetischen Film «Der Weg ins Leben». Der revolutionäre Inhalt von Eisensteins Filmen war der Berliner Filmzensur ein Gräuel; sie bereitete ihren Aufführungen einen wahren Hindernislauf.

Meinungen über Literatur

Ungezählte Schriftsteller, geborene Berliner und Zugereiste, schlugen sich als Journalisten, Feuilletonschreiber, Redakteure oder Übersetzer in der Metropole durch und hofften auf den großen Erfolg eines ihrer Artikel, Essays, Romane oder Bühnenstücke. Mit einem Berliner Sujet schaffte das im Jahr 1929 ausgerechnet ein Arzt: Alfred Döblin mit «Berlin Alexanderplatz». Einstein las zwar das Buch, mochte den kompliziert strukturierten und kritischen Döblin aber wohl nicht besonders. Umgekehrt hielt Döblin zunächst bewundernd Abstand, wie sein Brief an Gerhart Hauptmann im Juni 1922 zeigt:

[...] können die Menschen damit gar nichts anfangen; – ebenso wenig wie ich mit dem Einstein; – in die Jacke muss man erst hineinwachsen und das geht nicht so rasch.

Nach dem vergeblichen Versuch, Einsteins «gemeinverständliche» Darstellung der Relativitätstheorien zu verstehen, wurde Döblin in einem Artikel im *Berliner Tageblatt* sechzehn Monate später aber rabiat: «Er wolle sich nicht um sein angeborenes Recht auf Erkenntnis der Welt prellen lassen»; auch nicht von der beispiellosen Arroganz der Mathematiker, «sich vor die Welt und die Natur zu stellen und zu sagen, sie allein hätten die Augen für die Dinge [...]».

Einstein hat sich besonders gut mit dem ihm politisch nahe stehenden Heinrich Mann verstanden. Dieser beschrieb 1921 in einem begeisterten Essay «Berlin» die Stadt als eine «ungeheure Menschenwerkstatt», welche «das kommende Geschlecht Deutschlands an sich ziehen in nie gesehenem Maße und die nach seinem Geist Geformten bis in die entfernten Reichsteile zurückschicken» werde. Heinrich Mann besuchte Einstein in der Haberlandstraße und später auch im Sommerhaus in Caputh. Über Bertolt Brecht scheint Einstein sich negativ geäußert zu haben, möglicherweise unter dem Einfluss seines Schwiegersohns, des Schriftstellers *Rudolf Kayser.* Dieser lehnte Brecht damals energisch ab. Der mehr am konkreten politischen Kampf für die Interessen der Arbeiterschaft als an feinen literarischen Analysen von Ideen interessierte Brecht benahm sich in ihren Augen vermutlich zu antibürgerlich.

In seiner Antwort auf eine Anfrage der Redaktion von *Uhu,* dem im Eigenlob des Ullstein-Verlags «führenden deutschen Magazin», stellte Einstein Ende 1929 eine Liste von Büchern zusammen, die ihm «in allerletzter Zeit als besonders lesenswert in die Hände gekommen sind». An erster Stelle stand *Egon Friedells* «Kulturgeschichte der Neuzeit», danach das schon erwähnte Buch von Max Hölz, weiter *George Bernhard Shaws* «Wegweiser für die moderne Frau zum Kapitalismus und Sozialismus», «die Bücher von B. Traven» sowie je ein Titel von Anna Seghers und Albert Schweitzer. Einstein kannte zu diesem Zeitpunkt von Friedells

Buch vermutlich nur die Kapitel bis zum Barock und Rokoko; in den späteren Teilen wurde er von Friedell «mit den außerordentlichen Entdeckungen, die er gemacht hat» gut positioniert und seine Relativitätstheorie «als das größte geistige Ereignis des neuen Jahrhunderts» herausgestellt. Ganz verstanden hat Friedell die Theorie allerdings nicht, wenn er sagt, dass nach ihr «mehrere Zeiten möglich sind». Dass es Einstein gefallen haben könnte, wenn Friedell direkt nach der Besprechung seiner Theorie «die gleichzeitig mit der Relativitätstheorie entstandene ‹Welteislehre› des Hanns Hörbiger», die abstruse Theorie eines Ingenieurs, abhandelte und sie ebenfalls zu den «Wahrheiten» eines Zeitalters rechnete, die alle «ein zusammenhängendes Planetensystem bilden», ist sehr zu bezweifeln. Der Dada-Künstler und Fotomonteur Raoul Hausmann, der sich auch für Sonnenphysik interessierte, zog Hörbigers Theorie «dem unverschämt-wissenschaftlich revolutionär sich gebärdenden Einstein» vor und veröffentlichte 1931 in Franz Jungs Monatsschrift *Der Gegner* einen Aufsatz: «Trommelfeuer der Wissenschaft. Herr Einstein! Womit heizen Sie die Sonne?» Die Frage war berechtigt, der Angesprochene überfordert; dass die Sonnenenergie aus der Kernfusion von Wasserstoff- zu Heliumatomen stammt, wurde erst mit den Arbeiten Bethes und Carl Friedrich von Weizsäckers ab 1937/38 verständlich.

Interessant ist, dass keiner der von Einstein genannten Titel zu den «Bestsellern» der Jahre 1925 bis 1930 gehörte. Unter diesen waren Hermann Hesses «Der Steppenwolf», Erich Maria Remarques «Im Westen nichts Neues», der schon genannte Berliner Roman Döblins und, ganz oben auf der Liste, Thomas Manns «Der Zauberberg». Mit Thomas Mann ging es Einstein wie mit Brecht: er mochte ihn nicht. Er soll über ihn gesagt haben, Mann sei ein beeindruckender Schulmeister, der stets jemanden zum Belehren brauche. «Ich habe immer neugierig und gespannt darauf gewartet, dass er mir die Relativitätstheorie erläutert.» Thomas Manns Gefühle gegenüber Einstein scheinen ähnlich reserviert gewesen zu sein. In seiner Erzählung «Meerfahrt mit Don Quijote» beschreibt er sie so:

Was für Schuljungengedanken! Aber ist es nicht so, dass der kosmologischen Weltbetrachtung im Vergleich mit ihrem Gegensatz, der psychologischen, etwas Pueriles anhaftet? Wobei ich mich der blanken, kugelrunden Kinderaugen Albert Einsteins erinnere. Ich kann mir nicht helfen: die humane Erkenntnis, die

Vertiefung ins Menschenleben hat reiferen, erwachseneren Charakter als die Milchstraßenspekulation – in tiefstem Respekte möchte ich's wahrhaben.

Für *Neuigkeiten* im Bereich der Literatur muss Einstein sich auf seinen Schwiegersohn Kayser verlassen haben. Dieser scheint nichts von der «Neuen Sachlichkeit» gehalten zu haben, die sich auch literarisch bemerkbar machte, etwa in *Erich Kästners* «Fabian» (1931), *Irmgard Keuns* «Das kunstseidene Mädchen» (1932) und *Hans Falladas «Kleiner Mann – was nun?»* (1932). Es sieht so aus, als ob Einstein sich mit dieser jüngeren Generation von Schriftstellern nicht abgegeben hätte.

Von Musils «Der Mann ohne Eigenschaften» müsste Einstein gehört haben, denn sein Schwiegersohn Kayser wurde in einer Werbung des Rowohlt Verlags («Das Weihnachtsgeschenk für den geistigen Deutschen») zitiert mit dem Urteil: «Eine Form, eine Sprache von höchster Kultur [...] ungewöhnlicher Reichtum des Ausdrucks [...]. Eine Fülle von Gedanken. Ein hohes und reines Kunstwerk.» Der mathematisch vorgebildete und naturwissenschaftlich interessierte Musil hatte Einstein schon 1918 ins Blickfeld bekommen, als er schrieb: «Verstand hat Fortschritt, steigt vom Rechenbrett bis zu den unendlichen Reihen und von Thales bis Professor Einstein.» In Wachsmanns Erinnerung über Einsteins Lektüre werden die Namen Oskar Maria Graf, das heißt seine «Kalendergeschichten» und «Der Bayrische Dekameron», Kellermann mit dem «Tunnel» sowie Ilja Ehrenburg genannt. Kellermanns Buch war ein «Bestseller» seiner Zeit für Technikbegeisterte.

Dass Einstein etwas von *Franz Kafka*, der von Kurt Wolff verlegt wurde, gelesen hat, ist recht fraglich. Es wird berichtet, während seines halben Jahres in Steglitz im Winter 1923/24 habe Kafka ihn in der Haberlandstraße besucht. Nach eventuellen früheren Begegnungen der beiden in Prag ist das möglich, über Literatur dürften sie dann kaum gesprochen haben.

Und die Wissenschaft?

Nach dem Weltkrieg hatten Hunger, Geldknappheit, Inflation und politische Unruhen in Berlin auch das wissenschaftliche Leben beeinträchtigt. In einer Anfrage im Reichstag im Oktober 1923 hatte es geheißen:

Die schwere wirtschaftliche Krisis hat auch die deutsche Wissenschaft in eine überaus schwierige Lage gebracht. […] Die Führung auf weiten Feldern wissenschaftlicher Forschungstätigkeit, auf denen Deutschlands wissenschaftliche Weltgeltung beruht, droht uns verloren zu gehen und in das valutastarke Ausland abzuwandern. […] Besonders gefahrdrohend gestaltet sich die Entwicklung und Erhaltung des wissenschaftlichen Nachwuchses an unseren Hochschulen.

Die Isolation der deutschen Wissenschaft durch ihren Ausschluss aus den internationalen Organisationen und von Kongressen und, als Trotzreaktion darauf, der freiwillige Selbstausschluss vieler deutscher Wissenschaftler, machte die Lage nicht einfacher. Aber die bewährten Institutionen Universität, Akademie und die sieben Berliner Kaiser-Wilhelm-Institute lebten und arbeiteten; die regelmäßigen Veranstaltungen wie das Physikalische Kolloquium an der Berliner Universität und die donnerstäglichen Sitzungen der Preußischen Akademie gingen weiter. Wenn Einstein an ihnen nicht mehr so häufig teilgenommen hat wie während des Krieges, so ist das vermutlich seinen vielen Reisen zuzuschreiben.

Musste zu Beginn der zwanziger Jahre noch die «Notgemeinschaft» der deutschen Wissenschaft zur Unterstützung von Breitenforschung gegründet werden, so konnte die Kaiser-Wilhelm-Gesellschaft – sie behielt ihren Namen, auch wenn Wilhelm II. jetzt Privatmann war – im Laufe dieser Jahre beträchtlich expandieren. Allein in Berlin entstanden ab 1919 spezielle Institute für Hirnforschung, Faserstoffchemie, Metallforschung, Silikatforschung, «Anthropologie, menschliche Erbforschung und Eugenik» sowie für Zellphysiologie, Letzteres mit Otto Warburg als Direktor. Auch ein «Institut für ausländisches und internationales Privatrecht» der KWG mit Sitz im Berliner Schloss wurde gegründet. Wie Planck seit 1916, Nernst seit 1919, so wurde der nach Fernost abgereiste Einstein im Dezember 1922 Senator der Kaiser-Wilhelm-Gesellschaft; er schied 1925 durch ein Losverfahren aus; sein Freund von Laue ersetzte ihn. Eine Wiederwahl scheiterte 1927, als Otto Hahn von den vierundvierzig abgegebenen Stimmen der Direktoren und wissenschaftlichen Mitglieder einundzwanzig erhielt, Einstein eine einzige. Entsprechend der Demokratisierung des politischen Systems konnten nun auch Sozialdemokraten und Gewerkschaftler Mitglieder des Senats sein.

Wie die Wirtschaft gewann die Forschung wieder an Tempo und politischer Bedeutung. Strahlten die goldenen zwanziger Jahre ihren Glanz auch in die Forschung? Ja, in eingeschränktem Maße; Berlin bekam auf dem Gebiet der theoretischen Physik davon weniger zu spüren als andere Städte. Während des Ersten Weltkriegs war in Berlin und nur dort Einsteins berühmte allgemeine Relativitätstheorie entstanden. In der Zeit der Weimarer Republik erblickte die nicht minder revolutionäre Quantenmechanik das Licht der Welt, aber Städte wie Göttingen, Kopenhagen, München, Zürich und Cambridge mussten sich den Ruhm teilen. Zwar bekam der Experimentalphysiker und Professor an der Technischen Hochschule in Berlin, *Gustav Hertz*, 1925 den Nobelpreis für den Franck-Hertz-Versuch, ein für die Quantenphysik grundlegendes Experiment. Aber das war angesichts der neuen Entwicklungen auf diesem Gebiet «Schnee von gestern». Der berühmte Einstein kannte alle mehr oder weniger bedeutenden deutschsprachigen Physiker, trug an manchen ihrer Universitäten vor, finanzierte einige ihrer Forschungsprojekte durch Mittel seines Instituts oder korrespondierte wissenschaftlich mit ihnen. Am endgültigen Durchbruch zur Quantenmechanik in den Jahren 1925 und 1926 war er ebenso wie die Berliner Wissenschaftsinstitutionen nur indirekt beteiligt. Die bahnbrechenden Forschungen von Hahn und Meitner in Radiochemie und Kernphysik am Dahlemer KWI für Chemie sollten sich als zukunftsträchtig erweisen. Darüber hinaus brachten die zwanziger Jahre große Fortschritte in anderen Bereichen der Physik, etwa dem der Halbleiter. So arbeitete *Walter Schottky* im Forschungslabor der Siemens & Halske AG in Berlin erfolgreich an solchen Fragen.

Der internationale Boykott der deutsche Wissenschaftler endete nach acht langen Jahren. Der erste große internationale Wissenschaftskongress in Berlin danach fand im September 1927 statt. Es war der 5. Internationale Kongress für Vererbungswissenschaft.

Unterhaltung und Nachtleben

Zerstreuung am Tage
Was konnten Touristen und Müßiggänger in Berlin nach der Besichtigung von Sehenswürdigkeiten, Museen und Ausstellungen am Tage zu ihrer Zerstreuung tun? Bummeln und einkaufen, essen und trinken, viel-

leicht sogar Europas modernsten Vergnügungspark, den «Luna-Park» am Halenseer Ende des Kurfürstendamms besuchen. Zu den großen Namen unter den Warenhäusern in Berlin vor dem Ersten Weltkrieg, Tietz, Wertheim und KaDeWe, war 1929 Karstadt gekommen mit seinem von zwei Turmbauten flankierten, modernen Haus am Hermannplatz in Neukölln. Mit eigenem Zugang zur U-Bahn und Europas größtem Dachgarten-Café ein richtiger Konsumtempel! Feinschmecker mit praller gefülltem Geldbeutel kamen in den Restaurants «Habel» und «Hiller» mit der Adresse «Unter den Linden» oder «Horcher» und «Schlichter» im Westen in der Lutherstraße, heute Martin-Luther-Straße, eher auf ihre Kosten. Das fein gewordene Restaurant «Schlichter» war zuerst in der Ansbacher Straße von Max Schlichter eröffnet worden, dessen jüngerer Bruder Rudolf von 1919 bis 1932 in Berlin sozialkritische Bilder malte. Zeichnungen von ihm und seinem Freund George Grosz schmückten die Wände des Lokals und konnten gekauft werden. Für den normalen Geldbeutel boten sich eine Restaurant*kette* an wie «Aschinger» mit fast zwei Dutzend Restaurants und fünfzehn Konditoreien in Berlin oder die gehobeneren Restaurants von Kempinski, in denen halbe Portionen zum halben Preis angeboten wurden. «Haus Vaterland» mit dem gerundeten Abschluss am Potsdamer Platz/Ecke Königsgrätzer Straße (heute Stresemannstraße), das frühere «Café Picadilly», gehörte ab 1928 zu Kempinskis Imperium und beherbergte ein Dutzend Themen-Restaurants wie die bekannten «Rheinterrassen» mit bis zu 3000 Gästen am Abend. Eingesessene Berliner wie George Grosz zog es eher in die kleinen Kneipen:

Wir liebten die kleinen Eckkneipen, die man Stehbierhallen nannte. Da stand man neben dem Kohlenträger, dem Rollkutscher und dem Portier von nebenan und trank sein kleines Helles, aß seinen Rollmops und nahm hinterher noch einen «Koks mit'n Pfiff». Das war Kartoffelschnapps mit einem Stück Zucker, das in Rum getaucht war.

Und abends die leichte Muse
Berlin übte während der zwanziger Jahre eine magische Wirkung auf Tagschwärmer und Nachtfalter beiderlei Geschlechts aus: Auch das Nachtleben konnte mit dem von Paris und London konkurrieren. In der Jägerstraße, der «Barstraße der City», reihten sich Vergnügungsstätten je-

der Art, vom Tanzpalast bis zur Bauernschänke und Kellerkneipe; neben dem Amüsierlokal «Weiße Maus» luden dort etwa die Lokale «Wien-Berlin» und «Maxim» ein. Berlin scheint auch die Welthauptstadt des Kokains gewesen zu sein. Aus vielen dunklen Hausfluren wurde geflüstert, was als Refrain gesungen in der Revue lautete: «Z'jarren, Z'jaretten ... Kokain, det is Berlin.» Zuckmayer berichtete: «Das ‹Koksen› war [...] in manchen Berliner Kreisen am Rande der Künstlerwelt große Mode, man hielt das Laster für interessant oder geniehaft.» *Anita Berber*, die bekannte Tänzerin mit künstlerischen Ambitionen und einem Hang zur Promiskuität, wurde 1928 mit 29 Jahren ein Opfer der Tuberkulose und ihrer Morphium- und Kokainsucht. Unvergänglich ist sie geworden durch das Bild, das Otto Dix 1925 von ihr gemalt hat. Ohne Hüllen außer Schleiern tanzte sie auch in der «Weißen Maus», die als Treffpunkt der Berliner Unterwelt galt. Wer dort nicht erkannt werden wollte, trug eine schwarze oder weiße Augenmaske.

Die Stadt war in den zwanziger Jahren auch ein Paradies für Homosexuelle; die Männer wurden dabei bedroht vom §175 des Strafgesetzbuches, der reichlich Gelegenheit zu Erpressung oder Verhaftung bot. Einfacher hatten es die Frauen; viele Lesbenklubs wie der exklusive «Klub Montbijou» in der Wormser Straße und Bars für lesbische Frauen mit Namen wie «Eldorado» oder «Verona-Diele» lagen in der Gegend des «Romanischen Cafés» an der Kaiser-Wilhelm-Gedächtniskirche. Die gesellige Kabarettistin und Lesbe *Claire Waldoff* sang:

Rrraus mit den Männern aus'm Reichstag
Und raus mit den Männern aus dem Landtag
Und raus mit den Männern aus dem Herrenhaus
Wir machen daraus einen Frauenhaus!

Eine begeisterndere Atmosphäre als in den Amüsierlokalen herrschte in den Revue-Theatern. Ein Foto zeigt die Bühne der «Schwarzen Revue» mit der Band von Sam Woodin im Ufa-Palast am Zoo mit einer «Jazzband» rechts und links vor einem riesigen Plakat. Gleich fangen sie zu spielen an! Der anscheinend leicht irritierte Schriftsteller und Kabarettautor *Walter Mehring* verwob die Situation zu einem Text:

Sie kommen weither übers Meer –
the Jazzband, the Jazzband!

Und spielen wie das wilde Heer, und spielen wie das wilde Heer
in Frisco und in Westend!
Es hüpfen wie das Känguruh
der Frackmensch und der Nackte,
der wilde Büffel und das Gnu,
die tanzen nach dem Takte:

Sie spiel'n zum Tanze jedem Staat
Europen, in Europen.
Ein abgedankter Potentat,
ein abgedankter Potentat
singt näselnd die Syncopen!

Im Unterschied dazu konnte der junge Klaus Mann dem als Tanzmusik
verstandenen Jazz nichts abgewinnen, ja er sah düstere Bezüge zwischen
dem harmlosen Tanzvergnügen und der allgemeinen Lage:

Millionen von unterernährten, korrumpierten, verzweifelt geilen, wütend ver-
gnügungssüchtigen Männern und Frauen torkeln und taumeln dahin im Jazz-
Delirium. Der Tanz wird zur Manie, zur idée fixe, zum Kult. Die Börse hüpft,
die Minister wackeln, der Reichstag vollführt Kapriolen. Kriegskrüppel und
Kriegsgewinnler, Filmstars und Prostituierte, pensionierte Monarchen (mit
Fürstenabfindung) und pensionierte Studienräte (völlig unabgefunden) – alles
wirft die Glieder in grausiger Euphorie. Die Dichter winden sich in seherischen
Konvulsionen; die «Girls» der neuen Revuetheater schütteln animiert das Hinter-
teil. Man tanzt Foxtrott, Shimmy, Tango, den altertümlichen Walzer und den
schicken Veitstanz. Man tanzt Hunger und Hysterie, Angst und Gier, Panik und
Entsetzen.

Die schwarze amerikanische Sängerin und Tänzerin *Josephine Baker*
personifizierte die Verschmelzung von Tanz, Jazzmusik und Nacktheit;
ihr Berliner Gastspiel von 1926 in einer «Negerrevue» bei Nelson bereitete nicht nur den Herren Assessoren aus den Ministerien großes Vergnügen. Die Geister schieden sich! Deutschnationale Tugendwächter
erspähten auf Bakers glänzender Haut den sittlichen Ruin des Landes:

Eine junge Negerin aus Frankreich tanzte in unbekleidetem Zustand auf Berliner
Bühnen und wurde als große Künstlerin gepriesen. Negerorchester spielten in
den teuersten Hotels, und die Beherrschung von Negertänzen galt als eine besondere Errungenschaft. Den Ehebund von Weißen mit Negern hielt man für
besonders neuzeitlich. Die Richtung der gesamten Propaganda der damaligen

Kunst war eine durchaus einheitliche: Das Ziel bestand in der Zerstörung des deutschen Artbewusstseins.

Dagegen schwärmte der auf Männer fixierte Graf Kessler von ihr:

Ich fuhr also zu Vollmoeller in seinen Harem am Pariser Platz und fand dort außer [Max] Reinhardt und Huldschinsky zwischen einem halben Dutzend nackter Mädchen auch Miss Baker, ebenfalls bis auf einen rosa Mullschurz völlig nackt, und die kleine Landshoff (eine Nichte von Sammy Fischer) als Junge im Smoking. Die Baker tanzte mit äußerster Groteskkunst und Stilreinheit, wie eine ägyptische oder archaische Figur, die Akrobatik treibt, ohne je aus ihrem Stil herauszufallen. So müssen die Tänzerinnen Salomos und Tut-ench-Amuns getanzt haben. [...] Ein bezauberndes Wesen, aber fast ganz unerotisch.

Den Nackttanz hatte aber nicht erst Josephine Baker nach Berlin gebracht, sondern schon 1921 Cäcilie Schmidt aus Rheydt bei Mönchengladbach, alias *Celly de Rheydt* mit ihrem «Celly de Rheydt-Ballett», Deutschlands erster Nackttanz-Gruppe, zuerst in einem Privatklub ihres Liebhabers, danach im Nelson-Theater Ecke Kurfürstendamm und Fasanenstraße. Der Erfolg kam schnell; zwei Jahre später zogen die großen Revuen im Nelson-Theater, im Apollo-Theater oder die «Haller» im Admiralspalast in der Friedrichsstadt nach und brachten neben Beine schwingenden «Tiller-Girls» auch «lebende Bilder» mit Scharen von viel unbedeckte Haut zeigenden jungen Frauen auf die Bühne. Das lockte wiederum Horden von männlichen Touristen, insbesondere aus den Nachbarländern an, die sich im Jahr der Hyperinflation in Berlin preiswert an einer Art der halböffentlichen Nacktheit vergafften, die ihnen daheim in Holland oder Dänemark verschlossen blieb.

Theobald Tiger alias Tucholsky – ein notorischer Schürzenjäger – schrieb zu diesem Berliner Klima der Lust an der Lust einen Chansontext für die Operettensängerin, Kabarettistin und Schauspielerin *Trude Hesterberg*:

Nicht bei Lulu nur oder Wedekind
ist der Platz für deine Reize;
denn je nackter deine Schultern sind,
je mehr sagt man: «Det kleid se!» Als Iphigenie trägst du nur
ne Armbanduhr, 'ne Armbanduhr,
ich seh' den weißen Nacken,

«Lebende Bilder» in einer James-Klein-Revue im Apollo-Theater: Die Friedensgöttin auf der Quadriga vom Brandenburger Tor

wie schön sind deine Backen!
Zieh dich aus, Petronella, zieh dich aus!
Denn du darfst nicht ennuyant sein,
denn nur so wirst du bekannt sein;
Und es jubelt voller Lust das ganze Haus:
Zieh dich aus, Petronella, zieh dich aus.

Der Name Trude Hesterberg führt uns in die Welt des mit dem Revue-Theater eng verbundenen Berliner Kabaretts. Die Hesterberg hatte eigene Kleinkunst-Bretter, die «Wilde Bühne» im Keller des Theater des Westens. Es gab mehr als zwei Dutzend weitere Kabaretts, teils rein auf witzige Unterhaltung aus, teils literarisch-politisch agierend. Zu Letzteren zählten das 1919 von Max Reinhardt im Untergeschoss des Großen Schauspielhauses gegründete Kabarett «Schall und Rauch», der «Größenwahn» von *Rosa Valetti* und das «Kabarett der Komiker (Kadeko)» in der Kantstraße. Zu den mehr dem Amüsement verpflichteten Kabaretts zählten Rudolf Nelsons «Künstlerspiele» und sein «Nelson-Theater» am Kurfürstendamm.

Ob Einstein Interesse am *politischen* Kabarett hatte, ist unbekannt; jedenfalls hat er einmal eine Vorstellung des russischen *Emigranten-Kaba-*

Herrenrunde 1929 (von links nach rechts): Albert Einstein, Minister Heinrich Becker, H. G. Wells, Reichstagspräsident Paul Löbe

retts «Der blaue Vogel», dessen Domizil in der Goltzstraße am Winterfeldtplatz lag, besucht. Der Cheflektor des Ullstein Verlags *Max Krell* erzählte davon. Er habe Einstein zwar nicht kennen gelernt: Ich habe ihn nur vor ein paar Jahren im Theater am Kurfürstendamm gesehen. Das russische Kabarett gab ein Gastspiel, über das sich der Herr in der Loge mit dem großen, grauen Haarbusch herrlich amüsierte, so strahlend, dass der Conferencier Jushny* von der Bühne her ihm einen Riesenball zuwarf, und eine kleine Weile lang amüsierten sich die beiden ausgewachsenen Männer damit, über die Köpfe im Parkett weg mit dem großen Ball zu spielen.

Bälle, Salons und Partys

Einer der Höhepunkte der Berliner Ballsaison bildete ein großer Ball des Vereins der ausländischen Presse im Hotel Adlon. Noch bedeutender war aber der Ball des Vereins der Berliner Presse in den Festsälen des Zoo-Restaurants, der alljährlich am letzten Sonntag im Januar stattfand. Dieses einzigartige gesellschaftliche Ereignis, das «Ordensfest der Re-

---

* J. D. Jushnij, Leiter und Conferencier des Blauen Vogel.

publik», führte die Presseleute mit Prominenten aus allen Kreisen in seltener Vollzähligkeit zusammen.

Hier trafen sich «die Zwanziger» im Frack vom Reichskanzler mit seinem Kabinett über das diplomatische Corps [...], den Präsidenten der Akademien, den Rektor der Universität bis zu den großen Verlegern, Industriellen, Bankiers und Dirigenten. Hier sammelte sich der Glanz von «Film und Bühne» [...] Hier sah man Albert Einstein im Gespräch mit Max Planck, Elisabeth Bergner mit Max Reinhardt oder Schmeling neben der Mistinguett Hummersalat essend, den jungen Dramatiker Zuckmayer mit dem Flieger Udet, dem Urbild seines mehr als fünfzehn Jahre später in der Emigration geschriebenen Dramas «Des Teufels General». Oder den englischen Botschafter Lord D'Abernon tanzend mit Frau Stresemann.

Für die mehr als sechstausend Gäste spielte ein halbes Dutzend der bekanntesten Tanzorchester. Mit wem unterhielt sich Elsa Einstein auf diesem Ball, falls Einstein sie denn mitgenommen hat? Konnte er tanzen? Jedenfalls scheint er nicht getanzt zu haben; wo sonst wäre ein Foto des das Tanzbein schwingenden Einstein gemacht worden, wenn nicht auf einem Presseball? Auf das Tanzen wird es weniger angekommen sein; man spielte «Sehen und gesehen werden», unterhielt sich, folgte den Vorführungen und nahm an der durch Firmenspenden reichlich bestückten *Tombola* teil.

Ein repräsentatives Palais neben dem Reichstagsgebäude enthielt Wohnungen für den Reichstagspräsidenten und seine Beamten sowie den «Großen Saal» für Empfänge. Von 1920 bis 1932 wohnte dort der sozialdemokratische Abgeordnete und Reichstagspräsident seit 1924, *Paul Löbe*. Als Gastgeber sorgte er für sonntägliche Rundgänge mit Bewirtung für Gruppen aus der Berliner Arbeiterjugend. Regelmäßige Gäste unter den Persönlichkeiten aus Politik, Wirtschaft, Wissenschaft und Kunst, die er zu «parlamentarischen Abenden» einlud, waren der sowjetische Botschafter in Berlin von 1922 1932, *Nicolai Krestinski*, und der römische Nuntius Pacelli, der spätere Papst Pius XII., «beide lebendige Erzähler und angenehme Gesellschafter». Auch Albert Einstein, die Schauspieler *Fritz Kortner* und Elisabeth Bergner, die Opernsänger Jan Kiepura und *Gitta Alpar* sowie der Publizist und Theaterkritiker Alfred Kerr fanden sich zu solchen Abenden ein.

Die meiste Geselligkeit während des Jahres spielte sich bei Einladungen in privaten Häusern ab, von denen manche die Tradition der alten

«Salons» in neuem Stil fortsetzten. Bei einem solchen Anlass trafen gelegentlich mehr als hundert Gäste aufeinander. Hierbei teilte sich die «Gesellschaft» jedoch auf in unterschiedliche Zirkel von Hochfinanz, Politik, Kunst, Presse und Adel, mit geringster Mischung der Monarchisten und Republikaner. Letztere trafen sich in der Villa des Geheimrats und einflussreichen Direktors der AEG, *Felix Deutsch,* und seiner politisch interessierten Frau Lili in der Rauchstraße, Ecke Drakestraße. Hier verkehrten der Reichspräsident Friedrich Ebert und Paul Löbe; hier trafen sich Prominente aus der Sowjetunion mit Rathenau, Wirth und deutschen Wirtschaftsbossen. Graf Kessler berichtete:

Abends großes Dinner bei Felix Deutsch: Eberts, Houghton, Krestinskis, Gevers, Löbes, Schachts usw. [...] Frau Ebert [...] machte einen fast vornehmen Eindruck; sie könnte eine ostelbische Gräfin vom Lande sein, etwas massiv und rot, aber nicht ohne Grazie. Geschmackvoll war, dass sie in dieser eleganten Gesellschaft in einem ganz einfachen ausgeschnittenen Kleid ohne das geringste Schmuckstück erschien, nur ein winziges goldenes Kreuz am Hals, wie es jede Arbeiterfrau tragen könnte.*

Einsteins scheinen nicht in diesen Kreis gekommen zu sein, obgleich sie in ähnliche Häuser eingeladen wurden, so zu Fritz und Edith Andreae in die Kronberger Straße in Berlin-Grunewald/Schmargendorf; er ein «maßgebender Partner des Bankhauses Hardy & Co», sie die jüngere, einzige Schwester Walther Rathenaus. Bei Andreaes gab es oft Musikdarbietungen und im Winter auch wissenschaftliche Vorträge. Die Hochfinanz traf sich zum Beispiel bei dem Direktor der Dresdner Bank und Präsidenten des Golf- und Landclubs Berlin-Wannsee, *Herbert M. Gutmann,* in seinem Landhaus «Herbertshof» in Potsdam. Ludwig Katzenellenbogen, eine Zeitlang Vizepräsident des Klubs, besaß einen Bungalow beim Golfplatz. Künstler fanden sich gerne bei Mäzenen ein wie etwa bei *Dr. Otto Jeidels,* einem persönlich haftenden Gesellschafter der Berliner Handelsgesellschaft, oder dem Bankier *Hugo Simon,* USPD-Mitglied und preußischer Finanzminister während der Regierung des «Rats der Volksbeauftragten». Auch Einstein wurde hier zusammen mit

---

* Alanson B. Houghton war US-Botschafter in Berlin, Baron Gevers der holländische Gesandte und Nikolai Krestinski der sowjetische Botschafter.

Albert Einstein mit Rabindranath Tagore vor seinem Sommerhaus in Caputh

Max Liebermann und Renée Sintenis eingeladen, als Simon zu Ehren des französischen Malers und Bildhauers *Aristide Maillol* im Sommer 1930 ein «Großes Frühstück» gab. Maillol hatte offenbar vorher nie von Einstein gehört und meinte zu Graf Kessler: «Oui, une belle tête; c'est un poète?»* Ein gemeinsames Foto von beiden entstand hier. Als ein Bild von Einstein zusammen mit dem indischen Nobelpreisträger für Literatur von 1913, *Tagore*, entstand, wandelte Maillols Ausspruch sich in: «Der Dichter Tagore mit dem Haupt eines Denkers und der Denker Einstein mit dem Haupt eines Dichters.» Gemäß den gesellschaftlichen Konventionen mussten Einsteins Einladungen erwidern; an einem Abend im März 1922 war auch Graf Kessler ihr Gast:

Abends gegessen bei Albert Einsteins. […] etwas zu großes und großindustrielles Diner, dem dieses liebe, fast noch kindlich wirkende Ehepaar eine gewisse Naivität verlieh. Der steinreiche Koppel, Mendelssohns, der Präsident Warburg, Bernhard Dernburg, schäbig wie immer angezogen, usw. Irgendeine Ausstrahlung von Güte und Einfachheit entrückte selbst diese typische Gesellschaft dem Gewöhnlichen und verklärte sie durch etwas fast Patriarchalisches und Märchenhaftes.

* «Ja, ein schöner Kopf, ist das ein Dichter?»

Der Mensch Einstein in seinen Berliner Jahren

Von außen gesehen

Im September 1920, in seinem zweiundvierzigsten Lebensjahr, schickte Einstein einer achtjährigen Kusine eine ironische Selbstbeschreibung: «Ich sage Dir daher, wie ich aussehe: Bleiches Gesicht, lange Haare und eine Art bescheidenes Bäuchlein. Dazu ein eckiger Gang und eine Zigarre im Maul, wenn er eine hat, und einen Federhalter in der Tasche oder in der Hand. Krumme Beine oder Warzen hat er aber nicht, ist also ganz hübsch, auch keine Haare an den Händen wie oft hässliche Männer [...].» Die «langen Haare» ließ er nur von Elsa schneiden. Über seine dunkle Haarfarbe sagte er hier nichts, ebenso wie über den dunklen Schnauzbart, den er zeitlebens trug und der langsamer weiß wurde als sein Haupthaar. Sein deutliches Kinn mit Grübchen und seine *Augen* erwähnte Einstein nicht, obgleich Letztere vielen Menschen auffielen, so etwa der Dichterin Claire Goll: «Einstein hatte wundervolle, zugleich verträumte und spöttische Augen», oder dem Kunsthistoriker Weisbach: «Als der große schwere Mann, mit bedächtig zurückhaltendem Auftreten, der Kopf von dichter schwarzer Haarfülle umrahmt, vor mir stand, nahm mich das in weichen Zügen geformte Gesicht mit den versonnenen und gütigen Augen ganz gefangen.» Beide Äußerungen betreffen die Zeit des Ersten Weltkriegs, also Einstein als Mitt- bis Enddreißiger. Das Bild, das der Dichter Ossip Dymow von Einsteins Gesicht mit Worten gezeichnet hat, muss aus viel späterer Zeit stammen:

Zunächst überraschte mich seine riesige, anomal, ja geradezu übertrieben wirkende Stirn, ihr strahlendes Weiß. Darunter merkwürdig braune, aufmerksame, kluge und gute Augen, ernst wie ernste Kinderaugen. Die Augen sind viel jünger als die Stirn und die jetzt weißen Haare. Um den Mund liegt etwas traurig Weiches, Mildes, gleichsam wie bei verheißungsvollen Kindern.

Klaus Manns Beschreibung betrifft ebenfalls den gealterten Einstein: «Albert Einstein mit schöner Silbermähne, Kuppelstirn und schalkhaft

Albert Einstein in seiner Berliner Bibliothek, um 1920

tiefem Blick. Was für Augen! Er brauchte nichts zu sagen – und was er sagte, war oft unbedeutend; auch seines Ruhmes hätte es nicht bedurft. Die Augen, sternenhaft, zeugten für seine Größe.»

Auch ohne «Bäuchlein» machte sich die untersetzte Figur Einsteins in den zwanziger Jahren deutlicher bemerkbar, besonders wenn er eine Anzug- oder Strickweste trug. Im Gegensatz zu häufigen Behauptungen benahm er sich außer Hauses nicht nachlässig in seiner Kleidung. Zu Anlässen in Universität, Akademie und Gesellschaft kam er mit steifem Kragen, Krawatte oder Fliege und im Anzug – wenn es sein musste, im Gesellschaftsanzug. Im Sommer kleidete er sich manchmal ganz in hell mit und ohne Strohhut. Im Winter mit dunklem Mantel und Spazierstock. Dass nicht immer alles zusammenpasste, wenn Elsa es nicht richtete, wer nimmt dies einem in sich gekehrten Wissenschaftler übel? Da vergaß Einstein dann eben die frisch gebügelte Hose im Koffer und lief in der zerbeulten herum. Er war ja nicht der einzige Gelehrte ohne Sinn für Mode. Bestimmte Dinge wie Socken oder Hausschuhe hielt er für unnötig; dagegen ließ er sich am Strand in *Damen*sandalen ablichten: Ansichtskarten davon werden noch heute verkauft. Wenn Einstein schlampig herumlief, dann daheim; da saß er schon einmal beim Essen in der offenen Jacke ohne ein Hemd darunter oder kam ungeniert aus dem Badezimmer in einem seine Männlichkeit nicht ganz bedeckenden Bademantel. Eine gerade anwesende Freundin der Hausgehilfin wurde rot bis über die Ohren; er neckte sie deswegen. Statt mit der erwähnten Zigarre ist Einstein öfters mit verschieden geformten Tabakspfeifen abgebildet; dem Rauchen mochte er nicht entsagen, auch nicht als die Ärzte es ihm verboten hatten.

Auf Schallplatten- und Radioaufnahmen hat Einstein eine angenehme, relativ hohe Stimme mit dem nasalen Klang, der manchen Schwaben gemeinsam ist. Eine ausgesprochen schwäbische Aussprache fehlte ihm jedoch. Einsteins äußere Erscheinung wirkte anziehend, besonders auf Frauen. *Irmgard Keun* lässt die freche Doris ihres Romans «Das kunstseidene Mädchen» plappern:

[…] sehr berühmt, aber nicht so wie Einstein, von dem man ja Fotografien sieht in furchtbar viel Zeitungen und sich nicht viel darunter vorstellen kann. Und ich denke immer, wenn ich sein Bild sehe mit den vergnügten Augen und den Staubwedelhaaren, wenn ich ihn im Kaffee sehen würde und hätte gerade den

Mantel mit Fuchs an und todschick von vorn bis hinten, dann würde er mir vielleicht auch erzählen, er wäre beim Film und hätte unerhörte Beziehungen. Und ich würde ihm ganz kühl hinwerfen: H₂O ist Wasser [...].

Einstein muss eine außerordentliche Konzentrationsfähigkeit besessen haben, die ihn zu stundenlangem Denken und Rechnen befähigte, ihn Essen, Trinken und Schlafen vergessen ließ. Und dabei aß er gerne und viel, bezeichnete sich selbst als unmäßig im Arbeiten wie im Essen. Einstein hatte eine besondere Formulierungsgabe in seiner Muttersprache, seinem bevorzugten Ausdrucksmittel beim Reden und Schreiben. Andere Sprachen lernte er nie fließend sprechen, obwohl er sich gelegentlich des Französischen, Englischen oder Italienischen bediente.

Ein temperamentvoller Charakter

Einstein wird als ein sehr fröhlicher Mensch beschrieben, der wie sein Freund Ehrenfest viel lachte. Plesch charakterisierte ihn so: «Das Lachen ist eine der schönsten Gaben, die ihm die Götter geschenkt haben. Er kann über Witze und über komische Situationen aus Herzensgrund lachen. Er lacht, das ist seltsam, auch wenn andere weinen. Ich habe ihn laut lachen hören über Dinge, die ihm sehr an die Seele gingen.» Wenn er richtig traurig war, weinte Einstein: wegen seiner abreisenden Kinder, wegen des Todes eines Freundes, als Max Planck einen Sohn und zwei Töchter verlor. Er konnte auch zornig und unüberhörbar laut werden, etwa wenn er sich mit Elsa sehr stritt. Alberts ältester Sohn soll gesagt haben, dass sein Vater Gefühle an- und abgestellt habe «wie einen Wasserhahn». Die angestrebte Loslösung von der «schmerzlichen Rauheit» des Alltags gelang Einstein verständlicherweise nicht immer. So schlug er dann eben seinen Sohn Hans Albert, wenn dieser ungezogen war; auch mit Mileva soll es Handgreiflichkeiten gegeben haben, allerdings von beiden Seiten. Ein ganz sanftmütiger Mensch war Einstein wohl doch nicht. *Charlie Chaplin* beschrieb ihn mit den Worten: «Er sah aus wie der typische Süddeutsche im besten Sinne, war jovial und freundlich. Zwar gab er sich ruhig und sanft, doch fühlte ich, dass in seinem Inneren ein hochemotionelles Temperament verborgen war, und dass aus dieser Quelle seine außerordentlichen intellektuellen Energien kamen.» Er hielt Einstein wie alle Wissenschaftler und Philosophen für «sublimierte Romantiker», die ihre Leidenschaften in andere Kanäle fließen ließen.

Einstein war ein *gutmütiger* Mann, der nicht gleich jedem Wort und allen Menschen misstraute. Im Laufe seiner wachsenden Berühmtheit musste er sich ein solches Misstrauen erst anerziehen, da manche Menschen versuchten, ihn für ihre Zwecke zu benutzen. Bei einem Vorfall aus seinen ersten Berliner Jahren setzte er sich schriftlich für eine in seiner Verwandtschaft beschäftigte Hausangestellte gegenüber dem von ihr bezeichneten gewissenlosen vermeintlichen Vater ihres Kindes ein. Er sei fest entschlossen, ihr ihm gegenüber «zu ihrem Rechte zu verhelfen». In der Unterschrift setzte er seine ganze Autorität als Mitglied der Königlich Preußischen Akademie der Wissenschaften ein. Es stellte sich aber schnell heraus, dass die Kindsmutter eine Psychopathin war und alle angelogen hatte. Elsa musste die Peinlichkeit aus der Welt schaffen, bei der nach ihren Worten Einstein einen Teil «seiner großen Menschenliebe hier nutzlos vergeudete».

Ein wesentlicher Charakterzug Einsteins zeigte sich in seinem Bedürfnis nach *Unabhängigkeit*: von leidvollen und schmerzenden Gefühlen, von materiellen Dingen, von den Meinungen anderer, von an ihn *von außen* herangetragenen sozialen *Verpflichtungen* wie etwa Betreuung von Studierenden, Wehrdienst, Zugehörigkeit zu einer Partei, der ausschließlichen Bindung an eine Frau, von auf ihn einströmenden unerwünschten Gedanken. Wenn auch kein Egomane, so empfand Einstein sich innerlich doch immer «abseits» von den anderen. Die Beschreibung des Sekretärs des Völkerbundausschusses, in dem Einstein tätig war, des rumänischen Kunsthistorikers *George Oprescu*, passt dazu: «Bergson war ein Verstandesmensch, Einstein einer des Instinkts und der Leidenschaft, der die Freiheit liebte, die Ehrlichkeit und den Schwung, unter allen Formen, mit manchmal kindlicher Ausdrucksweise, sensibel für die Kunst […].» Dass der Schöpfer der für Nicht-Fachleute schon sehr abstrakten Relativitätstheorien kein «Verstandesmensch» gewesen sein soll, verblüfft nur kurz: Er war es in der theoretischen Physik mit ihren Begriffen und mathematischen Kalkülen, nicht aber in der Alltagswelt, in der er sich sowieso mit diesen Hilfsmitteln nicht ausdrücken konnte. Auf beiden Feldern spielte «Intuition» für Einstein die wesentliche Rolle. Auch wenn sein Ausspruch gegenüber John D. Rockefeller, «Ich vertraue auf Intuition», dessen «Und ich auf Organisation» im Zusammenhang mit Forschungsförderung erwiderte, so kann er doch auf viele andere Bereiche von Einsteins Verhalten übertragen werden.

Zwei Eigenschaften werden an ihm besonders gerühmt: seine *einfache* Lebensweise und seine *Bescheidenheit*. Einstein kleidete sich schlicht, hatte anscheinend nie Geld in der Tasche, keine kleinen «Laster» außer dem Rauchen. Er stellte sich nicht in den Vordergrund, verhielt sich nicht arrogant und herabsetzend wie es der ebenfalls geniale Physiker und Nobelpreisträger *Wolfgang Pauli* tun konnte. Einsteins Antrittsvorlesung in Prag beeindruckte den Mathematiker Gerhard Kowalewski: «Einstein hatte eine überaus schlichte Art des Auftretens. Dadurch eroberte er alle Herzen. Er sah die Dinge dieses Lebens von einer hohen Warte. Was dem Durchschnittsmenschen wichtig erscheint, besaß für ihn keine Bedeutung.» Vermutlich ist Einstein so «populär» geworden, nicht weil er ein genialer Physiker war, sondern, zumindest an der Oberfläche, ein lebensfroher, für die Außenwelt *liebenswerter* Mensch mit großer Ausstrahlung. Andere Genies werden als abstoßend, hochmütig oder nervig beschrieben; so soll Isaac Newton kein besonders angenehmer Junggeselle gewesen sein. Ein Ungleichgewicht wie zwischen dem anscheinend oft unangebrachten Auftreten von Else Lasker-Schüler und ihren sensiblen Gedichten bestand im Falle Einsteins nicht. Dunklere Seiten in Einsteins Seele zeigen sich in seinem Umgang mit seinen Ehefrauen und Kindern.

Wenn denn Einstein nie Geld in der Tasche hatte, so lag das wohl nicht nur an seiner Bedürfnislosigkeit und Elsas Sparsamkeit, sondern auch daran, dass er tatsächlich wenig brauchte. Er aß daheim, ging kaum in Kaffeehäuser, saß an keinem Stammtisch. Wenn er seine betuchten Freundinnen besuchte, so bezahlten sie. Außerdem bekam er sicherlich öfter Frei- oder Ehrenkarten für Theater- und Konzertbesuche: Einstein im Publikum, das gab schon damals eine gute Presse. Auch Bücher, besonders Neuerscheinungen, wurden ihm zugeschickt; seine Bibliothek soll fast nur aus solchen Geschenken bestanden haben. Ob er wirklich so knausrig gegenüber sich selbst war, wie oft behauptet? Zwei Beispiele: «Er fährt am liebsten, wenn es sich nicht gerade um eine offizielle Einladung handelt, IV. Klasse, die ja jetzt abgeschafft ist. Selbst wie ein besserer Handwerker oder kleiner Beamter angezogen, fühlt er sich unter

Leuten aus dem Volke am wohlsten.» Sein Neffe zweiten Grades, Paul Koch, erzählt über einen Besuch, vermutlich in Antwerpen, bei dem Einstein in einem alten Hotel am Palais Royal abgestiegen war: «Als ich in das ziemlich bescheidene, fast schon schäbige Hotel kam, fragte ich an der Rezeption: ‹Wohnt Professor Albert Einstein bei Ihnen?› Die Empfangschefin sah mich misstrauisch an, nickte dann aber mit dem Kopf. ‹Ja, wir haben hier einen, der sich Einstein nennt. Aber ich glaube, es ist nicht der richtige, der berühmte Einstein. Unser Einstein sieht sehr arm aus.› Tatsächlich wohnte Onkel Albert im billigsten Zimmer [...].» Offensichtlich richtete Einstein den Blick selten auf sein Äußeres.

Einsteins Bescheidenheit im Umgang mit Menschen hörte da auf, wo er als Forscher Resultate erzielt hatte. Gleich nach seiner ersten Veröffentlichung und noch ohne Doktorgrad bewarb er sich bei so bekannten Wissenschaftlern wie Wilhelm Ostwald in Leipzig oder Eduard Riecke in Göttingen auf eine Assistentenstelle und nahm ganz selbstverständlich an, dass er Erfolg haben werde. Seine Prioritätsansprüche meldete er unbeirrt an; dem außerordentlichen Professor in Hannover *Johannes Stark* schrieb der sich in Bern eben habilitierende Einstein 1908: «Es hat mich etwas befremdet, dass Sie bezüglich des Zusammenhangs zwischen träger Masse und Energie meine Priorität nicht anerkennen.» Die Unstimmigkeiten mit dem berühmten Mathematiker David Hilbert, ebenfalls aus Prioritätsgründen, wurden schon erwähnt. Einsteins Selbstbewusstsein im Zusammenhang mit seinem Versuch der Zusammenfügung von Elektromagnetismus und Gravitation war so stark, dass er seinem Freund Besso 1929, noch vor seinem fünfzigsten Geburtstag, schrieb:

Aber das beste, an was ich fast die ganzen Tage und die halben Nächte gegrübelt und gerechnet habe, ist nun fertig vor mir [...] unter dem Namen «einheitliche Feldtheorie». Das sieht altertümlich aus und die lieben Kollegen sowie auch Du, mein Lieber, werden zunächst einmal die Zunge herausstrecken, so lange es geht. Denn in diesen Gleichungen kommt kein Plancksches h vor. Aber wenn man an die Leistungsgrenzen des statistischen Fimmels deutlich gelangt sein wird, wird man wieder zur zeiträumlichen Auffassung reuevoll zurückkehren, und dann werden diese Gleichungen einen Ausgangspunkt bilden.

Einstein nannte hier den Zug der Quantentheorie, der es in der Regel nur erlaubt, *Wahrscheinlichkeitsaussagen* für Messungen zu machen, «statistischen Fimmel». Heute, fünfundsiebzig Jahre danach, sind die Leistungsgrenzen der Quantentheorie noch immer nicht erreicht. Sie ist von Erfolg zu Erfolg geeilt und ihre Anwendungen, etwa im Halbleiterbereich, sind in vielen Geräten des Alltagslebens unverzichtbar. Zur damaligen Einheitlichen Feldtheorie Einsteins, der Fernparallelismustheorie, ist noch niemand «reuevoll» zurückgekehrt. Einstein hat eben unerschütterlich an sich geglaubt und verdrängte, was er nicht akzeptieren wollte. *Selbstzweifel* an seiner Person und an seinem Tun hat er nach außen *nicht* gezeigt.

In einem Brief an Mme. Julien Luchaire aus dem Jahr 1932 sagte Elsa ihrem Mann eine *Scheuheit* im Umgang mit Menschen nach: «[...] Albert ist ein scheuer Mensch. Ja, das ist schwer zu begreifen. Aber es ist doch so. Wenn man denen, die ihm so oft Eitelkeit vorwerfen, erklären will, dass er demütig, scheu und ohne die ‹normale› Selbstgefälligkeit ist, dann belächeln sie diese Behauptungen [...].» Dass Einstein «scheu» war, könnte gemeint haben, dass er sich niemandem aufdrängte. In diesem Sinne schrieb er ihr kurz vor seiner Berufung nach Berlin, dass er persönlich niemanden von den maßgebenden Leuten kenne, da «[...] ich es überhaupt immer gescheut habe, Menschen kennen zu lernen, wenn dies nicht nötig war». Nach 1919, als weltberühmter Mann, hatte er es dann überhaupt nicht mehr nötig, irgendjemanden kennen zu lernen: viele drängten sich *ihm* auf. Wahrscheinlich bedeutet Elsas Charakterisierung aber nichts anderes, als was Einstein selbst empfand, wenn er sich einen «typischen Einspänner» nannte: seine *innere* Abgeschiedenheit von anderen Menschen. Das würde den ihm anscheinend gemachten Vorwurf der Eitelkeit verständlicher machen. Andererseits könnte dieser Vorwurf damit zusammenhängen, dass Einstein sich durchaus in Szene zu setzen wusste, wenn sie ihm denn bereitet worden war. «Scheuheit» könnte auch in Richtung «Ängstlichkeit» gedeutet werden. In der Tat fürchtete sich der Strohwitwer Einstein in Berlin nach Max Borns Bericht vor Einbrechern und «verrammelte seine Wohnung mit allen erdenklichen Mitteln». Zu seinem neununddreißigsten Geburtstag schenkten ihm die Borns daher einen Kuchen in Form eines Vorlegeschlosses mit Schlüssel und ein lustiges Gedicht.

Einsteins Abneigung, Menschen kennen zu lernen, kann damit zusammenhängen, dass ihm – vielleicht wegen seiner Offenheit und Gutmütigkeit – die *rationale* Beurteilung von Menschen schwer fiel. Er folgte hier ganz seinem Instinkt: Wer als Freund akzeptiert war, blieb dies, auch wenn er Einsteins moralischen oder politischen Prinzipien zuwiderhandelte. Beispiel sind konservative Freunde oder Kollegen wie Haber, Planck, Sommerfeld oder der Arzt Hans Mühsam, für den es «eine Sünde gegen die Natur» war, allen Völkern der Erde gleiches Recht zu geben, ohne ihrer «biologisch verschiedenen Wertigkeit Rechnung zu tragen». Wer von Einstein abgelehnt worden war, bekam dagegen keine zweite Chance.

Die moralische Autorität

Zum sechzigsten Geburtstag Romain Rollands im Jahr 1926 griff Einstein Gedanken Schillers auf, die dieser 120 Jahre früher niedergeschrieben hatte: «In den niederen und zahlreicheren Klassen stellen sich uns rohe, gesetzlose Triebe dar, die sich nach aufgelöstem Band der bürgerlichen Ordnung entfesseln und mit unlenksamer Wut zu ihrer tierischen Befriedigung eilen.» Vor dem Hintergrund des Weltkriegs drückte Einstein die Situation so aus:

Die rohen Massen tun ihr Werk aus dumpfen Leidenschaften heraus, denen sie und die sie verkörpernden Staaten völlig untertan sind. Sie rasen gegeneinander in ihrem Wahn und treiben einander ins Unglück; aber sie verbringen im Großen und Ganzen ihre Greuel ohne inneren Zwiespalt. Die wenigen jedoch, die am rohen Fühlen der Massen nicht teilnehmen, sondern unbeeinflusst von den Leidenschaften am Ideal der Menschenliebe hängen, tragen ein weit schwereres Los: sie werden aus der Gesellschaft ausgestoßen und wie Aussätzige behandelt, wenn sie nicht Taten begehen, gegen die sich ihr Gewissen aufbäumt, und feige verschweigen, was sie sehen und fühlen.

Mit dem Konflikt zwischen dem «Ich» und der diffusen «Masse» der Mitmenschen oder ihrer sehr konkreten Zusammenballung und Organisierung im «Staat» war Einstein – mindestens seit den Diskussionen in pazifistischen Gesprächszirkeln während des Ersten Weltkriegs – vertraut. Die Begriffe «Massensuggestion» und «Massenseele» wurden schon damals gebraucht. Es war einfach ein Thema der Zeit: Le Bons Buch «Psychologie der Massen» lag 1919 in der dritten Auflage vor. In ihm wurde den Massen Leidenschaften und die Unfähigkeit zu logischem Denken und klarer Urteilsfähigkeit zugeordnet. Im Unterschied zu Einstein fand Le Bon aber, dass die «Massen» in einem großen Maße zu moralischem Verhalten, zu Aufopferung fähig seien. In Einsteins Äußerungen taucht dieses Thema in verschiedenen Formen auf, so in einem Brief an Thomas Mann vom April 1933, in dem er davon überzeugt ist, «dass das Schicksal einer Gemeinschaft in erster Linie durch das moralische Niveau bestimmt wird». Das moralische Niveau wird aber von einer durch kulturelle Leistungen im weitesten Sinne ausgewiesenen *Elite* festgelegt. Einsteins Auffassung hängt damit zusammen, dass er in der Wechselbeziehung zwischen Gemeinschaft und einzelnem Menschen das Hauptgewicht auf das *Individuum* setzte. Zwar ergibt sich, «was der Einzelne ist und bedeutet», nicht so sehr aus seinem Dasein «als Einzelgeschöpf, sondern als Glied einer großen menschlichen Gemeinschaft». Die Annahme, dass die *sozialen* Eigenschaften eines Menschen allein über seine Beurteilung entscheiden, ist nach Einstein aber falsch. «Es lässt sich leicht erkennen, dass alle materiellen, geistigen und moralischen Güter, die wir von der Gesellschaft empfangen, im Lauf der unzähligen Generationen von schöpferischen Einzelpersönlichkeiten herstammen. [...] Nur das einzelne Individuum kann denken und dadurch für die Gesellschaft neue Werte schaffen.» Diese Meinung ist weit weg von dem in der sozialistischen Bewegung der zwanziger und dreißiger Jahre in Überspitzung öfters vertretenen Slogan: «Der Einzelne ist nichts, das Kollektiv alles.» Sie ist aber nahe bei der von Einsteins Vorgesetzten als preußischem Beamten, Kultusminister *Becker*:

Unser Ausleseverfahren wird daher demokratisch sein müssen; das Ziel aber – wie bei jeder wahren Bildung – muss aristokratisch bleiben. Die Spannung zwischen dem aristokratischen Ich und der demokratischen Masse muss «ausgehalten» und durch Dienst an der Gemeinschaft entspannt werden.

Letztendlich fällt die simplifizierende Gegenüberstellung von Individuum und Gesellschaft unter das Einsteinsche Forschungsmotiv, «ein vereinfachtes und übersichtliches Bild der Welt zu gestalten». Der Ausgleich zwischen Individuum und Gesellschaft blieb in seinen Äußerungen manchmal ein unscharfer Gemeinplatz: «Eine gesunde Gesellschaft ist also ebenso an Selbständigkeit der Individuen geknüpft wie an deren inniger Verbundenheit.» In einem konkreten Interessenkonflikt zwischen Staat und Staatsbürger wie in der Frage des Kriegsdienstes und seiner Verweigerung hat Einstein jedoch immer eindeutig Stellung bezogen, zuerst während der Weimarer Republik zugunsten des Individuums – *für Kriegsdienstverweigerung* –, nach der Machtübernahme der Nationalsozialisten zugunsten des Staates, genauer, eines das nationalsozialistische Deutschland bekämpfenden Staates – *für die Notwendigkeit der Wehrpflicht*. Aus seiner Parteinahme für den Einzelnen folgte für Einstein zwangsläufig die Reduktion des Staates auf seine Funktion als ein Schutz- und Nutzraum für das Individuum; eine emotionale Identifizierung mit einem Staatswesen kam für ihn nicht in Frage. Daraus folgte seine Einstellung als ein *international* denkender und verbundener Welt-«Bürger». Im Gegensatz zu seinen Kollegen lag seine «corporate identity» in der internationalen Gemeinschaft der Gelehrten, nicht in der Preußischen Akademie der Wissenschaften, der Berliner Universität oder der Deutschen Physikalischen Gesellschaft. Aber Einstein war kein Mensch ohne Widersprüche: Mit der Schweiz verband ihn offensichtlich Sympathie, mit dem politischen Deutschland der wilhelminischen Epoche und der Weimarer Republik mehr oder weniger starke Antipathie. Zum Internationalismus gesellte sich zwanglos der Einsteinsche Pazifismus: Krieg zerbrach die internationale Gemeinschaft der Gelehrten und erschwerte oder zerstörte sogar die Rolle, die der Staat für den Einzelnen spielen sollte. Einsteins Eintreten für den Völkerbund und seine Mitarbeit in einer Unterorganisation, dem «Komitee für intellektuelle Zusammenarbeit», ist in diesem Zusammenhang zu sehen.

Für Einstein scheint es kein Problem gewesen zu sein, dass moralische Werte nicht direkt aus der Arbeit des Wissenschaftlers hervorgehen. Wie er in späteren Jahren in einem Brief an Maurice Solovine schrieb, habe die Wissenschaft das ausschließliche Ziel, festzustellen, was *sei*. Die Bestimmung darüber, was *sein soll*, sei davon unabhängig: «Die Wissenschaft kann nur Sätze über Moral in logischen Zusammenhang bringen und Mittel zur Verwirklichung moralischer Ziele liefern, aber die Zielsetzung selbst ist außerhalb ihrer Domäne.» Woher also kam Einsteins Wertekatalog? Vermutlich aus seiner Sozialisation in der sowohl von der Bibel wie einer vom Neo-Humanismus beeinflussten Umgebung von Familie und Schule mit dem Leitmotiv des Strebens zum «Schönen, Wahren und Guten» oder auch zum «Schönen, Wahren und Gerechten».

Einen «übermenschlichen» Hintergrund der Ethik lehnte er ab; daher ist seine Ethik keine der «Verantwortung» und fern von Strafe oder Belohnung. Eine direkte Verantwortung der Wissenschaftler für ihre Resultate sah Einstein nicht; die Wissenschaft lieferte nur Hilfsmittel. Ihre *Anwendung* musste durch *moralische* Werte geregelt werden. Macht- und Gewinnstreben hatten in Einsteins Wertesystem keinen Platz. Zu «den Besten» zu gehören, war wohl sein tiefstes Bestreben, das ihm höchstes inneres Glück brachte. Und das Beste entsprang dem einzelnen Menschen: «Das Große und Edle kommt von der einsamen Persönlichkeit, sei es ein Kunstwerk oder eine bedeutende wissenschaftliche Leistung.» Dieses Bekenntnis schrieb Einstein auch unter die Porträt-Radierung, die Hermann Struck von ihm gefertigt hatte und die er um 1920 seinem Freund Dr. Hans Mühsam in Berlin schickte: «Am Objektiven gemessen ist es unsäglich wenig, was der Mensch durch heißes Bemühen der Wahrheit abringt. Aber das Streben befreit uns aus den Fesseln des Ichs und macht uns zu Genossen der Besten.»

Einsteins Religiosität

Das Individuum fühlt die Nichtigkeit menschlicher Wünsche und Ziele und die Erhabenheit und wunderbare Ordnung, welche sich in der Natur sowie in der Welt des Gedankens offenbart. Es empfindet das individuelle Dasein als eine Art Gefängnis und will die Gesamtheit des Seienden als ein Einheitliches und Sinnvolles erleben. Ansätze zur kosmischen Religiosität finden sich bereits auf früher Entwicklungsstufe, z. B. in manchen Psalmen Davids sowie bei einigen Propheten. Viel stärker ist die Komponente kosmischer Religiosität im Buddhismus, was uns besonders Schopenhauers wunderbare Schriften gelehrt haben.

Dieser abstrakten Religiosität Einsteins kann nicht jeder etwas Positives abgewinnen; für viele trägt Religion zur Beantwortung der Fragen nach einem Sinn ihres *individuellen* Lebens und nach der Bedeutung von *Leid* und *Schuld* in der Welt wesentlich bei. Dann muss Gott so gedacht werden, dass er direkt auf die Menschen bezogen ist, dass er «eingreifen» kann. In seinem «Glaubensbekenntnis» widersprach Einstein dieser Auffassung: «Ich glaube an Spinozas Gott, der sich in der gesetzlichen Harmonie des Seienden offenbart, nicht an einen Gott, der sich mit den Schicksalen und Handlungen der Menschen abgibt.» An anderer Stelle sagte er: «Ich kann mir keinen persönlichen Gott denken, der die Handlungen der einzelnen Geschöpfe direkt beeinflusste oder über seine Kreaturen direkt zu Gericht säße. [...] Meine Religiosität besteht in einer demütigen Bewunderung des unendlich überlegenen Geistes, der sich in dem Wenigen offenbart, was wir mit unserer schwachen und hinfälligen Vernunft von der Wirklichkeit zu erkennen vermögen. Moral ist eine höchst wichtige Sache, aber für uns, nicht für Gott.» Der Gedanke, dass «Leid» als etwas einer einzelnen Person Widerfahrendes oder von ihr anderen Zugefügtes vom Gesichtspunkt der «Harmonie des Seienden» unbedeutend ist, kann nicht jeden trösten. Für den englischen Mathematiker, Philosophen und Pazifisten *Bertrand Russell* blieb eine Grausamkeit etwas Schlechtes, auch wenn sie in ein größeres Ganzes eingebettet wurde. Trotz seiner Auffassung war Einstein nicht unempfindlich gegen materielle Nöte anderer. Er hat seine Hilfsbereitschaft für Menschen aber wohl kaum in Zusammenhang mit Religion gesehen, sondern eher im Sinne eines innerweltlichen Humanismus. Nach seinem Schwiegersohn Kayser dachten diejenigen, die seine Hilfe suchten, anders: «Die Leute wenden sich an ihn wie an einen wunderwirkenden Rabbi, der immer heilen und helfen kann.»

Dass es die «Wirklichkeit» als eine vom Menschen *unabhängige* Realität ebenso wie eine vom Menschen unbeeinflussbare «Wahrheit» gebe, setzte Einstein voraus; beweisen konnte er dies nicht. Er geriet damit in einen Gegensatz zu Tagore, für den zwar überindividuelle, aber keine übermenschlichen Wahrheiten existierten. Ohne den Menschen seien Wahrheit und Schönheit bedeutungslose Konzepte. Einsteins Kommentar dazu war, dass er dann eben *religiöser* sei als Tagore. Dieser Meinungsunterschied zeigte sich für Einstein auch in der Physik selbst, in seinem Festhalten an einer von jedem menschlichen Messprozess unabhängigen Realität. Einer Theorie wie der Quantentheorie von Schrödinger, Heisenberg und Dirac, in der Messergebnisse in der Regel nur mit einer gewissen *Wahrscheinlichkeit* vorhergesagt werden können, mochte er zeitlebens nicht zustimmen. Für diese Haltung, die ihn von den meisten bedeutenden Physikern seiner Zeit isolierte, holte Einstein sich dann Hilfe beim «unendlich überlegenen Geist», indem er ihm die Maxime «Gott würfelt nicht» unterschob. Den klassischen Determinismus von Newtons Mechanik hat er nicht nur für seine Relativitätstheorien übernommen, sondern im Anschluss an Schopenhauer auch für die menschliche Sphäre: «Ich glaube *nicht* an die Freiheit des Willens» und «Unser Handeln sei getragen von dem stets lebendigen Bewusstsein, dass die Menschen in ihrem Denken, Fühlen und Tun nicht frei sind, sondern kausal gebunden wie die Gestirne in ihren Bewegungen.» Bildet diese Annahme den Hintergrund für den bei Einstein nicht selten aufscheinenden Mangel an mitfühlendem *Beistand* für andere, etwa für seinen kranken Sohn Eduard, dem er sich versagte? Er bestand in seinem «Glaubensbekenntnis» von 1932 darauf, dass diese Erkenntnis der Unfreiheit des Willens ihn davor schütze, sich «selbst und die Mitmenschen als handelnde und urteilende Individuen allzu ernst zu nehmen». Diese Haltung könnte Einsteins nach außen gezeigte Bescheidenheit bezüglich der von ihm erreichten wissenschaftlichen Leistung erklären und seine Unempfindlichkeit gegenüber Lob.

Einstein befeindete die Offenbarungsreligionen nicht, die einen persönlichen Gott für sich reklamieren: «Ein anderes ist die Frage, ob der Glaube an einen persönlichen Gott bekämpft werden soll. Freud hat in seiner letzten Schrift diese Ansicht vertreten. Ich selbst würde mich nie auf eine solche Unternehmung einlassen. Denn ein solcher Glaube scheint mir noch immer besser, als das Fehlen jeder transzendentalen Lebensauffassung [...].» Nach dem Gesagten ist es nur konsequent, dass Einstein sich seit seiner Auswanderung nach Italien und in die Schweiz keiner Konfession zugehörig fühlte, auch keiner der in jüdischen Gemeinden praktizierten Glaubensformen. Synagogen und Kirchen hat er ausschließlich als Veranstaltungsorte oder ästhetische Räume betreten. Religiöse Vorschriften und Gebräuche waren ihm gleichgültig; er hat sich ihnen nur selten unterworfen, wenn er sie im Sinne guten menschlichen Zusammenseins als unerlässlich empfand.

Einsteins jüdische Identität

Obgleich Einstein dem Antisemitismus in seinen gesellschaftlichen und politischen Formen nicht erst in Berlin begegnet sein wird, gab er an, seine jüdische Identität erst in der Auseinandersetzung mit diesem in Berlin gefunden zu haben; an Professor *Hellpach* schrieb er im Oktober 1929:

Als ich vor 15 Jahren nach Deutschland kam, entdeckte ich erst, dass ich Jude sei, und diese Entdeckung wurde mehr durch Nichtjuden als durch Juden vermittelt. [...] Ich sah, wie Schule, Witzblätter und unzählige kulturelle Faktoren der nichtjüdischen Mehrheit das Selbstgefühl auch der Besten meiner Stammesgenossen untergruben [...] und fühlte, dass es nicht so weitergehen dürfe.

Vermutlich hat er Animositäten wegen seiner jüdischen Abstammung schon während des Ersten Weltkriegs bei einigen seiner Kollegen in der Akademie gespürt, zumal er ihr Gegner in der Beurteilung des Krieges war. Nehmen wir die Auseinandersetzungen mit seiner nichtjüdischen Frau während des ganzen Krieges hinzu, so verwundert nicht, dass Einsteins jüdische Identität und seine Einstellung zum Zionismus schon im ersten Jahr der Weimarer Republik ausgereift waren.

Die jüdischen Bewohner Berlins bildeten mit 172 000 Einwohnern im Jahr 1925 eine kleine Minderheit, die nie mehr als 5 % der Bevölkerung ausmachte. Im Vergleich dazu betrug die Zahl der russischen Einwohner, die zum großen Teil im Zuge der Revolution in Russland nach Berlin geflohen waren, ungefähr 200 000 im Jahr 1922. Die jüdische Minderheit hatte einen besonderen Einfluss im Handels- und Bankwesen; sie stellte die Direktoren bedeutender Banken wie etwa der Deutschen und der Dresdner Bank sowie die Inhaber der Kaufhäuser Wertheim und Tietze. In berufsständischen Vereinen wie dem «Verein der Berliner Kaufleute und Industriellen» oder den Standesorganisationen von Ärzten und Rechtsanwälten mischten sich jüdische und nichtjüdische Mitglieder ohne Unterschied. Im «Verein der Berliner Kaufleute und Industriellen» waren 1898 53,3 % der Mitglieder und 61,9 % des Vorstands jüdischer Abstammung; die entsprechenden Prozentzahlen der jüdischen Mitglieder für 1929 waren 54 % im Vorstand und 80 % im Präsidium. Einflussreiche Zeitungsverlage wie Ullstein und Mosse waren in jüdischem Besitz, die Theaterkritik floss fast ausschließlich aus der Feder von Juden. Ihr Beitrag zu Kunst, Theater und Wissenschaft war nicht zu übersehen; denken wir an berühmte Theaterdirektoren und Regisseure wie Brahm, Reinhardt und Jessner, Schauspieler wie Alexander Granach, Ernst Deutsch und Elisabeth Bergner. Von den Wissenschaftlern sind wir schon Haber, Willstätter, Franck und Hertz begegnet. Da der Zugang von Juden zum *Staatsdienst* in der wilhelminischen Zeit sehr behindert wurde, gab es 1910 nur 5 % Juden als höhere Justizbeamte und

6,9 % als Amts- und Landrichter; das entsprach in etwa ihrem Bevölkerungsanteil, jedoch nicht der Nachfrage. Der Großteil der Juristen fand sein Auskommen in der Industrie oder im Beruf des Rechtsanwaltes: Der Anteil an jüdischen Rechtsanwälten in Berlin betrug 52,8 % im Jahr 1906. Unterdurchschnittlich gering war der Anteil von jüdischen *ordentlichen* Universitätsprofessoren in Preußen mit 2,6 % in 1909/10; bei den Extraordinarien betrugen diese Zahlen 11,6 % und 14,5 %, lagen also wesentlich *über* dem entsprechenden Bevölkerungsanteil. Ähnliche Zahlen für getaufte Juden könnten hinzugefügt werden. Man sollte allerdings nicht vergessen, dass auch *Katholiken* im protestantischen wilhelminischen Preußen und anderswo im Reich der Eintritt in den Lehrkörper der Universitäten und in höhere Ämter des Staatsdienstes schwer gemacht wurde. Was die staatliche Seite betrifft, so machte die Integration der jüdischen Mitbürger während der Weimarer Republik deutliche Fortschritte. Dennoch beschrieb *Theodor Lessing* die Situation 1930 in einem Buch vielleicht doch zu optimistisch: «Auf allen Gebieten des geistigen Lebens sah man damals überlegene und bedeutende Juden an der Spitze. An der Berliner Universität dämmerte bereits der Geist von heute, der durch drei jüdische Namen zu bezeichnende: Einstein, Bergson, Husserl.» An der offiziellen Stellung der Juden in dem im Vergleich zur Provinz liberaleren Berlin dürfte sich Einsteins Haltung jedenfalls nicht entwickelt haben, sondern an der gesellschaftlich akzeptierten, herablassend-verächtlichen Behandlung jüdischer Staatsbürger.

Auch Einsteins Sinn für Gerechtigkeit und Menschenwürde trug dazu bei. In der jüdischen Bevölkerung von Berlin gab es große soziale Unterschiede zwischen kulturell völlig assimilierten bürgerlichen bzw. großbürgerlichen Kreisen und den überwiegend aus Polen und Russland zugewanderten Menschen, die als «Ostjuden» in einen Topf geworfen wurden, obgleich nicht alle von ihnen beruflich schlecht qualifiziert, kulturell eingliederungsunwillig und bitterarm waren. Für Letztere blieben dann nur bescheidene Lebenswelten übrig, wie die des Rosenthaler oder Scheunenviertels. Ob Einstein jemals selbst im «Scheunenviertel» gewesen ist, spielt keine Rolle für seine Einstellung. Die Lage der Ostjuden muss sein Gefühl für soziale Gerechtigkeit stimuliert haben. Und zwar lange bevor Anfang November 1923 – ungefähr um die Zeit von Hitlers Putschversuch im Münchener Bürgerbräukeller – ein Mob von

durch «völkische» Kreise angestachelten Asozialen und Zuhältern prü-
gelnd und plündernd durch das Scheunenviertel zog. «Sie zertrümmerten Fensterscheiben, schlugen Menschen zusammen, zerrten sie aus den
Synagogen, zwangen Männer wie Frauen, sich nackt auszuziehen, ließen
sie Spießruten laufen und dergleichen mehr. Ja, Menschen zu foltern,
machte ihnen Spaß, diesen Raubtieren in Menschengestalt.» In der Tat
hatte Einstein sich in einem Artikel im *Berliner Tageblatt* vom 30. Dezember 1919 schon vehement gegen auf die Ostjuden abzielende Pläne
«schärfste Maßnahmen, d. h. Zusammenpferchung in Konzentrationslagern oder Auswanderung aller Zugewanderten zu erzwingen» eingesetzt. «Die Austreibung der Ostjuden, welche namenloses Elend zur Folge hätte, würde aller Welt als ein neuer Beweis ‹deutscher Barbarei›
erscheinen und einen Anlass bieten, im Namen der Menschlichkeit den
Wiederaufbau Deutschlands zu erschweren.»

In einem Brief an den dem Zionismus ablehnend gegenüberstehen-
den «Zentralverein deutscher Staatsbürger jüdischen Glaubens» vom
5. April 1920, in dem er die Einladung zu einem Treffen wegen der Bekämpfung des Antisemitismus in akademischen Kreisen ablehnte, präzi-
sierte Einstein seine Auffassung von jüdischem Selbstbewusstsein:

Erst wenn wir es wagen, uns selbst als eine Nation anzusehen, erst wenn wir uns
selbst achten, können wir die Achtung anderer erwerben bzw. sie kommt dann
von selbst. Antisemitismus im Sinne des psychologischen Phänomens wird es
geben, solange Juden mit Nichtjuden in Berührung kommen – was schadet es?
Vielleicht verdanken wir es ihm, dass wir uns als eine Rasse haben erhalten können, ich wenigstens glaube es. Wenn ich zu lesen kriege «deutscher Staatsbürger
jüdischen Glaubens», so kann ich mich eines schmerzlichen Lächelns nicht er-
wehren. […] In jener Bezeichnung stecken aber zwei Geständnisse schöner See-
len, nämlich: 1.) Ich will nichts zu tun haben mit meinen armen ostjüdischen
Brüdern. 2.) Ich will nicht als Kind meines Volkes angesehen werden, sondern
nur als Mitglied einer religiösen Gemeinschaft. Ist das aufrichtig? Ich bin weder
deutscher Staatsbürger, noch ist irgend etwas in mir, was man als «jüdischen
Glauben» bezeichnen kann. Aber ich freue mich, dem jüdischen Volke anzuge-
hören, wenn ich dasselbe auch nicht für das auserwählte halte.

Einstein arbeitete hier mit den Begriffen «Volk», «Nation» und sogar
«Rasse» zur Umschreibung der jüdische Gemeinschaft. Den Rassenbe-
griff ersetzte er dann aber durch den weniger umstrittenen Begriff des

«Stammes» im Sinne etwa der «deutschen Stämme». Nach seiner geografischen und sprachlichen Herkunft hätte er sich also auch zum *Schwaben*stamm zugehörig fühlen können. Als er 1922 während seiner Japanreise die sehr kleine, aus arabischen Ländern zugewanderte jüdische Gemeinde in Hongkong besuchte, äußerte er sich so: «Ich bin nun ziemlich überzeugt, dass die jüdische Rasse sich ziemlich rein erhalten hat in den letzten 1500 Jahren, da die Juden aus den Euphrat-Tigris-Ländern den unsrigen sehr ähnlich sind. Das Gefühl der Zusammengehörigkeit ist auch recht lebhaft.» Die Benutzung des Begriffs «Rasse» war damals nichts Ungewöhnliches; das Rassenthema spielte seit dem Ende des 19. Jahrhunderts eine merkbare Rolle in wissenschaftlichen und pseudowissenschaftlichen Diskussionen. Bernhard Bavink hat 1930 in der vierten Auflage seines viel gelesenen Buches über Ergebnisse und Probleme der Naturwissenschaft dagegen argumentiert, dass «man in der unklarsten Weise den Begriff der Rasse mit dem des Volkes» vermengt, «so dass eine hoffnungslose Konfusion aller Urteile entsteht [...].» Döblin hat die Rassenlehre angewandt auf den Menschen sogar einmal «die Irrlehre des Tierstalls» genannt.

Einsteins Charakterisierung der Juden, die er 1930 in einem Brief an Ludwig Lewinsohn, Autor des Buches «Das Erbe im Blut», gezeichnet hat, ist recht idealisierend:

In meinen Augen sind wir Juden eine Art moralischer Adel – wenn auch durch äußere Einflüsse zum Teil heruntergekommen. Solidarität und Selbstgefühl ohne nationalistische Überheblichkeit müssen wir anstreben, auch unser politisches Weltbürgertum erhalten. Aber isolieren können wir uns schon deshalb nicht, weil wir meist der Schicht der geistigen Arbeiter im weitesten Sinne angehören und auf reichliche wirtschaftliche Wechselwirkung angewiesen sind. Das zwingt uns zu einer gewissen Anpassung in der Form an die, mit denen wir zusammenleben müssen.

Etwas später, im Jahr 1932, befand Einstein, dass das Judentum fast ausschließlich eine «moralische Einstellung im Leben und zum Leben» sei. «Das Wesen der jüdischen Lebensauffassung scheint mir zu sein: Bejahung des Lebens aller Geschöpfe. Leben des Individuums hat nur Sinn im Dienste der Verschönerung und Veredelung des Lebens aller Lebendiger. Leben ist heilig, d. h. der höchste Wert, von dem alle Wertungen abhängen.» Hier ergibt sich wie schon bei der Definition seiner Religiosität der Eindruck, dass Einstein in seinem Streben nach Einfachheit und Harmonie ihm ferner liegende Eigenheiten des zu Definierenden ausblendete.

Aus allen Stellungnahmen geht hervor, dass seine Einbindung in die jüdische Gemeinschaft für Einstein ein hoher Wert war. Er wäre aber nicht er selbst gewesen, wenn er bei all den ernsthaften Versuchen, sein jüdisches Selbstverständnis zu bestimmen, nicht auch einen spöttischen Vers gereimt hätte. Der Schriftsteller Friedrich Torberg hat ihn überliefert:

> Schau ich mir die Juden an,
> hab ich wenig Freude dran.
> Fallen mir die andern ein,
> bin ich froh, ein Jud' zu sein.

Sein Selbstbild als Wissenschaftler

In seiner Rede zum sechzigsten Geburtstag von Max Planck nannte Einstein zwei Motive, die ihn zur Wissenschaft geführt hatten:

Zunächst glaube ich mit Schopenhauer, dass eines der stärksten Motive, die zur Kunst und Wissenschaft hinführen, eine Flucht ist aus dem Alltagsleben mit seiner schmerzlichen Rauheit und trostlosen Öde, fort aus den Fesseln der ewig wechselnden eigenen Wünsche. Es treibt den feiner Besaiteten aus dem persönlichen Dasein heraus in die Welt des objektiven Schauens und Verstehens [...]. Zu diesem negativen Motiv aber gesellt sich ein positives. Der Mensch sucht in ihm irgendwie adäquaterweise ein vereinfachtes und übersichtliches Bild der Welt zu gestalten und so die Welt des Erlebens zu überwinden, indem er sie bis zu einem gewissen Grad durch dieses Bild zu ersetzen strebt [...]. In dieses Bild und seine Gestaltung verlegt er den Schwerpunkt seines Gefühlslebens, um so Ruhe und Festigkeit zu suchen, die er im allzu engen Kreis des wirbelnden und persönlichen Erlebens nicht finden kann.

Stark vergröbernd könnte man den ersten Grund als Versuch der Sublimation von Trieben durch die Beschäftigung mit Naturforschung interpretieren, den zweiten, damit verknüpften, als Suche nach über-individuellen, absoluten Wahrheiten. Interessant ist das versteckte Selbstlob des «feiner Besaiteten», sein Bewusstsein des Herausgehobenseins aus den rohen, von dumpfen Leidenschaften getriebenen Massen. Als erstrebenswerte Folge einer solchen Konzentration auf Wissenschaft oder

Kunst sah Einstein die «Veredelung» des Charakters: «Die Beschäftigung mit der Wissenschaft wirkt veredelnd auf alle, die sich forschend oder auch nur lernend mit ihr beschäftigen.» Und diese Veredelung beeinflusst dann alle Bereiche des Lebens, etwa die Gesellschaft und die Politik. Das ist ganz im Sinne von Schillers Gedanken zur ästhetischen Erziehung:

Alle Verbesserung im Politischen soll von der Veredelung des Charakters ausgehen – aber wie kann sich unter den Einflüssen einer barbarischen Staatsverfassung der Charakter veredeln? Man müsste also zu diesem Zweck ein Werkzeug aufsuchen, welches der Staat nicht hergibt, und Quellen dazu eröffnen, die sich bei aller politischer Verderbnis rein und lauter erhalten. [...] Dieses Werkzeug ist die schöne Kunst [...]. Von allem, was positiv ist, und was menschliche Konventionen einführten, ist die Kunst wie die Wissenschaft losgesprochen, und beide erfreuen sich einer absoluten Immunität von der Willkür der Menschen.

Für diejenigen, welche nie Forschung betrieben haben, ist es vermutlich schwierig nachzuvollziehen, was Einstein meinte, wenn er den «Schwerpunkt» seines *Gefühlslebens* in etwas so Abstraktes wie die Reduzierung der komplexen Erscheinung der Welt auf einfache Bilder setzte. Aber das Entdecken von Zusammenhängen und inneren «Harmonien» weckt im Forscher manchmal starke Glücksempfindungen, so starke, dass die Suche danach einen rausch-, ja suchthaften Charakter bekommen kann – mit der aus der Sucht folgenden Abhängigkeit. Auch Einstein ist «abhängig» geworden; am deutlichsten zu sehen ist dies an seiner dreißigjährigen und vergeblichen Suche nach einer «Einheitlichen Feldtheorie» für das elektromagnetische und das Gravitationsfeld, die außerdem noch die Existenz und Eigenschaften von elementaren Teilchen wie «Elektron» und «Proton» erklären sollte. Doch Einstein selbst hätte eine solche Interpretation zurückgewiesen; für ihn war es kein dionysischer Rausch, sondern das «religiöse Gefühl, welches durch das Erlebnis der logischen Fassbarkeit tiefliegender Zusammenhänge ausgelöst wird [...].» In zunehmendem Maße identifizierte er «tiefes religiöses Fühlen» und «wahres wissenschaftliches Streben» und sah einen Zusammenhang mit Spinozas Auffassung, in der «Gott als die alle Dinge und Geschehnisse zu einer gemeinsamen Natur ordnende Gesetzmäßigkeit» aufgefasst wird. In der Schallplattenaufnahme für die «Deutsche Liga für Menschenrechte» vom November 1930 hören wir Einstein sagen: «Zu empfinden, dass hinter dem Erlebbaren ein für unseren Geist Unerreichbares verborgen sei, dessen Schönheit und Erhabenheit uns nur mittelbar und in schwachem Widerschein erreicht, das ist Religiosität. In diesem Sinne bin ich religiös.» Einsteins Motivation für die Beschäftigung mit Kunst und Wissenschaft, für sein Leben als Forscher, wäre von den politisch radikaleren George Grosz und *Wieland Herzfelde* als *wirklichkeitsfremd* kritisiert worden: «Vielen ist die Kunst auch eine Art Flucht aus dieser ‹pöbelhaften› Welt auf einen besseren Stern, in das Mondland ihrer Phantasie, in ein reineres, partei- und bürgerkriegsloses Paradies.» Auch lehnten die beiden den «Individualitäts- und Persönlichkeitskult, der mit Malern und Dichtern getrieben wird» radikal ab. Da trafen sie sich dann wieder mit Einstein, dem «ein übertriebener Personenkult» immer als «ungerecht und verderblich» erschienen ist.

Der Forscher

Während der Erholung von seinen langdauernden Gesundheitsproblemen schrieb Einstein seinem Freund Zangger im Sommer 1918, der Geist werde lahm, die Kraft schwinde, «aber das Renommee hängt glitzernd um die verkalkte Schale». Er tauge gerade noch für die Akademie der Wissenschaften, «deren Quintessenz mehr in der bloßen Existenz als im Wirken liegt». Das war ein in mehrfacher Hinsicht übertriebener Pessimismus, wenn nicht sogar die von Einstein wie von vielen anderen eingesetzte Technik, durch Übertreibung eigener Schwächen diese unglaubwürdig zu machen. Zum einen hat Einstein in den zwanziger Jahren noch wichtige physikalische Forschungsresultate gewonnen, zum anderen durch seine vielen Stellungnahmen zu nichtwissenschaftlichen Fragen einen Grad von öffentlicher Sichtbarkeit erreicht, den ein bloßes «Wirken» an der Akademie niemals ermöglicht hätte.

Die Vielseitigkeit in Einsteins physikalischen Fragestellungen bis zum Ende des Ersten Weltkriegs blieb danach zunächst erhalten. Relativ speziell war seine Arbeit über «Schallausbreitung in teilweise dissoziierten Gasen» im Jahr 1920; vielleicht entsprang sie Diskussionen mit Warburg oder dem Physiko-Chemiker Nernst. In der Physikalisch-Technischen Reichsanstalt (PTR) beschäftigte sich eine Abteilung mit dieser Frage. Auch über die von *Kammerlingh Onnes* 1911 in Leiden entdeckte Supraleitung dachte Einstein nach und schrieb einen Beitrag für eine Festschrift zu Ehren seines niederländischen Kollegen. Eine Weile arbeitete er erfolglos an der theoretischen Aufklärung des Erdmagnetismus, einem sehr komplizierten Phänomen, das man erst in unserer Zeit mit Hilfe der größten Rechner in den Griff bekommen kann. War Einsteins Hauptinteresse in Berlin zuerst die Gravitationstheorie und danach die «Einheitliche Feldtheorie», so verlor er doch das die Physiker stark beschäftigende Rätsel der Planck-Bohr-Sommerfeldschen Quantentheorie nie aus den Augen. Am Anfang der zwanziger Jahre tauchten zwei wichtige experimentelle Neuigkeiten auf, der schon erwähnte Stern-Gerlach-Effekt und der Comptoneffekt. Der letztere ergab sich als Frequenzveränderung bei der Einwirkung von Röntgenstrahlen auf Elektronen und konnte als elastischer Stoß von Elektronen mit den von Einstein postulierten Lichtteilchen, den *Photonen*, interpretiert werden. Damit schien erstmals die Vorstellung von der Teilchennatur des Lichtes durch ein Experiment unterstützt. Im Mai 1924 schrieb Einstein an Freund Michele Besso:

Wissenschaftlich hänge ich fast ununterbrochen dem Quantenproblem nach und glaube wirklich, auf der richtigen Spur zu sein [...]. Meine neuen Bestrebungen gehen auf die Vereinigung von Quanten und Maxwellschem Felde. Von den experimentellen Ergebnissen der letzten Jahre sind eigentlich nur die Experimente von Stern und Gerlach sowie das Exp. von Compton (Zerstreuung der Röntgenstrahlen mit Frequenzänderung) von Bedeutung, deren erstes die Allein-Existenz der Quantenzustände, deren zweites die Realität des Impulses der Lichtquanten beweist.

In dieser Zeit erdachte er ein Experiment nach dem anderen, um eine Entscheidung herbeizuführen, ob das Licht, allgemeiner, ob elektromagnetische Schwingungsvorgänge durch das Teilchenbild oder das Wellenbild beschrieben werden müssten. Ein Experiment mit von Kanalstrahlen* ausgesandtem Licht wurde 1922 von Geiger und Bothe in der PTR ausgeführt, bestätigte jedoch das von Einstein erwartete Wellenbild nicht. Im Jahr 1926 kam er auf dieses Experiment zurück und schlug eine modifizierte Anordnung vor, mit der der Physiker *Emil Rupp* in Berlin dann auch das von Einstein erhoffte Ergebnis erzielte. Aber dies nahmen ihm

---

* Das ist ein Elektronenstrahl in einer Entladungsröhre, bei dessen Stößen mit Restgasatomen Licht erzeugt wird.

nicht alle Fachkollegen ab; die Münchener Physiker Walter Gerlach und Eduard Rückardt wiederholten das Ruppsche Experiment; es zeigte sich, dass Rupp das behauptete Ergebnis mit seiner Apparatur gar nicht bekommen haben konnte. Später stellte sich heraus, dass Rupp in anderen Experimenten Daten frei erfunden hatte; er musste aus der physikalischen Forschung ausscheiden.

Seit der Heisenberg-Dirac-Bornschen Quantenmechanik und dem Bohrschen Komplementaritätsprinzip ist klar, dass Einsteins Fragestellung ohne eindeutige Antwort bleiben musste: Je nachdem, welche Größe gemessen wird, zeigt sich das Licht als Wellen- *oder* als Teilchenphänomen. Mit Einsteins Auffassung von der Existenz einer vom Menschen unabhängigen, aber anscheinend dennoch eindeutige Antworten gebenden «Wirklichkeit» ist dieser Standpunkt unverträglich. «Teilchen» und «Welle» werden in der Physik als *Modellvorstellungen* zur Beschreibung der messenden Erfahrung benutzt; zu einer eventuell vorhandenen «existentiellen» Schicht, manchmal das «Wesen» der Dinge genannt, hat die Physik keinen Zugang.

War Einstein mit seinen Überlegungen zum Teilchen- bzw. Wellenbild für elektrodynamische Strahlung nicht recht vorangekommen, so erzielte er mit drei Arbeiten aus den Jahren 1925 und 1926 einen bedeutenden Fortschritt in der Quantenphysik. Nicht von ungefähr spielte sich das auf dem Gebiet der Thermodynamik unter Anwendung *statistischer* Methoden ab: Hier war Einstein schon immer ein Großmeister gewesen. Die ursprüngliche Forschungsidee stammte allerdings von dem bis dahin unbekannten indischen mathematischen Physiker S. N. Bose. Er hatte das Plancksche Strahlungsgesetz aus der Vorstellung eines Photonengases erneut hergeleitet und seine von einer englischen Zeitschrift abgelehnte Arbeit Einstein zugesandt. Dass er in seiner Herleitung die klassische Boltzmann-Statistik mit einer neuen vertauscht hatte, war Bose nicht bewusst geworden, wohl aber Einstein. Ohne es zu bemerken, waren beide, die statistische Unabhängigkeit der Teilchen wie ihre Unterscheidbarkeit, von Bose aufgegeben worden; in John Stachels süffisanter Formulierung «trampelte Bose dahin, wo Engel nicht aufzutreten wagten». Die neue statistische Verteilung heißt heute «Bose-Einstein-Statistik». Einstein sorgte für die Veröffentlichung von Boses Arbeit in der *Zeitschrift für Physik* und übertrug dessen Methode von den ruhemasselosen Photonen auf Teilchen mit *Ruhemasse*, also von Atomen gebildete Quantengase. Ein interessanter Effekt folgte, die so genannte «Bose-Einstein-Kondensation» von Atomgasen, die erst sechzig Jahre nach Einsteins Vorhersage experimentell nachgewiesen werden konnte. Dabei handelt es sich um das Erreichen des Grundzustands des Quantengases, in den im Prinzip *alle* Teilchen bei einer bestimmten, sehr tiefen Temperatur gelangen können. Der Kondensationszustand zeigt andere thermodynamische Eigenschaften wie das Gas oberhalb der Übergangstemperatur; von einem «Phasenübergang» war in den zwanziger Jahren allerdings noch nicht die Rede. Diese Berliner Arbeiten sollten Einsteins letzter wichtiger *konstruktiver* Beitrag zur Quantentheorie sein. Ganz nebenbei befasste er sich auch mit einem Problem aus der Strömungsphysik im Zusammenhang mit der Doktorarbeit einer Nichte.

Woran er mit Begeisterung und unglaublicher Zähigkeit seit Beginn der zwanziger Jahre arbeitete, war die «Einheitliche Feldtheorie», eine Erweiterung seiner so erfolgreichen Gravitationstheorie. Aus der Physikgeschichte wissen wir, dass das Zusammenbinden von vorher getrennten Gebieten in einem gemeinsamen begrifflichen und formalen Rahmen entscheidende Fortschritte gebracht hat. So der Zusammenschluss von Elektrizität und Magnetismus, von Optik und Elektromagnetismus, von Thermodynamik und Statistischer Mechanik, Trägheit und Schwere. In der zweiten Hälfte des zwanzigsten Jahrhunderts ist es gelungen, die elektromagnetische und die schwache Wechselwirkung des radioaktiven Zerfalls, ja sogar die starken Kernkräfte zum Standardmodell der Elementarteilchen zu vereinigen. Die Einbeziehung der Schwerkraft steht noch aus. Am Ende des Ersten Weltkriegs waren allein die Schwerkraft und die elektromagnetische Kraft als fundamentale Wechselwirkungen der Materie bekannt. Max Born hatte versucht, den Kristallaufbau nur mit der elektromagnetischen Wechselwirkung und mit Hilfe der Quantenphysik zu erklären.

Einsteins «Einheitliche Feldtheorie» zielte darauf, Gravitation und Elektromagnetismus in einer einzigen Theorie darzustellen. In der Einsteinschen Gravitationstheorie sind die sechs Schwerepotentiale im Raum-Zeit-*Abstand* kodiert. Die Frage stellte sich nun, wie und wo die zusätzlichen sechs Größen für das elektrische und das magnetische Feld, oder wenigstens die vier im *elektromagnetischen* Vektorpotential steckenden untergebracht werden konnten. Da es keine Hinweise aus Experimenten gab, lief die Annäherung an die neue Theorie auf ein Stochern mit Stangen im Nebel hinaus. Allerdings waren es ziemlich gute «Stangen»: Hoch entwickelte mathematische Apparate wie Differentialgeometrie und partielle Differentialgleichungen standen bereit. Dazu kamen physikalische Bedingungen wie die, dass beim Fehlen eines Schwerefeldes die Maxwellsche Elektrodynamik, beim Fehlen eines elektromagnetischen Feldes die Einsteinsche Gravitationstheorie als Grenzfälle aus der angestrebten «Einheitlichen Feldtheorie» herauskommen müssten.

Einer der ersten Vorschläge war schon 1917 von Rudolf Bach in Essen gekommen; er hatte die Definition des metrischen Feldes so verallgemeinert, dass die elektromagnetischen Feldgrößen darin aufgenommen werden konnten. In den Raum-Zeit-Abstand gingen nach wie vor nur die Gravitationspotentiale ein; dagegen kam ein zusätzlicher Einfluss des elektromagnetischen Feldes auf den *Winkel* zwischen zwei Richtungen hinzu. In seinem Briefwechsel mit Bach gab Einstein an, er sei diesem Weg auch gefolgt; das habe ihn: «[...] schon viele erfolglose Bemühungen gekostet. Vielleicht sind Sie glücklicher im Suchen.» Zwei Monate später legte er Bachs Vorschlag beiseite: «[...] ich habe aber die Hoffnung aufgegeben, auf diese Weise hinter das Geheimnis der Einheit (Gravitation-Elektromagnetismus) zu kommen.» Dann hatte der Mathematiker Hermann Weyl im Jahre 1918 seine Schwerkraft und elektromagnetisches Feld verbindende «Eichtheorie» eingeführt, in welcher er die in der Maxwellschen Elektrodynamik vorhandenen Freiheiten für das Vektorpotential *geometrisch* interpretierte. Seine Idee führte auf eine kompliziertere Geometrie als die in der Einsteinschen Gravitationstheorie zugrunde liegende *Riemannsche*. Obgleich Einstein Weyls Theorie als einen «Genie-Streich ersten Ranges» bezeichnete, fand er sogleich eine hässliche Fliege in der köstlichen Suppe: In der neuen Theorie hatte der Raum-Zeit-Abstand keine messbare Bedeutung mehr, und zwar in dem Sinne, dass die Längen- und Zeitmessung von der *Vorgeschichte* der Messinstrumente abhängen würde. Die Spektrallinien der Sterne hätten dann den chemischen Elementen nicht mehr eindeutig zugeordnet werden können. So schien ihm denn: «[...] die Grundhypothese der Theorie leider nicht annehmbar, deren Tiefe und Kühnheit aber jeden Leser mit Bewunderung erfüllen muss.»

Der Königsberger Mathematiker *Theodor Kaluza* eröffnete 1919 einen dritten Zugang zu einer «Einheitlichen Feldtheorie», indem er eine weitere Raumdimension zur Raum-Zeit hinzufügte, also von der Geometrie eines *fünfdimensionalen* Gebildes ausging. Die physikalische Bedeutung der fünften Dimension blieb offen. Das metrische Feld, das heißt, die für Abstände und Zeitintervalle maßgebende Größe, wies in fünf Dimensionen genügend viele Freiheitsgrade auf, um die elektromagnetischen Feldgrößen mit aufzunehmen. Die den Einsteinschen Feldgleichungen der Gravitation analogen Gleichungen *in fünf Dimensionen* ließen sich genau in die Maxwellgleichungen der Elektrodynamik und die Einsteinschen Gleichungen für die Schwerkraft aufspalten, wenn ein in der Theorie auftretender zusätzlicher Freiheitsgrad unterdrückt wurde. Nach zweijährigem Zögern akzeptierte Einstein Kaluzas Theorie:

Ich mache mir Gedanken darüber, dass ich Sie vor zwei Jahren von der Publikation Ihrer Idee über die Vereinigung von Gravitation und Elektrizität abgehalten habe. Ihr Weg scheint mir jedenfalls mehr für sich zu haben als der von H. Weyl beschrittene. Wenn Sie wollen, lege ich Ihre Arbeit doch der Akademie vor [...].

Nach einer Arbeit mit Grommer im Jahr 1923 verließ Einstein die fünfdimensionale Theorie und kehrte erst 1927 zu ihr in zwei der Preußischen Akademie vorgelegten Arbeiten zurück. Die Fortschritte, die er darin erzielte, waren aber von anderen schon publiziert worden.

Schon bevor Schrödingers Wellen- und Heisenbergs Quantenmechanik vorlagen, hatte Einstein seine Erwartungen an die «Einheitlichen Feldtheorie» hochgeschraubt; er wollte mit ihr die Kluft zwischen klassischer Feldtheorie (Elektrodynamik, Gravitationstheorie) und Quantenphysik (Atom-, Kristall-, Elektronentheorie) überbrücken. Insbesondere die Eigenschaften der zu dieser Zeit bekannten elementaren Bestandteile der Materie, nämlich Wasserstoffkerne (Protonen) und Elektronen, sollten sich aus seiner Theorie ergeben. Die (Punkt-)Teilchen selbst erwartete er an den Stellen des «Einheitlichen Feldes», an denen dieses unendlich große Werte erreichen würde. Materie wird hier als Feld betrachtet. Besonders auf seine so genannte «Fernparallelismustheorie», die 1929 sogar in der internationalen Tagespresse Furore machte, setzte Einstein in dieser Hinsicht große Hoffnungen. Die Theorie blieb jedoch ebenso ungeeignet wie eine neue Fassung der Kaluzaschen Idee, die Einstein zusammen mit *Walther Mayer* vorschlug. Er musste 1930 gestehen:

Eine Hoffnung ist aber nicht in Erfüllung gegangen. Ich dachte, wenn es gelingt, dieses Gesetz aufzustellen, dass es eine brauchbare Theorie der Quanten und Materie bilden würde. Aber das ist nicht der Fall. Die Konstruktion scheint am Problem der Materie und der Quanten zu scheitern.

Einstein hielt an seinem Glauben fest, dass es eine bessere Theorie als die Heisenberg-Dirac-Bornsche Quantenmechanik geben müsse, obgleich er wusste, dass er auf dem Gebiet der Quantenphysik nicht mehr kenntnisreich genug war. Bei der Vorbereitung der 5. Solvay-Konferenz in Brüssel hatte er Lorentz gegenüber die Übernahme eines Referats mit der Begründung abgelehnt: «[…] dass ich nicht kompetent bin, einen solchen Bericht in der Weise zu geben, die tatsächlich dem Stand der Dinge entspricht. Der Grund liegt darin, dass ich an der modernen Entwicklung der Quantentheorie nicht so intensiv teilnehmen konnte, wie es für diesen Zweck notwendig wäre.» Dennoch versuchte Einstein auf der Tagung immer aufs Neue, mit raffinierten Gedankenexperimenten die von Bohr, Heisenberg, Dirac und anderen vertretene statistische Interpretation der Quantentheorie zu widerlegen. Bohr konnte alle seine Einwände entkräften. Seit Diracs Beschreibung des Elektrons durch die nach ihm benannte Gleichung und spätestens mit der Entdeckung des Positrons, des positiv geladenen Antiteilchens des Elektrons, im August 1932 hatte Einsteins Programm für eine Theorie des «Einheitlichen Feldes» die Verbindung zur messenden Physik verloren.

Natürlich sah Einstein, dass die Quantenmechanik einen großen Fortschritt für die Erklärung vieler bisher unverstandener Phänomene darstellte; 1931 schlug er Schrödinger und Heisenberg für den Nobelpreis vor. Aus mit Scharfsinn vertretenen erkenntnistheoretischen Gründen wollte er die Theorie aber nicht als das letzte physikalische Wort anerkennen.

Hausmusik mit Geige

Wenn forschendes «Denken» auf dem Gebiet der theoretischen Physik und, weit dahinter, seine Anliegen «Kein Krieg» und «Internationale Zusammenarbeit» für Einstein die Hauptrolle gespielt haben, so nahm doch die Musik einen bedeutenden Rang in seinem Gefühlsleben ein. Für ihn bestand eine enge Beziehung zwischen Musik und Naturforschung: Beide würden «aus derselben Sehnsuchtsquelle gespeist» und sich hinsichtlich ihrer Wirkung zur Erlösung von den Niedrigkeiten der menschlichen Triebe und Handlungen ergänzen. Die Schönheit einer Mozartkomposition spiegelte für Einstein die Harmonie des Universums wider. In seinem Denken begegnen wir hier Schopenhauers Vermächtnis: Für diesen stellte die Musik ein Abbild der inneren Struktur der Welt dar.

Einstein konnte sowohl Geige als auch Klavier spielen; sein Lieblingsinstrument war die Violine. Auf ihr hatte er seit dem sechsten Lebensjahr Unterricht bekommen. Im verbreiteten Einstein-Bild ist die Geige sein Wahrzeichen – bis in Kinderbücher hinein:

Das ist EINSTEIN. EINSTEIN hat ZEHN Paar Pantoffeln und eine Geige. Er zieht die grünen Pantoffeln an, nimmt die Geige und stellt sich an das offene Küchenfenster. Dort geigt er und denkt [...].

Auf der Violine spielte er Stücke von J. S. Bach wie das zu einem Salonstück gewordene «Air» aus der Orchestersuite Nr. 3 in D-Dur oder die «Chaconne» aus der zweiten Partita in d-Moll, aber auch dessen Doppelkonzert für Violine sowie Mozart-Sonaten, Telemann und «einige alte Italiener und Engländer» – Vivaldi, Corelli, Händel und Purcell. Wenn er allein war, so improvisierte er für sich selbst auf dem Klavier und gelegentlich an einer Orgel in Pleschs Gutshaus – eine Erholung von der «Arbeit» des Violinspiels nach Noten. Dabei leiteten ihn oft «Bachs klare Konstruktionen». Auch im musikalischen Geschmack zeigt sich hier der Unterschied zu Thomas Mann; für diesen war Beethoven der Repräsentant des Humanismus, menschlicher als der Gigant J. S. Bach. Den älteren, stürmischen, symphonischen Beethoven fand Einstein zu dramatisch; besser ging es mit seiner Kammermusik. Das Adagio aus einer Sonate von Beethoven hatte ihm bei seiner Musikprüfung in der Aargauer Schule ein Lob eingebracht. Im Hause Planck spielte er mit Planck und einem Dritten ein Beethovensches Klaviertrio.

Vor dem Zweiten Weltkrieg wurde in «gebildeten Kreisen» noch viel im Haus musiziert; ein Instrument beherrschen lernen hatte zum guten Ton gehört. Auch Mathematiker und theoretische Physiker liebten das Musizieren. Max Planck, Emil Warburg und Werner Heisenberg waren gute Pianisten; James Franck spielte Violine, Otto Hahn trug als Amateursänger zur Hausmusik bei. Warum gerade Einsteins Geigenspiel im Unterschied zum Musizieren vieler Kollegen so groß herausgestellt wird, ist eine offene Frage. Jedenfalls spielte er gut vom Blatt im Duo, Trio und Quartett mit Kollegen, weltbekannten wie heute fast vergessenen Menschen. Etwa bei sich in der Haberlandstraße mit dem guten Klavierspieler und Arzt *Richard Wolff*, einem Schwiegersohn des Berliner Oberbürgermeisters von 1912 bis 1921, *Adolf Wermuth*. Oder als Geiger im «Baerwald-Quartett» im Haus des Cellisten, Regierungsbaumeisters und Bauleiters für die Preußische Staatsbibliothek, *Alexander Baerwald*. Sein Zusammenspiel im Trio und Quartett mit der belgischen Königin Elisabeth beschreibt Einstein selbst in einem Brief an seine Frau vom Jahr 1931.

Er geigte mit Begeisterung und Überzeugung, auch wenn er stets ein Amateur wie die meisten der «Hausmusikanten» blieb. Die Meinungen sind relativ eindeutig: ihn begleitende *Profimusiker* wie etwa der Pianist Joseph Schwarz und sein Sohn, das später in den USA als Musikwissenschaftler zu Ehren gekommene Geigenwunder *Boris Schwarz*, oder der Klaviervirtuose Rudolf Serkin fanden, dass er ohne oder mit wenig Vibrato spielte. Ein mit ihm musizierender Physikerkollege fand sogar, dass er «einen Strich wie ein Holzfäller» hatte! Aber seine Intonation war anscheinend sehr gut und sein Rhythmus beständig. Dass Schwiegersohn *Rudolf Kayser* sein musikalisches Können lobte, ist nicht verwunderlich. Es gibt Anekdoten wie die, in der der Geigenvirtuose *Fritz Kreisler* nach gemeinsamem Spiel zu ihm gesagt haben soll (Ironie nicht ausgeschlossen): «Weißt Du, Albert, wenn Du nicht diese verdammte Relativitätstheorie erfunden hättest, du wärst ein großer Konkurrent für mich geworden.» Die bissige Karikatur in einer spanischen Zeitung erfasste einige öffentliche Auftritte Einsteins in den zwanziger Jahren vermutlich ganz treffend. In ihr lauscht eine Reihe älterer Gelehrter andächtig dem Einsteinschen Geigenspiel, während er in seiner Vorlesung auf eine Hörerschaft von jüngeren, modisch gekleideten Damen und Herren der Gesellschaft trifft. Dass Einstein «nur» ein durchschnittlicher, zu einfacher Hausmusik begabter Geiger gewesen sein muss, folgt auch daraus, dass er nie in Zusammenhang mit den großen Berliner Häusern erwähnt wird, die regelmäßig musikalische Hauskonzerte veranstalteten. Einstein wusste selbst, dass er in der Musik professionellen Standards nicht genügte, und schrieb folgenden Vierzeiler:

Der Dilettant hat ja sein Recht,
und spiele er auch noch so schlecht;
doch soll es andre nicht verdrießen,
so muss er brav die Fenster schließen.

Diese Erkenntnis verhinderte einen gelegentlichen Wutausbruch nicht, wie Brigitte Bermann Fischer erzählte, als er mit ihr am Klavier und der Berufsgeigerin *Eva Bernstein-Hauptmann*, der Frau von Gerhart Hauptmanns Sohn Klaus, das Bachsche Doppelkonzert spielte. Vom größeren Tonvolumen der Geigenpartnerin übertroffen, soll er sie erregt angeschrien haben: «Spielen Sie doch nicht so laut!» Der Einstein-Biograf Carl Seelig berichtete davon, dass Einstein glaubte, beim Spielen den Rhythmus in Gedanken nicht mitzählen zu müssen. Darauf hebt eine Anekdote ab, in der er mit dem Komponisten Hanns Eisler, dessen Vertonung des «Stempellieds» durch die Darbietungen des Sängers *Ernst Busch* zu einem Klassiker des linken politischen Kampfes geworden war, nach einem Essen bei Freunden gespielt haben soll. Einstein mühte sich mit dem Rhythmus ab. Schließlich sagte Eisler trocken: «Herr Professor, Sie werden doch bis drei zählen können!» Diese Geschichte ist aber wahrscheinlich gut erfunden; in einer anderen Version wird Hanns Eisler zu Artur Schnabel. Dass Einstein sich seines Wertes gewiss war, zeigt seine lustige Widmung auf einem nach dem Spiel einer Bachschen Trio-Sonate mit Joseph und Boris Schwarz gemachten Foto:

Dem Vater und dem Sohne
– das Spielen war nicht ohne!

Einstein soll bei der zweiten Überfahrt nach Amerika ein Konzert mit dem Schiffsorchester gegeben haben; er soll auch in der Russischen Botschaft «Unter den Linden» in Berlin mit der Frau des russischen Malers *Leonid Pasternak* am Klavier musiziert haben. Verbürgt und fotografiert ist sein Auftreten bei einem Wohltätigkeitskonzert, veranstaltet vom Vorstand der Jüdischen Gemeinde zu Berlin am 29. Januar 1930 in der Neuen Synagoge, Oranienburger Straße. Mitwirkende waren der Kammersänger Hermann Jadlowker, der Geiger Professor Alfred Lewandowski und der verstärkte Chor der Neuen Synagoge. Einstein und Lewandowski spielten die zweite Sonate in B-Dur von Händel und das Adagio aus dem Doppelkonzert in c-Moll für zwei Violinen (auf Orgelbegleitung transkribiert) von J. S. Bach. Danach kamen acht Kompositionen zur jüdischen Liturgie ohne Mitwirkung Einsteins, der eine bis zu den Ohren reichende schwarze Jamulke trug. Der Reinertrag floss dem Wohlfahrts- und Jugendamt der Jüdischen Gemeinde zu.

Wohl wegen beidem, seinem begrenzten technischen Können beim Geigenspiel und seinem sehr konservativen musikalischen Geschmack, war Einsteins Repertoire eingeschränkt. Es enthielt zwar auch Schumann und Mendelssohn sowie einige Lieder von Brahms; an den Romantikern kritisierte er jedoch einen Mangel an «formaler Größe», an «Tiefe» oder an «innerer Überzeugungskraft». Von Debussy («feinfarbig, aber strukturarm») oder Ravel war nicht die Rede, erst recht nicht von Stücken Berliner Zeitgenossen und Kollegen wie Busoni, Hindemith, Schönberg und Schreker. Wachsmann erzählte, dass Einstein mit Schönbergs Musik nichts anfangen konnte, aber meinte, Schönberg werde schon wissen, warum er diese Musik machen müsse. Schönberg war seit 1925 Professor für Kompositionslehre an der Musikhochschule in Charlottenburg. An Paul Hindemiths Kompositionen scheint Einstein die starke Rhythmik irritiert zu haben. Es wäre interessant zu wissen, ob er sich als Physiker für das neue elektronische Instrument «Trautonium» interessierte, für das Hindemith 1931 ein Konzertstück geschrieben hatte. *Paul Dessau* widmete Albert Einstein zu seinem 50. Geburtstag eine Komposition für Violine. Ob er sie jemals gespielt hat? Als ausgesprochen widerwärtig empfand Einstein «die musikalische Persönlichkeit» Richard Wagners. Seine Werke hörte er nur mit Widerwillen an.

Der Segler

Sportarten, die die Massen in Berlin während der Weimarer Republik am meisten anzogen, waren Boxen, Radrennfahren (6-Tage-Rennen) und Pferdesport, später auch die Autorennen auf der Avus. Alfred Flechtheim schrieb in seinem *Querschnitt* anlässlich eines Boxkampfes, dass die ganze gute berlinische Gesellschaft dabei gewesen sei; der deutsche Boxer verlor gegen den spanischen Kontrahenten. Flechtheim bedauerte dies: andernfalls hätte Deutschland «einen Mann großen Kalibers mehr» gehabt: «[...] denn wir haben in Deutschland nur wenige Menschen großer internationaler Klasse, wir hätten einen neuen Mann neben Bode, neben den Einsteins, neben Richard Strauß.» Die *Ausübung* des Sports war aber eine andere Sache; offensichtlich lagen Autorennen, Golf und Tennis den vermögenden Schichten zunächst eher am Herzen. Ein weiterer Modesport der Zeit war Segeln. Auch im Segelsport gab es feine Unterschiede: «Am Wannsee herrscht der Verein ‹Seglerhaus am Wannsee› [...] Börsianer und Großindustrielle. Im Grunde sitzen sie lieber am Ofen als an Bord, wo sie seekrank werden. [...] Gesellschaftlich trennt sie eine weite Kluft von den Seglern an der Oberspree, die der Südosten Berlins hergibt. So der Berliner Jachtklub Ahoi und Jachtklub Müggelsee.» Solche Vereine organisierten die «Berliner Segelwoche», die sich in der ersten Hälfte im Westen, in der zweiten im Osten abspielte. Der Schriftsteller *Kasimir Edschmid* machte sich 1930 über diese Mode lustig: «Die Geschichte der Menschheit ist möglich ohne Äschylus und Dante, aber ausgeschlossen ohne Segelei.» Immerhin konnte jedermann auch schon mit einer kleinen Jolle segeln. Und das war es, worauf Einstein Lust hatte. Im Sommer 1922 lud er seine Söhne zu Segelferien an einer Bucht der Havel in Pichelsberg bei Spandau ein und verbrachte mit ihnen vergnügte Tage auf dem Wasser. Für die Nächte nutzten sie ein Gartenhaus auf einer gepachteten Parzelle in der Kleingarten-Kolonie Boxfelde. Da Einstein aber alles andere war als ein ordentlicher Kleingärtner, musste er das idyllische Fleckchen bald wieder abgeben. Das Segeln reizte ihn vielleicht deshalb besonders, weil dazu keine aufwändige Technik nötig war, sondern nur einige Handgriffe und ein Verständnis von Wind und Wellen. Was die Fortbewegung auf dem Land betrifft, so konnte Einstein anscheinend Radfahren, aber Autofahren lernte er nie.

Der Individualist Einstein war in keinem Segelverein organisiert; er segelte regelmäßig mit Dr. Katzenstein auf dessen Boot, nach dem fünfzigsten Geburtstag dann mit dem eigenen, dem «Tümmler». In dessen Kajüte gab es zwei Schlafplätze, einen Tisch für vier Personen, einen versenkbaren Kocher, Geschirrschränke und weiteres Zubehör. Auf Einsteins Wunsch hatte das Boot auch eine kleine Toilette bekommen. Anscheinend gab es auf Katzensteins «graziösem Segelschiff» noch keinen Hilfsmotor für den Fall einer Windflaute. So hatte Einstein sich im Sommer oder Herbst 1927 beim Rudern des Segelbootes überanstrengt.

Albert Einstein auf seinem Segelboot «Tümmler» mit Stieftochter Ilse und deren Mann Rudolf Kayser, 1930

Darüber stand dann in einem Artikel zu Einsteins fünfzigstem Geburtstag: «Sein Lieblingssport ist das Rudern; er fühlt sich am wohlsten, wenn er am Wasser ist. Das Rudern war auch der Grund seiner letzten ernsten Erkrankung, während der er intensiv an seiner jetzt bekannt gewordenen Feldtheorie arbeitete.»

Herzprobleme und Feldtheorie

Nach der Überanstrengung beim Rudern mutete Einstein seinem Herz Ende März 1928 durch einen Fußmarsch im Schnee mit schwerem Gepäck zum Chalet des Generaldirektors der Osram-Glühlampenfabriken, *Hermann Meinhardt*, – bergauf am oberen Ortsrand von Zuoz gelegen – wohl zu viel zu. Auf Einladung wohnte er dort zur Erholung, nachdem er zuvor im benachbarten Davos einen Festvortrag «Grundbegriffe der Physik und ihre Entwicklung» am ersten Tag der Internationalen Hochschulwochen gehalten hatte. Den Aufenthalt in Zuoz hatte Einstein unterbrochen, um als Zeuge in einem Patentprozess vor dem Reichsgericht in Leipzig auszusagen. Nach der Anstrengung bei der Rückkehr erlitt er einen Schwächeanfall; die Ärzte rieten zu absoluter Bettruhe. Anfang April in ein Züricher Krankenhaus verlegt, kümmerte sich Freund Zangger um ihn und um seinen Rücktransport nach Berlin. Dort übernahm der befreundete Internist Plesch die weitere Behandlung. Nach zehn Wochen striktem Liegen machte das Herz noch immer nicht richtig mit: «Nun hat Plesch die Diagnose auf Herzbeutelentzündung gemacht mit Ansammlung flüssiger Absonderungen im Herzbeutel […].» Also musste Einstein sich weiter bei Bettruhe gedulden, salzlos essen und nach fortschreitender Besserung von Juli bis Ende September in Scharbeutz an der Ostsee kuren. Die gesundheitliche Wiederherstellung dauerte lange; im Januar 1929 meinte er gegenüber Michele Besso, es gehe mit der Gesundheit «langsam besser», aber er sei «nahe am Abkratzen» gewesen. Im Bett hatte Einstein alle Zeit zum Nachdenken und setzte die Arbeit an seiner «Einheitlichen Feldtheorie» fort. Aus Berlin schrieb er Zangger stolz, er habe «ein wundervolles Ei gelegt auf dem Gebiet der allgemeinen Relativität» und aus Scharbeutz versicherte er Ehrenfest, er «glaube weniger als je an die wesentlich statistische Natur des Geschehens» und wolle «das bisschen Arbeitskraft, das mir gegeben ist, in vom gegenwärtigen Treiben unabhängiger Weise» nach eigenem Geschmack verwenden.

Das bedeutete, dass er sich von Forschung und Weiterbildung in der *Quantenmechanik*, dem eigentlichen Fortschrittsgebiet in der theoretischen Physik der späten zwanziger Jahre, fern hielt. Stattdessen untersuchte er einen speziellen Ansatz zur Erweiterung der allgemeinen Relativitätstheorie. Natürlich war es für Einstein vom Bett aus schwierig, die Fachliteratur zu konsultieren, aber seinen Assistenten hätte er damit beauftragen können. Ohne dass er es ahnte, hatten die Mathematiker Cartan und Eisenhart den Ansatz Einsteins schon vor ihm verfolgt. Auch was die Physik betrifft, führte die von ihm eingeschlagene Forschungsrichtung zwar zu vielen Berichten in der Tagespresse während des Jahres 1929, besonders in der englischen und amerikanischen, aber zu keinem erkennbaren Fortschritt. Weyl und Pauli äußerten sich sehr kritisch; sogar der beruflich noch nicht abgesicherte Lanczos wagte sich aus der Deckung:

Kritik zu üben an der Schöpfung eines Mannes, der längst der Ewigkeit verschrieben ist, kommt uns nicht zu und liegt uns auch fern. Nicht als Kritik, lediglich als Eindruck sei darauf hingewiesen, weshalb der neuen Feldtheorie nicht jene Überzeugungskraft innezuwohnen scheint, nicht jene innere Geschlossenheit und suggestive Notwendigkeit, die die frühere Theorie ausgezeichnet hat.

Immerhin versetzte die neue Idee Einstein in eine optimistische Grundstimmung und beeinflusste seinen Genesungsprozess sicherlich günstig. Sie bewirkte auch, dass eine kleine Zahl von theoretischen Physikern und Mathematikern auf beiden Seiten des Atlantiks seine Gedanken aufgriffen und neue Arbeiten darüber publizierten. Was mögen sie gedacht haben, als er seine kaum zwei Jahre alte Idee wie eine heiße Kartoffel fallen ließ? Ihrer Karriere förderlich war dieser rasche Sinneswandel Einsteins nicht unbedingt. Aber das kümmerte ihn ebenso wenig wie sein späteres Umschwenken von absoluter Kriegsdienstverweigerung zur Befürwortung einer gemäßigten Aufrüstung der Staaten außerhalb Hitlers Einfluss und die Folgen für die Verweigerer. Zu seinem fünfzigsten Geburtstag im März 1929 war Einstein dann wohl wieder gesünder, wich dem zu erwartenden Trubel aber vorsichtshalber aus.

Nähe und Ferne:
Kinder, Künstler und Kollegen

Elsa, Einsteins Söhne und Stieftöchter

Einsteins zweite Frau Elsa ist hier schon en passant als seine Berliner Lebensgefährtin und Krankenpflegerin aufgetreten. Als Ehefrau musste sie sich relativ schnell mit der Rolle der Hausfrau und Sekretärin Einsteins sowie seiner Beschützerin vor den Aufdringlichkeiten der Zeitgenossen abfinden. Elsas Lebensinhalt drehte sich nur um ihren Mann und ihre Töchter aus erster Ehe. Die Einstein-Biografie ihres Schwiegersohns Kayser ist ihr «mit liebevollem Respekt» gewidmet. Ihr anderer Schwiegersohn Marianoff, dessen Einstein-Biografie von Einstein öffentlich denunziert worden ist, zeichnete sie so:

Sie war für ihn eine Ehefrau, eine Mutter. Sie war die Hauptschlagader, durch die das Lebensblut dieses Haushaltes floss. Sie war Torhüterin, Buchhalterin, die absolute Überwacherin seiner Wege. Ihr eignete eine innere Glut, die nichts und niemand ausblasen konnte. Sie besaß alles Gold, das im menschlichen Charakter ist. Sie geleitete das Sterbliche, damit das Unsterbliche leben würde. [...] [Einsteins] Karriere würde viele Male zum Stehen gekommen sein ohne ihren Takt und ihre Vorsorge. Sie stand zwischen ihm und einer Welt, die ihn gnadenlos verschlungen hätte.

Nach all dem Lob hatte Marianoff aber auch Kritisches zu sagen. Elsas mütterlicher Instinkt sei anormal gewesen und in alle Ritzen des Lebens ihrer Kinder eingedrungen. Sie habe sich nicht darum geschert, wenn dieses Verhalten Konflikte mit anderen Menschen verursachte. Da dachte Marianoff wohl an sich selbst im Verhältnis zu Margot. Zum Verständnis Elsas denken wir daran, dass sie ihr drittes Kind, einen Jungen, kurz nach seiner Geburt verloren hatte. Marianoffs Schilderung deckt sich mit einem Bericht des deutschen Generalkonsuls in New York von 1931, in dem Einsteins Frau gelobt wird, dass sie «mit außerordentlichem Takt und unermüdlicher Liebenswürdigkeit» die Verbindung zwischen dem an sich öffentlichkeitsscheuen, «dem realen Leben zu gütig eingestellten Professor» und den aus den verschiedensten Gründen an ihn herandrängenden Personen hergestellt habe.

Im Unterschied zu Mileva verstand sie nichts von Einsteins physikalischen Gedanken; große geistige Ansprüche hatte sie wohl nicht. An schöner Literatur und Theater war Elsa sehr interessiert; sie konnte gut erzählen und rezitieren. Elsa und Albert ähnelten sich sowohl in ihrem untersetzten Körperbau wie auch in Gesicht und Haaren, wohl eine Folge der nahen Verwandtschaft.

Die erste Ehe brachte weiter Unruhe in die zweite, weil Mileva dauernd in Geldnöten steckte, auch nachdem Einstein die Summe aus seinem Nobelpreis für sie und die Söhne in drei Häusern in Zürich angelegt hatte, aus deren Einkünften Mileva und die Kinder leben sollten. Dann brachten die Häuser weniger ein, als für den Hypothekenzins gebraucht wurde, so dass zwei davon verkauft werden mussten. Die medizinische Behandlung von Eduard kostete viel. Mileva war einmal nahe daran, Konkurs anzumelden. Es war ein Auf und Ab; zuerst wollte Einstein nichts über das bisher Vereinbarte hinaus bezahlen, dann ließ er sich von den Schweizer Freunden überzeugen oder überreden. Um billiger wegzukommen, hatte Einstein schon 1919 verlangt, Mileva solle mit den Kindern nach Karlsruhe-Durlach ziehen, wo ein entfernter Vetter, August Marx, Direktor des Gymnasiums war. Ein Jahr später wollte er sie in Darmstadt haben; sie könne wegen der Geldentwertung «besser in Darmstadt leben als in Zürich». Dass sie sich weigerte, empfand er als unnatürlich.

Die Söhne in Zürich
Bekanntlich ist es für Kinder von sehr berühmten Vätern oder Müttern schwierig, ihre eigene Identität zu finden; denken wir etwa an Klaus und Erika, die ältesten Kinder von Thomas Mann. Einsteins Söhnen muss es wenig anders ergangen sein. Der älteste Sohn Hans Albert war jedoch eigensinnig und selbstbewusst genug, um dem Willen seines Vaters schon als Jugendlicher und junger Erwachsener in so wichtigen Fragen wie Berufswahl und Heirat entgegenzutreten. Möglicherweise hat er als das erste Kind in der Ehe mehr Aufmerksamkeit von seinem Vater bekommen als der kleine Bruder. Andererseits erlebte er auch mehr von den Eheproblemen. Hans Albert war schon zehn Jahre alt, als das Zu-

sammenleben der Eltern endete und fast fünfzehn bei Einsteins Wieder-
verheiratung. Wie unsensibel er manchmal sein konnte, zeigt ein Brief
Einsteins vom Januar 1918 an den vierzehnjährigen Hans Albert, der
diesen verängstigt haben muss. Nach einem liebevollen und lobenden
Briefanfang kommt er auf Eduard im Sanatorium in Arosa zu sprechen
und jammert: «[...] dass ungeheuer viel Geld verbraucht wird, so dass
meine ganzen Ersparnisse draufgehen. Eines schönen Tages, wenn ich
sterbe, ist nichts für Euch da.» Seine Freunde in Zürich seien an dieser
Situation schuld, «die in dieser Beziehung gewissenlos sind». Er hoffe,
«dass Du allmählich größer wirst, und ich alle Dinge mit Dir werde aus-
machen können, ohne fremder Leute zu bedürfen.» Zwei Jahre früher an
Zangger hatte es anders geklungen: «Ohne Ihre, Zürchers und Bessos
Hilfe würde ich in dieser traurigen Lage den Verstand verlieren.»

Hans Albert entdeckte seine Neigung zum Ingenieursberuf und setzte
gegen seinen Vater ein Studium in dieser Richtung an der ETH Zürich
durch, wo er dann 1936 zum Dr. Ing. promoviert wurde. Einstein hatte
zuerst nichts davon wissen wollen. Er habe ursprünglich selbst Techniker werden sollen: «Aber der Gedanke, die Erfindungskraft auf Dinge
verwenden zu wollen, welche das werktägliche Leben noch raffinierter
machen, mit dem Ziel öder Kapitalschinderei, war mir unerträglich.»
Dass er sich nun ständig mit physikalischen Anwendungen in der Technik, als Patentgutachter in Berlin wie auch als Konstrukteur von Flug-
zeugtragflächen, Kreiselkompass, Hörhilfe oder Kühlschrank abgab,
scheint Einstein zuerst nicht bewusst geworden zu sein. Dann sah er
aber ein, dass man von seinen Kindern nicht verlangen könne, «dass sie
Gesinnungen erben.» Hans Albert forschte später auf dem Gebiet der
Strömungsphysik und beschäftigte sich unter anderem mit Fluss-Sedi-
menten und mit dem Transport von menschlichen Abwässern.

Die nächste heftige Auseinandersetzung zwischen Vater und Sohn
tobte wegen der Heiratspläne von Hans Albert. Dieser hatte sich für die
neun Jahre ältere *Frieda Knecht* entschieden. Im Mai 1927 sprach sich
Einstein vehement dagegen aus; Frieda sei «zu alt und zu kleinwüchsig».
Wenn er sie schon heiraten müsse, so solle Hans Albert versprechen, keine Kinder mit ihr zu haben. Einstein hatte wohl die Auseinandersetzungen mit *seinen* Eltern über dasselbe Thema vergessen oder neu bewertet.
Wie Mileva Marić war Frieda keine Jüdin. Bereute Einstein, Mileva ge-

heirat zu haben? Freund Besso vermutete Anfang 1928, er selbst habe
für Einsteins Ehe eine negative Rolle gespielt: «[...] und habe vielleicht
mit meiner Verteidigung des Judentums und der jüdischen Familie zum
Teil auf mir, dass sich Dein Familienleben so wendete, und dass ich Mileva von Berlin nach Zürich zurückbringen musste.» Nachdem Frieda
Knecht 1930 das erste Enkelkind Bernhard Caesar geboren hatte, legte
sich Einsteins Zorn; Bernhard wurde sein Lieblingsenkel und bekam
nach dem Tod des Großvaters dessen Violine.

Einsteins zweiter Sohn Eduard wuchs praktisch ohne Vater auf, als die
Mutter ihn mit seinen vier Jahren von Berlin nach Zürich mitnahm – wenige Besuche Einsteins und gemeinsame Ferien mit seinen Kindern ausgenommen; der zuerst regelmäßige Briefwechsel konnte nur ein unzu-
länglicher Ersatz sein. Eduard war sprachlich und musikalisch sehr
begabt, ein hervorragender Schüler mit fotografischem Gedächtnis und
ein guter Pianist. Er schickte seinem Vater begeisterte und intelligente
Briefe. Nach ursprünglicher Bewunderung befand Einstein, Aphorismen Eduards – wie etwa «Das schlimmste Schicksal ist es, kein Schicksal
zu haben und also auch niemandes Schicksal zu sein» – seien irgendwo-
her kopiert und verletzte damit seinen Sohn. Nach seinem Abitur besuchte Eduard den Vater in Berlin und begann 1929 ein Medizinstu-
dium in Zürich mit dem Ziel, Psychiater zu werden. Nach einer
unglücklichen Liebesaffäre mit einer älteren Studentin wurde Eduard im
Sommer 1930 psychisch instabil, beschuldigte seinen Vater, ihn zu verlassen und «einen Schatten auf sein Leben zu werfen». Er drohte mit
Selbstmord, konnte seine ambivalenten Gefühle dem Vater gegenüber
aber beim gemeinsamen Musizieren vergessen. Mileva umsorgte ihn,
aber gegen Ende des Jahres 1932 wurde Eduard gewalttätig und musste
in eine Nervenheilanstalt gebracht werden, also mit 22 Jahren. Dort wurde er wegen Schizophrenie behandelt. Kürzere und längere Aufenthalte
in der Klinik folgten; das Studium brach er ab. Danach musste er häufig
von einem Krankenpfleger begleitet werden. Seine Mutter holte ihn
nach Hause, so oft es ging. Im September 1932 versuchte Freund Besso,
an Einsteins Herz zu rühren: «Da ist wieder ein Bild von Einstein, auch
seine Tochter ist dabei. Ich meinte, er hätte einen Sohn; von Söhnen
sieht man nie etwas – stimmt es nicht?» Und er bat Einstein: «Nimm den
Jungen ein Mal mit Dir auf einer Deiner großen Reisen.» Dieser antwor-

tete im Oktober, er habe Eduard für das nächste Jahr nach Princeton eingeladen; bei seiner diesjährigen Reise in die USA würde es für seinen Sohn «mehr eine gefährliche Belastung als eine Erholung. Alles deutet leider darauf hin, dass sich die schwere Familien-Belastung bei ihm entscheidend auswirken wird.» Er habe dies schon seit Eduards Jugend kommen sehen. Elsa schrieb ihrer Freundin:

Albert hat Schweres erlebt. Sein Lieblingsjunge kam in eine Nervenheilanstalt. Dieser begabte feine Junge! An Albert nagt es, er wird schwer damit fertig. Viel schwerer, als er zugibt!

Soweit bekannt ist, hat Einstein seinen Sohn Eduard nach 1933 nie mehr besucht; auch nicht als dieser permanent in der Anstalt leben musste. Nach seiner Emigration in die USA hat er auch nie mehr mit Eduard korrespondiert. «Es liegt da eine Hemmung zugrunde, die völlig zu analysieren ich nicht fähig bin.» Da Einstein eine erbliche Belastung in Milevas Familie voraussetzte, musste er vielleicht Schuldvorwürfe abwehren, er habe dies vor der Heirat nicht genügend geprüft. Vielleicht sah er in Eduard auch einen Makel für seine öffentliche Person? Die Zeiten, in denen Geisteskranke aus der Gesellschaft weggesperrt wurden, waren in den zwanziger Jahren noch nicht wirklich zu Ende. Die menschliche Betreuung seines Sohnes überließ Einstein seiner geschiedenen Frau Mileva und seinen Schweizer Freunden, allen voran Michele Besso und Heinrich Zangger. Auch Carl Seelig kümmerte sich um Eduard.

Ilse und Margot

Elsas Töchter Ilse und Margot Löwenthal waren von kleiner Statur und mit einem delikaten Gefühlskostüm versehen. Ilse soll sich nach der neuesten Mode gekleidet und in intellektuellen Kreisen bewegt haben. Der Verlust der Sehkraft eines Auges behinderte sie wohl nicht allzu sehr. Auch sie als todkranke Stieftochter wollte Einstein nicht mehr sehen, sondern ließ Elsa aus den USA 1934 allein ans Sterbebett nach Paris fahren. Margot, mit schönen blauen Augen, soll so scheu gewesen sein, dass sie sich als Jugendliche, von unerwarteten Gästen Einsteins überrascht, unter den Tisch flüchtete und, durch das Tischtuch verdeckt, dort abwartete, bis der Besuch das Zimmer verlassen hatte. Nach Marianoff soll Margot mental einfach strukturiert und die Aufrichtigkeit in Person gewesen sein. Gerhart Hauptmann soll ihr einmal geschrieben haben: «Denke ich an etwas Goldenes, dann auch an Ihr Herz». Ob Ilse und Margot das Abitur gemacht haben? Gerade als Margot achtzehn Jahre alt wurde, publizierte Einstein einen kleinen Aufsatz «Der Angst-Traum» im *Berliner Tageblatt*, in dem er wegen Examensangst und Gesundheitsgefährdung die Abschaffung der Reifeprüfung forderte. Diese Forderung wurde 1918 vom «Rat der geistigen Arbeiter» ins Programm aufgenommen. Nach der Schule haben Ilse und Margot anscheinend keine Berufsausbildung bekommen, sondern blieben «höhere Töchter». Ilse hatte immerhin das Schreibmaschinenschreiben gelernt. Elsa zog also aus der Situation nach ihrer Scheidung, in der sie durch eine Berufstätigkeit unabhängiger gewesen wäre, keine Folgerung für ihre Töchter. Margot konnte oder wollte sich dann auch kein selbständiges Berufsleben aufbauen, als sie 1937 von ihrem Mann geschieden wurde, sondern hängte sich weiter an Elsa und Albert.

Ehemann von Einsteins Stieftochter Ilse wurde 1924 der Schriftsteller Rudolf Kayser. Er hatte zu *Kurt Hillers* Ziel-Jahrbüchern beigetragen und 1921 eine Anthologie junger Lyrik herausgegeben; danach schrieb er Biografien über Stendhal und Spinoza. Er wurde Lektor im S. Fischer Verlag und leitete die Redaktion der Literaturzeitschrift des Verlags *Die neue Rundschau* seit 1924. Bermann Fischer charakterisierte ihn so: «Ein Mann von ungewöhnlicher Bildung und hohen geistigen Qualitäten, war er in ruhigen Zeiten der ideale Leiter einer literarischen Zeitschrift. Eine Kämpfernatur […] war er nicht.» Im Herbst 1932, nach Auslaufen seines Vertrags, wurde Kayser vom Fischer-Verlag gekündigt: *Peter Suhrkamp* sollte seinen Platz übernehmen. Elsa Einstein kommentierte dies in einem Brief an Mme. Julien Luchaire im Juni 1933: «Wissen Sie denn auch, dass mein Schwiegersohn Kayser am 1. Juli seine Position bei Fischer verliert? *Die neue Rundschau* wird von einem Arier geleitet und muss auf das Niveau eines besseren Magazins sinken. […] übrigens ist sein Spinozabuch ausgezeichnet und auch sein Stendhalbuch ist hervorragend […].» So verständlich Elsas Bitterkeit auch war, Samuel Fischer, einer der bedeutendsten Verleger in Deutschland, wusste, was er tat. Suhrkamp versuchte die Tradition des Verlags fortzuführen, geriet in Konflikt mit dem Hitlerregime und überlebte zwei Konzentrationslager wie durch ein Wunder; er wurde ein herausragender Verleger.

Als Mann von Einsteins jüngster Stieftochter Margot Löwenthal stellte sich Ende November 1930 ein liebenswürdiger Russe mit Spendierhosen ein, in denen sich allerdings nicht immer genügend viele Geldscheine befunden haben sollen, *Dimitri Marianoff.* In der sowjetischen Handelsmission in Berlin leitete er die Abteilung Filmvertrieb; er war Mitglied eines deutsch-russischen Filmkomitees, dem auch Walter Mehring, George Grosz und *Erwin Piscator* angehörten. Nach eigenen Angaben fungierte Marianoff zeitweilig als «literarischer Sekretär» des russischen Kunstwissenschaftlers und Volkskommissars für das Bildungswesen von 1917 bis 1929, *Anatoli Lunatscharski.* 1922 wurde er als Mitveranstalter der «Ersten Russischen Kunstausstellung» in der Berliner Filiale der Galerie van Diemen genannt; gezeigt wurde die russische Avantgarde: David Sterenberg, Naum Gabo, Alexander Archipenko. In seiner manchmal etwas unsensiblen Art hieß Einstein Marianoff willkommen: Er habe nicht geglaubt, dass Margot überhaupt einen Liebhaber finde. Einstein und Marianoff müssten sich in ihren Ansichten über Frauen eigentlich gut verstanden haben; jedenfalls hielt es keiner von beiden mit der Ehefrau allein aus. Im Sommer 1931 gestand Margots Mutter ihrer Freundin Antonina Luchaire, ihr Marianoff sei «ein Zigeuner, aber ein feiner und interessanter, wir lieben ihn sehr». Nach dem Verlassen Berlins 1933 muss seine schweifende Art in Paris zu unzuverlässig geworden sein; jedenfalls zerbrach die Ehe 1934. Dimitri sorge nicht für den Unterhalt seiner Frau, das war die offizielle Begründung. Margot hatte sich an ihren Mann nicht so fest gebunden wie Elsa sich an Albert. Ihre Anhänglichkeit galt in erster Linie ihrer Mutter und der alten Familie. Nach der Eheschließung mit Marianoff wohnte sie mit ihm in der elterlichen Wohnung in der Haberlandstraße, auch während des Amerikaaufenthaltes von Elsa und Albert. Bis Ende 1933 besaß Marianoff noch Einsteins Vertrauen. Marianoff soll seine sowjetische Staatsbürgerschaft mit der Verheiratung aufgegeben haben. Grundmann argumentiert, Marianoff sei ein sowjetischer Spion gewesen. Nicht nur Einstein, sondern auch der deutschen Polizei und amerikanischen Behörden wie dem FBI scheint diese Erkenntnis verborgen geblieben zu sein.

Der Freundeskreis

Einsteins Berliner Freunde einzuordnen, ist schwierig; wer ist ihm wie nahe gekommen? Da gibt es den Freund zum Sichaustauschen im Gespräch, den befreundeten Kollegen mit gemeinsamen wissenschaftlichen Interessen, die Friedensfreunde, die Segelfreunde, die Freunde für gesellige Stunden. Der Schwiegersohn Kayser behauptete einmal, Einstein habe eine zu eindringliche Freundschaft für unerträglicher gehalten als eine Feindschaft. Elsa übertrieb vielleicht ein wenig: «Seit zwei Wochen ist ein erbitterter Kampf zwischen einigen Freunden – wo der Albert morgen frühstücken soll! Telegramme werden gewechselt, als ob es sich um eine diplomatische Angelegenheit handele. Siegreich herausging ein Kreppchenessen bei Freunden.» Einziger eng befreundeter akademischer Kollege war wohl Fritz Haber, der ihm bei der Trennung von seiner ersten Frau Mileva beigestanden hatte. Freundschaftlich-respektvoll verbunden war Einstein auch mit Max Planck und Max von Laue, aber wohl nicht in der gleichen Emotionalität wie mit Haber.

Einsteins Freundeskreis setzte sich zu einem guten Teil aus *Ärzten* zusammen, die ihn oder Familienmitglieder behandelt hatten. Das mag etwas über Einsteins Charakter aussagen: Kollegen sind immer auch Konkurrenten. Ärzten, die seinen Körper näher kennen lernen würden, musste Einstein vertrauen können; dann war es für ihn vermutlich leichter, sich ihnen auch als Person aufzuschließen. Da gab es den praktischen Arzt Hans Mühsam, Betty Neumanns Onkel, den er 1915 nach einem Krankenbesuch kennen gelernt hatte und der später Einsteins Mutter betreute. Mit ihm machte Einstein öfters sonntägliche Spaziergänge im Grunewald. Im Hungerwinter 1916/17 in Berlin wurde Einstein von *Otto Juliusburger* behandelt. Juliusburger, Chefarzt in einem Berliner Krankenhaus zur Behandlung von Alkoholikern, war Mitbegründer der Berliner «Psychoanalytischen Gesellschaft» und mit Magnus Hirschfeld Mitglied des «Wissenschaftlich-Humanitären Komitees», das für die Entkriminalisierung der Homosexuellen arbeitete. Er unterstützte eine Reform des Strafvollzugs und den Bund für Mutterschutz. Mit Einstein wird ihn hauptsächlich die sozialreformerische und pazifistische Gesinnung verbunden haben. Näher als diese beiden stand ihm aber der Chirurg Professor *Moritz Katzenstein*, mit dem zusammen er auf dessen

Boot viele Segeltouren in der Berliner Fluss- und Seenlandschaft machte, bevor er ein eigenes Boot geschenkt bekam. Katzenstein leitete die Chirurgische Abteilung des «Städtischen Krankenhauses am Friedrichshain», als *Gottfried Bermann Fischer* dort 1923 als Assistenzarzt angestellt wurde. In seinem Nachruf für Katzenstein schrieb Einstein:

In den achtzehn Jahren, die ich in Berlin verlebte, standen mir wenige Männer freundschaftlich nahe, am nächsten Professor Katzenstein. Über zehn Jahre lang verbrachte ich die Erholungszeit der Sommermonate mit ihm, meist auf seinem graziösen Segelschiff. [...] Nie wurde er zu dem Typus des norddeutschen Pflichtmenschen, den die Italiener in den Zeiten ihrer Freiheit als ‹bestia seriosa› bezeichnet haben. Wie ein Jüngling war er empfänglich für die harte Schönheit der märkischen Seen und Wälder [...]. Ich bin dem Schicksal dankbar, dass ich diesen gütigen, unermüdlichen Mann von hoher schöpferischer Begabung zum Freunde hatte.

Eine andere, aber wichtige Rolle unter den Ärzten in Einsteins Freundeskreis spielte der von Max Liebermann als «Lackaffe» beschimpfte, aus Ungarn stammende Internist und Professor Janos Plesch, der Erfinder eines Messgerätes, das die Blutdruckkurve auf Papier festhielt. Seine – sinnigerweise in der Budapester Straße – nahe dem Zoo gelegene Privatpraxis fand offensichtlich reichlich Zuspruch. Nach Herneck rief dieser «übergeschäftige Modearzt mit unersättlichem Geltungsbedürfnis», den sogar Kaiser Wilhelm II. konsultiert hatte, bei seinen Kollegen manche Verstimmung hervor. Vielleicht beneideten sie ihn auch nur um seinen Erfolg. Plesch arbeitete wissenschaftlich; er brachte es auf 148 Veröffentlichungen in der Medizin. Als Freund ordnete er sich Einstein unter, als Arzt war er ihm gegenüber offenbar unnachgiebig streng. Zusammen mit seiner aus einer reichen Frankfurter Familie stammenden Frau führte er ein geselliges Haus, in dem viele Prominente und Künstler wie *Hans von Seeckt*, der zeitweilige preußische Kultusminister C. H. Becker, Fritz Haber, Albert Einstein, die Musiker Schnabel, Kreisler und Furtwängler, die Maler Orlik und Slevogt, der Theaterleiter Max Reinhardt, Gerhart Hauptmann, Alfred Kerr und andere verkehrten. «Am Samstag geht's nur dann, wenn Sie zu Pleschs kämen, wo *Benedetto Croce* hinkommt, um Albert zu sehen», schlug Elsa Einstein ihrer Freundin vor. Der Philosoph Croce war 1920 und 1921 italienischer Unterrichtsminister gewesen. Auf einer Deutschlandreise besuchte er Einstein – mit dem ihn die gemeinsame Haltung gegen den italienischen Faschismus verband – und Thomas Mann.

Sekretärinnen und Mitarbeiter

Einsteins Post war ohne Hilfe nicht zu bewältigen. Auch nach der De-facto-Aufgabe seines Direktorenpostens im Kaiser-Wilhelm-Institut für Physik musste er daher eine Schreibkraft oder Sekretärin beschäftigen. Nach Ilse Löwenthal war dies zuerst die uns schon bekannte Betty Neumann, mit der Einstein ein Verhältnis hatte. Danach kam ein Jurastudent, *Siegfried Jacobi*, der 1933 beim Generalsekretär der Max-Planck-Gesellschaft, *Friedrich Glum*, an der Berliner Universität promovierte, danach aber emigrieren musste. Jacobi hatte Gewalt am eigenen Leibe erfahren: Während der Arbeiterdemonstrationen und Auseinandersetzungen mit der Berliner Polizei am so genannten «Blutmai» (1. Mai 1929) mit vielen Toten unter den Demonstranten wurde er von Polizisten beim Überqueren einer Straße zusammengeschlagen.

Die nächste, von Elsa Einstein 1928 für ihren Mann über Verbindungen mit ihrem Heimatort Hechingen gewonnene «Kraft» sollte Albert Einstein während seines ganzen weiteren Lebens aufs Engste begleiten: *Helene Dukas*. Sie hatte vorher als Kindergärtnerin, Erzieherin und Verlagssekretärin gearbeitet. Nach Elsas Tod im Dezember 1936 wurde sie auch Einsteins Haushälterin; er setzte sie testamentarisch als eine der beiden Verwalter seines schriftlichen Nachlasses ein.

Neben diesen hilfreichen Bürokräften standen Einstein wissenschaftliche Mitarbeiter zur Seite. Seit 1917 spielte der aus Weißrussland stammende *Jakob Grommer* diese Rolle, und zwar über zehn Jahre lang. Bezahlt wurde er aus Zuwendungen aus dem Kaiser-Wilhelm-Institut für Physik und anderen Forschungsfonds, die Einstein anzapfen konnte. Grommer hatte in Göttingen Mathematik studiert und bei David Hilbert den Doktorgrad erworben. In Berlin lebte er fast völlig zurückgezogen; seit seiner Jugend litt er an einer Lymphdrüsenerkrankung, die zur unförmigen Vergrößerung der Glieder führte. Aus seiner Zeit als Mitarbeiter Einsteins liegen drei gemeinsame wissenschaftliche Publikationen vor; außerdem dankte Einstein in eigenen Arbeiten mehrfach für Grommers Hilfe. Vermutlich war Grommer Einsteins devotester und loyalster

Assistent. Im Jahr 1929 erhielt er dann eine Stelle an der Universität Minsk. Dem aus Ungarn gebürtigen Physiker *Cornelius Lanczos* verschaffte Einstein ein Stipendium nur für ein Jahr (1928/29). Lanczos war Assistent an den Universitäten Freiburg und Frankfurt am Main gewesen und wissenschaftlich ganz eigenständig denkend. Er wollte Einstein wohl nicht nur zuarbeiten, wäre aber gerne noch ein weiteres Jahr bei ihm geblieben. Eine gemeinsame Veröffentlichung kam nicht zustande. Einstein hielt Lanczos für intelligent, einfallsreich und ehrlich, aber für zu starrköpfig. Zu dieser Zeit muss er einen Mitarbeiter nicht besonders geschätzt haben, der eigenen Ideen nachging; der Assistent sollte Einsteins mathematische Kenntnisse ergänzen, musste seine Entwürfe durchrechnen und voranbringen. Lanczos knüpfte 1931 Kontakte in die USA, nahm 1932 dort eine Professur an und arbeitete sehr erfolgreich in mathematischer Physik und angewandter Mathematik.

Nach Lanczos heuerte Einstein einen wissenschaftlich erfahrenen Mathematiker in seinen frühen Vierzigern an, *Walther Mayer.* Er hatte sich schon einen Namen gemacht, war Privatdozent mit Professorentitel an der Wiener Universität und wartete vergeblich auf einen Lehrstuhl. Es wurde ausdrücklich vereinbart, dass Mayer mit Einstein an der neuesten Version seiner einheitlichen Feldtheorie arbeiten sollte. Anscheinend konnte Mayer sich trotz seines Alters einige Jahre lang leichter einfügen als Lanczos. Einstein schätzte ihn sehr; bis zum gemeinsamen Exodus von 1933 und der Übersiedelung nach Princeton schrieben sie vier Arbeiten zusammen in Berlin. Zusätzlich zu Lanczos und Mayer stellte sich der Berliner Gymnasialprofessor im Fach Mathematik, *Hermann Müntz*, zur Verfügung. Er hatte wohl auch bei Hilbert studiert, ging später in die Sowjetunion und dann nach Schweden. Einstein dankte ihm in zwei Arbeiten über seine Fernparallelismus-Theorie, eine ihm gegen Ende der zwanziger Jahre als der Stein der Weisen erscheinende Form der gesuchten «Einheitlichen Feldtheorie».

Alle diese Mitarbeiterinnen und Mitarbeiter Einsteins, Wissenschaftler oder nicht, waren jüdischer Abstammung. Er machte wahr, was er Born 1919 im Zusammenhang mit der fehlgeschlagenen Berufung eines jüdischen Kollegen geschrieben hatte, nämlich: «Ich könnte mir auch denken, dass ich einen Juden zu meinem Genossen erwählte, wenn ich die Wahl hätte.»

Bemerkenswert ist ferner, dass sich keine Frau unter Einsteins wissenschaftlichen Mitarbeitern befand. Dass er sich in der Nähe von Frauen wohl fühlte, zeigte sein Leben – nicht nur in Berlin. Jedoch entsprach Einsteins Frauenbild – außer in Momenten der Verliebtheit – wohl althergebrachten Vorstellungen von der auf den Mann ausgerichteten Frau: Im Beruf konnte ein weibliches Wesen allenfalls als Zuarbeiterin akzeptiert werden. Max Planck, der 1897 geäußert hatte, dass die Tätigkeit von Frauen auf geistigem Gebiet naturwidrig sei, stellte 1912 gleichwohl Lise Meitner als erste Frau in Preußen in der Position einer Assistentin ein. In einem Gespräch mit der aus Russland kommenden Studentin Esther Salaman sagte Einstein, dass er sehr wenige Frauen für kreativ hielte und eine eigene Tochter nie zum Physikstudium «geschickt» haben würde. Er sei froh, dass seine Frau nichts von Wissenschaft verstünde; bei seiner ersten Frau sei das anders gewesen. Auf Esther Salamans Entgegnung, dass doch Frau Curie gewiss kreativ sei, wich Einstein ins Gefühlige aus und beschrieb diese als unemotional: «Madame Curie hörte nie die Vögel zwitschern.» Bei seiner Tätigkeit als Direktor des KWI für Physik lernte Einstein Physikerinnen wie die bei seinem Breslauer Kollegen Lummer arbeitende Hedwig Kohn oder Gabriele Rabel in Greifswald, Mitarbeiterin des berühmten Johannes Stark, kennen. Auch Gerda Laski vom Faserstoffinstitut der KWG wird er getroffen haben. Diese Begegnungen mögen seine Haltung allmählich geändert haben. Erst später in den USA nahm er eine Frau als *Mitarbeiterin* an. Darüber hinaus gab es damals in Berlin wohl noch keine Physikerinnen, die sich für Einsteins Theorien interessierten.

Die lieben Kollegen

Einsteins Rat bei Neuberufungen an Universitäten war begehrt. Schon 1919 hatte er dem damaligen Staatssekretär C. H. Becker im preußischen Kultusministerium klargemacht, wie der wissenschaftliche «Niedergang» der Fakultäten verhindert werden könnte: «Besserung könnte nur dadurch erzielt werden, dass in irgendeiner Weise Männern, die sich durch zweifellos bedeutende Leistungen ausgewiesen haben, ein entscheidender Einfluss auf die Auswahl der Professoren eingeräumt wird.» Zu diesen Männern rechnete er auch sich selbst. In der Tat hatte

Einstein ein gutes Gespür für das, was heute «Exzellenz» in der Physik genannt wird. Von ihm empfohlene Physiker brachten die Forschung in ihrem Fach überdurchschnittlich gut voran. Der Umkehrschluss, dass diejenigen, die er abgelehnt hat, schwache Wissenschaftler und blasse Professoren gewesen sein müssten, stimmt aber nicht. Er bewertete geringer, worin er selbst nicht glänzte: den akademischen Unterricht und die Fähigkeit zur Wissenschaftsorganisation. Als Beispiel dafür, dass Einsteins Rat auch einmal ausgeschlagen wurde, mag hier der Fall des Experimentalphysikers *Heinrich Konen* dienen; er hatte sich für die Nachfolge seines Lehrers an der Universität Bonn beworben. In einem Brief an C. H. Becker im preußischen Kultusministerium im Zusammenhang mit dieser Bewerbung nannte Einstein Konen «eine wissenschaftliche Null». Tatsächlich gehörte er *nicht* zur Spitzengruppe der deutschen Experimentalphysiker, war aber ein anerkannter Spektroskopiker und wurde besonders für die Erfindung einer Lichtquelle mit kontinuierlichem Spektrum im Ultraviolett gelobt. Der unangefochten beste deutsche Spektroskopiker, *Friedrich Paschen*, unterstützte ihn in seinem Gutachten nachdrücklich. Nach heftigem Streit in der Fakultät erhielt Konen den Posten, wurde nach der nationalsozialistischen Machtergreifung 1934 zwangspensioniert und durfte Deutschland nicht verlassen. Konen nahm bald einen wichtigen Platz in der «Notgemeinschaft der deutschen Wissenschaft» ein und wurde zusammen mit Haber und Nernst vom Reichsinnenminister als Mitglied des Senats der Kaiser-Wilhelm-Gesellschaft ernannt; 1931 wurde er sogar Mitglied des Kuratoriums von Einsteins Institut. Auch dem Kuratorium der Physikalisch-Technischen Reichsanstalt gehörte er an und nahm in dieser Eigenschaft mit Einstein an der Diskussion des Jahresberichts 1926 teil. Hinter Konens Aufstieg stand der prominente Zentrumspolitiker *Georg Schreiber*. Der Generalsekretär der KWG, Glum, bezeichnete Konen als «einen guten Katholiken und Zentrumsmann […] der sich zwar als Physiker nicht mit den Größen der Wissenschaft vergleichen konnte und auch nicht verglich, der aber ein guter Charakter und ein außerordentlich geschickter Unterhändler war.» Ironischerweise nahm er gerade den Vorsitz der Deutschen Physikalischen Gesellschaft ein, als Einstein die Max-Planck-Medaille erhielt. Immerhin musste das Genie die Medaille nicht direkt aus der Hand der «wissenschaftlichen Null» empfangen: Konen überreichte zwei Medaillen an Max Planck, der eine an Einstein weitergab.

Im Auge von Malern und Bildhauern

Fotografien von Alberts und Elsas Salon in seiner 7-Zimmer-Wohnung im 4. Stock – mit einem «Turmzimmer» im 5. Stock – in einem Haus mit Portier und Fahrstuhl zeigen eine typisch bürgerliche Einrichtung. Ein Flügel als Blickfang; an einer Wand mit dunkler, mit einem Margeritenmuster verzierter Tapete stehen nebeneinander ein Sekretär und ein Sofa, davor ein runder Tisch mit Standbein in der Mitte. Gegenüber der Durchgang zur «Bibliothek», daneben eine Kommode mit einem Spiegel darüber. Zu sehen ist auch ein Ohrensessel vor zwei hohen Fenstern, eine Hemlock-Tanne, eine Kristall-Lüsterlampe mit elektrischen Kerzen, drei mittelgroße und mehrere kleinere Drucke oder Bilder. Graf Kessler nannte die Wohnung «ruhig und hübsch», Chaplin sie «bescheiden und klein»: «Man könnte die gleiche Wohnung auch in der Bronx finden, ein Wohnzimmer, das auch gleichzeitig als Esszimmer diente. Auf dem Fußboden lagen alte, abgetretene Teppiche. Das wertvollste Möbelstück war der schwarze Flügel [...].» Der Kunsthistoriker Oprescu verglich Bergsons und Einsteins Wohnungen:

In den Zimmern seiner [Bergsons] Wohnung, die ich gesehen habe, war kein Stück wegen seiner Schönheit ausgewählt. An Kunstwerken gab es nichts außer einigen Zeichnungen seiner taubstummen Tochter, die Talent hatte und Unterricht bei Rodin genommen hatte. Einstein, in einer bescheidenen Einrichtung in Berlin, hatte ebenfalls keine Kunstwerke, aber ich erinnere mich an den anerkennenden Blick, den er mir gab, als ich ihm einige Lithografien von Daumier anbot, die man damals in Paris für einige Francs kaufen konnte.

Bei dieser seiner «Wohnwelt» erstaunt es dann doch, dass Einstein als Mitglied des *Bauhaus*-Kuratoriums neben Künstler wie Marc Chagall und Oskar Kokoschka berufen wurde. Vermutlich war dies seinem Weltruhm zuzuschreiben, vielleicht auch ein wenig seinem modernen Sommerhaus in Caputh, das den Bauhausidealen nahe stand und von Architekten im Kuratorium wie *Peter Behrens* und *Hans Poelzig* vielleicht geschätzt wurde. Allerdings hatten die Einsteins eine Möblierung durch den Bauhausdesigner *Marcel Breuer* mit seinen Stahlrohrmöbeln abgelehnt. Wie dem auch sei, in seinem Geschmack und seiner Kunstauffassung hat Einstein seine Herkunft aus einer kleinbürgerlichen Familie nie hinter sich gelassen – nicht in der Musik, nicht in der Malerei. Zur Moderne in der Kunst fand er nicht nur in Berlin keinen ästhetischen Zugang.

Durch seine Stieftochter Margot mit einem Talent zum Modellieren von Statuetten wurde er mit der Kunst der Plastik vertraut. Margot nahm Unterricht bei dem Bildhauer *Kurt H. Isenstein*, von dem zwei Einstein-Büsten stammen. Isensteins Werke müssen damals in Mode gewesen sein; auch Alfred Döblin hat ihm Modell gestanden. Einsteins Schwiegersohn Marianoff berichtete, Margot habe Albert manchmal zu Ausstellungen in die Galerien von *Alfred Flechtheim* und Paul Cassirer mitgenommen. «Die großen Modernen wie Brancusi, Modigliani oder Davidson schaute er mit respektvollem, aber unbehaglichem Schweigen an. Er hatte keinen Enthusiasmus für moderne Kunst, doch bewunderte er komischerweise die neurotischen und gekünstelten Stücke von Epstein.» Der Bildhauer Jacob Epstein lebte in London und schuf ebenfalls ein Bronzebildnis von Einstein. Ab 1930 studierte *Moses Ziffer* an der Berliner Kunstakademie plastische Kunst. Einstein bat die Berliner Firma Salman Schocken (Einkaufszentrale Schocken & Söhne) für den mit gesundheitlichen und finanziellen Problemen kämpfenden Ziffer um Unterstützung. Ziffer verließ Berlin nach Hitlers Machtergreifung und lebte später in Palästina und Israel. Er soll Einstein, der «sein Werk einfach und edel» fand, «wie der Mensch, der es schuf», einen weiblichen Akt in Stein hinterlassen haben.

Einsteins charakteristische Erscheinung – mehr noch seine Berühmtheit – reizte Bildhauer, Zeichner und Maler, die ihn während seiner Berliner Zeit porträtierten. Ob er selbst Geld ausgegeben hätte, um sich malen zu lassen, ist mehr als fraglich. Er freundete sich mit dem etwas älteren, aus einer Prager jüdischen Familie stammenden Emil Orlik an, einem Professor an der Staatlichen Unterrichtsanstalt des Berliner Kunstgewerbemuseums. George Grosz und Hannah Höch gehörten zu Orliks Schülern. Orlik hatte sich zuerst mit Radierungen und Farbholzschnitten einen Namen gemacht; Theodor Heuss lobte seine Blätter in der Kunstzeitschrift *Pan*, in der «sich zum ersten Male das neue grafische Wollen mit der Programmatik einer neuen Dichtung einte». Orlik arbeitete als Buchillustrator, zeichnete Entwürfe zu Bühnenbildern und für Kostüme; er beriet Tilla Durieux bei ihrer Bühnengarderobe. Der so von der wilhelminischen Gesellschaft anerkannte Orlik wurde im Dezember 1917 als offizieller Künstler zu den Friedensverhandlungen von Brest-Litowsk mitgenommen; er hat dort Porträtstudien, zum Beispiel von Leo Trotzki, gemacht. Er porträtierte Einstein (1929) und Elisabeth Bergner, zeichnete Tilla Durieux und Paul Cassirer. Eine Radierung Gerhart Hauptmanns von ihm findet sich in einem Buch zu dessen sechzigstem Geburtstag.

Hermann Strucks Kreidezeichnung von Einstein diente als Frontispiz für die englische Ausgabe von Einsteins «Über die spezielle und allgemeine Relativitätstheorie», die 1920 in London erschien. Struck hat sich im Gästebuch Einsteins in Caputh mit einer Zeichnung im August 1931 eingetragen; er lebte schon vor 1933 in Palästina. Nach Seelig besuchte Einstein Leonid Pasternak, den Vater von Boris, öfters in seinem Berliner Atelier und saß ihm Modell. Frau Pasternak und die Tochter Josephine seien dabei gewesen, um Einstein zu unterhalten. Dabei entstanden verschiedene Einstein-Porträts; sehr bekannt ist eine Zeichnung vom geigenden Einstein. Auch ein von *Charlotte Behrend*, der Frau von Lovis Corinth, gemaltes Porträt von Einstein existiert. Schließlich gibt es auch von Max Liebermann eine Porträt-Radierung von Einstein aus dem Jahr 1930. Alle diese Bilder scheint Einstein gebilligt zu haben, nur nicht das in einem realistischeren Stil gehaltene des Malers *Josef Scharl*, der 1927 durch Vermittlung der Fotografin Lotte Jacobi mit Einstein bekannt geworden war. Nach Frau Jacobi wies Elsa Einstein Scharls Ölbild von 1927 an der Wohnungstüre zurück: «So sähe ihr Mann erfreulicherweise nicht aus!» Scharls harmloses Einstein-Porträt wurde in der Ausstellung «Entartete Kunst» der Nazis gezeigt. Der Künstler weigerte sich, in die NSDAP einzutreten, erhielt Malverbot und emigrierte 1938 in die USA; Einstein blieb ihm dort freundschaftlich verbunden.

Selbst bei einem seiner Amerika-Aufenthalte wurde er mit einem Bild beglückt: In Pasadena zeigte ihm die Malerin *Chris Marie Meeker* im Februar 1931 ihr Porträt von ihm, das ihm offensichtlich so gut gefiel, dass er sich mit Bild und Künstlerin fotografieren ließ. Meeker, die Tochter eines französischen Grafenpaares, hatte in Paris und Chicago Malerei

Albert Einstein mit der Malerin Chris Marie Meeker bei der Überreichung ihres Ein-
stein-Porträts, Pasadena 1931

studiert und war als Zeichnerin in amerikanischen Magazinen populär geworden.

Was das Medium der *Fotografie* betrifft, so zeigen die ungezählten Presseaufnahmen von Einstein, dass er sich ihm stellen musste, manchmal mit viel Überdruss. Auch Künstler bannten ihn auf Platte und Film, so Emil Orlik oder Lotte Jacobi. Die Fototechnik entwickelte sich rasant; Kameras wie Leica, Rolleiflex und Ermenox waren auf den Markt gekommen. Anscheinend bekam Einstein – vielleicht zu seinem fünfzigsten Geburtstag – eine Kamera geschenkt, hat aber im Unterschied zu Thomas Mann keinen Gefallen am Fotografieren gefunden.

Wie sah Einstein selbst die Maler und Bildhauer? Er umgab sich in seiner Wohnung nicht mit Gemälden oder anderen Kunstwerken und stand den modernen Entwicklungen der Kunst im Berlin der Weimarer Republik fern. Einstein-Porträts von Kokoschka, Schad, Dix oder von Schlichter kann es aus gutem Grund *nicht* geben. Auch nicht von George

Grosz, dessen Zeichnungen Einstein als Karikaturen der Gesellschaft verstand und nur in ihrer ideologisch-politischen Aussage akzeptierte. Nach Wachsmann hatte ihm Herzfelde einige Grosz-Mappen wie «Das Bild der herrschenden Klasse» geschickt. Durch seine Mitgliedschaft in der «Internationalen Arbeiterhilfe» hat Einstein bestimmt auch von deren «Künstlerhilfe» gewusst, vielleicht sogar Kunstausstellungen der I.A.H. mit gespendeten Werken von Käthe Kollwitz, Otto Nagel, Emil Orlik, *Arthur Segal*, Heinrich Zille und anderen besucht.

In der Regel stand Einstein Darstellungen seiner Person recht distanziert gegenüber. Es wird aber berichtet, dass er «tief ergriffen […] gewesen sein [soll], mit Tränen in den Augen», als er 1930 die Riverside Church an der New Yorker Upper West Side besuchte und dort sein Ebenbild in Stein über dem Westportal erblickte. Der weltberühmte Wissenschaftler sah sich als einzig Lebender inmitten der Figuren von Darwin, Galilei, Kant, Newton, Sokrates und Spinoza verewigt. Andere hatten ähnliche emotionale Erlebnisse. Thomas Mann etwa notierte im Herbst 1918 in sein Tagebuch: «War von meiner Büste, die ich so lange nicht gesehen, doch sehr ergriffen. Sie ist wahrlich getroffen und eine Menge Leiden liegt in dem Gesicht, das so außer mir zu sehen mich erschütterte.»

Der öffentliche Einstein

Die Rolle der Medien

Im Unterschied zu den meisten seiner Physikerkollegen scheint Einstein die Begegnung mit Presse und Rundfunk Befriedigung oder sogar Vergnügen bereitet zu haben. Er sah darin wohl eine willkommene Gelegenheit und auch eine Pflicht, seine ethische und politische Weltsicht auszubreiten. Dabei sprach und schrieb er «frei von der Leber» weg, zumal er die Gabe hatte, prägnant und wohlklingend zu formulieren. Im Unterschied dazu ist etwa von Vladimir Nabokov bekannt, dass bei ihm Interviews aus schriftlich eingereichten Fragen und seinen schriftlichen Antworten bestehen mussten. Allerdings wurde Nabokov auch nicht so von Presseleuten umlagert wie der fotogene und um ein witziges Wort nicht verlegene Einstein. Sein Biograf Pais hat Einsteins Rolle gegenüber der Presse die eines «Orakels» genannt.

Presse
Wenn man seinem Schwiegersohn Marianoff glauben darf, so hatte Einstein guten Zugang zur amerikanischen Presse über zwei Männer, denen er vertraute; das waren der Pazifist und frühere Pressesprecher für Henry Ford, *Louis Lochner*, Chef des Berliner Büros der *United Press*, und *Guido Enderis* in entsprechender Position für die *New York Times*. Auch deren Herausgeber *Adolph Ochs*, einer seiner großen Bewunderer, hatte Einstein bei seiner ersten Amerikareise kennen gelernt. Das erklärt, warum diese Zeitung jedes Detail über Einstein berichtete und nichts ausließ, ob es sich nun um seine Meinung über mögliche Bewohner des Planeten Mars oder über das beste Rezept für ein erfolgreiches Leben handelte. Aufgrund seines Weltruhms scheinen Einsteins öffentliche Äußerungen kaum angezweifelt worden zu sein.

Auch zur Berliner Presse gab es wohl Querverbindungen, etwa zu den Blättern von Ullstein über Professor *Georg Bernhard*, bis 1930 Chefredakteur der *Vossischen Zeitung*. Bernhard war Vorstandsmitglied der DDP, erhielt 1928 einen Sitz im Reichstag und war wie Einstein und Thomas Mann Mitglied des Deutschen Pro-Palästina-Komitees. Deutsche Zeitungen befassten sich anscheinend nur mit seriösen Themen; in Berlin war am Morgen (in *Berlin am Morgen*) wie am Abend (in *Die Welt am Abend*) Einsteins Meinung über die Pressefreiheit gefragt: «Ein Staat, der die schriftliche und mündliche freie Kritik und Meinungsäußerung über politische Gegenstände beeinträchtigt oder gar unterbindet, muss notwendig degenerieren.» Die von der *New York Times* im März 1927 zitierten Bemerkungen Einsteins zur Todesstrafe beziehen sich möglicherweise auf eine Umfrage in der *Vossischen Zeitung*. Er sei *nicht* für die Abschaffung der Todesstrafe. Es gebe keinen Grund, warum sich die Gesellschaft sozial schädlicher Individuen nicht entledigen solle. Die Gesellschaft habe allerdings nicht mehr Recht, eine lebenslängliche Haft zu verfügen, als jemanden zum Tode zu verurteilen. Dass Einstein Jahre zuvor (1920) in der *Wiener Arbeiterzeitung* zusammen mit G. B. Shaw, H. G. Wells, R. Rolland und S. Freud eine Presseerklärung «Keine Todesstrafe für politische Verbrechen» unterschrieben hatte, steht nicht im Widerspruch zu dieser späteren Position. Thomas Manns Antwort auf die Umfrage enthält den Satz: «Wie immer es um die Todesstrafe ideell auch stehe, so haftet ihr praktisch, als Exekution, etwas so unverleugbar Ekelhaftes und entehrend Barbarisches an, dass meiner Überzeugung nach jedes Argument, das abstrakt kultur-philosophischerweise zu ihren Gunsten sprechen könnte, davor zunichte wird.» Er sei zwar nie bei einer Hinrichtung zugegen gewesen, wisse aber, dass er «den Anblick und Eindruck als eine untilgbare Besudelung meines Lebens empfinden würde». In Preußen wurde die Todesstrafe übrigens durch Enthaupten vollzogen. Ob Einstein diese Worte gelesen hat? Jedenfalls schrieb er im November 1927 einem Berliner Zeitungsverleger, er habe sich «zu der Überzeugung durchgearbeitet, dass die Abschaffung der Todesstrafe wünschenswert ist». Er gab zwei Begründungen an: die Unumkehrbarkeit bei Justizirrtum und den nachteiligen «moralischen Einfluss der Hinrichtungsprozedur auf diejenigen, die mit der Exekution direkt oder indirekt zu tun haben».

Den Hamburger Monatsheften für auswärtige Politik, *Europäische Gespräche*, antwortete Einstein auf die im Jahr 1927 weltpolitisch etwas verspätet gestellte Frage «Soll Deutschland Kolonialpolitik betreiben?», dass man durch Urbarmachung von *noch* nicht kultiviertem Boden sowie durch Intensivierung von Bodenflächen, durch Parzellierung von Latifundienbesitz sowohl die im Ackerbau beschäftigten Menschen als auch den Gesamtertrag des Bodens auf dem Gebiet des Deutschen Reiches ganz erheblich steigern könnte. Ich halte diese innere Kolonisierung für nützlicher, sicherer und sympathischer als die [...] Kolonisierung von Staats wegen auf überseeischem Boden.

Graf Kessler war noch entschiedener gegen Kolonialbesitz als Einstein und ebenfalls für «die Intensivierung der deutschen Landwirtschaft», während der Kölner Oberbürgermeister *Konrad Adenauer* im Reich selbst «zu wenig Raum für die große Bevölkerung» sah und fand, dass das Deutsche Reich den Erwerb von Kolonien unbedingt anstreben müsse. Was Thomas Mann antwortete, hätte auch von Albert Einstein erwartet werden können: «[...] sind die Zeiten imperialistischer Kolonialausbreitung endgültig vorüber. Die Idee der Freiheit und Selbstbestimmung ist überall erwacht und wird sich nicht wieder zur Ruhe legen.» Schließlich war Einstein zu dieser Zeit Mitglied, und zusammen mit *Henri Barbusse* sogar Ehrenpräsident der «Liga gegen koloniale Unterdrückung», die sich dann in «Liga gegen Imperialismus und für Nationale Unabhängigkeit» umbenannte. Im Jahr 1929 ist er aus der Liga ausgetreten, da die Organisation eine Resolution gegen das jüdische Aufbauwerk in Palästina verabschiedet hatte.

Probleme der akademischen Erziehung lagen Einstein näher, angesichts seiner Lebens- und Berufserfahrung – trotz seiner geringen Teilnahme an der Ausbildung von Studierenden. Er lieferte einen knappen Beitrag zu einer Diskussion über «den deutschen Studenten» in *Leopold Schwarzschilds* Wochenzeitung *Das Tagebuch* im Oktober 1929. Er beklagte darin, «dass bei uns fast ausschließlich den Söhnen von Beamten und Besitzenden das Universitätsstudium offensteht» und sah den Grund «im Kastenwesen selbst, besonders aber in dem schweren wirtschaftlichen und moralischen Druck, der bei uns auf der werktätigen Schicht der Bevölkerung lastet». Nur eine weitgehende «soziale, wirtschaftliche und Bildungs-Nivellierung der Bevölkerung» könne wirklich helfen. Inzwischen solle man leistungsschwache Studierende rigoros schon im ersten Studienjahr «ausscheiden» und die «Aufnahme in die Universitäten für solche, denen die höheren Schulen verschlossen waren und die in irgendeiner Weise ihre Eignung zu einem Fachstudium manifestieren» erleichtern. Wie diese Eignung festgestellt werden könnte, und wer zur Überprüfung befugt wäre, ließ er offen. Aus den angeführten Beispielen sehen wir, dass Einstein, gewiss mit beträchtlichem Kraft- und Zeitaufwand, anscheinend auf alles und jedes von ihm Erfragte geantwortet hat; einen Großteil der Anfragen hätte er leicht beiseite schieben können. Hatte es sich herumgesprochen, dass von ihm immer eine Antwort zu bekommen war? Natürlich ist er nicht der einzig Geplagte gewesen, wie sich zum Beispiel aus *Vierecks* Buch von 1930 über Interviews «mit Großen dieser Zeit» ergibt. Unter ihnen waren S. Freud, Ex-Kaiser Wilhelm II., Mussolini, Hindenburg, Briand, Henri Barbusse, Steinach, Einstein, Gerhart Hauptmann und Henry Ford, nach dem *Times Literary Supplement* «a very mixed company, of whose views Mr. Viereck has written a valuable record».

Einsteins Name war wertvoll, wenn es um Hilfe für Menschen in unmittelbarer Lebensbedrohung durch voreingenommene Gerichte, um nicht zu sagen durch Klassenjustiz, ging. So war der in Deutschland gebliebene russische Kriegsgefangene *Josef Jakubowski* wegen angeblicher Ermordung seines eigenen Kindes nach einem Fehlurteil hingerichtet worden. Die «Deutsche Liga für Menschenrechte», besonders Rechtsanwalt und Journalist *Rudolf Olden*, hatte sich für ihn eingesetzt und 1929 eine «Jakubowski-Stiftung» gegründet, um weiter gegen die Todesstrafe kämpfen zu können. Auch Einstein, Heinrich Mann und Arnold Zweig warben für diese Stiftung. Ein weiteres Beispiel bietet die vergebliche Kampagne zur Abwendung der Vollstreckung des Todesurteils gegen die 1920 wegen Raubmords verhafteten US-Gewerkschaftsfunktionäre *Nicola Sacco* und *Bartolomeo Vanzetti* im Jahr 1927. Einstein unterschrieb zusammen mit vielen politisch links stehenden Persönlichkeiten des kulturellen Berlin wie Johannes R. Becher, George Grosz, John Heartfield, dessen Bruder Wieland Herzfelde, Heinrich Mann, Erwin Piscator, Max Reinhardt und Kurt Tucholsky. Nach der Hinrichtung in den USA im August 1927 fand eine Trauerkundgebung im Berliner Lustgarten statt. Der amerikanische Maler *Ben Shan* schuf ein im Whitney Museum of American Art in New York hängendes Gemälde «The passion of Sacco and Vanzetti» mit Einstein im Talar an den offenen Särgen. Eine Dramatisierung des Prozesses durch Erich Mühsam kam 1929 in Berlin auf die Bühne. 1931 setzte Einstein sich für «die acht von Scottsboro» ein. Das waren arbeitslose schwarze Jugendliche, der jüngste von ihnen gerade 13 Jahre alt, die auf dubiose Weise angeklagt worden waren, zwei weiße Frauen in einem Zug vergewaltigt zu haben, und die hingerichtet werden sollten. Gleichfalls bat er den Gouverneur um Begnadigung des kalifornischen Arbeiterführers *Tom Mooney*, der wegen eines Bombenanschlags zum Tode verurteilt worden war und seit 1916 auf die Hinrichtung wartete. In beiden Fällen wurde die Todesstrafe in eine Haftstrafe umgewandelt. Die Liste der Interventionen Einsteins ließe sich erweitern. Ebenfalls im Jahr 1931 setzte er sich für aufgrund des Abtreibungsparagraphen Verurteilte in Deutschland ein: «Insbesondere wäre eine Amnestie für die Ärzte und überhaupt für diejenigen geboten, welche sich unter dem furchtbaren Druck der Not gegen den § 218 vergangen haben [...].»

«Die Sache des Rundfunks marschiert»
Mit diesen Worten hat Alfred Döblin einen Aufsatz über seine Empfindungen als Radiohörer begonnen; er sagte darin unter anderem:

Dass ein Stein auf die Erde fällt, ist nicht weiter bemerkenswert, und darüber denkt höchstens Einstein nach. Dass ein Stein, auf ruhiges Wasser geworfen, Wellenkreis nach Wellenkreis um sich schlägt, sieht schon eigentümlicher aus, wir sind schon eher geneigt, darüber nachzudenken. Dass aber von einem Sender elektromagnetische Wellenzüge, Schwingungen durch die Luft schreiten in Kugelschalen und sich unsichtbar ausbreiten [...], das ist nun wirklich allgemein fantastisch.

Nach dem Beginn der Rundfunksendungen in Berlin gewann der Rundfunk schnell eine große politische Bedeutung. Zwar vermittelte er wichtige Stimmen der Weimarer Republik und brachte mit Übertragungen von Wahlnächten und Parlamentsdebatten das politische Geschehen direkt zu jedem Hörer. Aber zuerst kontrollierte die Regierung den Rundfunk völlig; dies bedeutete, dass die Rechtsparteien – mit wachsendem Einschluss auch der NSDAP – freien Zugang zu den Mikrofonen erhielten. Die SPD bekam wesentlich geringere Sendezeiten als die bürgerlichen Parteien, die kommunistische Partei blieb durch Regierungsbeschluss ganz außen vor. Von Demokratie im Rundfunk konnte also noch keine Rede sein. Als Einstein zur Eröffnung der 7. Deutschen

Funkausstellung und Phonoschau auf dem Berliner Messegelände am 22. August 1930 sprach, hatte er allein das Potential des neuen Mediums im Sinn:

Denket auch daran, dass die Techniker es sind, die erst wahre Demokratie möglich machen. Denn sie erleichtern nicht nur des Menschen Tagewerk, sondern machen auch die Werke der feinsten Denker und Künstler, deren Genuss noch vor kurzem ein Privileg bevorzugter Klassen war, der Gesamtheit zugänglich und erwecken so die Völker aus schläfriger Stumpfheit. Was speziell den Rundfunk anlangt, so hat er eine einzigartige Funktion zu erfüllen im Sinne der Völkerversöhnung. Bis auf unsere Tage lernten die Völker einander fast ausschließlich durch den verzerrenden Spiegel der eigenen Tagespresse kennen. Der Rundfunk zeigt sie einander in lebendigster Form und in der Hauptsache von der liebenswürdigen Seite. Er wird so dazu beitragen, das Gefühl gegenseitiger Fremdheit auszutilgen, das so leicht in Misstrauen und Feindseligkeit umschlägt.

Wie so oft beschrieb Einstein die Dinge, wie er sie sehen wollte, nicht wie sie waren. Dass der Rundfunk auch für einseitige und verlogene Propaganda benutzt werden konnte, kann ihm nicht entgangen sein. Im Unterschied zu ihm war Döblin schon desillusioniert und machte sich darüber lustig, dass von der Radiostation Agram (Zagreb) dasselbe Potpourri aus «Carmen» zu hören sei wie vom Sender Gleiwitz und von allen anderen Stationen, und immer wieder: «Wir stellen fest: Paneuropa ist da im Rundfunk, geeint im Zeichen von ‹Ramona› oder ‹Zampa› [...].» Den schwachen Punkt rührte er sogleich an, blieb jedoch optimistisch: «Im Rundfunk hat sich noch nicht die Demokratie durchgesetzt, die das Geistige zu seiner Existenz und zu seiner fruchtbaren Wirkung bedarf. Aber in Berlin haben wir schon zwei Sender. Gewisse Wahrheiten sind zwingend und setzen sich durch. Und ich denke, auch im Rundfunk ist noch nicht aller Tage Abend.» Einstein bediente sich sofort der neuen Tonträger; schon 1921 und 1924 hatte er, damals noch mit Schalltrichter, kurze Beiträge über theoretische Physik und seine Relativitätstheorie auf Schallplatte gesprochen. 1929 gratulierte er Edison in einer Direktübertragung vom Postamt Winterfeldtstraße aus Anlass des goldenen Jubiläums der «Erfindung des elektrischen Lichtes». Seine Ansprachen im Jahr 1930 benutzten die verbesserte Technik der Verstärkung durch ein Mikrofon; neben der schon erwähnten Rede ließ er sein

«Glaubensbekenntnis» für die «Deutsche Liga für Menschenrechte» auf Schallplatte bannen, die dann im Herbst 1932 veröffentlicht wurde.

Das politische Wesen

Von seinen naturwissenschaftlichen Kollegen, die sich – mit wenigen Ausnahmen wie die der Nobelpreisträger Lenard, Stark und Ostwald – zu politischen Äußerungen *nicht* berufen fühlten, unterschied sich Einstein; er näherte sich in seinen zahlreichen Stellungnahmen einer Rolle, die sonst Professoren aus den *Geisteswissenschaften* für sich beansprucht hatten: Diese Theologen, Philologen, Historiker und Soziologen betrachteten sich als über den Parteien mit ihren *Partikulärinteressen* stehend und nur dem Gesamtwohl des Volkes verpflichtet. Daraus und aus ihrem Streben nach Objektivität in der Wissenschaft leiteten sie dann eine weitgehende Verbindlichkeit ihrer politischen Urteile ab. Allerdings ist bei Einstein das Pathos dieser Kollegen durch wohltuende Einfachheit ersetzt; von ihrer Staatsgläubigkeit und Ergebenheit gegenüber dem wilhelminischen Militarismus unterschied er sich durch sein Eintreten für die parlamentarische Demokratie und durch seine für soziale Bewegungen aufgeschlossene Haltung.

Einsteins politische Praxis
Das Wesen der politischen Praxis Einsteins lag in einer bestimmten Form seiner Beteiligung am politischen Diskurs, nämlich im Versuch, die Handlungen von Menschen und Organisationen im Wesentlichen vom Schreibtisch aus durch moralische Argumente zu beeinflussen: durch öffentliche Erklärungen und Appelle, seltener durch Ansprachen sowie durch Briefe an führende Politiker; ganz gelegentlich auch durch persönliche Treffen mit ihnen. In dieser Hinsicht ähnelte er Romain Rolland. Beide Männer glaubten zu Beginn des Ersten Weltkrieges, dass die europäischen Intellektuellen – und als solche verstanden sie sich – dazu bestimmt seien, die Wahrheit für eine Menschheit auszusprechen, die diese dann nach bloßem Hören akzeptierte. Die von Einstein unterschriebenen Erklärungen waren Achtung gebietend. Hätten sie zur Grundlage politischer Entscheidungen gemacht werden können? Es bleibt offen, ob die für sie nötige *analytische* Kraft, die sich in der Physik

durch Einsteins Gedankenexperimente als so hilfreich erwiesen hatte, von den vereinfachten Modellen für die Natur auf die komplexe ökonomische und politische Wirklichkeit übertragen werden konnte. Darüber hinaus fehlte Einsteins Äußerungen letztendlich die grundlegende politische *Legitimation*. Vom Standpunkt einer «Politik des Handelns» war er ein Führer ohne organisierte Anhänger, isoliert von den politischen Massenbewegungen in Parteien und Gewerkschaften. Statt einer Politik «von der Basis aus» verfolgte er wie andere Intellektuelle des linken politischen Spektrums in der Weimarer Republik eine Politik «von oben», die allein auf die innere Überzeugungskraft der von ihnen vorgebrachten Vorschläge und ihre wirklichen oder vermeintlichen persönlichen Leistungen setzte. Vielleicht stellte Einstein sich vor, dass die Leser seiner Aufrufe von diesen genauso überzeugt sein müssten wie Physiker, die seine wissenschaftlichen Arbeiten studierten.

Im Unterschied zu einem Parteifunktionär oder Reichstagsabgeordneten war es für Einstein leicht, auf einer moralisch unbefleckten Position zu verharren. Da er sich nicht in die «Niederungen» des politischen Kampfes begab, musste er auch keinen der politisches Handeln begleitenden schmerzlichen Kompromisse eingehen – von Niederlagen ganz abgesehen. Der Gedanke, dass Politik eine Auseinandersetzung zwischen den *Interessen* sozialer Gruppen sein könnte, blieb dem in der Welt der Ideen gefangenen Einstein fremd. Obwohl er sich «zum Ideal der Demokratie» bekannte, empfand er für das politische System in Deutschland während der Weimarer Republik keine Sympathie – geschweige denn Anhänglichkeit. In seinen Erklärungen zwischen 1919 und 1932 bezog Einstein sich nur selten konkret auf das parlamentarische System mit seinen konkurrierenden Parteien, auf die Wahlen und die Abhängigkeit der Regierung von einer parlamentarischen Mehrheit. Er misstraute Politikern: «Die politischen Führer und Regierungen verdanken ihre Stelle teils der Gewalt, teils der Wahl durch die Masse. Sie können nicht als eine Vertretung des geistig und moralisch höher stehenden Teils der Nationen angesehen werden.» Offensichtlich sah er, auch vor dem Hintergrund eines demokratischen Systems, keinen Widerspruch zwischen seinem Glauben an die Notwendigkeit der politischen Mitwirkung herausragender und engagierter Intellektueller und seinem Misstrauen gegenüber den Massen. Einstein bediente sich niemals direkter Einflussmöglichkeiten in der parlamentarischen Demokratie, sei es der Werbekampagnen mittels einer Partei, der Kandidatur für ein öffentliches Amt oder der Übernahme einer allgemeinen politischen Aufgabe. Es ist nicht einmal gewiss, ob er sein Wahlrecht in Berlin jemals ausübte, als es ihm ab 1926 möglich war. Dass seine Frau Elsa die SPD wählte, scheint verbürgt.

Einen Gegenentwurf zu Einsteins politischer Praxis verwirklichte sein in der Physik weniger berühmter Frankfurter Kollege *Friedrich Dessauer*, Spezialist auf dem Gebiet der Röntgenphysik und -technik. Die November-«Revolution» von 1918 hatte ihn zur aktiven Politik geleitet, das heißt, in die Frankfurter Stadtverordnetenversammlung für die mit der katholischen Kirche eng verbundene *Zentrumspartei*. Von 1924 bis 1933 wurde er immer wieder als Abgeordneter dieser Partei in den Reichstag gewählt. Seit 1918 besaß er eine Druckerei, seit 1923 gab er eine regionale Tageszeitung heraus, beschritt also übliche Wege zur Einflussnahme in einer Demokratie. Dessauer hielt seine Vorlesungen in Frankfurt samstags und montags, benutzte Nachtzüge zwischen Frankfurt und Berlin, so dass er in Berlin zwischen Dienstag und Freitag seiner politischen Tätigkeit nachgehen konnte. Mit großer Anstrengung war es also möglich, beide Berufe miteinander zu verbinden und damit die Meinung Laues und der meisten Physiker zu widerlegen.

Wie unwirksam Einsteins Methode der politischen Praxis war, zeigt folgendes Beispiel. In Berlin unterhielt das Geschwisterpaar Rechberg in der Großen Querallee im Tiergartenviertel einen überparteilichen Salon: *Arnold Rechberg*, ein von Rodin geschätzter Bildhauer und Maler, der auch Tilla Durieux porträtiert hatte, und seine Schwester Anna, die mit einem weiteren Bruder die Textilfabriken und Kalibergwerke der Familie leitete. Beide arbeiteten für die Idee einer politischen und wirtschaftlichen Verständigung zwischen Deutschland und Frankreich. Rechberg hatte vor dem Ersten Weltkrieg in Paris gelebt und dort gute Beziehungen zur Presse und bis in politische Kreise hinein aufgebaut. Einstein sandte im August 1922 einen Vorschlag Rechbergs zum Problem der deutschen Reparationszahlungen an zwei seiner hoch stehenden Bekannten in «gegnerischen» Ländern, den französischen Mathematiker und Politiker *Paul Painlevé* und den *Viscount Haldane* in England. Rechbergs Vorschlag lief auf eine Interessenverflechtung deutscher und französischer Industrien hinaus über den Verkauf von deutschen Industrieaktien in diesen Ländern zur Tilgung der deutschen Reparationen. Keiner von Einsteins Kontaktleuten besaß speziellen ökonomischen Sachverstand oder direkten Einfluss auf diesem Gebiet. Von Haldane erhielt Einstein die höfliche Mitteilung, dass der Vorschlag an das Schatzkanzleramt weitergereicht worden sei – und von dort eine laue Antwort. Ansonsten kam nichts dabei heraus. Eine Beobachtung des Sozialpsychologen, zeitweiligen badischen Unterrichtsministers und Ministerpräsidenten, *Willy Hellpach*, mag zutreffen:

Einstein bin ich leider immer nur sehr kurz begegnet. Immerhin genügte das, um von ihm den Eindruck einer höchst originellen Individualität zu empfangen. Allerdings verband sich damit auch die Impression einer gewissen Weltfremdheit von fast kindlicher Gutgläubigkeit, vor allem einer Fremdheit in den Realproportionen der Dinge des öffentlichen Lebens. Ich habe die gleiche Beobachtung wiederholt bei exklusiven Mathematikern und Naturforschern gemacht [...].

Einsteins Naivität im politischen Geschäft zeigte sich in seinem Austausch mit Arnold Rechberg. Im Gegensatz zu Einstein war Rechberg nämlich ein stockkonservativer Nationalist und bekämpfte die deutsch-sowjetische Annäherung, wo er nur konnte. Auch sonst ging es Einstein ähnlich wie in dem geschilderten Fall: Trotz aller wohl meinenden Appelle und Aufrufe konnte er keinen Einfluss auf die politische Entwicklung in Deutschland ausüben, insbesondere nicht auf die, die zum Ende der Weimarer Republik führte.

Neben den schon gegebenen Gründen lag dies nicht zuletzt daran, dass Einstein die Ausübung *politischer Macht* verabscheute; die Meinung eines amerikanischen Kollegen, «dass die politischen Führer eigentlich alle Pathologen sein müssten, da ein normaler Mensch keine so ungeheure Verantwortung tragen könne» bei gleichzeitig so geringer Fähigkeit, die Folgen seiner Entscheidungen und seines Tuns vorherzusehen, fand er nur «etwas übertrieben». Andererseits musste Verantwortung übernommen werden; der wissenschaftliche Mensch durfte «in den politischen, das heißt, menschlichen Angelegenheiten in weiterem Sinne» nicht schweigen. Wie Einstein Max von Laue 1933 weiter schrieb, würde ein solches Verhalten «die Führung den Blinden und Verantwortungslosen widerstandslos überlassen. Steckt nicht ein Mangel an Verantwortungsgefühl dahinter?» Für ihn war der Verantwortung anscheinend Genüge getan, wenn er sich öffentlich zu einer Sache geäußert hatte; die politische *Realisierung* seiner Vorschläge, die ohne die Ausübung von Macht unmöglich sein musste, überließ er anderen. Hier scheint die altehrwürdige Auseinandersetzung zwischen «geistiger Autorität» und «politischer Macht» durch. Der französische Naturforscher *Georges Cuvier* hatte sie im 18. Jahrhundert zugunsten der aus dem Umgang mit der Natur folgenden «reinen» Macht des Forschers im Unterschied zur «schmutzigen» Handlungsmacht des Politikers beantwortet. Dem schließen sich die Diskussionen über den utopischen und unpolitischen «Geist» und der zu verachtenden Entscheidungs- und Handlungs-«Macht» unter Links-Intellektuellen der Weimarer Republik und Einsteins Haltung zwanglos an.

Parteipolitiker als Einsteins Bekannte
Unter Einsteins Bekannten in Berlin gab es bedeutende Politiker wie Walther Rathenau und Gustav Stresemann, mit denen er nach einem Einstein-Biografen *oft* politische Fragen diskutiert haben soll. Angesichts des Arbeitspensums der beiden Politiker muss es sich wohl eher um einige wenige Begegnungen gehandelt haben, die keine nennenswerten Spuren in der Politik hinterließen. Das ist aus Biografien von Stresemann oder Rathenau zu ersehen, in denen Einstein in der Regel *nicht* erwähnt wird. Zwar ist bekannt, dass die Gewandtheit der «gut aussehenden, schlanken und eleganten» Frau Käthe Stresemann ihr Haus «zum glanzvollen Mittelpunkt der offiziellen Repräsentation der Weimarer Republik» gemacht hat. Aber bei diesen Gesellschaften waren so manche eingeladen, nicht nur die Einsteins. So die Freundin von Elsa, Antonina Vallentin: «Und so gibt es kaum ein größeres Diner oder Frühstück in der Amtsvilla [Stresemanns], auf dem man nicht die zierlich-pikante Frau Vallentin sieht.» Auch sein Schwiegersohn Kayser lässt in seinem Buch von 1930 Einstein die «Gelegenheit nutzen, um die europäische Situation mit führenden Staatsmännern zu diskutieren. So unterhielt er sich mit Stresemann, dessen politische Fähigkeiten und intellektuellen Charme er sehr bewundert.» Auch mit Briand habe er die Notwendigkeit einer deutsch-französischen Aussöhnung diskutiert. Natürlich teilte Einstein Stresemanns außenpolitisches Credo aus dessen Rede vor dem

Verein deutscher Studenten: «Unsere Aufgabe liegt darin, mit all unseren Kräften dafür zu sorgen, dass der Frieden in Europa erhalten bleibt und dass innerhalb einer solchen Friedensära Deutschland die Möglichkeit erhält, die Wunden zu heilen, die der Krieg ihm geschlagen hat.» Stresemann und Aristide Briand hatten nach den Verträgen von Locarno gemeinsam den Friedensnobelpreis erhalten.

Rathenau war ein außergewöhnliches «Multitalent», Ingenieur, Bankier und Manager; er wirkte in den Leitungsgremien von 86 deutschen und 21 ausländischen Unternehmen mit. Als Schriftsteller publizierte er vor dem Ersten Weltkrieg und während des Kriegs viel gelesene Bücher sowie zahlreiche Aufsätze zu Fragen der Zeit. Der in Physik promovierte Rathenau wurde wie Einstein von dem Physiker und Wissenschaftsphilosophen Ernst Mach beeinflusst; das zeigt seine «Grundansicht über die Natur aller Wissenschaft als einer Ökonomie des Denkens». Einstein und Rathenau kannten sich seit 1916. Rathenau, weit entfernt davon, ein Pazifist zu sein, war damals schon von der Leitung der Kriegsrohstoffabteilung des preußischen Kriegsministeriums zurückgetreten. In seinem enzyklopädischen Wissensdurst hatte er auch Einsteins gemeinverständliche Darstellung der Relativitätstheorien zu lesen versucht, war aber nicht bis zur allgemeinen Relativitätstheorie vorgedrungen. Wie sein Brief an Einstein zeigt, zielte sein Verständnis der *physikalischen* Theorien auf eine genialisch-gekünstelte Verschmelzung mit der eigenen, schöngeistigen Welt. Einstein holte Rathenaus zustimmenden Rat vor seinem ersten Besuch in Frankreich 1922 ein, diskutierte mit ihm über Zionismus und riet ihm wohl von der Übernahme des Außenministeramtes ab. Nach der Ermordung Rathenaus schrieb er in der *Neuen Rundschau* bewundernd über seine «Übersicht über die großen wirtschaftlichen Zusammenhänge, sein psychologisches Verständnis für die Eigenart der Nationen, für alle Kreise seines Volkes, seine Kenntnis der einzelnen Menschen [...]». Und dann einen interessanten Satz, dessen erste Hälfte auf Einstein selbst angewendet werden könnte: «Es ist keine Kunst ein Idealist zu sein, wenn man in Wolkenkuckucksheim wohnt; er aber war ein Idealist, trotzdem er auf der Erde wohnte und deren Geruch kannte, wie selten einer.» Später hat er sich verhalten positiv über Rathenau geäußert: «Die wirklichen Interessen Rathenaus lagen nicht auf dem Gebiet des exakten wissenschaftlichen Denkens. Er war hauptsächlich am sozialen Problem und an jeglicher Art Kunst interessiert. Seine affektiven Bindungen waren widerspruchsvoll. Er fühlte sich als Jude, dachte international und war gleichzeitig [...] ins Preußentum mit seinen Junkern und militärischen Formen verliebt.»

Was die Wechselwirkung Einsteins mit dem langjährigen Außenminister Stresemann betrifft, so ist ein Brief an ihn aus dem Jahr 1929 mit Vorschlägen für eine finanzielle Beteiligung im Zusammenhang mit dem *Internationalen Institut für Intellektuelle Zusammenarbeit* in Paris bekannt. Das Auswärtige Amt folgte Einsteins Vorschlägen aber *nicht*. Wie sehr Einstein Stresemann schätzte, geht aus seiner Erklärung nach dessen Tod hervor:

Seine größte Leistung sehe ich darin, dass er weite politische Kreise gegen deren eigenen politischen Instinkte für eine großzügige europäische Versöhnungspolitik zu gewinnen wusste. [...] Stresemann hatte eine Eigenschaft, die man bei großen Führern stets findet. Er wirkte nicht als Vertreter einer Kaste, eines Berufes, eines Landes [...] sondern direkt als geistiger Mensch und Träger einer Idee. Er unterschied sich vom Politiker gewohnten Schlages wie das Genie vom Fachmann. Hierin lag der Zauber und die Kraft seiner Persönlichkeit.

Rathenau und Stresemann bildeten unter den Politikern in Einsteins Bekanntenkreis auch insofern eine Ausnahme, als sie keine Sozialdemokraten oder Sozialisten waren, sondern sich von einem nationalbetonten Standpunkt aus politisch weiterentwickelt hatten. Schon aus den Zeiten des «Bund Neues Vaterland» während des Ersten Weltkriegs hat Einstein dessen Mitglieder und einflussreiche Politiker der SPD und USPD Rudolf Breitscheid und Eduard Bernstein gekannt. Breitscheid war Mitglied der Delegation Stresemanns, die 1926 nach der Aufnahme Deutschlands in den Völkerbund nach Genf reiste.

Einen besonderer Fall bildete der aus Elsa Einsteins Heimat stammende, mit Einstein befreundete Rechtsanwalt *Paul Levi*. Er hatte die Führung der Spartakus-Gruppe übernommen, solange Liebknecht und Luxemburg im Gefängnis saßen, und war nach dem Zusammenschluss des linken Flügels der USPD mit der KPD zur Vereinigten Kommunistischen Partei (VKPD) im Dezember 1920 einer der beiden Vorsitzenden geworden. Obwohl ein Gegner des Parlamentarismus und Anhänger des Rätesystems, ließ er sich bei den ersten Reichstagswahlen in das Parlament wählen. Wegen des Vorwurfs von Karl Radek, er sei ein Anhänger der innerparteilichen Demokratie wurde Levi schon im April 1921 aus der neuen Kommunistischen Partei ausgeschlossen. Einer breiten Öffentlichkeit war er als Verteidiger in einem brillant gewonnenen Prozess bekannt geworden, den er 1928 angestrengt hatte, um die Gerichtsakten des seinerzeit mangelhaft geführten Prozesses gegen die Mörder von Luxemburg und Liebknecht studieren zu können. Er wollte damit etwas *politisch* bewirken. Levis Plädoyer wurde von *Carl von Ossietzky* als «die mächtigste deutsche Rede seit Ferdinand Lasalle, von Dantonschem Format» bezeichnet. Einstein lobte ihn nach dem Freispruch seiner Mandanten und der Aufdeckung der Machenschaften des damaligen Staatsanwaltes Jörns im Prozess gegen die Mörder von Karl Liebknecht und Rosa Luxemburg:

Lieber Paul Levi, es ist erhebend zu sehen, wie durch Gerechtigkeitsliebe und Scharfsinn ein einzelstehender Mensch ohne Rückhalt die Atmosphäre gereinigt hat, ein wunderbares Pendant zu Zola. In den feinsten unter uns Juden lebt noch etwas von der sozialen Gerechtigkeit des alten Testaments.

Und nach Levis Tod: «Er war einer der gerechtesten, geistvollsten und mutigsten Menschen, die mir auf meinem Lebensweg begegnet sind, eine jener Naturen, die aus dem inneren Zwange eines unersättlichen Bedürfnisses nach Gerechtigkeit handeln.» Ihrer Brieffreundin Vallentin erzählte Elsa Einstein im Februar 1930: «Ich fühle, was Sie durch den Heimgang Paul Levis verloren haben. [...] Wir kommen soeben von der Trauerfeier [...]. Nur einmal, ein einziges Mal hab ich meinen Mann so weinen sehen, das war, als er von seinen Kindern sich damals trennen musste und Abschied nahm.»

Aus einem Brief von Einsteins Frau an dieselbe Adressatin erfahren wir noch mehr über sozialdemokratische Politiker im Umfeld der Einsteins: «Vor einigen Tagen war Ihr einstiger Freund Hirsch hier, er kam hereingeplatzt, überraschend. Brachte seine Frau mit, den früheren Minister Schmidt und die Reichstagsabgeordnete Toni Sender. Wenn Hirsch feinere Formen hätte und etwas geschmackvoller und bescheidener auftreten würde, dann könnte er etwas vollbringen. Den Verstand hat er dafür.» Es handelte sich vermutlich um *Paul Hirsch*, SPD, 1919/20 preußischer Ministerpräsident, seit 1920 Berliner Stadtverordneter, von

1921 bis 1933 Mitglied des preußischen Landtags. Aus Charlottenburg gebürtig, war er ursprünglich Mediziner und dann Journalist geworden. *Robert Schmidt*, ebenfalls SPD, diente in vier Kabinetten als Wiederaufbauminister und Reichswirtschaftsminister. Die zum Schluss erwähnte elegante und hübsche *Toni Sender* hatte vor dem Ersten Weltkrieg in Frankreich mit Jean Jaurès für Völkerverständigung und internationale Abrüstung zusammengearbeitet, saß dann seit 1920 als Abgeordnete der SPD in der Stadtverordnetenversammlung von Frankfurt am Main, also gleichzeitig mit Dessauer, und wurde wie er von 1924 bis 1933 ununterbrochen in den Reichstag wiedergewählt.

Es kann demnach angenommen werden, dass Einstein über die aktuellen politischen Entwicklungen gut unterrichtet gewesen ist. Aus seinem Umgang folgt ganz eindeutig, welcher politischen Richtung sich sein Herz zuwandte. Das konnte ihn dennoch nicht dazu bewegen, sich für eine Partei wie die SPD oder die USPD zu engagieren: Verantwortung wie seine Physiker-Kollegen Dessauer und Konen von der Zentrumspartei wollte er nicht übernehmen. Ungebundenheit war ihm das Wichtigste. Sein *solidarisches* Verhalten schlug sich nicht in Aktionen nieder, sondern drückte sich in seinen Erklärungen und in den Worten seiner Ansprachen aus. Einstein war ein Moralist, kein Politiker.

Tätigkeit für den Völkerbund

In der Abfolge des Versailler Vertrages hatte sich 1920 der *Völkerbund* konstituiert mit Vollversammlung, Rat und Sekretariat. Nach der in der Sitzung von September 1920 durch die Vollversammlung beschlossenen Einrichtung eines «Internationalen Komitees für intellektuelle Zusammenarbeit» setzte der Rat einen zwölfköpfigen Ausschuss zur Förderung der internationalen Zusammenarbeit und zur Erreichung von Frieden und Sicherheit ein. Mitglieder wurden einerseits bekannte Wissenschaftler wie die Physiker und Nobelpreisträger Marie Curie und *Robert A. Millikan*, der Philosoph *Henri Bergson*, der Mathematiker Paul Painlevé, also alles Kollegen, zu denen Einstein sehr gute Beziehungen hatte, sowie der Oxforder Gräzist *Gilbert Murray*, der indische Pflanzenphysiologe Sir *Jagadis Bose* und der japanische Geophysiker und Erdbebenspezialist *Aikitu Tanakadaté*. Andererseits gehörten auch Politiker dazu, etwa der italienische Justizminister von 1925–1932, *Alfredo Rocco*, ein Fa-

291

schist, und der französische Politiker und Premierminister von 1924 bis 1925, *Edouard Herriot*. Rocco hatte auf Druck der Mussolini-Regierung den in Opposition stehenden Professor für Kirchenrecht, Ruffini, als Mitglied ersetzt. Neben der «großen» Kommission für allgemeine Fragen gab es spezielle Unterkommissionen, in denen Künstler und Schriftsteller wie *Salvador Madariaga*, Thomas Mann, *Paul Valéry* und *Béla Bartók* mitwirkten.

Der Generalinspekteur des französischen Unterrichtswesens und Schriftsteller *Julien Luchaire* soll Einstein vorgeschlagen haben, der die Mitgliedschaft im Frühjahr 1922 erst nach einigem Zögern annahm. Vielleicht hatte er das Feuilleton Victor Auburtins im *Berliner Tageblatt* im Juli 1921 gelesen:

Es war im November 1920 in Genf bei der Sitzung des Völkerbundes. Der Ausschuss für Abrüstung tagte in dem früheren Speisesaal des Nationalhotels, von dem man die berühmte Aussicht auf See und Berge hat. [...] Der Vertreter Haitis sagte: «Ich stelle den Antrag, dass in allen Staaten des Völkerbundes der Geschichtsunterricht auf unsere friedlichen Absichten hin geändert werde. [...] Die literarische und dichterische Verherrlichung des Krieges muss ebenso bestraft werden, wie schon jetzt die Staaten die Aufforderung zum Verbrechen bestrafen. [...]» Die Rede des Vertreters von Haiti machte nur wenig Eindruck [...]. Die meisten Abgeordneten blickten gelangweilt vor sich hin oder durch die hohen Fenster auf den See, der so blau sein kann und heute so hoffnungslos grau dalag. Mister Balfour zeichnete Karikaturen [...]. Der Antrag Haitis wurde weiter nicht besprochen, sondern einer der drei Subkommissionen überwiesen, die der Ausschuss für Abrüstung tags zuvor gebildet hatte.

Einstein war sich über die Arbeit der Kommission zwar nicht im Klaren, hielt es aber für seine Pflicht mitzumachen, «da heute niemand seine Hilfe den Bemühungen versagen sollte, eine internationale Zusammenarbeit zuwege zu bringen.» In der Tat waren die Arbeitsmöglichkeiten der Kommission sehr beschränkt; hauptsächlich galt es, durch den Krieg zerrissene Fäden zwischen den «Geistesarbeitern» der verschiedenen Länder wieder zusammenzuknüpfen. Nach Auffassung der deutschen Regierung, die einem Eintritt in den Völkerbund skeptisch gegenüberstand, war Einsteins Mitwirkung in der Kommission seine Privatsache; zu keinem Zeitpunkt hatte er das Auswärtige Amt konsultiert.

An der ersten Sitzung des Komitees nahm Einstein nicht teil, sondern entschuldigte sich im Juli 1922 durch vor seiner Japanreise dringend zu erledigende Geschäfte. Nach der Besetzung von Rhein und Ruhr durch französische und belgische Truppen trat er aber schon im März 1923 von seinem Posten zurück; Hendrik A. Lorentz wurde sein Nachfolger. Einstein begründete seinen Schritt damit, dass das Komitee ungenügende Anstrengungen gegen nationalistischen und militaristischen Ungeist in der Erziehung der Völker gemacht und Personen, die ein internationales Rechtssystem anstrebten, nicht richtig unterstützt habe. Mme. Curie schrieb er, der Völkerbund sei «unter dem Deckmantel der Objektivität ein gefügiges Werkzeug der Machtpolitik» gewesen. In diesem ersten Anlauf hat Einstein nichts für den Völkerbund tun können. Trotz seines Austritts war er nach wie vor von der Nützlichkeit des Völkerbundes überzeugt. So unterstützte er mit einer Erklärung im Juli 1923 die Bemühungen der Deutschen Liga für Menschenrechte für einen Eintritt Deutschlands in den Völkerbund.

Nach Einladung durch den Generalsekretärs des Völkerbundrates und auf Drängen von Murray, Frau Curie und Lorentz trat Einstein im Juni 1924 wieder in das Komitee ein und bedankte sich «für die großzügige Gesinnung, welche in dieser für die politische Organisation der Menschheit so wichtigen Körperschaft herrscht». Der Völkerbund werde seiner großen Aufgabe, «der Pazifizierung der Welt», gerecht werden, wenn alle Staaten beigetreten seien. Deutschland war noch nicht Mitglied, aber im Herbst 1924 beschloss die Reichsregierung mit ihrem Außenminister Stresemann, einen raschen Beitritt anzustreben. In den Jahren 1924 bis 1926 ist Einstein zu den jährlichen Sitzungsperioden Ende Juli nach Genf gereist. Wenn möglich, machte er unterwegs Halt in Zürich, um seine Kinder zu sehen und mit seiner geschiedenen Frau Mileva zu sprechen. Einstein wurde auch Mitglied einer vom «Internationalen Komitee für intellektuelle Zusammenarbeit» Ende 1925 beschlossenen Dauereinrichtung, dem von der französischen Regierung finanzierten «Institut für Intellektuelle Zusammenarbeit» in Paris. Sein erster Direktor wurde Julien Luchaire. Bei der feierlichen Einweihung lobte Einstein in seiner Tischrede den französischen Staat für die Initiative, kritisierte aber gleichzeitig, dass nun der Eindruck entstehe, der französische Einfluss dominiere das Komitee. Dadurch werde das Vertrauen in «die politische Objektivität» der Kommission untergraben: «Dixi et salvi animam meam». Eine inhaltlich gleiche Version dieser Rede war am Morgen desselben Tages im *Berliner Tageblatt* abgedruckt worden. Einen Tag später stritt Einstein sich heftig mit dem Mussolini-Anhänger Rocco, der mit ihm im Direktorium des neuen Instituts saß. Für Einstein waren die Mitglieder des Komitees *unabhängige* Persönlichkeiten, für Rocco Vertreter ihrer Regierungen. Schon bei seiner Rückkehr in das Komitee hatte Einstein den neben ihm sitzenden Oprescu in voller Lautstärke nach Rocco gefragt: «Wo ist der Schurke?» Der Schurke saß ihm gegenüber, verstand Deutsch, rührte sich aber nicht. Das Pariser Institut entwickelte sich zu einem Gemischtwarenladen von Dingen, von der gegenseitigen Anerkennung der akademischen Grade über die Herausgabe von internationalen Handbüchern bis zu Urheberrecht, Landschaftsschutz und Statistik der geistigen Arbeit.

Den ständigen Mitarbeitern des Völkerbunds lag organisatorische Arbeit näher als inhaltliche: die Idee von zusätzlichen *nationalen* Unterkomitees für intellektuelle Zusammenarbeit wurde lanciert und beschlossen. Einstein hatte sich dagegen gewehrt, da nationale Minderheiten damit ausgeschlossen sein würden, setzte sich aber nicht durch. Er versuchte dann vergeblich, Max Planck für das deutsche nationale Komitee zu gewinnen. Dieser lehnte mit der Begründung ab, dass der Ausschluss der deutschen Wissenschaftler von internationalen wissenschaftlichen Gesellschaften und Tagungen ihn dazu verpflichte, sich seinerseits von allen internationalen Organisationen fernzuhalten. Schließlich wurde die Deutsche Kommission dann Ende März 1928 unter Reichspräsident v. Hindenburg und Außenminister Stresemann eingesetzt, mit Adolf von Harnack als Vorsitzendem. Zu diesem Zeitpunkt schien Einstein die Lust an der Mitarbeit im «Internationalen Komitee für intellektuelle Zusammenarbeit» und im Pariser Institut Luchaires verloren zu haben; schon im März 1927 hatte er den früheren Ministerialdirektor im preußischen Kultusministerium und nun seit 1925 Generaldirektor der Preußischen Staatsbibliothek, *Hugo Krüss*, gebeten, ihn zu vertreten. Jetzt war er zudem herzkrank. In der Erholungsphase schrieb er Krüss im Sommer 1928 von Scharbeutz aus, er bedaure nicht, dass er nicht mehr persönlich an den Völkerbund-Sitzungen teilnehmen könne. Es sei ihm immer bewusst gewesen, dass er für eine solche Tätigkeit ungeeignet sei: «Einzig und allein der Umstand, dass bei der damaligen Mentalität unserer ‹Geistigen› kein anderer im Ausland bekannte Mensch sich bereit gefunden hätte, das Odium der Internationalität auf sich zu nehmen, veranlasste mich, in die Lücke zu springen.» Viel Konkretes konnte er durch seine Arbeit für den Völkerbund nicht bewirken. Aber er hat in diesem Gremium mitgeholfen, den wissenschaftlichen und kulturellen Austausch zwischen den Kriegsgegnern wieder in Gang zu bringen. Sein bekanntester Beitrag ist der auf Anregung des «Instituts für Intellektuelle Zusammenarbeit» zustande gekommene Briefwechsel mit *Sigmund Freud*: «Warum Krieg?».

Einstein, Zionismus und die Jersusalemer Universität
Die zionistische Bewegung begann mit dem *politischen* Zionismus *Theodor Herzls*, also dem Plan der jüdischen Besiedlung Palästinas und seiner landwirtschaftlichen Kolonisierung – am besten zugleich mit der Gründung eines jüdischen Nationalstaats. In einer Abgrenzungsbewegung davon entwickelte sich ein *kultureller* Zionismus, der die Überwindung einer angenommenen kulturellen Krise des Judentums durch Rückbesinnung auf jüdische Tradition und das geistige Zentrum Palästina zum eigentlichen Ziel hatte. Obgleich Einstein schon Ende 1919 hoffte, dass viele der in Berlin zugewanderten Ostjuden «in dem neu entstehenden jüdischen Palästina als freie Söhne des jüdischen Volkes eine wahre Heimat finden» würden, schien er zunächst noch Bedenken gegen eine aktive Unterstützung zionistischer Ideen gehabt zu haben. In seinen Gesprächen mit dem damaligen Vorsitzenden des zionistischen Verbandes in Deutschland, *Kurt Blumenfeld*, stellte er Fragen der Art, «ob es gut sei, die Juden den geistigen Berufen, für die sie geboren seien, zu entfremden, indem die Landwirtschaft so sehr in den Mittelpunkt gestellt werde?» und «ob es nötig sei, im Kampf um die Judenfrage eine jüdisch-nationale Bewegung zu schaffen?» Blumenfelds Antworten müssen ihn befriedigt und zu folgender Auffassung gebracht haben: «Das Ziel, das den Führern des Zionismus vorschwebt, ist kein politisches, sondern ein soziales und kulturelles. Das Gemeinwesen in Palästina soll sich dem sozialen Ideal unserer Vorfahren nähern, so wie es in der Bibel niedergelegt ist und gleichzeitig eine Stätte modernen geistigen Lebens werden. Ein geistiges Zentrum für die Juden in der ganzen Welt.» Einstein war damit Anhänger eines *kulturellen* Zionismus geworden. Aber so ganz streng

ließen sich kultureller und politischer Zionismus wohl nicht trennen. Als kosmopolitisch denkender Wissenschaftler musste Einstein immer wieder mit Zweifeln kämpfen. So schrieb er seinem Freund Solovine noch vor der ersten Amerikareise: «Ich bin auch kein Vaterländler und glaube zuversichtlich, dass die Juden durch die Kleinheit und Abhängigkeit ihrer Palästina-Kolonie vom Machtkoller zurückgehalten werden.» Im Sommer 1921 vergewisserte er sich seiner Ansichten mit diesen Worten:

Für mich ist der Zionismus nicht etwa bloß eine auf Palästina gerichtete kolonisatorische Bewegung. Die jüdische Nation ist eine lebendige Tatsache in Palästina sowohl wie in der Diaspora, und der jüdische Nationalismus muss in Palästina sowohl wie in allen gegenwärtigen Wohnländern zur Entfaltung gebracht werden. [...] Wir leben in einer Zeit der Übertreibung des Nationalismus. Mein Zionismus schließt nicht kosmopolitische Anschauungen aus. Ich gehe von der Realität der jüdischen Nationalität aus und glaube, dass jeder Jude Pflichten gegenüber seinen Mitjuden hat. [...] Durch die Zurückführung der Juden nach Palästina und ihre Rückkehr zu einem gesunden normalen Wirtschaftsleben bedeutet der Zionismus eine produktive Tätigkeit, welche die menschliche Gesellschaft bereichert. Aber die Hauptsache ist, dass der Zionismus die für die Existenz der Juden in der Diaspora notwendige Würde und ihr Selbstgefühl stärkt.

Einsteins Haltung wird ganz deutlich, wenn wir sie mit der abweichenden anderer jüdischer Intellektueller vergleichen. Rathenau schrieb Ende 1918: «Die überwältigende Mehrzahl der deutschen Juden [...] hat nur ein einziges Nationalgefühl: das deutsche. Wir wollen, wie unsere Väter, in Deutschland und für Deutschland leben und sterben. Mögen andere ein Reich in Palästina begründen [...].» Noch kurz vor seiner Ermordung 1922 hat er sich in einem langen Gespräch mit Blumenfeld und Einstein nicht für die zionistische Sache erwärmen können. Der Kollege Einsteins und Direktor des Kaiser-Wilhelm-Instituts für Biochemie, *Carl Neuberg*, folgte der Devise des einflussreichen jüdischen Nationalökonomen Franz Oppenheimer: «Deutsches Nationalgefühl, jüdisches Stammesbewusstsein und westelbischer Heimatstolz». Dagegen schrieb Döblin vom «Betrugsmanöver der Judenbefreiung»: «Man hat die Juden, unter dem Vorwand sie zu emanzipieren und in die europäischen Staaten aufzunehmen, um ihre alte Nationalität betrogen.»

Seit Beginn seines Eintretens für den Zionismus hatte sich Einstein für die Gründung einer Universität in Jerusalem eingesetzt und für diesen Zweck in den USA Spenden gesammelt. Vor der formellen Eröffnung der Universität erschien schon eine wissenschaftliche Zeitschrift *Scripta Universitatis atque bibliotecae Hierosolymitanarum*, die in Berlin von dem Weißrussen *Immanuel Velikovsky* redigiert wurde, dessen Vater das Geld dazu gab. Der in Wien zum Psychoanalytiker ausgebildete Mediziner Velikovsky sollte nach dem Zweiten Weltkrieg wegen des pseudowissenschaftlichen Buchs «Welten im Zusammenstoß» mit der akademischen Welt kollidieren und «persona non grata» werden. Einstein fungierte als Herausgeber der Sektion für Mathematik und Physik und veröffentlichte mit seinem Assistenten Jakob Grommer eine Arbeit in der neuen Zeitschrift. Weitere Aufsätze stammten von bekannten Mathematikern wie Edmund Landau (Göttingen), Jacques Hadamard (Paris), Tullio Levi Civita (Rom) sowie dem Theoretiker für Strömungsphysik Theodor von Kármán in Aachen. Auf dem Rückweg von Japan besuchte Einstein Palästina in der ersten Februarhälfte des Jahres 1923, wohnte bei dem auf seine jüdische Herkunft stolzen englischen Hochkommissar Sir Herbert Samuel, wurde Ehrenbürger von Tel Aviv und nahm an der Grundsteinlegung der Hebräischen Universität in Jerusalem teil. Studienkamerad Solovine berichtete er danach:

Die Stammesbrüder in Palästina haben mir sehr gefallen, als Bauern, als Arbeiter, als Bürger. Das Land ist im Ganzen wenig fruchtbar. Es wird ein moralisches Zentrum werden, aber keinen großen Teil des jüdischen Volkes aufnehmen können. Andererseits bin ich überzeugt, dass die Kolonisation gelingen wird.

Da Einstein sich eine Spitzenuniversität auf höchstem Niveau in Forschung und Lehre vorstellte, die amerikanischen Geldgeber aber eher ein College, an dem ihre Söhne auch ohne überragenden geistigen Anspruch studieren konnten, geriet er schnell in Streitereien um die Personalpolitik. Zur Eröffnung der Hebräischen Universität am 1. April 1925 war Einstein als Mitglied des Kuratoriums der Universität eingeladen, kam aber nicht. Vermutlich hätte er sich aber nicht so indigniert geäußert wie der bei der Eröffnung anwesende jüdische Berliner Schriftsteller *Holitscher*:

All dieses Zeremoniell, einigermaßen mittelalterlich, wenn nicht prähistorisch anmutend, schien mir […] befremdlich und nicht ganz zum Sinn und dem Gedanken einer jüdischen Universität zu passen. Zwei Rabbiner hatten Ansprachen gehalten, einer davon sogar zu singen begonnen. Ich musste an die obersten Namen der heutigen jüdischen Wissenschaft denken, an Einstein, Bergson, Brandes, Freud. Jeder von diesen hatte auf seine Art die Grundlagen, die Festen seines eigenen Wissensgebietes erschüttert, um auf den zertrümmerten Postamenten eine neue Lehre, eine revolutionäre Doktrin zu errichten. Und hier, angesichts des Toten Meeres, aber den Blick dem lebendigen Judentum zugewandt, versuchte man anachronistisch Wissenschaft wieder mit dem offiziellen Gott zusammenzukleben.

Die Entwicklung der Universität, die Einstein am Herzen lag, schien für ihn so sehr in die falsche Richtung getrieben zu werden, dass er 1928 schließlich in aller Stille aus dem Kuratorium austrat. Er hat die Universität aber weiterhin nach Kräften unterstützt. Wie in allen anderen Bereichen hatte sich Einstein auch als Zionist seine unabhängige Haltung bewahrt.

Vielleicht trat Einstein der Widerspruch zwischen seinem Internationalismus und seiner strikten Ablehnung jedes übertriebenen Nationalbewusstseins durch Tendenzen innerhalb des Zionismus, die einem jüdischen Nationalismus Vorschub leisten konnten, stärker ins Bewusstsein. Da er politisches Handeln nicht als Austragung von Interessenkonflikten begriff, nahm er wirkliche Gegensätze zwischen den mehrheitlich arabischstämmigen Bewohnern Palästinas und den jüdischen Einwanderern nicht wahr oder verdrängte sie. «Es kann überhaupt keine Rede davon sein, Araber von ihrem Boden zu verdrängen. Das Land ist ja für seine Möglichkeiten schwach bevölkert», ließ er Besso wissen. Die mit ihren Händen das Land kultivierenden Menschen würden sich schon verstehen: «Diese Arbeiterschicht ist es auch, die allein in der Lage ist, gesunde Beziehungen zum arabischen Volk zu schaffen, der wichtigsten politischen Aufgabe des Zionismus.» Einstein neigte dazu, gewalttätige Auseinandersetzungen zwischen Juden und Arabern, wie sie besonders 1920, 1921 und 1929 wüteten und bei denen viele Menschen getötet wurden, als solche relativ zum Verhalten der englischen Mandatsmacht zu definieren. Da diese eine demokratische Selbstverwaltung von Juden und Arabern nicht erlaubte, schlug er 1930 die Bildung eines «Geheimen Rates» aus je vier jüdischen und arabischen Notabeln vor (je ein Arzt, Jurist, Arbeitervertreter und Geistlicher), der als Organ des Ausgleichs zwischen den beiden Volksgruppen gegenüber der Mandatsmacht fungieren sollte. Da dieser Rat aber keinerlei Machtbefugnisse haben würde, hätte er die Anwendung von Gewalt auch nicht verhindern können. Wie so oft beschritt Einstein den Weg des moralischen Aufrufs jenseits der politischen Realität. Im Jahr 1929 hatte er in einem Brief Professor Hellpach, einem Gegner jeder «nationaljüdischen Bewegung», entgegengehalten, der in der zionistischen Idee erscheinende Nationalismus «ist ein Nationalismus, der nicht nach Macht, sondern nach Würde und Gesundung strebt». Auch sein Schwiegersohn Kayser bemühte sich in seiner Biografie darum, Einstein von dem «besonders lächerlichen» Vorwurf, er leiste einem jüdischen Nationalismus Vorschub, zu befreien. Der «Wiederaufbau von Palästina und die Pflege jüdischer Einheit außerhalb von Palästina» seien für Einstein «ein Mittel zu sozialer Hilfe und gleichzeitig eine erzieherische Maßnahme, die eine edlere Zukunft» versprächen. An diese edlere Zukunft hat Einstein ganz fest geglaubt und sich für sie unbeirrt eingesetzt.

Ein Mann zum Vorzeigen

In seinen Erinnerungen berichtete Reichstagspräsident Paul Löbe: «Und was für Vereinen und Komitees musste ich von Amts wegen oder aus eigenem Interesse angehören! Da waren zunächst die gemeinnützigen und wohltätigen Organisationen Naturschutzbund, Blindenfürsorge, Jugendherbergen [...]. Vorher kamen noch die politischen und gewerkschaftlichen Vereine [...]. Nicht zu vergessen die Kunst. [...] Am Jahresbeginn durfte ich die Mitgliederbeiträge von 84 Vereinen einzahlen. Und dann die Komitees. Jeder Tag, den der Herr bescherte, brachte ein neues Komitee.» Ganz so viele Ehrenämter wurden Albert Einstein dann doch nicht angetragen. Zwar war auch er einfaches oder Ehrenmitglied von etlichen Vereinen, gehörte als Vorsitzender oder Ausschussmitglied zu einigen Organisationen, war aber noch mehr als Unterzeichner von Aufrufen und Erklärungen begehrt. Das Folgende ist eine unvollständige Auswahl seiner Posten. Seit 1918 war Einstein zusammen mit Käthe Kollwitz Mitglied des Freundesrates von Leonard Nelsons «Internationalem Jugend-Bund»; seit 1921 unterstützte er ein «Russlandkomitee zur Organisierung der Arbeiterhilfe für die dort

Hungernden». Dessen Gründung nach dem Dürresommer 1921 in Sowjetrussland auf einen Hilferuf Lenins hin wurde durch die Kommunistische Internationale und die Rote Gewerkschafts-Internationale in die Wege geleitet. Sekretär der Hilfsorganisation wurde der Kommunist *Willy Münzenberg*; als Gründungsmitglieder nannte dieser alle, die den ersten Aufruf der «Internationalen Arbeiterhilfe» (I. A. H.) Ende 1921 unterschrieben hatten, unter anderen waren dies Albert Einstein, Arthur Holitscher, Alexander Moissi, George Grosz und Käthe Kollwitz. In England wurde die Organisation durch George Bernard Shaw, in Frankreich durch Henri Barbusse unterstützt. Nach dem Programm von 1925 sollte die I. A. H. eine «überparteiliche, internationale Organisation» sein und alle Bestrebungen fördern, «die darauf hinzielen, die Arbeiterklasse aller Länder unabhängig von ihrer Parteizugehörigkeit gewerkschaftlich zu vereinigen. Die I. A. H. fühlt sich mit Sowjetrussland besonders fest verknüpft und verbündet.» Die Hilfsorganisation baute vielfältige Einrichtungen auf, von der Kinderverschickung zur Erholung, Geburtenberatung und Essensverteilung über Selbstverteidigungskurse für Frauen gegen Naziüberfälle in Deutschland bis zur Hausbauhilfe in Russland. Ob Einstein das Kampflied der I. A. H. des Schriftstellers *Erich Weinert* kannte und auf seiner Geige begleitet hätte? Wohl kaum! Dessen letzte Strophe lautete:

> Wir führen einen Krieg, Kamerad!
> Es geht zum letzten Gefecht!
> Denn niemals bringt ein Sklavenstaat
> Uns Freiheit, Brot und Recht!
> Der Unterdrücker nimmt schon die Waffen zur Hand!
> Der blutige Tag ist nah!
> Drum Arbeiter, kämpft in Stadt und Land
> Für das Werk der I.A.H.
> Refrain: Denn der Kampf wird nur gewonnen,
> Wenn hinter den roten Armeen
> Die Proviantkolonnen
> Der Arbeiterhilfe stehn!

Seit 16. März 1923 war Einstein Ehrenpräsident im «Bund der Freunde der Internationalen Arbeiterhilfe», aber es wäre weit gefehlt, die Militanz der Liedzeilen auf ihn zu übertragen; er gab nur seinen Namen.

1927 wurde er sogar in das erweiterte Zentralkomitee der I. A. H. gewählt. Inhaltlich verwandt sein mag seine Mitgliedschaft seit 1923
im Zentralkomitee (später «Arbeitsausschuss») der «Gesellschaft der
Freunde des Neuen Russland». Zu dieser Vereinigung gehörten auch
Thomas Mann und Alfred Döblin. Dazu traten 1922 eine Ehrenpräsi-
dentschaft des «Genesungsheims für Gelehrte und Künstler, Bad Ems»,
1926 eine Ehrenmitgliedschaft in der «Gewerkschaft Deutscher Geistesarbeiter» und 1927 die Mitgliedschaft im Kuratoriums der «Walther-
Rathenau-Stiftung». Im gleichen Jahr wurden Einstein und der ganz
links im politischen Spektrum stehende französische Pazifist, Henri
Barbusse, Ehrenpräsidenten der «Liga gegen Imperialismus und für
Nationale Unabhängigkeit». Unter ihren Mitgliedern finden wir Arthur
Holitscher und Otto Lehmann-Russbüldt, Helene Stöcker sowie den
nach seiner knappen, ebenso bösartigen wie hellsichtigen Prophezeiung
auf Kosten des Reichspräsidenten v. Hindenburg: *Nach einer Zero
kommt immer ein Nero*, einem Skandal nicht entkommene Hannoveraner
Privatdozent Theodor Lessing. 1928 kam Einstein in den Aufsichtsrat
der «Deutschen Liga für Menschenrechte». 1929 wurde er Mitglied des
Vorstandes der «Jüdischen Frauenliga». Alle diese Mitgliedschaften weisen Einstein als Pazifisten, Unterstützer der Menschenrechte und der
gesellschaftlich Schwachen aus.

Die Einstellung zur Sowjetunion

Mit dem Vertrag von Rapallo vom 16. April 1922 war Deutschland auf
seinem Weg ein gutes Stück vorangekommen, eine vernünftige Nachbarschaft mit dem nachrevolutionären Russland aufzubauen. Die diplomatischen Beziehungen wurden wiederaufgenommen, Handelsvorteile
vereinbart und gegenseitige Entschädigungsforderungen aufgegeben.
Der «Bund Neues Vaterland» hatte auf eine Verbesserung der deutsch-
russischen wirtschaftlichen und kulturellen Beziehungen hingearbeitet.
Im Herbst 1919 gaben die Mitglieder Einstein, der Friedensnobelpreis-
träger H. A. Fried und Graf Kessler einen öffentlichen Protest gegen die
«Hungerblockade» Russlands durch die Siegermächte heraus. Mit Zustimmung des Auswärtigen Amtes organisierte der Bund im Januar 1920
ein Treffen von Vertretern großer deutscher Unternehmen mit dem im

heute verschwundenen Moabiter Zellengefängnis in der Lehrter Straße einsitzenden Volkskommissar *Karl Radek*, einem geachteten Repräsentanten der Sowjetunion. Vielleicht hatte ein Bericht über diese Zusammenkunft Einsteins Interesse an den Entwicklungen in der Sowjetunion weiter gefördert; Ende Januar 1920 schrieb er an Max Born:

Ich muss Dir übrigens beichten, dass mir die Bolschewiker gar nicht so schlecht passen, so komisch ihre Theorien sind. Es wäre doch verdammt interessant, sich die Sache einmal von der Nähe anzusehen. [...] Die Kerle haben politisch begabte Leute an der Spitze. Ich las neulich eine Broschüre von Radek – alle Hochachtung, er versteht sein Geschäft.

Trotz dieser Bemerkung ist Einstein während seines ganzen Lebens *niemals* in die Sowjetunion gereist: Er fürchtete, dass eine solche Reise hüben wie drüben propagandistisch ausgeschlachtet werden würde. Einstein blieb optimistisch in Bezug auf das sowjetische Gesellschaftsexperiment; er sei ganz rot geblieben und würde «auf Bolschewismus» machen, wenn er nur einen guten Weg dazu kenne. Die Menschen seien eben ein teuflisch schwieriges Material. Im Übrigen hat Einstein hier wohl von Rathenau gelernt, der Russland aus eigener Anschauung kannte und am Bolschewismus als sozialem Phänomen stark interessiert war – die zu verbessernden Wirtschaftsbeziehungen nicht zu vergessen. Rathenau hielt es 1920 für wichtig: «dass wir mit der Sowjet-Republik, die sich als militärisch-agrarische Oligarchie immer mehr verfestigt, in verständige Beziehungen kommen.»

Mit seiner pro-sowjetischen Einstellung hatte sich Einstein praktisch von engeren Kontakten zu großen Teilen der russischen Kolonie in Berlin zwischen Kantstraße, Nollendorfplatz, Prager Platz und Bayerischem Platz unweit seiner Wohnstraße ausgeschlossen. In der Regel waren das vor den Sowjets geflohene Emigranten und Angehörige der ehemaligen Oberschicht Russlands, nun in schlechten wirtschaftlichen Verhältnissen lebend – *ohne* irgendeine Staatsangehörigkeit. Der in Berlin von 1922 bis 1937 lebende russische Schriftsteller Vladimir Nabokov klagte: «*Dokumenty* hat man gesagt, seien die Plazenta des Russen. Der Völkerbund rüstete Emigranten, die ihre russische Staatsangehörigkeit verloren hatten, mit dem so genannten Nansenpass aus, einem höchst minderwertigen Dokument von kränklicher grüner Farbe.» Nach Nabokov gab es

auch viele russische Intellektuelle, die demokratischen Gruppen angehörten, «mit einem Kulturkoeffizienten, der den kulturellen Durchschnitt
der [...] ausländischen Bevölkerung, in die es sie verschlagen hatte, bei
weitem übertraf». Sicherlich wusste Einstein von diesen Verlierern gegenüber den neuen Sowjet-Menschen, doch interessierte er sich als Zionist
eher für die Lage der Juden in der Sowjetunion und für Möglichkeiten
zur Erleichterung ihrer Auswanderung nach Palästina. Zu diesem Zweck
traf er sich mit Blumenfeld und dem Volkskommissar für das Äußere von
1918 bis 1930, Georgi Tschitscherin, in der sowjetischen Botschaft in
Berlin.

Zu Einsteins Mitgliedschaften im «Russlandkomitee zur Organisierung der Arbeiterhilfe für die dort Hungernden» und in Münzenbergs
«Bund der Freunde des Neuen Russland», dessen Zeitschrift *Das neue
Russland* ihm regelmäßig zugesandt wurde, trat eine weitere. Er gehörte
auch zum Kuratorium einer von Graf Arco 1924 in Moskau mit deutschen und sowjetische Ingenieuren gegründeten Gesellschaft «Kultur
und Technik», die ein *Russisch-Deutsches Nachrichtenblatt für Wissenschaft und Technik* herausgab und den Erfahrungsaustausch zwischen
den beiden Ländern unterstützte. Neben diesen beiden Organisationen
gab es schon seit 1912 die ziemlich exklusive und politisch konservative
«Deutsche Gesellschaft zum Studium Osteuropas», deren Präsident
Friedrich Schmidt-Ott auch der «Notgemeinschaft der deutschen Wissenschaft» vorstand. Treibende Kraft war der konservative Historiker
der Berliner Universität, *Otto Hoetzsch*. Die Gesellschaft war zehn Jahre
lang relativ untätig gewesen, raffte sich aber 1923 zu einer Initiative auf;
unter dem Einfluss von Schmidt-Ott und Hoetzsch stellte der im Kultusministerium tätige Physiker Wilhelm Westphal einen Ausschuss aus
Universitätsprofessoren zusammen, der wissenschaftliche Beziehungen
zur Sowjetunion eröffnen sollte. Unter anderen gehörten ihm neben
Größen der Kaiser-Wilhelm-Gesellschaft wie Einstein, von Laue, Planck
und von Harnack auch Einstein ferner stehende Geister wie Eduard
Meyer, Werner Sombart und Eduard Spranger an. Die Gesellschaft gab
1925 einen Empfang für den Sekretär der Russischen Akademie der
Wissenschaften, S. F. Oldenburg, und organisierte Vorlesungen von russischen Wissenschaftlern und Künstlern. Im September 1925 fuhr eine
große deutsche Delegation – ohne Einstein – unter der Leitung von

Schmidt-Ott zu den Feierlichkeiten anlässlich des zweihundertsten Jubiläums der Akademie der Wissenschaften in Leningrad. Nach dem Abschluss des Deutsch-Sowjetischen Freundschaftsvertrags im April 1926 luden Graf Arco und Einstein im November den Vizepräsidenten der Akademie der Wissenschaften der UdSSR, *Alexander J. Fersman*, zu einem Vortrag nach Berlin ein. Arco, Einstein, der Kunstkritiker des *Vorwärts* Dr. Max Osborn und Eduard Fuchs präsidierten die Sitzung. Vielleicht geschah dies im Rahmen einer von der «Deutschen Gesellschaft zum Studium Osteuropas» durchgeführten sowjetischen Naturforscherwoche, wie sie auch 1927 in Berlin stattfand.

Der innerlich freie Einstein konnte kein «linientreuer» Propagandist sein; er distanzierte sich 1929 von den «Freunden des Neuen Russland» mit seinem Protest gegen die Weigerung der Reichsregierung, dem von den Sowjetführern verstoßenen *Leo Trotzki* politisches Asyl zu gewähren. Als im Jahr 1929 nach einer Kollektivierungs-Kampagne in der Landwirtschaft Hunderttausende in der Sowjetunion verhungerten, fand die sowjetische Führung die Schuldigen in 48 Funktionären, darunter zehn jüdische. Alle waren nach einem Schauprozess erschossen worden. In seinem Buch über die russisch-jüdische Geschichte berichtet *Alexander Solschenizyn*, dass ein angesehener jüdischer Schriftsteller, *Ju. D. Bruzkus*, versucht habe, Unterschriften für einen Protest gegen diese politische Totschlägerei zu sammeln. Einstein und Arnold Zweig unterschrieben, Romain Rolland *nicht*. Danach ließ Einstein sich beeinflussen: Er zog 1931 seine Unterschrift unter der Verurteilung der Moskauer Prozesse «gegen die 48 Schädlinge» mit der Begründung zurück:

Heute bedaure ich es auf das tiefste, dass ich diese Unterschrift gegeben habe [...]. Es kam mir damals nicht genügend zum Bewusstsein, dass unter den besonderen Verhältnissen der Sowjetunion Dinge möglich sind, die unter den mir vertrauten Verhältnissen vollständig undenkbar sind.»

Wer ihn umgestimmt hat, ist unbekannt; wahrscheinlich spielte eine Auseinandersetzung zwischen dem Auswärtigen Amt und der «Deutschen Gesellschaft zum Studium Osteuropas» über die russischen Emigranten und Nationalökonomen in Berlin, *Dr. Brutzkus* und *Iljin*, eine Rolle, die sich in der Öffentlichkeit mehrfach mit Zeitungsartikeln und Vorträgen von ausgesprochen sowjetfeindlicher Tendenz bemerkbar gemacht hatten. Seiner geänderten Meinung sollte Einstein auch noch treu bleiben, als der italienische Schriftsteller und kommunistische Funktionär *Ignazio Silone* 1936 in einem offenen Brief andere Moskauer Schauprozesse als Niederschlachten der Opposition charakterisierte und den Ausdruck «roter Faschismus» verwendete. Jahre zuvor hatte Einstein angesichts von Gräueln während der Oktoberrevolution noch geschrieben: «Die Machthaber in Russland werden ihre Methoden ändern müssen, wenn sie den Versuch fortsetzen wollen, bei den kultivierten Völkern moralische Eroberungen zu machen. Sie werden die letzten Sympathien verlieren, wenn sie nicht durch große und mutige Befreiungsaktionen zeigen können, dass sie des blutigen Terrors nicht bedürfen, um ihren politischen Ideen Kraft zu verleihen.»

Gegen Kriegsdienst und Nationalismus

Während der damals noch kaum bekannte Albert Einstein sich im Ersten Weltkrieg mit pazifistischen Erklärungen *in der Öffentlichkeit* äußerst zurückgehalten hatte, unterstützte er im freieren Klima der Weimarer Republik die sich für Kriegsdienstverweigerung und Abrüstung einsetzenden Menschen und Organisationen intensiv und mit Leidenschaft. Dem amerikanischen Verfasser eines Buches über die Kriegspropaganda aller am Ersten Weltkrieg beteiligten Nationen, George Sylvester Viereck, sagte er in einem Interview im Dezember 1931:

Ich bin nicht nur Pazifist; ich bin militanter Pazifist. Ich bin bereit, für den Frieden zu kämpfen. Der Krieg kann nur auf eine einzige Weise verhindert werden: durch die Weigerung der davon betroffenen Menschen, in den Krieg zu gehen. [...] Wir müssen bereit sein, heroische Opfer, wie wir sie widerspruchslos im Kriege hinnehmen, für die Sache des Friedens zu bringen. Es gibt keine wichtigere Aufgabe für mich und keine, die meinem Herzen näher läge.

Mit anderen hervorgetretenen Intellektuellen unterschrieb Einstein Manifeste und Aufrufe; als Beispiele seien hier ein im Mai 1930 von der «Internationalen Frauenliga für Frieden und Freiheit» initiiertes *Abrüstungsmanifest* genannt, von ihm zusammen mit Bertrand Russell, Stefan Zweig, Thomas Mann unterzeichnet, sowie im Oktober 1930 ein «Manifest gegen die Wehrpflicht und die militärische Ausbildung der Jugend» mit denselben Unterzeichnern, dazu Sigmund Freud, Romain Rolland, Rabindranath Tagore. Im Buch von Nathan und Norden sind fast *achtzig* Stellungnahmen Einsteins zu diesem Thema abgedruckt. In der Zeit vorher standen bei ihm Fragen der internationalen Zusammenarbeit und Völkerverständigung im Vordergrund. Ganz in seinem Sinne hatte der amerikanische Staatssekretär *Frank B. Kellogg* nach einer Anregung von Briand einen Pakt vorgeschlagen, der für die ganze Welt die Schiedsgerichtsbarkeit an die Stelle kriegerischer Auseinandersetzung als Mittel der Austragung internationaler Konflikte setzen sollte. Im August 1928 war das Abkommen in Paris von fünfzehn Staaten unterzeichnet worden; achtundvierzig weitere traten später bei. Leider wurde der Vertrag nach dem Überfall Japans auf die Mandschurei schon 1931 Makulatur.

Allgemeine Aufmerksamkeit erfahren hat ein aus zwei Briefen bestehender Gedankenaustausch Einsteins mit Sigmund Freud aus dem Jahr 1932. Er bezog sich auf die für Einstein wichtigste Frage der Zivilisation am Ende der zwanziger Jahre: «Gibt es einen Weg, die Menschen von dem Verhängnis des Krieges zu befreien?» Einstein scheint eine wohlwollende, aber kritische Einstellung gegenüber dem Vater der Psychoanalyse gehabt zu haben. Nach einer Tagebucheintragung von Ende 1931 glaubte er Freuds Thesen zwar nicht, liebte aber «seinen prägnanten Stil außerordentlich und seinen originellen, wenn auch allzu ausschweifenden Geist». Freud habe «übertriebenes Vertrauen in seine eigenen Einfälle». Andererseits schreibt Freud in einem Brief an Viereck vom November 1929:

Einsteins Stellung zur Psychoanalyse war mir bereits bekannt. Ich hatte vor einigen Jahren eine lange Unterhaltung mit ihm, in der ich zu meiner Belustigung feststellte, dass er von der Psychoanalyse nicht mehr versteht als ich von der Mathematik. Ja, ich glaube, ich bin ihm darin vor; während ich die Berechtigung des mathematischen Denkens voll einsehe, bestreitet er die Berechtigung der Psychologie [...].

Im Briefwechsel ließen sich die beiden nach der Beteuerung gegenseitiger Wertschätzung über die Ursachen des Krieges aus – Freud differenzierter als der holzschnittartig formulierende Einstein. Dieser brachte Freud in Zugzwang mit der Frage, ob es eine Möglichkeit gäbe, «die psychische Entwicklung der Menschen so zu leiten, dass sie den Psychosen des Hasses und des Vernichtens gegenüber widerstandsfähiger werden?» Abgesehen von den machtgierigen Profiteuren des Krieges, welche Presse, Schule und Kirchen in der Hand hätten, gäbe es im Menschen «ein Bedürfnis zu hassen und zu vernichten». In einem historischen Zugang beschrieb Freud in seiner Antwort das Recht als gezähmte Gewalt, als die Macht einer Gemeinschaft, die durch Gefühlsbindung zusammengehalten wird. Die Realisierung der Idee, eine größere Gemeinschaft über die verschiedenen Nationen hinweg einzurichten, sah er als aussichtslos an; der Versuch, «reale Macht durch die Macht der Ideen zu ersetzen», sei «heute noch zum Fehlschlagen verurteilt». Damit hatte er einen wunden Punkt in Einsteins Denken berührt. Dieser sah oft nur, was er sehen wollte. Im Übrigen bemühte sich Freud, menschliche Handlungen als durch eine Verbindung der Triebregungen «Eros-Sexualität» und «Todestrieb» geleitet zu verstehen. Während er den pessimistischen Schluss zog, es komme «nicht viel dabei heraus, wenn man bei dringenden praktischen Aufgaben» wie eben der Verhinderung des Krieges «den weltfremden Theoretiker zu Rate zieht», hatte Einstein die Korrespondenz frohgemut mit dem Gefühl begonnen, dass bei den Praktikern der Politik «der Wunsch lebendig ist, Personen um ihre Auffassung des Problems zu befragen, die durch ihre gewohnte wissenschaftliche Tätigkeit zu allen Fragen des Lebens eine weitgehende Distanz gewonnen haben».

Viele seiner pazifistischen Erklärungen zeigen, dass Einstein in starkem Maße inhaltlich in die deutsche und internationale Friedensbewegung eingebettet war, und seine Ablehnung des Kriegs keine Besonderheit darstellte. Zwei Beispiele zu Kriegsdienstverweigerung und zu den Ursachen für Krieg mögen dies zeigen. Eine präzise Stellungnahme zum Kriegsdienst gab Einstein einer tschechoslowakischen Zeitung im Februar 1929. Auf die Frage, was er beim Ausbruch eines neuen Krieges tun würde, antwortete er: «Ich würde direkten oder indirekten Kriegsdienst unbedingt verweigern und versuchen, meine Freunde zu derselben Haltung zu veranlassen, und zwar unabhängig von der Beurteilung der Kriegsursachen.» Nathan und Norden glaubten, diese Worte hätten Einstein in allen Teilen der Welt «zum Helden des militanten Pazifismus» gemacht. Dass Einstein nur wiedergab, was mehr als zwei Jahre vorher mit überwältigender Mehrheit auf dem 12. deutschen Pazifistenkongress in Heidelberg beschlossen und in der *Friedenswarte* veröffentlicht worden war, ist ihnen wohl entgangen. Dort war die Formulierung gewählt worden, den Kriegsdienst zu verweigern «ganz gleich, ob Krieg als Angriffs- oder Verteidigungskrieg, als Exekutionskrieg des Völkerbundes oder zu sonst einem wahren oder vorgespielten Zweck» geführt werde. Selbst der amtierende Reichstagspräsident Paul Löbe äußerte sich in ähnlichem Sinne:

Die Menschen aus den Hinterhäusern, die breiten Massen müssen sich gegen kommende Kriege auflehnen, und der Tag wird kommen, wo die Jugend aller Länder den Kriegsdienst verweigern wird. Es müssten Gesetze geschaffen werden, durch welche die an einem Kriegsausbruch verantwortlichen Diplomaten und die Journalisten, die sich für das Stahlbad eingesetzt haben, gezwungen werden, als Erste in die Schützengräben zu gehen. Wir wollen keine Waffen tragen, die Herren mögen sich selber schlagen.

Die folgende Äußerung Einsteins kann ebenfalls nicht für sich allein betrachtet werden, sondern muss im Rahmen einer zeitgenössischen Debatte gesehen werden:

Die Theorie, dass Kriege ausschließlich oder in der Hauptsache von Kapitalisten gemacht werden, halte ich nicht für richtig. Ich halte das Problem der Beseitigung der schweren wirtschaftlichen Ungerechtigkeiten für noch wichtiger als das pazifistische Problem. Ich bin aber überzeugt, dass wir die Lösung des Letzteren nicht von der Lösung des Ersteren abhängig machen dürfen, da bereits die heutigen Verhältnisse für die Schaffung einer Organisation reif sind, durch welche die Kriege abgeschafft werden.

Einstein nahm hier eine Gegenposition zu Hiller ein, für den der Imperialismus zum Kapitalismus gehörte «wie das Gebiss zum Tiger», und für den das kapitalistische Herrschaftssystem der Hauptgrund für Kriege, für die «zwangsweise Menschenschlächterei» war. In einem offenen Brief in der *Weltbühne* im August 1931 mit dem Titel «Einen Schritt noch, Einstein!» spottete Hiller über Einstein als «polito-theoretisch etwas langsamer wachsend», fügte aber großzügig hinzu: «Heutzutage kann niemand [...] zugleich in den exakten Wissenschaften und in der politischen Philosophie Weltmeister sein.» Aufrufe zur Kriegsdienstverweigerung seien unzureichend, die «revolutionäre Erhebung gegen die Verbrecher, die

Eroberung der politischen Macht» sei nötig. «Tun Sie unstarr und denk-
mutig den Schritt, Albert Einstein, vom radikalen Pazifismus zum revolutionären!» So hatte Hiller sich denn von einer undemokratischen Idee im
Jahr 1918, der einer Geistesaristokratie, zu einer anderen im Jahr 1931, der
der Weltrevolution, vorangearbeitet. Einstein blieb unbeeindruckt und antwortete ihm in einem privaten Brief, er erwarte von Revolutionen «nicht
viel in Ländern mit demokratischer Verfassung». Meinungen von «kommunistischen» Pazifisten wie die Hillers wurden vom Führer des linken
Flügels der SPD, Paul Levi, als zu einseitig zurückgewiesen; er sah in
Massenstreiks der Industriearbeiterschaft das Allheilmittel gegen den Krieg.
    Eine in New York im Dezember 1930 gehaltene radikal-pazifistische
Ansprache Einsteins führte sogar zu einer komischen Nachwirkung. Er
hatte darin bemerkt:

Selbst wenn nur zwei Prozent der Einberufenen ihre Dienstverweigerung ankün-
digten und damit die Forderung verbänden, alle internationalen Konflikte auf
friedliche Weise zu lösen, wären die Regierungen machtlos. Keine von ihnen
würde es wagen, eine so große Zahl von Menschen ins Gefängnis zu werfen.

Die amerikanische «War Resisters League» gab daraufhin ein Flugblatt
heraus mit dem Titel «Einstein über Kriegsdienstverweigerung» und verteilte dazu Anstecker mit dem Aufdruck «2 %». Diese mussten schnell
wieder aus dem Verkehr gezogen werden, weil zur gleichen Zeit eine politische Aktion in New York lief, welche die so genannte «Volstead-Verord-
nung» zu Fall bringen und damit das Verbot von Bier mit 2 % Alkoholge-
halt aufheben wollte. Die Leute bezogen die 2-%-Buttons auf das Bier.
Romain Rolland, für den – in Übereinstimmung mit Einstein – die Ablehnung jeder direkten oder indirekten Beteiligung am Krieg Gewissens-
pflicht war, hielt Einsteins Vorschlag für anfechtbar: «Der Krieg wird
nicht dadurch abgeschafft, dass 2 % der Bevölkerung den Kriegsdienst
verweigern. Einstein scheint zu übersehen, dass die Kriegstechnik sich
seit 1914 geändert hat und sich immer weiter ändert. Neuerdings wird
der Nachdruck auf den Einsatz kleiner Heere von Technikern gelegt, die
sich darauf verstehen, mit Giftgas und Bakterien geladene Torpedos und
andere Waffen der Massenvernichtung anzuwenden. Unter solchen Umständen kann es der Regierung höchst gleichgültig sein, ob zwei oder
zehn Prozent der Bevölkerung den Kriegsdienst verweigern.»

Einsteins fortwährender Einsatz für Frieden und Völkerverständigung während der Weimarer Republik ist bewundernswert. Natürlich hatte das fünfzigjährige weltbekannte Genie es leichter als ein junger Mensch von der Straße, der praktizierte Kriegsdienstverweigerung in vielen Ländern mit Gefängnis bezahlen musste. Als preußischer Beamter durfte Einstein sich am innenpolitischen Kampf nicht beteiligen, den Journalisten und Schriftsteller wie Carl von Ossietzky oder Erich Mühsam führten, wenn sie sich in der *Weltbühne* mit so manchen anderen den Nationalsozialisten und Hitler direkt und namentlich entgegenstemmten. Als Privatmann hätte er es tun können; ein großes Interesse an der deutschen *Innenpolitik* konnte man von ihm wegen seines immer aufs Neue betonten Selbstverständnisses, kein Deutscher zu sein, jedoch nicht erwarten. Es ist aber nicht so, dass Einstein sich ganz aus der deutschen Innenpolitik herausgehalten hätte. In der Frage der «Fürstenabfindung», also der Entschädigung von Kaiserhaus und Landesfürsten für die Beschlagnahme ihres Besitzes während der Novemberrevolution von 1919, forderten Gewerkschaften, SPD und KPD sowie links stehende bürgerliche Gruppen die entschädigungslose Enteignung unter dem Motto «Den Fürsten keinen Pfennig!» und erzwangen nach einem erfolgreichen Volksbegehren einen Volksentscheid. Einstein unterschrieb auf ihrer Seite. Erich Weinert half mit einem kämpferischen Gedicht:

Jede Million
für den Fürstenthron
ist für das Pulver der Reaktion.
Zwanzig Millionen, herauf auf die Schanze.
Es geht um die Freiheit! Es geht um das Ganze!

Mit den «zwanzig Millionen» waren die erhofften Wählerstimmen gemeint. Durch massiven Druck von Seiten der Regierung, der Kirchen und des Reichspräsidenten von Hindenburg verfehlte dieser Volksentscheid 1926 die notwendige Mehrheit. Ein weiteres Beispiel betrifft Einsteins Ablehnung des Baus des achtzig Millionen teuren «Panzerkreuzers A» durch seine Unterstützung eines «Aufrufs gegen Kriegsschiffbau und Aufrüstung». Die KPD versuchte vergeblich, für ihren Gesetzentwurf – «Der Bau von Panzerschiffen und Kreuzern jeder Art ist verboten» –, ein Volksbegehren durchzusetzen. Ernst Barlach, Heinrich Mann,

Käthe Kollwitz und Walter Gropius waren mit von der Partie; Heartfield brachte eine eindrucksvolle Collage auf die Titelseite der *Roten Fahne* vom 14. Oktober 1928: «Schlagt zu! Zeichnet Euch ein!»

Konnte aus Einsteins Zurückhaltung Deutschland gegenüber auch geschlossen werden, dass er das Land sofort verlassen würde, wenn Hitler an die Macht käme? In der Tat geisterten bei seiner Überfahrt in die USA von Antwerpen aus via New York, den Panamakanal und die Westküste im Dezember 1930 Gerüchte durch Berlin. Einem Dr. Brutzkus sei von Einstein erzählt worden, dieser werde sich im Falle einer Machtergreifung Hitlers an einen ruhigen Ort in Frankreich zurückziehen. In der *New York Times* übte Einstein sich in der Kunst des Dementis: «Man sollte nicht öffentlich über Bedingungen sprechen, die hoffentlich nie eintreten werden» und «Noch weniger sollte man unter solchen Bedingungen im Voraus eine Entscheidung treffen oder solche Entscheidungen sogar öffentlich bekanntgeben.»

Einsteins fünfzigster Geburtstag

Fast eine Dekade war vergangen, seit es «die Sonne an den Tag gebracht» und die Presse dem letzten Zeitungsleser klar gemacht hatte, dass ein «neuer Archimedes» in Berlins Mauern lebte. Nun ging Einstein auf seinen fünfzigsten Geburtstag zu. Wie sollte er gefeiert werden? Wenn es ihn selbst betraf, war Einstein ein Feier-«Muffel»; er scheute öffentliches Aufsehen, falls er nicht am Katheder stehen oder durch schriftliche Erklärungen Abstand von der Menge halten konnte. Aber für akademische Kreise war ein fünfzigsten Geburtstag noch zu früh; erst zehn Jahre später wurde man als alt genug betrachtet, um für seine Lebensarbeit gewürdigt zu werden. Ähnliches galt für eine Festschrift; letztere hätte Einsteins Schwiegersohn Kayser beim Fischer Verlag leicht herausgeben können. Elsa dachte etwas zu eng, wenn sie sich 1931 gegenüber Antonina Vallentin darüber ausließ, dass Gerhart Hauptmann sich an seinem fünfzigsten Geburtstag hatte feiern lassen: «Vergleichen Sie den Albert mit ihm. An seinem Fünfzigsten ist er geflohen in die Einsamkeit, keiner konnte ihn feiern!» Das stimmte, aber Albert gab damit auch niemand die Gelegenheit mitzufeiern. Elsas Sparsamkeit war bestimmt nicht der Grund für die Zurückhaltung; Einstein hatte vermögende Freunde, die die Rechnung wohl gerne übernommen hätten. Es lag ihm einfach nicht, ein Festbankett im vornehmen Hotel Adlon auszurichten, wie es Hauptmann 1912 zu seinem fünfzigsten Geburtstag gemacht hatte.

Gratulationen und Geschenke

An seinem Geburtstag würde Einstein also in einem «Versteck», das heißt in der von Doktor Plesch auf seinem Landgut «Villa Klemm» in Gatow bereitgestellten kleinen Wohnung, für niemanden erreichbar sein – vielleicht aus Gesundheitsgründen. Hilfreiche Geister würden die Fülle von Telegrammen, Glückwünschen, Blumen und Geschenken meistern und zur Gratulation erschienene Besucher in Empfang nehmen.

Und Glückwünsche flogen Einstein von allen Seiten zu. Im Fernschreiben des Reichskanzlers Hermann Müller blickte Deutschland mit Stolz «auf seinen großen Gelehrten, der für die deutsche Wissenschaft unvergesslichen Ruhm erwarb». Der Orientalist und preußische Kultusminister Carl Heinrich Becker schrieb in seinem Telegramm, es sei ihm ein aufrichtiges und dringliches Bedürfnis, Einstein gegenüber auszusprechen, «mit welcher Befriedigung ich es empfinde, dass Sie Ihre geistige Heimstätte in der Preußischen Akademie der Wissenschaften gefunden haben, deren alten Ruhm Sie stetig mehren». Becker hatte eine Büste von Einstein des Bildhauers Kurt Harald Isenstein erworben; sie wurde im Eingangsbereich des Einstein-Turms in Potsdam aufgestellt. Auch die Ufa-Wochenschau berichtete über Einsteins Geburtstag. So mancher stimmte mit Egon Friedells Meinung überein: «[...] und es ist nicht unwahrscheinlich, dass spätere Generationen einmal von unseren Tagen als dem Zeitalter Einsteins sprechen werden.» Da musste man sich vor der Geschichte schon als würdig erweisen. Fritz Haber indessen blieb in seinem Glückwunsch an Einstein bescheidener:

In einigen hundert Jahren wird der gemeine Mann unsere Zeit als die Periode des Weltkriegs kennen, aber der Gebildete wird das erste Viertel des Jahrhunderts mit Ihrem Namen verbinden, so wie sich heute beim Ausgang des 17. Jahrhunderts die einen an die Kriege Ludwigs des Vierzehnten und die anderen an Isaac Newton erinnern. [...] So diene ich eigenem künftigem Ruhme und persönlichem Fortbestand in der Geschichte, indem ich Sie zu Ihrem fünfzigsten Geburtstag herzlich bitte auf sich zu halten, damit Sie gesund bleiben und ich weiter mit Ihnen zusammen spotten und Café trinken kann [...].

Die «Deutsche Liga für Menschenrechte» sandte ihrem Mitglied und «Vorkämpfer sozialen und internationalen Fortschritts» ein Telegramm ebenso wie die «Gesellschaft für kulturelle Verbindung der Sowjetunion mit dem Auslande», die dem «genialen Schöpfer der Relativitätstheorie, dem treuen Freund der jungen Sowjetunion», ihre herzlichen Glückwünsche kabelte. Sigmund Freud schrieb dem «Glücklichen»; alte Lehrer und Jugendfreunde, viele Menschen aus dem Volk sandten ihre Gratulation, darunter Kinder aus dem Erziehungsheim «Mopr» der «Roten Hilfe» mit ihren Zeichnungen. Einstein bedankte sich erfreut und entsprechend seinem ethischen Selbstverständnis: «Liebe Kinder; [...] Lasset Euch führen durch die Besten. Lest die Briefe von Rosa Luxemburg und verliert nie aus dem Auge, dass die Menschen sich mehr durch ihr äußeres Schicksal als durch ihre Gefühle und Handlungen unterscheiden.» Auch Einsteins Geburtsstadt Ulm sandte ein Glückwunschschreiben, wenn auch um zwei Wochen verspätet; als Geschenk genügte ihr in echt schwäbischer Sparsamkeit der Hinweis darauf, «dass die Stadt Ulm schon vor Jahren Ihnen zu Ehren eine der verkehrsreichsten geplanten Straßen nach Ihrem Namen als ‹Einsteinstraße› benannt hat.» Einsteins prompter Dank drückte ein freundliches Unbehagen aus: «Mein tröstlicher Gedanke war, dass ich ja nicht für das verantwortlich sei, was darin geschieht.»

Ein Problem kam hinzu; vielleicht machte sich der einfach lebende und bescheiden auftretende Einstein nicht besonders viel aus Geschenken? Nach Wachsmann hat Einstein materiellen Dingen, die im Leben anderer Menschen eine Rolle spielen, nie die gleiche Priorität zuerkannt. Das mag ja stimmen; Autos, wertvolle Gemälde, teuren Schmuck und modische Kleidung hat Einstein nie besessen und besitzen wollen. Dennoch gab es materielle Dinge, die er liebte und als Geschenk annahm. Das wussten seine Freunde und erreichten es, dass drei Inhaber der Berliner Handels-Gesellschaft, eines alten Berliner Bankhauses, das nach Fusionen heute zur BHF-Bank geworden ist, ein Segelboot in Auftrag gaben. Sie schenkten Albert Einstein zu seinem fünfzigsten Geburtstag einen Jollenkreuzer mit 20 qm Segelfläche, einem Hilfsmotor und einer Kajüte, das von ihm so geliebte «Dicke Segelschiff», offiziell «Tümmler» genannt. Für den Segelenthusiasten Einstein bestimmt das schönste Geschenk, mit dem er dann auch viel Zeit auf dem Wasser verbrachte, erreichbar weder für Besucher noch für seine Frau! Wer die «Kapitalisten»-Freunde genau waren, von denen sich der eher sozialistischen Gedanken zuneigende Einstein sein Boot schenken ließ, bleibt offen. Infrage kommen der ob seines scharfen Witzes stadtbekannte Bankier *Karl Fürstenberg*, der aus einer Gelehrtenfamilie stammende Dr. jur. Gustav Sintenis und der Kunstmäzen *Dr. Otto Jeidels*, vielleicht noch andere.

In fürstlicher Tradition –
die Ehrengabe der Stadt Berlin

Das noble Bootsgeschenk erhielt Einstein von *privater* Seite; irgendwer – und manches spricht dafür, dass es Einsteins Freund Plesch war – muss dem Berliner Oberbürgermeister Gustav Böß gesteckt haben, dass auch die Stadt Berlin eine Verpflichtung zur Ehrung von Einstein habe. Nur ein Ehrenbürgerrecht – das konnte es wohl nicht sein. Vielleicht hob es das Selbstwertgefühl des ehemaligen Corpsstudenten und Mitglieds der Demokratischen Partei Böß, sich in einer ähnlichen Rolle wie der des Reichspräsidenten zu sehen; dieser hatte «Verfügungsmittel» zur Verteilung, die er ohne Zustimmung des Reichstags einsetzen konnte. Hindenburg missbrauchte diese Steuermittel prompt zur Unterstützung seiner eigenen Kaste, etwa für in finanzielle Schwierigkeiten geratene ostelbische Grundbesitzer. Nur, Böß konnte eben *nicht* ohne den Magistrat der Stadt auskommen. Das Magistratskollegium von Groß-Berlin bestand Anfang 1929 aus einunddreißig Mitgliedern. Es beschloss dann, «dem größten Gelehrten unseres Jahrhunderts, unserem Mitbürger Herrn Prof. Einstein, zu seinem 50. Geburtstag ein Havelgrundstück als Ehrengabe zu überreichen.» Bei der politischen Zusammensetzung des Magistrats kann dieser Beschluss aber nicht ganz problemlos gewesen sein: Weder die Links- noch die Rechtsparteien konnten angesichts der miserablen Finanzlage der Stadt ein besonderes Interesse daran gehabt haben, eine die Wähler überzeugende Begründung zu finden, warum ein Grundstück der Stadt «als Ehrengabe» abgegeben werden sollte. Seit der rückläufigen Konjunktur von 1928 befand sich die Stadt Berlin in finanziellen Nöten. Böß hatte sich daher schweren Herzens Anfang 1929 für eine weitgehende Stilllegung des U-Bahn-Baus eingesetzt, war aber überstimmt worden. Das Hauptproblem bestand darin, die kurzfristigen Schulden Berlins, die sich zu Beginn des Jahres 1929 auf 200 Millionen Mark beliefen, in langfristige umzuwandeln. Aus diesem Grund und als Erwiderung des Besuchs des New Yorker Oberbürgermeisters James Walker in Berlin im Jahr 1927 trat Böß im Spätsommer 1929 eine Reise in die USA an; er wollte dort nach finanzstarken Investoren suchen.

Neben dem Magistrat spielten auch die für die Grundstücks-, ja sogar

Einsteins Sommerhaus in Caputh

Haussuche und die Abwicklung des Magistratsbeschlusses zuständigen Stellen der Stadtverwaltung eine Rolle. Die dabei Beteiligten müssen entweder durch Unfähigkeit geglänzt oder planmäßig Sand ins Getriebe gestreut haben: Die mit Elsa Einstein geführten Verhandlungen führten jedenfalls zunächst zu keinem Ergebnis. Zwei Angebote der Stadt hatten die Einsteins verständlicherweise abgelehnt, weil beim einen das Grundstück bei Gatow neben einem Motorbootklub lag und beim anderen, dem Kavalierhaus des Gutes Neu-Cladow, der früheren Eigentümerin ein Nießbrauch auf Lebenszeit zugesichert worden war. Max Slevogts «Blumengarten in Neu-Cladow» zeigt, welch wunderbare Häuser es dort gegeben hat. Anscheinend scheint keiner der Anläufe von Seiten der Stadt geklappt zu haben, die Angelegenheit wurde zur Farce und gelangte in die Presse. Bekannte der Einsteins, Adolph und Elsbeth Stern aus dem am Templiner See gelegenen Ort Caputh, wurden dadurch hellhörig und boten einen Teil ihres Grundstücks nahe am Wasser zum Verkauf an. Darauf unterschrieben Böß und der ehrenamtliche Stadtrat, das Mitglied der Wirtschaftspartei, Busch, eine Vorlage für die Stadtverordnetenversammlung vom 24. April 1929, also schon *nach* Einsteins Geburtstag. Sie lautete: «Wir bitten zu beschließen: Die Versammlung er-

316

klärt sich damit einverstanden, dass zum Zwecke der Schenkung eines Grundstückes in Caputh als Ehrengabe für Prof. Einstein anlässlich seines 50. Geburtstages ca. 20 000 RM aus Mitteln des Grunderwerbsstocks bereitgestellt werden.» Das Geschenk sollte also aus einem Stück Land bestehen; allerdings würde das leicht ansteigende Grundstück «zur Verbesserung der Fernsicht» von der Stadt mit einem höheren Hausfundament versehen und «eine gärtnerische Anlage» geschaffen werden. Am 1. Mai veröffentlichte die *Arbeiter-Illustrierte Zeitung* eine Karikatur zu den fehlgeschlagenen Angeboten der Stadt, nannte jedoch *Carl* Einstein als Beschenkten, nicht *Albert*. Ein Beschluss der Stadtverordnetenversammlung kam aber nicht zustande, auch nicht bei der nächsten Befassung am 2. Mai 1929, sondern wurde noch einmal verschoben, da es im Ältestenrat Widerspruch gegeben hatte. Es kann sein, dass die vom Magistrat als «katastrophal» eingeschätzte Kassenlage der Stadt Berlin und seine Bemühungen, die Stadtverordneten für Sparmaßnahmen zu gewinnen, eine Rolle gespielt haben. Es ist auch vermutet worden, dass antisemitisch eingestellte oder schon mit den Nationalsozialisten liebäugelnde Personen in der Stadtverwaltung die Absicht von Böß hintertrieben haben. Für den nur teilweise richtig informierten Berliner Glossenschreiber «Rumpelstilzchen» war ein Grund zu Häme und Neid gegeben:

Noch mehr als die alten Gebäude liebe ich die wenigen alten Menschen Berlins, die zu einer lebendigen Chronik der «guten» alten Zeit von ehedem geworden sind. Nicht die Hundertjährigen, die dann von der Behörde großmütig eine – eine! – Porzellantasse geschenkt bekommen, auch nicht die berühmten Sechzigjährigen, denen, wie jetzt dem Professor Einstein, die Stadt ein Landhaus stiftet, von dem es sich nachher leider herausgestellt hat, dass sie darüber «nicht verfügungsberechtigt» ist; worauf sie ihm ein anderes ländliches Grundstück anbot, das durch eine Scheune verbaut ist und keinen Zugang hat.

Vielleicht ist dieser Text auch Einstein zu Gesicht gekommen. Jedenfalls wollte er die Abstimmung nicht abwarten, sondern entschied sich dafür, das von der Stadtverwaltung angebotene Grundstück aus eigenen Mitteln zu erwerben. Ein privater Grundstückskauf trat also an die Stelle einer Amtshandlung.

Es ist auch zu bedenken, dass das Maidatum für die Sitzung der Stadtverordnetenversammlung denkbar ungünstig gewesen ist: Die Stadt befand sich in hellem Aufruhr über das brutale und grundlose Eingreifen der Schutzpolizei wegen angeblicher Verletzungen des vom sozialdemokratischen Polizeipräsidenten für den 1. Mai 1929 *nicht* aufgehobenen allgemeinen Demonstrationsverbots. Die KPD hatte zur Missachtung aufgerufen, und 40 Tote sowie 73 Schwerverletzte blieben an diesem Berliner Blutmai auf der Straße zurück. Es gab im Magistrat also Wichtigeres zu besprechen als das Geschenk für Einstein.

Nach einigen Monaten der Detailplanung des Bauherrn und dessen Architekten, Konrad Wachsmann, entstand im Sommer 1930 ein vorgefertigtes, praktisch ausgelegtes Holzhaus mit Heizung. Antonina Vallentin äußerte sich zurückhaltend: «Ein glatter Würfel, an dem etwas niedriger noch ein anderer Würfel angebaut war mit einer Terrasse als Anschluss. Das Ganze war nackt und starr wie eine mathematische Formel.» Doch Einstein war stolz auf sein selbst bezahltes «Landhaus». Zur Einweihung des Gästebuchs durch Max von Laue am 4. Mai 1930 stellte er ein ironisch-heiteres Gedicht an den Anfang unter dem Titel «Verordnung», in dem er die Gäste bat, ihre Eintragungen in gereimter Form zu machen. Daneben die Skizze eines Verbotsschilds mit «Prosa verboten». Unterschrieben hat er mit:

Im Namen der Caputher Guts-Verwaltung.
Der Hausherr.

Die letzte Eintragung am 21. November 1932 stammte ebenfalls von Max von Laue; nur 2½ Jahre lang konnte Einstein sein Glück «auf eigener Scholle» genießen. Das Grundstück war im Mai 1933 auf die Namen von Elsas Töchtern im Grundbuch eingetragen worden, aber schon im Januar 1935 von den Behörden der «Neuen Zeit» entschädigungslos enteignet – im Klartext: Den Einsteins gestohlen worden.

Seit *Philipp Frank* wird in vielen Einstein-Biografien wegen dieser missglückten Schenkung Spott auf die Berliner Stadtverwaltung ausgegossen. Natürlich hat Böß einen gravierenden politischen Fehler begangen und sich blamiert. Aber niemand fragt, ob irgendeinem anderen berühmten Zeitgenossen neben Einstein während der Weimarer Republik zum fünfzigsten oder sechzigsten Geburtstag von der Stadt Berlin ein vergleichbar großzügiges Geschenk angeboten worden ist? Wieder stoßen wir auf das Phänomen, dass Einstein als der «Größte» eingeschätzt wurde, mit dem niemand anderer verglichen werden konnte. Und das, obgleich die Folgen seiner Forschung für den einfachen Mann auf der Straße damals weniger erkennbar waren als etwa die von Habers Leistungen. Warum wollte Einstein das Geschenk annehmen? Fand er, dass es ihm zustand? War Elsa die treibende Kraft? Noch 1919 hatte Einstein Steuergelder für den Bau des Forschungslabors «Einstein-Turm» wegen der schlechten Zeiten nur zögerlich willkommen geheißen. Ein Sommerhaus am Wasser war mindestens seit 1920 sein Traum gewesen. Warum hatte er sich diesen Traum noch nicht selbst erfüllt? Wegen der finanziellen Belastung durch seine erste Familie in Zürich? Wie sich jetzt zeigte, waren die finanziellen Mittel vorhanden, ohne dass er sich verausgaben musste.

Vermutlich ist der preußische Beamte Einstein im Nachhinein ganz zufrieden damit gewesen, dass er selbst die Initiative ergriffen und verzichtet hatte. Oberbürgermeister Böß wurde nämlich ein halbes Jahr nach Einsteins Geburtstag von einem politischen Skandal in Berlin eingeholt und 1930 wegen eines angenommenen Geschenks angeklagt, einem Pelzmantel für seine Frau im Wert von 4000 Mark. Sie hatte ihn von drei in eine millionenschwere Betrugsaffäre verwickelten jüdischen Brüdern und Lieferanten der Stadt mit Namen Sklarek bekommen. Böß erhielt eine Geldstrafe von 3000 Reichsmark und wurde auf eigenen Antrag wegen «Dienstunfähigkeit» – vor der Öffentlichkeit «aus Gesundheitsgründen» – zum 1. November 1930 in den Ruhestand versetzt. Ausgerechnet die Monatsschrift *Der nationaldeutsche Jude* versuchte in zynischer Weise, Einstein wegen seines Eintretens für das jüdische Volk mit dem Sklarek-Skandal in geistige Verbindung zu bringen. In der Novembernummer von 1929 wurde er als «jüdischnationaler Literat» angegriffen: «Professor Einstein schreibt: ‹Wie groß ist die moralische Gefährdung des jüdischen Menschen, der den Zusammenhang mit dem jüdischen Volkskörper verloren hat und von dem Wirtsvolk als Fremder angesehen wird. Oft genug ist schnöder, freudloser Egoismus aus solcher Situation erwachsen.› Also, hätten sich die Sklareks rechtzeitig die Heilslehre des Zionismus zu Eigen gemacht, so würden sie wahrscheinlich keine Schiebungen begangen haben.»

Der erzwungene Abgang von Böß war vor allem der Presse zuzuschreiben, wie ein heutiger Kenner der Materie meint:

Doch war es nicht nur die Rote Fahne allein, die ihn verfolgte. Genauso verfuhr die Rechtspresse, allen voran der Hugenbergsche Lokalanzeiger. Auch die Boulevardblätter der Häuser Mosse und Ullstein glaubten um des Zeitungsgeschäfts willen die unverantwortliche, auf Gerüchten basierende Berichterstattung mitmachen zu müssen. Diese beiden Verlage, die die Weimarer Republik und die sie tragenden Kräfte grundsätzlich unterstützten, haben im Fall Böß versagt. Sie hätten ihren großen Einfluss auf die Berliner Bevölkerung dazu benutzen müssen, den wehrlosen demokratischen Oberbürgermeister vor seinen politischen Feinden in Schutz zu nehmen.

Bis heute sind Böß' Verdienste um die Stadt, der «Weitblick, mit dem er Akzente für eine Entwicklung gesetzt hat, die Berlin noch heute zum Vorteil gereicht», ungewürdigt geblieben. Dass diese Berliner Figur allein durch ihr politisches Missgeschick mit Einsteins Landhaus in Caputh in der Erinnerung bleibt, ist schon ein wenig tragisch.

Tanz auf dem Vulkan: 1930–1933

Berlin unternahm unter seinem Oberbürgermeister Gustav Böß große Anstrengungen, um mit anderen Weltstädten konkurrieren zu können. «Ich weiß: Paris, London und New York sind uns noch über. Bald müssen und werden wir sie eingeholt haben», kommentierte er im *Berliner Tageblatt* im Oktober 1928. Eine Generalprobe unter dem Motto «Berlin im Licht» fand einige Abendstunden lang an vier Tagen Mitte Oktober statt: Historische Gebäude wurden angestrahlt und neue Beleuchtungsarten ausprobiert. Finanziert wurde das helle Ereignis von der Berliner Wirtschaft. Allein die Sternenbeleuchtung in der Leipziger Straße kostete etwa vierzigtausend Mark. «Die Aufwendungen, die die Industrie machte, waren noch weit höher, da die meisten dieser Riesenanlagen nicht nur für die Lichtwoche aufgebaut wurden, sondern ständig Berlin erhellen und Käufer locken sollen. Die großartigste Anlage dieser Art befindet sich am Kurfürstendamm, wo ein ganzes Eckhaus durch neuartige Lichtreklame taghell erleuchtet wird.» Dabei handelte es sich vielleicht um das Uhlandeck mit Café unten, Mercedes-Leuchtschrift ganz oben, Schultheis und Löwenbräu-Reklame dazwischen. Kurt Weill komponierte extra für das Lichtfest einen «Berlin-im-Licht»-Song. Da die wirtschaftliche Lage nicht gerade rosig war, blieb Kritik nicht aus: «Wie wollen die Veranstalter der Lichtwoche, wie will der Magistrat die Vergeudung von sicher nicht geringen Mitteln gegenüber den Armen, Obdach- und Wohnungslosen rechtfertigen? Er sollte den Fremden und Großausbeutern die Elendquartiere Berlins zeigen und ihnen sagen: Hier seht, das ist Euer Werk!» Fugenlos schließt sich eine von Graf Kessler gemachte Eintragung aus dem Jahr 1932 über Not in manchen Gegenden von Berlin an: «Eine Einzelheit, die ich nicht wusste: Dass es in Berlin schon zwanzig- bis dreißigtausend ‹Besprisornijes› gebe, verwahrloste Kinder von elf bis fünfzehn Jahren, die in Rudeln lebten, vollkommen organisiert seien in kleinen Banden. […] Sie seien vollkommen amoralisch, auf alle Verbrechen eingestellt, zum großen Teil syphilitisch und kokainsüchtig.»

Arbeitslosigkeit und Schwarzer Freitag

Der Niedergang der Börse in New York nach überhitzter Spekulation, die alle Hinweise auf geringe Warennachfrage bei hohem Angebot in den Wind geschlagen hatte, begann am 24. Oktober 1929 und mündete in den berüchtigten Börsenkrach des «Schwarzen Freitags». Dieses Datum einer Bankenkrise kennzeichnete auch den Beginn einer weltweiten Wirtschaftskrise für die drei folgenden Jahre bis Ende 1932. In Deutschland hatte sich der Konjunktur*aufschwung* von 1926/27 schon ab 1928 und besonders seit dem strengen Winter 1928/29 in einen *Abschwung* verwandelt. Die industrielle Produktion begann zu sinken und die Arbeitslosenziffern kontinuierlich bis zu einem Höchststand von 3,2 Millionen im Februar 1929 zu steigen. Daraus folgte ein horrendes Defizit der «Reichsanstalt für Arbeitslosenversicherung», das durch Kredite gedeckt werden musste und eine Reform der Arbeitslosen- und Sozialversicherung erzwang.

Ein neuer Plan zur Bewältigung der deutschen Reparationszahlungen stand zur Debatte, der *Young-Plan*; er würde Deutschland auf wirtschaftspolitischem Gebiet die Souveränität zurückgeben, war aber mit dem Nachteil verbunden, dass Reparationszahlungen nun auch bei einem wirtschaftlichem Niedergang in Deutschland festgeschrieben sein würden. Das war riskant; die Bankenkrise in den USA musste indirekte Auswirkungen auf Deutschland dadurch haben, dass *kurzfristige* Auslandskredite an deutsche Kommunen und Banken vermehrt abgezogen wurden. Da die deutschen Kreditnehmer das Geld aber vorwiegend *langfristig* angelegt hatten, konnten sie in plötzliche Schwierigkeiten geraten. Die selbsternannte «Nationale Opposition», also die Deutschnationale Volkspartei und die Nationalsozialisten setzten ein Volksbegehren gegen den Young-Plan durch, das scheiterte, der politischen Rechten aber einen Achtungserfolg und weiteren Zulauf brachte.

Nationalsozialistische Umtriebe

Seit 1. November 1926 versuchte *Joseph Goebbels* als Gauleiter der NSDAP in der Stadt, Berlin «aufzumischen». Als Erstes hatte er blutrote Plakate kleben lassen: «Der Bürgerstaat geht seinem Ende entgegen. Ein neues Deutschland muss geschmiedet werden.» Seine Kampfzeitschrift nannte er *Der Angriff.* Tucholsky nahm den neuen Berliner Propagandisten in einem Gedicht «Joebbels» auf die Schippe. Dessen erster Vers lautet:

Wat wärst du ohne deine Möbelpacker!
Die stehn, bezahlt un treu, so um dir rum.
Dahinter du: een arma Lauseknacker,
een Baritong fort Jachtenpublikum.
Die Weiber – hach – die bibbern dir entjejen
un möchten sich am liebsten uffn Boden lejen!
Du machst un tust und jippst da an.
Josef, du bist'n kleener Mann.

Da sein oberster Genosse *Adolf Hitler* in Preußen Redeverbot hatte, musste sich Goebbels anderes einfallen lassen: Seine SA-Leute überfielen in schöner Regelmäßigkeit Veranstaltungen der Kommunisten und zettelten zahllose große und kleine Schlägereien an; so misshandelten sie als Hundertschaft die dreiundzwanzig Musikanten der Kapelle des Charlottenburger «Roten Frontkämpferbundes» auf dem Bahnhof Lichterfelde-Ost, ohne dass die Polizei etwas ausrichtete. Bei den Reichstagswahlen im Mai 1928 erhielt die NSDAP in Berlin erheblich weniger Stimmen, als es ihrem reichsweiten Durchschnitt entsprach. Solange die Wirtschaft aufblühte, waren die Aggressionen der nationalsozialistischen Rabauken eher lästig als bedeutsam. Seit sich die Konjunktur abgeschwächt hatte und es zu Lohnkämpfen, Streiks und Aussperrungen, etwa bei den Berliner Werkzeugmachern, gekommen war, erhielt die Hitlerpartei mehr Zulauf. Die Situation auf den Straßen bewegte sich mehr und mehr auf eine Konfrontation zwischen SA und Kommunisten zu. Das Redeverbot für Hitler wurde aufgehoben und sein Erscheinen auf Plakaten groß angekündigt:

Zum ersten Male in Berlin!
Nachdem das Redeverbot der Preußischen Regierung gegen den Führer
Adolf Hitler
aufgehoben ist,
spricht er in einer Massenkundgebung am
Freitag, den 16. November 1928, 8.30 Uhr im
Sportpalast

Potsdamer Straße – über das Thema
«Der Kampf, der einst
die Ketten bricht».

Mitte September 1929 überfielen Nationalsozialisten auf dem Kurfürstendamm jüdisch aussehende Passanten und verprügelten sie. Bei den Wahlen zur Berliner Stadtverordnetenversammlung im November 1929, also *nach* Einsteins Geburtstag, zogen erstmals 13 Vertreter der NSDAP in dieses Gremium ein; das entspricht etwa 6 % der Abgeordneten. Von November 1929 bis März 1930 wuchs die Zahl derjenigen mit Arbeitslosenunterstützung um mehr als das Doppelte. Viele Intellektuelle sahen die Reichstagswahl am 14. September 1930, bei der die Nationalsozialisten von den 2,6 % in 1928 auf 18,3 % zugelegt hatten, als den Sterbetag der Republik an. Dennoch war die SPD stärkste Fraktion geblieben; das Zentrum hatte sogar leicht hinzugewonnen.

Einsteins formeller Vorgesetzter, C. H. Becker, trat im Januar 1930 nach einer öffentlichen Diskussion über einen Wechsel im Ministerium zurück. Der preußische Ministerpräsident *Carl Otto Braun* wünschte anscheinend einen neuen Minister, dessen unverbrauchte Energie stärkeren Einfluss auf die sich von der Demokratie immer weiter entfernende Jugend nehmen sollte, besonders auf die Studierenden. Dabei hatten Wissenschaftler wie Einstein und Nernst, Künstler wie Hauptmann, Thomas Mann, Liebermann und Käthe Kollwitz sich für Beckers Bleiben eingesetzt.

Was die NSDAP sich nun alles erlaubte, zeigen folgende Vorfälle. Die Berliner Premiere im Mozartsaal des Theaters am Nollendorfplatz des in den USA gedrehten Antikriegsfilms «Im Westen nichts Neues» nach Remarques Roman Anfang Dezember 1930 wurde von Nationalsozialisten gestört. Regie führte Goebbels; der ehemals politisch linke expressionistische Schriftsteller *Arnold Bronnen* leitete die Unruhestifter. Der sowjetrussische Schriftsteller Ilja Ehrenburg, der den Film schon in London gesehen hatte, berichtete, er sei der Bitte eines Freundes gefolgt, nach dem: «die Nazis [...] heute eine Schlacht liefern [wollen]. Man wird sie gebührend empfangen.» Sie wollten den Film anschauen: «Plötzlich ertönen hysterische Schreie. Das Licht wird eingeschaltet. Es ist keine Schlägerei im Gange, doch die Schreie halten an. Das Publikum verlässt den Saal. Die Nazis haben, wie sich herausstellt, einhundert Mäuse im Saal freigelassen.» Aber so harmlos ging es nicht weiter; die SA protestierte so lange gewalttätig gegen den Film, bis die genervten und feigen Behörden es dazu brachten, dass er abgesetzt wurde. Einstein, der gerade in den USA weilte, den Film dort gesehen und seiner Freundin Margarete Lebach davon berichtet hatte, gab eine Erklärung gegen das Verbot des Films in Berlin ab:

Dieses Verbot enthüllt eine solche gefahrvolle Schwäche der Regierung, die sich vor dem Schrei des Straßenmobs gebeugt hat, dass eine Rehabilitierung in den Augen der Welt unbedingt zu verlangen ist.

Aber «Zivilcourage» blieb in Weimar-Deutschland ein Lehnwort, wurde nur von einer kleinen Minderheit praktiziert.

Thomas Mann war es bei seiner «Deutschen Ansprache», einer Rede gehalten im Oktober 1930 im Beethovensaal in Berlin, nicht viel besser ergangen als Remarques Film. Goebbels hatte zwanzig SA-Männer in Leih-Smokings in die Veranstaltung geschickt. Arnold Bronnen war wieder dabei; er verharmloste später die Rolle seiner Leute:

Schließlich war es soweit. Ein allerdings mächtiges «Oho» meines Nachbarn genügte, um einen wilden Krach ausbrechen zu lassen. [...] Im Saal hatte sich inzwischen, trotz der Abwesenheit des Ruhestörers, die Ruhestörung weiter fortgesetzt, alle schrien gegen alle, und nur einundzwanzig Menschen waren ganz still: der Redner Thomas Mann, der wie verloren in der Brandung stand, und die zwanzig SA-Männer, die in ihren Leih-Smokings saßen und Angst hatten, sie zu beschmutzen [...].

Bei seinem Besuch in Berlin im März 1931 zur deutschen Uraufführung seines Stummfilms «Lichter der Großstadt» wurde Charlie Chaplin «unter immer erneuten Hochrufen» von einer begeisterten Menge empfangen. Eine telefonisch erfragte kurze Äußerung des reisemüden Chaplin für die Zeitung des kommunistischen Jugendverbandes: «Meine Grüße und meine Sympathie für die kommunistische Jugend Deutschlands» wurde von der rechtskonservativen und der nationalsozialistischen Presse sogleich für eine wüste antikommunistische und antisemitische Attacke ausgeschlachtet. Sie spielte so geschickt mit der Drohung eines Boykotts von Chaplins Filmen, dass er sich zu einem Dementi gezwungen sah. Glücklicherweise waren die Einsteins verspätet aus den USA zurückgekehrt, so dass Chaplins Besuch bei ihnen in der Haberlandstraße erst am Nachmittag seiner Abreise mit dem Nachtzug stattfand. Andernfalls wäre Albert Einstein bestimmt auch in die Hetzkampagne hineingezogen worden. Der deutsche Verleiher von Chaplins Film machte 1932 Pleite: Die Kinobesitzer zeigten den Film nicht mehr, weil SA-Posten die Besucher belästigten und am Betreten der Kinos hinderten. Gewalttätige Intoleranz war in Deutschland Realität geworden.

Sah Einstein klarer als andere?

Schon 1929 hatte der Dichter Yvan Goll in seinem Berlin-Roman ein gespenstisches Bild gezeichnet:

Berlin, Stadt des Nordens, Todesstadt, wo vereiste Fenster starren wie der Todkranken Augen, wo rissige Steine sich häufen, wo der Boden klafft wie der Wöchnerinnen Schoß. Stadt eisigen Wahns, des Krampfes in Dunkel und Gefängnis, wie verschieden von der überkochenden Tollheit im goldenen Sizilien! [...] kranke, stinkende Stadt! Deines Pöbels Furcht breitet sich über deine faltige Haut wie erkaltender Lavastrom. Alte Menschenfresserin, deine schlaffen Brüste kollern unter papierenem Hemd, du bist erblindet in geheimnisvollem Schlamm. Aus welch fernem Jahrtausend trittst du hervor und wirst du dich wälzen über die edlen Wandteppiche Europas?

Rückblickend könnte Golls letzter Satz wie eine Vorahnung von Kommendem gedeutet werden; es ist aber auch möglich, dass ihn seine berufliche Erfolglosigkeit in Berlin zu dieser düsteren Darstellung trieb.

Während Einstein die politische Situation in Deutschland im Jahr 1930 als für sich ungefährlich beurteilte, verhielten sich einige wenige seiner jüdischen Physikerkollegen anders. Im Rückblick erinnerte sich der Nobelpreisträger Wigner: «Die Ereignisse in Deutschland waren beängstigend. Doch damals in Caputh ahnten Szillard und ich früher als Einstein, dass wir dieses Land schon bald würden verlassen müssen. Obwohl meine Position an der Technischen Hochschule in Berlin als relativ sicher galt, bewarb ich mich in den USA und arbeitete seit 1930 halbjährlich an der Princeton University.» Auch Einsteins vormaliger Assistent Lanczos ging schon 1931 in die USA, ebenso Theodor von Kármán, der bereits 1929 eine Stelle am *California Institute of Technology* angenommen hatte, danach aber noch semesterweise in Aachen unterrichtete. Kármán verließ Deutschland, weil er glaubte, vorhersehen zu können, wohin die nationalsozialistischen Ideen führten, und er als Jude dann besonders betroffen sein würde. Anderen, wie *Emil Gumbel*, blieb keine Wahl; er hatte nach langen Anfeindungen und Kampagnen gegen ihn 1932 seine Stelle an der Universität Heidelberg verloren und war nach Frankreich ausgewichen. Das völkischen Lager hasste ihn wegen seiner genauen Untersuchungen über die Schuldigen an den Attentaten gegen Politiker während der Weimarer Republik und über den nachsichtigen Umgang der Justiz mit Tätern, die der politischen Rechten zuzurechnen waren. Da Gumbel *nicht* zu den herausragenden Vertretern seines Faches gehörte, war selbst Einsteins Hilfsbereitschaft eingeschränkt: «Ich würde mich freuen, wenn Sie eine Stelle erhielten. Charakterleistungen sind ebenso viel wert wie wissenschaftliche; deshalb brauchen Sie sich nicht in den Schatten stellen zu lassen.»

Nathan und Norden kommentierten einen von Einstein an Max Planck in dessen Eigenschaft als Sekretär der Akademie formulierten, aber wohl *nicht* abgeschickten Brief vom 17. Juli 1931 falsch, als sie schrieben: «Einstein gibt darin die Unsicherheit zu erkennen, die er im Hinblick auf den wachsenden Einfluss der Nazibewegung im politischen und sozialen Leben Deutschlands spürte.» Am Beginn dieses Briefentwurfs bezieht Einstein sich auf seine Staatsangehörigkeit: «[...] dass ich am Ende des Krieges mich bereit erklärt habe, neben meiner Schweizer Staatsangehörigkeit auch die deutsche zu übernehmen. Die mit den Ereignissen der letzten Tage zusammenhängenden Maßregeln lassen mir aber die Aufrechterhaltung dieses Zustandes als allzu unvorteilhaft erscheinen.» Er bat Planck, dafür zu sorgen, dass seine deutsche Staatsangehörigkeit aufgehoben werde. «Die Sorge für die zahlreichen von mir finanziell abhängigen Menschen sowie auch ein gewisses Bedürfnis nach persönlicher Unabhängigkeit zwingen mich zu diesem Schritt [...].» Was waren die «Ereignisse der letzten Tage» und die «Maßregeln»? Politische Umbrüche hatte es nirgendwo im Reich gegeben. Auch die Überlegungen zur Errichtung eines Instituts für Theoretische Physik als Ausbau des KWI für Physik konnten es nicht gewesen sein; Einstein war mit ihnen völlig einverstanden. Den Anlass zu seinem Brief kann nur die deutsche *Bankenkrise* gegeben haben, die am 13. Juli 1931 mit dem Zusammenbruch der zweitgrößten deutschen Bank, der Darmstädter und Nationalbank begann. Die Dresdner Bank stand am 14. Juli 1931 kurz vor dem Zusammenbruch. Das Kabinett Brüning reagierte mit einer zweitägigen Zwangspause im Bargeld-Zahlungsverkehr am 16. und 17. Juli, der nur für die Auszahlung von Löhnen und Ähnlichem durchbrochen werden durfte. Mit Notverordnungen wurden dem Devisenverkehr rigorose Beschränkungen auferlegt. Ein Zeitgenosse berichtete:

[…] Schalter sämtlicher Banken und Sparkassen geschlossen! Das Knistern im Gebälk des kapitalistischen Gefüges hatte sich jählings in einen polternden Krach verwandelt. […] Die Zahl des Arbeitslosenheeres näherte sich bereits der Viermillionengrenze […]. In der Presse wurde bekannt gegeben, dass die Schalter der Geldinstitute wieder geöffnet würden, doch täglich nur ein Höchstbetrag von 50 Mark vom Sparbuch zur Auszahlung gelange.

Es scheint, dass Einstein sich um sein Erspartes sorgte; als Ausländer wäre er vermutlich besser gestellt gewesen. Nach Behebung der Finanzkrise entfiel auch der Grund für den Brief.

Einstein muss wie andere Demokraten entsetzt gewesen sein über die zahlreicher werdenden Gewalttaten mit politischem Hindergrund: 1931 soll es in Berlin bei solchen Auseinandersetzungen 29 Tote gegeben haben, darunter doppelt so viele Kommunisten wie Nationalsozialisten. Zwischen Juli 1930 und September 1932 gab der Reichspräsident allein sieben Erlasse heraus, die sich auf politische Gewalt bezogen. Die darin enthaltenen Verbote nutzten jedoch wenig; die Polizei war gegenüber den Gewalttätigkeiten zwischen SA und Kommunisten im Grunde zu nachgiebig, wenn nicht machtlos. Am 10. Oktober 1931 war Hitler zum ersten Male von Reichspräsident von Hindenburg empfangen worden; am Tag danach hatte ein Treffen der so genannten *nationalen Opposition* in Bad Harzburg stattgefunden. Ziel war es, nach dem Ende der ersten Regierung Brüning eine Wende zugunsten der «völkischen» Kräfte herbeizuführen: «[…] Wir beschwören den durch uns gewählten Reichspräsidenten von Hindenburg, dass er dem stürmischen Drängen von Millionen vaterländischer Männer und Frauen, Frontsoldaten und Jugend entspricht und in letzter Stunde durch Berufung einer wirklichen Nationalregierung den rettenden Kurswechsel herbeiführt.» Carl von Ossietzky reagierte in der *Weltbühne* mit einem skeptischen Artikel «Kommt Hitler doch?» Er beklagte sich über die Regierung:

Die Herren wollen die Republik retten, indem sie sich Unterstützung durch republikanische Kräfte verbitten und diese unerwünschte Unterstützung unter

Strafe stellen. Das undifferenzierte Versammlungsverbot, das Verbot, Uniformen und Abzeichen zu tragen, trifft ja nicht nur die Nazis, sondern viel ärger die von links. Ist es der Regierung Ernst damit, den Verfassungsstaat zu verteidigen, so kann sie auf die Mobilisation aller demokratisch-republikanischen Kräfte nicht verzichten. [...] Wäre die Regierung wirklich gewillt, gegenüber dem National-sozialismus Autorität zu zeigen, so hätte sie Hitler an dem Tage, wo er wie der Chef einer Nebenregierung im Kaiserhof Parade abhielt, als Hochverräter ver-haften lassen müssen [...].

Aber man hatte noch einmal Glück gehabt; am 13. Oktober 1931 trat das zweite Kabinett Brüning zusammen, ein Präsidialkabinett ohne Mehr-heit im Reichstag, das allein durch Notverordnungen regieren konnte.

Die finanzielle Krise im Sommer und diese *politische* Situation im Oktober mögen der folgenden Tagebuchnotiz von Albert Einstein am 6. Dezember 1931 bei seiner Überfahrt in die USA zugrunde gelegen haben:

Heute entschloss ich mich, meine Berliner Stellung im Wesentlichen aufzugeben. Also Zugvogel für den Lebensrest! Möwen begleiten immer noch das Schiff, be-ständig fliegend. Sie sollen den Weg zu den Azoren mitmachen. Das sind meine neuen Kollegen, aber weiß Gott, tüchtiger als ich.

Vermutlich hat er seiner Frau nichts von diesem einsamen Entschluss er-zählt. «Zugvogel» kann bedeuten, dass er erwog, zwischen zwei Orten zu pendeln. Nach Aufforderungen von Mme. Julien Luchaire in Paris, Ein-stein solle Berlin verlassen – vermutlich weil sie ihn nach einem eigenen traumatischen Erlebnis in der Berliner S-Bahn durch die Nationalsozia-listen gefährdet sah –, antwortete Elsa ihr im Juni 1932:

[...] und traurig gestimmt, weil wir fort sollen. Bei Albert ist dies nicht so einfach. Er hat sich auf sein Caputh eingestellt, ganz und gar. Lebt hier göttlich wie nir-gends. Erklärt mir auch, es bringe ihn vorerst keine Lage, fortzugehen. Er kennt keine Angst.

Der Brief bezieht sich vielleicht auch auf den Besuch des amerikani-schen Pädagogen *Abraham Flexner* im Juni in Caputh, der Einstein nach Princeton locken wollte. Die Verhandlungen wurden erst im Oktober 1932 abgeschlossen. Auch danach hatte Einstein es nicht eilig, der Preu-ßischen Akademie seine gegenüber Flexner eingegangene Verpflichtung mitzuteilen, nämlich am neu gegründeten «Institute for Advanced Studies» in Princeton während fünf Monaten des Jahres zu arbeiten. Sein «Bedürfnis nach persönlicher Unabhängigkeit» ließ ihn wohl zunächst nach mehreren Seiten hin lavieren. In einer Vereinbarung mit der Akademie und dem preußischen Ministerium für Kunst, Wissenschaft und Volksbildung wurde schließlich vereinbart, dass Einstein von 1933 an für 5 Jahre nur die Hälfte seines bisherigen Gehaltes bekommen sollte. Einstein wünschte, dass diese Regelung ab 1. April 1933 gelte. Das Ministerium wies am Heiligabend (!) 1932 die Akademie jedoch an, sein Gehalt für den Zeitraum vom 1. 1. 1933 bis 30. 6. 1933 einzubehalten. Einstein war da schon in den USA. Aus dieser Vereinbarung kann man schließen, dass er keineswegs mit einer Machtübernahme durch Hitler Anfang 1933 gerechnet hat.

Neben der Bedrohung durch die immer unverfrorener agierenden Nationalsozialisten können auch wissenschaftsbezogene und wirtschaftliche Gründe dazu beigetragen haben, dass Einstein sich gedanklich aus Berlin zurückzog. In seinem Fach hatte er sich mit seiner Ablehnung der statistischen Interpretation der Quantenmechanik von seinen Fachkollegen in Deutschland zunehmend isoliert. Gut möglich, dass er sich gegenüber Haber, Nernst und Planck, die ihn zur Lösung des Quantenrätsels nach Berlin geholt hatten, nun nicht mehr so wohl fühlte wie vor 1926: Nicht er hatte den Durchbruch geschafft, sondern Schrödinger, Heisenberg und Born sowie Dirac in England. Andererseits fand seine «Einheitliche Feldtheorie», der er sich mit aller Kraft widmete, bei seinen Kollegen in der Physik nur minimales Interesse, während ein Teil der Presse sie in automatischer Fortschreibung des herausragenden Erfolgs der allgemeinen Relativitätstheorie als neue Großtat feierte. Pauli bespöttelte die regelmäßig als endgültig vorgeschlagenen Ansätze Einsteins, die dieser dann ebenso regelmäßig durch andere ersetzte: «Die Theorie ist tot; es lebe die Theorie!» In den USA – und auch in anderen europäischen Ländern wie England oder Frankreich – schien dagegen noch großes Interesse an Einstein als *Wissenschaftler* vorhanden. Das California Institute of Technology in Pasadena hatte ebenso wie Flexner versucht, den nun zweiundfünfzigjährigen Einstein zu gewinnen. Ein Standbein in den USA zu haben, konnte nichts schaden. Dort war Einstein, besonders in New York und Chicago, von den Menschen begeistert empfangen worden. Rudolf Kaysers wenig hoffnungsvoller Brief an die Einsteins unterwegs in Amerika vom Dezember 1931 hallte nach:

Hier verschärft sich immer mehr die Stimmung von Bitterkeit, Angst, Not und die Begeisterung der Verzweiflung. Alles Geistige wird immer ohnmächtiger und scheint einer neuen Barbarei Platz machen zu wollen.

Die Wiederwahl Hindenburgs zum Reichspräsidenten im März 1932 mit fast 20 % Vorsprung vor Hitler beruhigte die innenpolitische Auseinandersetzung zwischen den Parteien nicht. Im Gegenteil, in Deutschland und Berlin nahm die politische Unruhe zu. Ende Juni 1932 kommentierte Graf Kessler: «Frau v. Ossietzky telefonierte heute nachmittag [...], vor ihrem Hause in einer stillen Straße in Friedenau patrouillierten ununterbrochen Nazitrupps auf und ab. – Allmählich etablieren die Nazis im Westen von Berlin einen regelrechten Straßenterror.» Und Anfang Juli: «Während wir Sonntag in der schönen Landschaft herumfuhren, sind wieder 17 Tote und fast 200 Verwundete dem hemmungslosen und organisierten Terror der Nazis zum Opfer gefallen.» In einem Interview vom 7. Juli beurteilte der Berliner Polizeipräsident *Grzesinski*, ein Sozialdemokrat, die Sicherheitslage so: «Ja, das muss man selbstverständlich sagen, es ist tatsächlich Bürgerkrieg in Deutschland, latenter Bürgerkrieg.» Dass Einsteins auch im ruhigen Caputh etwas merkten, zeigen Elsas Briefe an Mme. Julien Luchaire vom Mai und Juni 1932: «Ob man gut daran tut, in solch aufgeregten Zeiten hier zu bleiben, wer weiß es? Mein Mann selbst ist am liebsten in seinem Landhäusel und auf seinem Segelboot. Aber, ich sag's noch einmal, es ist mir sehr beklommen zu Mute.» Ein Demonstrationsverbot durch die Reichsregierung am 18. Juli half nur vorübergehend. Am 20. Juli stürzte der parteilose Reichskanzler *Franz von Papen* die preußische Landesregierung mit dem Sozialdemokraten Carl Braun als Ministerpräsident unter dem Vorwand der bürgerkriegsähnlichen Lage in Berlin, ein klarer Verfassungsbruch. Er unterstellte die preußische Polizei dem Reichsinnenminister, die Grundrechte wurden außer Kraft gesetzt. Weder die demokratischen Parteien noch die Gewerkschaften wehrten sich energisch genug – zum Beispiel durch Streiks.

Ein seltenes Beispiel für eine konkrete *innenpolitische* Aktion Einsteins ist seine Antwort auf den «Dringenden Appell» von Leonard Nelsons

«Internationalem Sozialistischen Kampfbund» vor der Reichstagswahl am 31. Juli 1932. Darin wurde im Juni angesichts der vom National-sozialismus ausgehenden Gefahr zur Bildung einer antifaschistischen Front aufgerufen, «durch ein Zusammengehen der Sozialdemokratischen und Kommunistischen Partei, am besten in der Form gemeinsamer Kandidatenlisten. [...] Sorgen wir dafür, dass nicht Trägheit der Natur und Feigheit des Herzens uns in die Barbarei versinken lassen!» Zuerst verweigerte Einstein seine Unterschrift und schlug stattdessen vor, dass er und Käthe Kollwitz

[...] die drei entscheidenden Leute, nämlich Otto Wels von der SPD, Ernst Thälmann von der KPD und Theodor Leipart vom Allgemeinen Deutschen Gewerkschaftsbund zu einem persönlichen Gespräch einladen, dann werden wir das klarkriegen.

Einsteins politisches Handeln zielte auf eine *persönliche* Intervention hinter verschlossenen Türen mit legitimierten politischen «Führern», aber ohne zu berücksichtigen, dass diese, selbst nach erfolgreichem Gespräch, erst ihre Gefolgschaft in Partei und Gewerkschaft hinter sich bringen mussten. Wodurch waren Einstein und Käthe Kollwitz zu einem solchen Gespräch legitimiert? In Einsteins Verständnis: Durch ihre Leistungen in Wissenschaft und Kunst und ihren moralischen Anspruch! Erich Mühsam hatte schon im Dezember 1931 vorausgesehen:

Die einzige Kraft, die imstande wäre, Hitlers Machtergreifung zu verhindern, ist der verbundene Wille der vom Nationalsozialismus nicht verwirrten deutschen Arbeiterschaft. Darüber sind sich alle Arbeiter, die sich überhaupt Gedanken machen, einig. Sie wissen auch, dass das Mittel, über das sie verfügen, der Generalstreik ist. [...] Und das Ende solcher Unterhaltungen ist immer das, dass die Sozialdemokraten auf die kommunistische Führerschaft, die Kommunisten auf die sozialdemokratische Führerschaft schimpfen und ihnen die Schuld geben, dass das Proletariat nicht zu gemeinsamen Beschlüssen zu bringen ist. Wahr ist, dass die Einigkeit der Arbeiterschaft «unter Führung» dieser oder jener Partei, Gewerkschaft, Programmverpflichtung überhaupt nicht erreicht werden kann.

Wie vorauszusehen, kam das Gespräch nicht zustande, sondern nur ein gemeinsamer Brief von Einstein, Kollwitz sowie Heinrich Mann an die drei Spitzenfunktionäre. Thälmann antwortete überhaupt nicht; Wels und Leipart begrüßten zwar die Initiative, hielten sie wegen des Widerstands der KPD aber für aussichtslos. Den ursprünglichen Appell unterschrieben neben Einstein viele andere, etwa Emil Gumbel, Kurt Hiller, Erich Kästner, Heinrich Mann, Ernst Toller und Arnold Zweig. Aus der Reichstagswahl ging die NSDAP als stärkste Partei hervor. Von Papens rechtskonservative Präsidialregierung, nach dem Gothaer Adelsverzeichnis auch «das Gotha-Kabinett» genannt, da sie zur Hälfte aus Adeligen bestand, dauerte nur bis zum Dezember 1932. Optimisten gab es trotzdem. Bermann Fischer berichtete: «Einer der führenden jüdischen Privatbankiers wollte mit mir wetten, dass Hitler bis spätestens Ende 1932 verschwunden sei. Da half keine Beredsamkeit. Der Wunsch nach Ruhe war stärker; das Gebrüll der Straße, das mir unüberhörbar in den Ohren gellte, wurde gerade dort nicht gehört, wo man die Geschichte vielleicht noch hätte wenden können.»

Die Wirtschaftlage in Deutschland mit stark gefallener Produktion, gefallenen Preisen und reduzierten Beamtengehältern musste «desolat» genannt werden. Die Arbeitslosenzahl war seit 1928 kontinuierlich angestiegen, von 8,5 % in 1929 auf 29,9 % im Jahre 1932; das entsprach 5,6 Millionen registrierter Arbeitsloser – von einer geschätzten Dunkelziffer von einer weiteren Million einmal abgesehen. Unter den gewerkschaftlich organisierten Arbeitern lag der Anteil der Erwerbslosigkeit noch höher. In *Paul Löbes* Erinnerung:

Ich sehe gerade in der Wirtschaftskrise eine der Hauptursachen, weshalb das deutsche Volk der nazistischen Verführung unterlag. Der Unbeteiligte kann sich nur schwer eine Vorstellung machen, wie niederdrückend jahrelange Beschäftigungslosigkeit gerade auf den gewissenhaften Arbeiter wirkt. In dem engeren Vorstand meiner Partei in Breslau, meinem Wahlkreis, waren Ende 1932 von zwölf Mitgliedern sieben arbeitslos. Ein paar davon seit fünf Jahren!

Was die Reparationen betrifft, so war das Land zahlungsunfähig; mit dem auf Vorschlag des US-Präsidenten Hoover zustande gekommenen Moratorium wurde Deutschland die Reparationsleistung im Juni für ein Jahr gestundet. Ein Beschluss in Lausanne im Juli 1932 strich dann die nach dem Young-Plan noch bis 1988 (!) fälligen Raten und forderte stattdessen eine einmalige deutsche Abschlusszahlung in Höhe von drei Milliarden Goldmark nach einem erneuten dreijährigen Moratorium.

In seiner Gratulation zu Gorkis fünfundsechzigstem Geburtstag im

September 1932 griff Einstein zu ähnlichen Worten wie früher, um seine moralischen Vorstellungen auszudrücken: «Möge Ihr Werk veredelnd auf die Menschen wirken, wie sich auch immer die Formen der politischen Organisation gestalten mögen. Für das Schicksal entscheidend wird es immer bleiben, was der Einzelne fühlt, will und tut. Deshalb wird auf die Dauer die Erziehung des Menschen stets mehr das Werk der Künstler als der Politiker sein.» War das eine Kapitulation vor der Übermacht des politischen Kampfes? Ein Rückzug nach der fehlgeschlagenen linken Einheitsfront gegen die Nationalsozialisten?

Der Abschied von Berlin

Nach dem Wahltag im Juli mussten die Wähler am 6. November 1932 schon wieder einen neuen Reichstag bestimmen. Der Wahlausgang brachte der NSDAP Verluste; sie blieb jedoch stärkste Fraktion. Für so manchen entzündete sich daran ein Hoffnungsfunke. Der «Vize» der Hamburg-Amerika-Schiffslinie, Dr. Kiep, dessen Bruder deutscher Geschäftsträger in New York war, soll sich gegenüber Max Reinhardt Ende 1932 im folgenden Sinne geäußert haben: Die Nazis hätten bei der letzten Wahl verloren, ihre Bewegung sei rückläufig, sie sei finanziell pleite. Der neue Regierungschef von Schleicher, das heißt die Reichswehr, würde sich mit den Sozialdemokraten einig, also sei nichts zu befürchten. Reinhardt blieb darauf in Berlin und verließ die Stadt erst am Tage nach dem Reichstagsbrand Ende Februar 1933. In der *Weltbühne* irrte ein anonymer Verfasser, als er in einem Artikel über die Hitler-Partei mit ihren 80 000 «Parteisoldaten» Mitte Januar verkündete: «Vorläufig lebt die NSDAP noch – auch wenn sie schon ein wenig angetötet ist –, sie lebt und reißt das Maul auf [...]. Das eben begonnene Jahr 1933 wird zeigen müssen, was es zu bringen mag: [...]. Prognosen? Ja: Bankerott der größten Firma Deutschlands.» Selbst von Ossietzky glaubte Anfang Januar 1933, dass sich der «Prätorianer-Kanzler» von Schleicher lange halten würde.

Am 10. Dezember 1932 waren Albert und Elsa Einstein zur Erfüllung seiner Verpflichtungen in Princeton vom Lehrter Bahnhof aus über Antwerpen zu ihrer vierten Amerikareise aufgebrochen. Vor Einschiffung in die USA traf Einstein sich mit Langevin in Antwerpen, um eine Aktion der europäischen Geistesarbeiter gegen Nationalismus in Gang zu bringen. In einem Brief an den politisch links stehenden französischen Schriftsteller *Victor Margueritte* im Oktober hatte er geschrieben:

Ich glaube, dass der Sache des Friedens durch eine radikal-pazifistische Vereinigung angesehener Schriftsteller, anerkannter Künstler und Gelehrter am wirksamsten gedient werden könnte. Ich glaube, man könnte eine wirklich einflussreiche Gemeinschaft zustande bringen, wenn man es praktisch genug versuchte.

Nach der zustimmenden Antwort von Margueritte hatte Einstein ihm vorgeschlagen, Kontakt mit Langevin aufzunehmen, den er als den geeigneten Promotor betrachtete: «Es handelt sich nämlich um eine internationale Vereinigung von zuverlässig pazifistisch eingestellten führenden Intellektuellen, welche versuchen sollen, als Gesamtheit durch die Presse politischen Einfluss in den Fragen der Abrüstung, Sicherheit usw. zu gewinnen. Langevin müsste die Seele einer solchen Gemeinschaft sein, weil er nicht nur guten Willen, sondern auch viel politisches Verständnis hat.» Elsa an Bord der «Oakland» schrieb begeistert über ihren Mann und Langevin: «Sie werden in einiger Zeit hören, was sie ausgerichtet haben; diese zwei Prachtskerle.» Einsteins Initiative war jedoch von genau derselben Art wie eine frühere gegen Ende des Ersten Weltkriegs: Er hatte nichts dazugelernt für seine politische Praxis. Der Ausgang musste 1932 genau so fruchtlos bleiben wie damals 1918. Man fragt sich, ob Einsteins Haltung wirklich nur durch seine Naivität in politischen Dingen erklärt werden kann, ob ihn sein Weltruhm nicht doch zu einer gewissen Selbsttäuschung geführt hat, oder ob ein Gefühl politischer Ohnmacht ihn zu dieser den Absichten der europäischen Nationalstaaten gegenüber weltfremden Aktion brachte. Es ist gut möglich, dass Einsteins und Langevins Zusammentreffen zu einem Kongress in Paris Mitte Oktober 1933 geführt hat – zu nichts mehr.

Nach Nathan und Norden soll «Hitlers Aufstieg zur Macht» Einstein nicht überrascht haben. Jedenfalls schrieb er drei Tage nach der Machtergreifung vom 30. Januar 1933 dem Sekretariat der Preußischen Akademie der Wissenschaften in Bezug auf seine Gehaltsangelegenheiten: Sein Akademiegehalt für das erste Halbjahr 1933 war entgegen seinem Wunsch voll einbehalten worden, nicht erst ab 1. April. Letztlich ging es um drei Monatsgehälter, die verloren sein konnten.

Zusammen mit Heinrich Mann und Rudolf Olden bildete Einstein das

«Initiativkomitee» für einen Kongress «Das freie Wort», der das Ziel hatte, gegen die Bedrohung der Grundrechte von Presse-, Versammlungs-, Rede- und Lehrfreiheit aufzurufen. Die Tagung fand am 19. Februar 1933 in Berlin statt; sie kam zu spät. Schon am Tag vor dem Reichstagsbrand war Einstein sich sicher, dass er vorerst nicht nach Berlin zurückkehren werde; er schrieb an seine Freundin und Geliebte Margarete Lebach von Pasadena aus: «Im Hinblick auf Hitler wage ich es nicht, deutschen Boden zu betreten [...] Ich werde am 25. März nach der Schweiz reisen, um dort meinen Sohn zu treffen [...].» Die letzte Nummer der *Weltbühne* erschien am 7. März; auf ihrer letzten Seite war zu lesen: «Nach den Ereignissen vom 27. Februar wurde eine Reihe von Persönlichkeiten verhaftet, unter denen sich auch der Herausgeber unseres Blattes, Carl von Ossietzky, befindet.» Einstein gab dann am 11. März 1933 von den USA aus eine *öffentliche* Erklärung ab:

Solange mir die Möglichkeit offen steht, werde ich mich nur in einem Land aufhalten, in dem politische Freiheit, Toleranz und Gleichheit aller Bürger vor dem Gesetz herrschen. Zur politischen Freiheit gehört die Freiheit der mündlichen und schriftlichen Äußerung politischer Überzeugung, zur Toleranz die Achtung vor jeglicher Überzeugung eines Individuums. Diese Bedingungen sind gegenwärtig in Deutschland nicht erfüllt.

Er fuhr fort, dass dort diejenigen verfolgt würden, die sich für die internationale Verständigung besonders eingesetzt hätten, darunter einige der bedeutendsten Künstler. Er hoffe, dass in Deutschland bald wieder «gesunde Verhältnisse» einträten. Große Männer wie Kant und Goethe sollten nicht nur zu Jubiläen gefeiert werden, sondern es solle dafür gesorgt werden, dass sich die von ihnen vertretenen Grundsätze im öffentlichen Leben und im allgemeinen Bewusstsein durchsetzen. Der Kollege Max Planck in Berlin, den nach eigener Aussage «in politischer Beziehung eine abgrundtiefe Kluft» von Einstein trennte, fand Einsteins Erklärung ungünstig, weil «[...] diese Nachrichten alle denen, die Sie schätzen und verehren, es außerordentlich schwer machen, für Sie einzutreten». Auf den damaligen «Vorsitzenden Sekretär der Preußischen Akademie der Wissenschaften», Ernst Heymann, wirkte Einsteins Erklärung wie ein Hornissenstich. Er schlug Max Planck am 29. März vor, Einstein solle freiwillig aus der Akademie austreten und drohte andernfalls mit einem Ausschlussverfahren. Einstein kannte die Loyalität vieler Kollegen in der Akademie gegenüber dem «Staat», gleichgültig wer die Regierung bildete, und kam ihnen durch seine Austrittserklärung vom 28. März zuvor:

Die in Deutschland gegenwärtig herrschenden Zustände veranlassen mich, meine Stellung bei der Preußischen Akademie der Wissenschaften hiermit niederzulegen. Die Akademie hat mir 19 Jahre lang die Möglichkeit gegeben, mich frei von jeder beruflichen Verpflichtung wissenschaftlicher Arbeit zu widmen. Ich weiß, in wie hohem Maße ich ihr zu Dank verpflichtet bin. Ungern scheide ich aus ihrem Kreise auch der Anregungen und der schönen menschlichen Beziehungen wegen, die ich während dieser langen Zeit als ihr Mitglied genoss und stets hoch schätzte.

Seine formale Begründung war, dass er die durch seine Stellung gegebene Abhängigkeit von der preußischen Regierung «unter den gegenwärtigen Umständen» als untragbar empfinde. Am gleichen Tag, dem 28. 3. 1933 erschien in der *Kölnischen Zeitung* eine weitere Erklärung Einsteins für die «Internationale Liga gegen den Antisemitismus» mit Sätzen wie: «Die Akte brutaler Gewalt und Bedrückung, die gerichtet sind gegen alle Leute freien Geistes und gegen Juden, diese Akte, die in Deutschland stattgefunden haben und noch stattfinden, haben glücklicherweise das Gewissen aller Länder aufgerüttelt, die dem Humanitätsgedanken und den politischen Freiheiten treu bleiben» und «Wir können hoffen, dass die Reaktion dagegen ausreichen wird, um Europa vor einem Rückfall in die Barbarei längst entschwundener Epochen zu bewahren.» In diese Formulierung war vielleicht die irrtümliche Nachricht über den Einbruch einer Gruppe von Nazis in seinem Sommerhaus in Caputh am 20. März eingeflossen, auf die Einstein ebenfalls noch von Bord des Transatlantik-Liners reagierte: «Das ist nur ein einziges Beispiel der willkürlichen Gewaltakte, die sich jetzt in ganz Deutschland ereignen.» Die schon mit Hitlersympathisanten durchsetzte Akademie blamierte sich kläglich, als ihr Sekretär Heymann eine unwürdige, nichtautorisierte Presse-Erklärung herausgab, in der Einstein «Greuelhetze» vorgehalten wurde; die Akademie habe «aus diesem Grunde keinen Anlass, den Austritt Einsteins zu bedauern». Max von Laues Versuch, diese Erklärung vom Plenum der Akademie missbilligen zu lassen, scheiterte. Die Herren kniffen vor den neuen Machthabern. Planck gab nur zu Protokoll,

Herr Einstein sei «der Physiker, durch dessen in unserer Akademie veröffentlichte Arbeiten die physikalische Erkenntnis in unserem Jahrhundert eine Vertiefung erfahren hat, deren Bedeutung nur an den Leistungen Johannes Keplers und Isaac Newtons gemessen werden kann». Sein Besuch bei Hitler im Mai 1933, bei dem er für die jüdischen Wissenschaftler eintrat, blieb erfolglos.

Anscheinend gehörte es zur deutschen «Nibelungentreue», dass das eigene Land vom Ausland aus nicht kritisiert werden durfte. George Grosz bildete keine Ausnahme: «Ich will nicht vom sicheren Auslande aus Propaganda gegen Deutschland treiben – bin darin kleinbürgerlich-altertümlich, nicht smart-bolschewistisch. Ich will nicht einem widerlichen französischen Kapitalismus und Militarismus unter der Maske ‹unterdrücktes Kulturgut› Vorschub leisten. Lass das man den smarteren Leuten, Tucho und so. Ich lehnte energisch ein Buch mit antideutschen Zeichnungen ab, das ein französischer Verleger mir vorschlug (trotz Geld – wie kleinbürgerlich!).»

Nach der Ankunft in Europa mietete Einstein ein Haus in den Dünen im Badeort Le Coq sur Mer bei Ostende; vorläufig wollte er in Belgien bleiben. Zu ihm und Elsa stießen noch *Helene Dukas* und *Walther Mayer*. Es ging nun alles sehr schnell; nach dem Boykott jüdischer Geschäfte, Praxen, Firmen und Studierender am 1. April 1933, nach einer Durchsuchung seiner Wohnung in der Haberlandstraße Anfang April, die anscheinend Marianoff galt, stellte Einstein am 4. April einen Antrag zur Entlassung aus der deutschen Staatsbürgerschaft für sich und seine Frau Elsa. Anfang Mai schrieb er an Wander de Haas aus Le Coq: «Die Lage in Deutschland ist furchtbar und keine Änderung ist abzusehen. Von ganz zuverlässiger Quelle höre ich, dass mit Hochdruck Kriegsmaterial erzeugt wird. Wenn man diesen Leuten noch drei Jahre Zeit lässt, kann Europa etwas Furchtbares erleben, was jetzt durch energische wirtschaftliche Aktion verhindert werden könnte. Aber die Welt lernt leider nichts aus der Geschichte.» Am 7. April trat das Gesetz zur «Wiederherstellung des Berufsbeamtentums» in Kraft, das den staatlichen Behörden – mit geringen Einschränkungen – erlaubte, jüdische oder oppositionelle Beamte aus dem Staatsdienst zu entlassen, also auch Einstein. Born und Franck in Göttingen und Einsteins Berliner Kollege Haber, die als Kriegsteilnehmer von der Entlassung zunächst ausgenommen waren, gaben ihre Professuren aus Protest gegen das Gesetz zurück und emigrierten. Am 10. Mai loderten in Berlin auf dem Platz gegenüber der Universität die Flammen zur Bücherverbrennung: Fast die Hälfte der 134 Schriftsteller, Dichter und Publizisten, deren Bücher in Asche verwandelt wurden, wohnten in Berlin; Schriften von Einstein waren dabei.

Trotz all dem war der Berliner Kunsthändler Alfred Flechtheim in Paris noch im Juli 1933 hoffnungsvoll, dass die Naziherrschaft bald zu Ende gehen, der Zusammenbruch der Hitlerregierung im Herbst kommen werde: «Flechtheim meint, dass überhaupt innerhalb der Nazis verschiedene Richtungen und Persönlichkeiten sich erbittert bekämpfen, so Göring und Göbbels. Diese inneren Streitigkeiten und die unabwendbare furchtbare Not würden sie zugrunde richten.» Inmitten dieser aufgeregten und aufregenden Situation arbeitete Einstein emsig weiter an seiner einheitlichen Feldtheorie. Anfang Juni gab er die «Spencer Lecture» in Oxford. Darin reihte er seine neuesten Arbeiten mit dem Assistenten Mayer zur Beschreibung des Elektrons in vorhergehende Entwicklungen von de Broglie und Dirac ein und fand sie – etwas voreilig – den bisherigen Methoden überlegen.

Wenn Einsteins politisches Handeln mehrfach als naiv charakterisiert wurde, so nahm er nun die früheren Analysen einer möglichen Naziherrschaft, wie sie etwa in der *Weltbühne* gestanden hatten, sehr ernst. Er spürte, dass es keinen Sinn gab, den braunen Machthabern und ihren schlagenden Schergen auch noch die andere Wange hinzuhalten. Carl von Ossietzky und Erich Mühsam würden ebendies tun und dadurch zu Tode gebracht werden. Daher änderte sich Einsteins Haltung als «Radikalpazifist» während des Sommers in Richtung auf mehr «Realpolitik»; im Juli fragte er sich:

Soll man z. B. heute angesichts der Rüstungsanstrengungen Deutschlands einem Franzosen oder Belgier raten, Militärdienst zu verweigern? Oder für eine solche Verweigerung zu wirken? Ich finde es, offen gestanden, nicht. Es scheint mir, dass man beim heutigen Stande nur für übernationale Organisation der Gewalt, aber nicht für die Abschaffung der Gewalt eintreten kann. Insofern habe ich durch die Ereignisse der letzten Zeit «umgelernt».

Als er um eine Intervention zugunsten zweier in Haft sitzender belgischer Kriegsdienstverweigerer gebeten wurde, beschied er, den «in Haft befindlichen Freunden zur Kenntnis zu bringen», dass er zwar seinen Standpunkt im Prinzip nicht geändert habe, jedoch: «Unter den heutigen Umständen würde ich als Belgier den Militärdienst nicht verweigern, sondern ihn in dem Gefühl der Rettung der europäischen Zivilisation zu dienen, gerne auf mich nehmen.» Dieser plötzliche Schwenk, an dem auch der belgische König mitgewirkt hatte, irritierte viele Freunde Einsteins in der Friedensbewegung. So urteilte Romain Rolland sehr harsch über seinen bisherigen Mitstreiter in einem Brief vom 15. September 1933 an Stefan Zweig:

Einstein ist als Freund einer Sache gefährlicher als ihr Feind. Genie hat er nur in seiner Wissenschaft. Auf anderen Gebieten ist er ein Tor. [...] Zu glauben und junge Menschen glauben zu machen, dass ihre Verweigerung den Krieg aufhalten könnte, war von verbrecherischer Naivität; denn es ist allzu offensichtlich, dass es trotzdem Krieg geben wird, auf den Leichen der Märtyrer! [...] Jetzt nun macht er eine Kehrtwendung und verrät die Kriegsdienstverweigerer mit derselben Leichtfertigkeit, mit der er sie gestern unterstützte. [...] Er ist nur für seine Gleichungen geschaffen.

Auch wenn dies aus momentanem Ärger geschrieben sein sollte, so hat Rolland doch einen Zug in Einsteins allgemeinem, nicht nur politischen Verhalten offen gelegt. Er verhielt sich stets so, dass er aus einer für die eigene Person *ungefährlichen* Position heraus argumentieren konnte. Im Unterschied zu ihm hatte Ludwig Quidde nicht nur im Kaiserreich wegen Majestätsbeleidigung im Gefängnis gesessen und seine akademische Karriere geopfert, sondern war auch in der Weimarer Republik wegen angeblichem «publizistischem Landesverrat» verhaftet worden. Zum Märtyrer taugte Einstein nicht.

Zwar hatte er Hitlers raschen Aufstieg zur Macht mit vielen anderen *nicht* vorhergesehen, für den Fall des Falles jedoch für sich vorgesorgt. George Grosz schrieb am 13. März 1933 an *Richard Huelsenbeck* und seine Frau aus den USA: «Ihr habt nun den Hitlermann als Obersten akzeptiert. [...] So bin ich froh mit meinem Entschluss zur Auswanderung. Damals saß ja unser Freund Schleicher noch fest im Sattel. Ich selbst hätte nicht an eine so rasche vollkommene Liquidierung der Republik geglaubt.» Auch Huelsenbeck emigrierte 1936 von Berlin aus nach New York, wurde wie Einstein amerikanischer Staatsbürger und praktizierte als Arzt für Psychiatrie und Psychoanalyse. In einem satirischen und zy-

nischen Brief im Stile der Goebbelsschen Propaganda an einen gefährdeten Freund, dem er später zur Emigration verhalf, kommentierte
Grosz Ende März Einsteins Erklärungen in den USA: «Hast Du von
dem ordinär bestochenen Verräter Einstein gehört? Gemein, wie der
sich benommen hat – weswegen mischt sich so ein ‹Wissenschaftler›
darein – vollgestopft mit dem Geld, was die Juden den armen Leuten in
den Warenhäusern abgenommen haben, macht er hier seine dreckige
Schnauze auf.» Aber Grosz nahm Hitler nicht so ernst wie Einstein; in
seinem Brief an die Huelsenbecks hatte es auch geheißen: «Ich weiß nur
aus eigener Erfahrung, dass letzten Endes, nach einiger Zeit, wenn der
erste Schock vorbei ist, alle wieder sonnengebräunt von den diversen Rivieras zurückkommen; und ein wenig rechts geneigt geht der alte Stiebel
wieder weiter […].» Auch Thomas Mann verhielt sich so, als ob Hitlers
Reichskanzlerschaft keine grundsätzliche Änderung bedeutete. Nach
einer Vortragsreise nach Amsterdam und Brüssel über «Leiden und Größe
Richard Wagners» machte er mit seiner Frau Ferien in der Schweiz. Erst
der Reichstagsbrand und die Reichstagswahlen vom 5. März 1933 mit
dem Erfolg der Nationalsozialisten riefen Panik und Schock bei ihm hervor. Bei seinem Aufenthalt an einer der «Rivieras» von Grosz, in Le Lavandou und Sanary an der Côte d'Azur im Sommer, wunderte Schickele sich über die Manns: «Sie sehen wohl, was vor sich geht und was
kommen wird, aber sie wollen es nicht wahrnehmen.»

Wegen seines Weltruhms, mehr noch wegen Differenzen zwischen Innen- und Außenministerium, wurde Einstein erst ein Jahr nach so manchem Gesinnungs- und Friedensfreund am 24. März 1934 ausgebürgert, mit ihm Johannes R. Becher und weitere Schriftsteller, nach ihm
noch im November 1934 Klaus Mann. Im August 1933 waren von den
Personen, denen wir begegnet sind, aus demselben Grund schon im
Reichsanzeiger angezeigt worden: Bernhard; Breitscheid; Feuchtwanger;
von Gerlach; Grzesinski; Gumbel; Hölz; Kerr; Lehmann-Russbüldt;
Heinrich Mann; Münzenberg; Scheidemann und Schwarzschild. Einstein hatte jetzt nur noch die Schweizer Staatbürgerschaft. Thomas
Mann verlor seine deutsche dann im Dezember 1936.

Nach Grundmanns Recherchen wurden Einstein und seiner Frau
durch den deutschen Staat mit der Begründung, sie hätten sich kommunistisch betätig, ihr Geldvermögen im Wert von ungefähr 60 000 Reichs-

mark, das Sommerhaus mit einem damaligem Schätzwert von 16 200 Reichsmark sowie das geliebte Segelboot weggenommen. Letzteres erzielte beim Verkauf durch den Staat 1300 Reichsmark. Der in finanziellen Dingen vorsichtige Einstein hatte seine Einnahmen im Ausland dort belassen und erhielt von 1926 bis 1938, also bis zur Firmenliquidation, ihm zustehende Patentgebühren für den Kreiselkompass von der Kieler Firma *Anschütz & Co.* über ihre *niederländische* Vertriebsgesellschaft «Giro» in Den Haag. Einstein saß also trotz der staatlichen deutschen Räuber nicht ganz auf dem Trockenen: «Mich persönlich hat es nicht erwischt, aber so ziemlich alle, die mir einigermaßen nahestehen». Darunter fielen etwa Elsas Schwester Paula und Margot Marianoff, die laut Elsa von Einsteins Konto gelebt hatten. Margot Marianoff verließ Berlin Anfang April und folgte ihrem nach Paris geflohenen Mann. Ilse und ihr Mann Rudolf Kayser harrten in Berlin aus und bemühten sich, Einsteins persönliche Papiere, seine Bibliothek und die Möbel über die französische Botschaft außer Landes zu bringen. Bis auf Teppiche, Bilder und Wertsachen, die ein SA-Trupp Ende Mai 1933 aus der Wohnung in der Haberlandstraße gestohlen hatte, ist ihnen das gelungen. Erst dann reisten sie nach Scheveningen aus.

Dem sich für die Menschenrechte und für seine jüdischen Stammesgenossen einsetzenden Einstein wurden von einigen von diesen auch noch Vorwürfe gemacht. Möglicherweise übertrieb Elsa, wenn sie aus Scheveningen im April 1933 schrieb:

Das tragische in meines Mannes Schicksal ist, dass alle deutschen Juden ihn dafür verantwortlich machen, dass ihnen dort so Schreckliches widerfahre. […] So bekommen wir mehr hasserfüllte Briefe von den Juden als von den Nazis! Dabei hat er sich doch in Wahrheit für die Juden geopfert! Er war unerschrocken und hat nicht versagt! […] Sie sind derart eingeschüchtert und verängstigt, dass sie Statement auf Statement geben, mit den schönsten Versicherungen wie wohl es ihnen ergehe. Und wie sie doch alle nichts mit Einstein zu tun hätten und haben wollten!

Einsteins Unmut richtete sich verständlicherweise eher auf «die Deutschen»; Max Born ließ er Ende Mai aus Oxford wissen: «[…] Du weißt, dass ich nie besonders günstig über die Deutschen dachte (in moralischer und politischer Hinsicht). Ich muss aber gestehen, dass sie mich doch einigermaßen überrascht haben durch den Grad ihrer Brutalität und – Feigheit.» Er versuchte, den von der Hitler-Regierung entlassenen Kollegen zu helfen; an Solovine richtete er die Bitte, jüdische aus Deutschland geflüchtete Akademiker an ihn zu verweisen; er wolle versuche, «eine jüdische Gastuniversität für jüdische Dozenten und Professoren im Ausland (England?) ins Leben zu rufen [...]». An Born schrieb er, es blute ihm das Herz, wenn er an die jungen Wissenschaftler denke. Einstein selbst hatte, wie aus einem Brief Elsas hervorgeht, Rufe nach Paris, Madrid, Brüssel, Oxford und aus Holland erhalten und sie alle angenommen: «Je nachdem er Zeit hat, geht er da oder dort hin.» Er blieb dennoch unbeeindruckt: «Ich habe nun mehr Professuren als verständige Gedanken im Hirn. Der Teufel scheißt auf den großen Haufen!» Walther Nernst trat am 1. Oktober in den Ruhestand. Erwin Schrödinger ließ sich in Berlin beurlauben und ging noch 1933 mit einem Stipendium nach Oxford. Privat ließ er durchblicken, er habe die Schnauze voll von den Nazis, aber zur öffentlichen Gegnerschaft bekannte er sich nicht.

In der Stadt flatterten die roten Hakenkreuzfahnen bei jeder Gelegenheit und braungekleidete Horden in schwarzen Stiefeln marschierten mit ihnen durch die Straßen. Wie hatte es in irgendeinem Volksmund geheißen, allerdings kaum im deutschen: «Wenn die Fahne vorausflattert, sitzt der Verstand in der Trompete!» In der «Neuen Zeit» begab sich der deutsche Verstand in den erhobenen «Heil-Hitler-Arm». Der Rechtsstaat hielt dem Wüten von SA und SS und der Untätigkeit der vielen Bürger nicht Stand. Zehntausende deutsche Juden und politische Gegner des Nationalsozialismus waren gezwungen, Deutschland Hals über Kopf zu verlassen, um nicht mehr als ihr Leben zu retten. Auch das Einstein fern stehende Berliner Urgestein Walter Mehring, dessen Bücher mit in den Flammen aufgegangen waren, musste vor dem nationalsozialistischen Terror fliehen, wollte sich mit seiner Vertreibung aber nicht abfinden. Die letzte Strophe seiner «Ode an Berlin» lautet:

Ihr Bowkes – und ihr «blauen Abführmittel»:
Jetzt bin ick Neese, wenn's nach Treptow jeht?
Nu brillt Ihr: Heil? und looft im braunen Kittel?
Wat denn! Da hat woll eener dran jedreht?
Ick weeß doch, wo de Ferdeäppel bliehn –
Ick stand doch du und du mit jedem Zossen.
Mir habt ihr aus der Innung ausjeschlossen?

Sach ma, Berlin,
Schämste dir nich?
Ick bleibe mang dir mang mit Schnauze, Herz und Breejen!
Wat is dein Dank – das is dein Dank?
Von wejen!

Nach der Vernichtung des nationalsozialistischen Regimes kehrte Mehring nach Europa zurück. Die Stadt Berlin machte ihn zum Professor ehrenhalber.

Anfang Oktober 1933 schifften sich die Einsteins, Dr. Mayer und Helene Dukas von England aus zur Fahrt in die USA ein; es sollte Einsteins endgültiger Abschied von Europa werden. Berlin sah seinen außergewöhnlichen Mitbürger niemals wieder.

Danksagung

Danken möchte ich vor allem den Mitgliedern der damaligen Arbeitsstelle Albert Einstein am Max-Planck-Institut für Bildungsforschung und den an Forschungen verschiedenster Art im Umkreis von Einstein und seinen Theorien am Max-Planck-Institut für Wissenschaftsgeschichte Beteiligten; zuerst dem Leiter der Arbeitsstelle und Direktor am MPIWG in Berlin, Prof. Dr. Jürgen Renn, für seine ermutigende und kreative Unterstützung. Mit dem mit Genauigkeit und Umsicht recherchierenden wissenschaftlichen Mitarbeiter des MPI, Giuseppe Castagnetti, verbindet mich eine freundschaftliche Zusammenarbeit; ich verdanke ihm manche Archivquelle und viele anregende Gespräche. Besonders zu nennen sind weiter Dr. Britta Scheideler, Dr. Skúli Sigurdsson, Frau Gudrun Staedel-Schneider, PD Dr. Dieter Hoffmann, PD Dr. Peter Damerow und Dr. Tilman Sauer. Meine kenntnisreichen Freunde Peter Havas in Philadelphia und John Stachel in Boston haben mein Interesse an der Wissenschaftsgeschichte geweckt. Von meinen Göttinger Kollegen Hans-Jörg Roos, Martin Kneser und Manfred Schroeder sowie von Dr. Nancy Greenspan, Bethesda, Prof. Dorinda Outram, Rochester, Prof. Dr. Beig, Wien, Dr. Karl Meyenn, München, Prof. Ivan und Dr. Boriana Todorov, Sofia, und Dr. Siegfried Wagner, München, habe ich nützliche Hinweise bekommen. Frau G. K. in F. danke ich sehr für viele wertvolle Anregungen, Literaturzitate und sprachliche Hilfe. Erste Kritiker waren meine Frau Dorothea und unsere Kinder Julia und Lorenz Goenner. Für ihre Mitwirkung beim Umformatieren des Manuskriptes sowie für Verbesserungsvorschläge danke ich Frau K. Glormann, Göttingen. Mein Dank gilt weiter dem Archiv der Max-Planck-Gesellschaft in Berlin-Dahlem, dem Landesarchiv Berlin, der Preußischen Staatsbibliothek Berlin und der Handschriftenabteilung der Universitätsbibliothek Göttingen. Das Manuskript hat von der guten Betreuung durch das Lektorat des Verlags profitiert.

Literatur

Einsteins Gesammelte Werke

Albert Einstein: *The Collected Papers of Albert Einstein*. Vols. 1–9. Princeton: University Press 1987 ff.

Vol. 1: *The Early Years 1879–1902*. John Stachel editor. Princeton: University Press 1987.

Vol. 5: *The Swiss Years 1902–1914*. Martin J. Klein, A. J. Kox, and R. Schulmann (editors). Princeton: University Press 1993.

Vol. 6: *The Berlin Years: Writings, 1914–1917*. A. J. Kox, Martin J. Klein and R. Schulmann (editors). Princeton: University Press 1996.

Vol. 7: *The Berlin Years: Writings, 1918–1921*. M. Janssen, R. Schulmann, J. Illy, Ch. Lehner, and Diana Kormos Buchwald (editors). Princeton: University Press 2002.

Vol. 8: *The Berlin Years: Correspondence, 1914–1918*. R. Schulmann, A. J. Kox, M. Janssen, and J. Illy (editors). In two volumes A, B. Princeton: University Press 1998.

Vol. 9: *The Berlin Years: Correspondence, January 1919 – April 1920*. Diana Kormos Buchwald, Robert Schulmann, József Illy, Daniel J. Kennefick, and Tilman Sauer (editors). Princeton: University Press 2004.

Einstein-Biografien, -Briefwechsel und Einsteiniana

P. C. Aichelburg und R. U. Sexl (Hrsg.): *Albert Einstein. Sein Einfluss auf Physik, Philosophie und Politik*. Braunschweig/Wiesbaden: Vieweg 1979.

Peter A. Bucky: *Der private Einstein*. Düsseldorf: ECON 1991.

Alice Calaprice: *Einstein sagt. Zitate, Einfälle, Gedanken*. München u. Zürich: Piper 1999.

Ronald W. Clark: *Albert Einstein. Leben und Werk*. München: F. A. Herbig 1974.

Helen Dukas und Banesh Hoffmann (Hrsg.): *Albert Einstein – Briefe*. Zürich: Diogenes 1979.

Albert Einstein, Mileva Marić: *Am Sonntag küss' ich Dich mündlich. Die Liebesbriefe 1897–1903*. J. Renn und R. Schulmann (Hrsg.). München: Piper 1994.

Albert Einstein: *Mein Weltbild*. (Erstdruck Amsterdam 1934). Ullstein Materialien. Ullstein-Buch Nr. 35024. Frankfurt/Berlin/Wien: Ullstein 1984.

Albert Einstein, Max Born: *Briefwechsel 1916–1955*. Max Born (Hrsg.). Nymphenburger Verlagshandlung 1969; Lizenzausgabe. Frankfurt: Edition Erbrich 1982.

Albert Einstein, Michele Besso: *Correspondance 1903–1955*. P. Speziali (Hrsg.). Paris: Hermann 1972.

Albert Einstein, Maurice Solovine: *Lettres à Maurice Solovine*. M. Solovine (Hrsg.). Paris: Gauthier-Villars 1956.

Albert Einstein, Sigmund Freud: *Warum Krieg?* Schriftenreihe der österreichischen UNESCO-Kommission, Band 3. Wien: Wilhelm-Frick-Verlag 1956.

Arbeitsstelle Albert Einstein, Berlin; Arbeitsbericht 1991–1993: *Einstein in Berlin*. *Wissenschaft zwischen Grundlagenkrise und Politik*. Berlin: Max-Planck-Institut für Bildungsforschung 1994.

Albrecht Fölsing: *Albert Einstein. Eine Biographie*. Frankfurt: Suhrkamp 1993.

Philipp Frank: *Albert Einstein. Sein Leben und seine Zeit*. Braunschweig/Wiesbaden: Vieweg 1979.

H. Gordon Garbedian: *Albert Einstein. Maker of Universes*. New York and London: Funk and Wagnalls 1939.

Ernst Gehrcke: *Die Massensuggestion der Relativitätstheorie*. Berlin: Hermann Meuser 1924.

Michael Grüning. *Ein Haus für Albert Einstein. Erinnerungen, Briefe, Dokumente*. Berlin: Verlag der Nation 1990.

Siegfried Grundmann: *Einsteins Akte. Einsteins Jahre in Deutschland aus der Sicht der deutschen Politik*. Berlin u. Heidelberg: Springer 1998. 2. Aufl. mit Anhang über Einsteins FBI-Akte 2004.

Armin Hermann: *Einstein. Der Weltweise und sein Jahrhundert. Eine Biographie*. Taschenbuchausgabe. München/Zürich: Piper 1996.

Klaus Hentschel: *Der Einstein-Turm*. Berlin: Spektrum Akademischer Verlag 1992.

Friedrich Herneck: *Einstein privat*. Berlin: Der Morgen 1978.

Roger Highfield and Paul Carter: *The private lives of Albert Einstein*. Paperback edition. London: Faber and Faber 1994.

Christa Kirsten und Hans-Jürgen Treder: *Albert Einstein in Berlin 1913–1933*. *Teil 1. Darstellungen und Dokumente. Teil 2. Spezialinventar*. Berlin: Akademie-Verlag 1979.

B. G. Kuznecov: *Einstein. Leben – Tod – Unsterblichkeit*. Basel und Stuttgart: Birkhäuser 1977.

Alfred Lief (Hrsg.): *The Fight against War*. New York: The John Day Company 1933.

Dimitri Marianoff (with Palma Wayne): *Einstein: An intimate study of a great man*. Garden City, N. J.: Doubleday, Doran ca 1944.

Alexander Moszkowski: *Einstein. Einblicke in seine Gedankenwelt*. Berlin: Fontane 1921; Hamburg: Hoffmann und Campe 1920.

Otto Nathan und Heinz Norden. *Albert Einstein – Über den Frieden – Weltordnung oder Weltuntergang.* Bern: Herbert Lang 1975.

Dennis Overbye: *Einstein in love. A scientific romance.* New York: Viking 2000.

Abraham Pais: *Ich vertraue auf Intuition. Der andere Einstein.* Heidelberg: Spektrum Akademischer Verlag 1995.

Abraham Pais: *«Subtle is the Lord ...» The Science and the Life of Albert Einstein.* Oxford: University Press 1982. Deutsche Ausgabe: *Raffiniert ist der Herrgott ... Albert Einstein. Eine wissenschaftliche Biographie.* Berlin: Spektrum Akademischer Verlag 2000.

Anton Reiser [Rudolf Kayser]: *Albert Einstein. A biographical portrait.* New York: Albert & Charles Boni 1930; London: Butterworth Ltd. 1931.

David Reichinstein: *Albert Einstein. Sein Leben und seine Weltanschauung.* Berlin: Selbstverlag 1932. Englische Übersetzung: *Albert Einstein. A Picture of his Life and His Conception of The World.* Prag: Stella Publishing House 1934.

Carl Seelig: *Albert Einstein. Leben und Werk eines Genies unserer Zeit.* Neuauflage. Zürich: Europa Verlag 1961.

Carl Seelig (Hrsg.): *Helle Zeit – Dunkle Zeit. In memoriam Albert Einstein.* Braunschweig: Vieweg 1986.

John Stachel: *Einstein from ‹B› to ‹Z›.* Einstein Studies, vol. 9. Boston/Basel/Berlin: Birkhäuser 2002.

Desenka Trbuhović-Gjurić: *Im Schatten Albert Einsteins.* Bern: Paul Haupt 1993.

Antonina Vallentin: *Das Drama Albert Einsteins. Eine Biografie.* Stuttgart: Günther 1955.

Michele Zackheim: *Einsteins Tochter.* München: List 1999.

Beschreibungen von Berlin und der zwanziger Jahre

Anonymus [Kurt Freiherr von Reibnitz]: *Gestalten rings um Hindenburg.* Führende Köpfe der Republik und die Berliner Gesellschaft von heute. Dresden: Carl Reissner 1928.

Karl Baedecker: *Berlin und Umgebung.* 17. Auflage. Leipzig: Baedecker 1912.

Bezirksleitung Berlin der SED: *Berliner Arbeiterbewegung.* Band 1: Von den Anfängen bis 1917; Band 2: Von 1917 bis 1945. Berlin: Dietz 1987.

Otto Büsch (Hrsg.): *Beiträge zur Geschichte der Berliner Demokratie 1919–1933/ 1945–1985.* Einzelveröffentlichungen der Historischen Kommission zu Berlin, Band 65. Berlin: Colloquium Verlag 1988.

Brunhilde Dähn: *Berlin – Hausvogteiplatz.* Göttingen: Musterschmidt 1968.

Otto Friedrich: *Morgen ist Weltuntergang – Berlin in den Zwanziger Jahren.* Berlin: Nikolaische Verlagsbuchhandlung 1998.

Thomas Friedrich: *Berlin in Bildern 1918–1933.* München: Wilhelm Heyne 1991.

Dieter und Ruth Glatzer: *Berliner Leben 1900–1914. Eine historische Reportage aus Erinnerungen und Berichten.* 2 Bände. Berlin: Rütten & Loening 1986.

Ruth Glatzer: *Das Wilhelminische Berlin. Panorama einer Metropole 1890–1918.* Berlin: Siedler Verlag 1997.

Ruth Glatzer (Hrsg.): *Berlin zur Weimarer Zeit.* Berlin: Siedler Verlag 2000.

Paul Goldschmidt: *Berlin in Geschichte und Gegenwart.* Berlin: Julius Springer 1910.

Berthold Grzywatz: *Arbeit und Bevölkerung im Berlin der Weimarer Zeit.* Einzelveröffentlichungen der Historischen Kommission zu Berlin, Band 63. Berlin: Colloquium Verlag 1988.

Johann J. Hässlin (Hrsg.): *Berlin.* München: Prestel 1959.

Walther Kiaulehn: *Berlin – Schicksal einer Weltstadt.* München/Berlin: Biederstein 1958.

Christian Graf v. Krockow: *Unser Kaiser. Glanz und Sturz der Monarchie.* Braunschweig: Westermann 1993.

Emanuel Lasker: *Die Kultur in Gefahr.* Berlin: Siedentop & Co 1928.

Winfried Löschburg: *Unter den Linden. Geschichte einer berühmten Straße.* Berlin: Ch. Links 1991.

Antonia Meiners (Hrsg.): *Berlin – Photographien 1880–1930.* Berlin: Nicolaische Verlagsbuchhandlung 2002.

Helmut Richter: *Berlin. Aufstieg zum kulturellen Zentrum.* Reihe: Aus Deutschlands Mitte, Band 14. Bonn: Dümmler 1987.

Karl Schlögel: *Berlin Ostbahnhof Europas. Russen und Deutsche in ihrem Jahrhundert.* Berlin: Siedler 1998.

Bärbel Schrader und Jürgen Schebera: *Kunstmetropole Berlin 1918–1933.* Berlin und Weimar: Aufbau-Verlag 1987.

Hans-Christian Täubrich: *Zu Gast im alten Berlin.* 3. Aufl. (1. Aufl. 1990) München: Hugendubel 1997.

Bruno E. Werner: *Die Zwanziger Jahre. Von Morgens bis Mitternachts.* München: Bruckmann 1962.

Peter Wruck (Hrsg.): *Literarisches Leben in Berlin 1871–1933.* Band I und II. Berlin: Akademie-Verlag 1987.

Zur Weimarer Republik

Wolfgang Benz und Herbert Graml. *Biographisches Lexikon zur Weimarer Republik.* München: C. H. Beck 1988.

J. Falter, Th. Lindenberger und S. Schumann: *Wahlen und Abstimmungen in der Weimarer Republik.* München: C. H. Beck 1986.

Edgar J. Feuchtwanger: *Von Weimar zu Hitler.* London: Macmillan 1993.

Dieter Fricke u. a. (Hrsg.) *Lexikon zur Parteiengeschichte.* Band 1–4. Köln: Pahl-Rugenstein 1983–86.

Ferdinand Friedensburg: *Die Weimarer Republik*. Berlin: Carl Habel 1946.

Peter Gay: *Die Republik der Außenseiter. Geist und Kultur in der Weimarer Zeit 1918–1933*. Frankfurt: S. Fischer 1970.

Walter Grab und Julius Schoeps (Hrsg.): *Juden in der Weimarer Republik*. Stuttgart/Bonn: Burg 1986.

Ulrich Kluge: *Die deutsche Revolution 1918/19*. Neue Historische Bibliothek. Frankfurt: Suhrkamp 1985.

Torsten Palmér und Hendrik Neubauer: *Die Weimarer Zeit in Pressefotos und Fotoreportagen*. Köln: Könnemann Verlagsgesellschaft 2000.

Detlev J. K. Peukert: *Die Weimarer Republik – Krisenjahre der klassischen Moderne*. Neue Historische Bibliothek (Hrsg. H.-U. Wehler). Edition suhrkamp, Bd. 282. Frankfurt: Suhrkamp 1987.

Wolfgang Ruge: *Weimar – Republik auf Zeit*. Berlin: deb Verlag das europäische Buch 1969.

Gerhard Schultze Pfaelzer: *Von Spa nach Weimar*. Leipzig/Zürich: Gethlein & Co. 1919.

Weimarer Republik. Kunstamt Kreuzberg und Institut für Theaterwissenschaften der Universität Köln (Hrsg.) Berlin und Hamburg: Elefanten Press 1977.

Heinrich August Winkler: *Weimar 1918–1933: Die Geschichte der ersten deutschen Demokratie*. München: C. H. Beck 1998.

Walter Tormin (Hrsg.): *Die Weimarer Republik. Zeitgeschichte in Text und Quellen*. Hannover: Verlag für Literatur und Zeitgeschehen 1964.

Informationen über Berlin aus dem Internet

http://www.berlingeschichte.de
http://www.berlinische-monatsschrift.de
http://www.berlin.de/ba-charlottenburg-wilmersdorf/wissenswertes/gedenktafeln/index.html
http://www.luise-berlin.de/
http://www.chronik-berlin.de/

Detaillierte Quellenangaben zu diesem Buch

http://www.theorie.physik.uni-goettingen.de/~goenner/alberlin.pdf

Abbildungsverzeichnis

Straßenverzeichnis

Personenregister